無線分散
ネットワーク

Wireless Distributed Networks

三瓶政一
阪口　啓　監修

社団法人 電子情報通信学会

監 修 者

三瓶　政一：大阪大学

阪 口　　啓：東京工業大学

執 筆 者（執筆順）

三瓶　政一	大阪大学	（第 1 章，第 2 章）
阪 口　　啓	東京工業大学	（第 1 章～第 4 章）
松本 隆太郎	東京工業大学	（第 2 章）
衣斐　信介	大阪大学	（第 2 章）
山本　高至	京都大学	（第 2 章～第 4 章）
梅林　健太	東京農工大学	（第 3 章）
落合　秀樹	横浜国立大学	（第 3 章）
石井　光治	香川大学	（第 3 章）
山里　敬也	名古屋大学	（第 3 章，第 4 章）
石橋　功至	静岡大学	（第 3 章）
小野　文枝	横浜国立大学	（第 3 章）
萬代　雅希	上智大学	（第 3 章）
岡 田　　啓	埼玉大学	（第 3 章，第 4 章）
上原　秀幸	豊橋技術科学大学	（第 4 章）
大槻　知明	慶應義塾大学	（第 4 章）
藤井　威生	電気通信大学	（第 4 章）

まえがき

携帯電話がアナログ方式からディジタル方式に移行した1990年初頭，携帯電話の開発に従事していた技術者は，いつの日か，自分も携帯電話をもつことを夢見てひたすら研究開発に携わってきた．それから約20年を経た今日，所有したいと思わない人以外はほぼすべての人が当たり前のように携帯電話を所有できる時代となった．またインターネットの普及に伴い，携帯電話はインターネットアクセスを通じた情報端末になり，更にブロードバンド化によって本格的なマルチメディア情報端末へ進化しようとしている．

一方，GPS(Global Positioning System)を用いた位置情報サービス，RFIDを用いた物品管理システム，レーダと通信を複合した高度道路交通システムなど，多様な無線，あるいは電波を応用したシステムも次々と出現し，既に，あらゆることが実現可能な無線技術，電波応用技術が出尽くしたのではないかと錯覚してしまうほどである．

しかしながら現実はそれほど甘くはなく，本当に必要とされることが実現されているかというと必ずしもそうではない．例えば，携帯電話のブロードバンド化は順次進展しているが，電波の状況によっては必ずしも高速な伝送がサポートされているわけではない．また，無線周波数が潤沢にあるわけでもないので，無線周波数帯域の制限によって通信速度が拘束されてしまうということも多々発生している．

すなわち，現在華々しく最高性能がうたわれている無線システムでも，より確実にということを突き詰めると，まだスタート地点に立っているにすぎず，また，ユビキタスネットワークの中核として位置づけられている無線アクセスも，実際に我々の身の回りにそれほど密に張り巡らされているわけでもない．すべてこれからどうするかにかかっているのである．

本書は，現時点が，ブロードバンド・ユビキタスネットワーキング時代のスタート地点であり，これから進む方向は，無線伝送が様々な形態で様々な部分に入り込む無線分散ネットワーク (Wireless Distributed Networks) であるとの認識のもと，若手研究者を中心に「無線分散ネットワークに関するワークショップ」を開催し，その成果を踏まえて執筆したものである．執筆にあたっては，本書が，無線分散ネットワークという分野で新たな技術を創出するための土台となることを目指している．

本書の第1のセールスポイントは，無線通信で必要であり，かつ普遍性も高い数学の分野を第2章に「無線分散ネットワークのための基礎理論」としてまとめている点にある．

次のセールスポイントは，無線分散ネットワークにおいて特に重要となる要素技術を抽出し，それらを「分散」「協力・連携」というキーワードで体系化するとともに，それらを融合する際に必要となる技術を「無線分散ネットワークの要素技術」として第3章にまとめていることである．なお，ページ数の制限もあって，従来の無線アクセスシステムでも用いられている技術は，多くの書籍や論文で既に技術の体系化が行われ十分な解説もなされているので，ここでは除外している．

本書の第4章では，無線分散ネットワークの応用例を紹介している．ただ，無線システムは時代とともに非常に速い速度で進化していくので，ここでは今後重要になると期待されるシステムについて，第2章や第3章で説明した内容との関連性など，基本的な事項を説明することに注力した．

このように，本書は，従来の無線アクセスシステムの基礎を習得した大学院生及び社会人を読者の対象とし，現在の先端的システムの解説というよりは，今後の先端的システムの開発の糧となり得る事項を重点的に説明した．よって，従来から用いられている技術に関して説明を省略している部分もあるので，本書だけですべてを理解することは難しいかもしれない．ただ，我々がワークショップで議論した結果を通じて「無線分散ネットワークは斯くあるべき」という気持ちを込めて執筆したつもりなので，その点に免じ，他書の知識も活用しつつ，本書の理解を深めていただければ幸いである．

最後に，本書執筆の機会を与えて頂いた電子情報通信学会出版委員会の関係各位及び本書の校閲に御協力頂いた学生諸君に謝意を表する次第である．

2010年12月3日

三瓶　政一
阪口　　啓

目　　次

1 WDNの概要

1.1 無線アクセスシステムとその要素技術の歴史

無線アクセスシステムは，その信頼性や伝送スループットが有線ネットワークに近づきつつある今日，無線アクセスシステムが本来有するコードレス性，移動性などの利点に注目が集まり，現在では情報収集/配信ネットワーク，各種社会インフラの制御ネットワークなど，より多様なシステムにおけるネットワーク部分の担い手となっている．無線アクセスシステムの適用分野が多様化すると，無線アクセスシステムへの要求条件は，省電力化を優先させるのか，伝送速度の高速化を優先させるのかなど，適用する環境や目的によって異なるので，それぞれの要求条件を優先させた多様な規格が必要となる．一方，あらゆる情報は，すべてネットワークを介して接続されなければならないので，ネットワークは必然的に多様なネットワークが統合されたヘテロジニアスネットワークとなる．

無線分散ネットワーク（WDN: Wireless Distributed Networks）は，ヘテロジニアスネットワークを前提とし，更に，従来の無線システムのようなラスト1ホップのための無線技術のみならず，必要に応じて無線中継機能をも導入する．すなわち，伝送容量の柔軟性や接続機能の柔軟性を有する無線リンクを様々な形態で，分散化させて活用することで，より柔軟で多様なヘテロジニアス無線ネットワークの構築を可能とすることを目指している．その詳細は次節以降に譲ることとして，ここでは，まず，無線分散ネットワークと密接に関連する，既存の主要無線アクセスシステムとその要素技術を総括する．

図 1.1 に，主要な無線アクセスシステムとその要素技術の体系を示す．セルラネットワーク（携帯電話）では，無線帯域において直交するチャネルを設定し，集中制御方式で各ユーザへの割当を行っている [1]．チャネルを構成し，一定のルールで各ユーザにチャネルを割り当てる方式を多元接続（Multiple Access）と呼ぶ．第1世代の携帯電話はアナログ方式であったので，スペクトルを周波数方向にセグメント化してチャネルを構成する FDMA（Frequency Division Multiple Access）が用いられていたが，第2世代では，時間方向にセグメント化する TDMA（Time Division Multiple Access）が，また，第3世代では，同一タイミング，同一周波数での送信を許容し，信号同士を符号で分離する CDMA（Code Division Multiple Access）が用

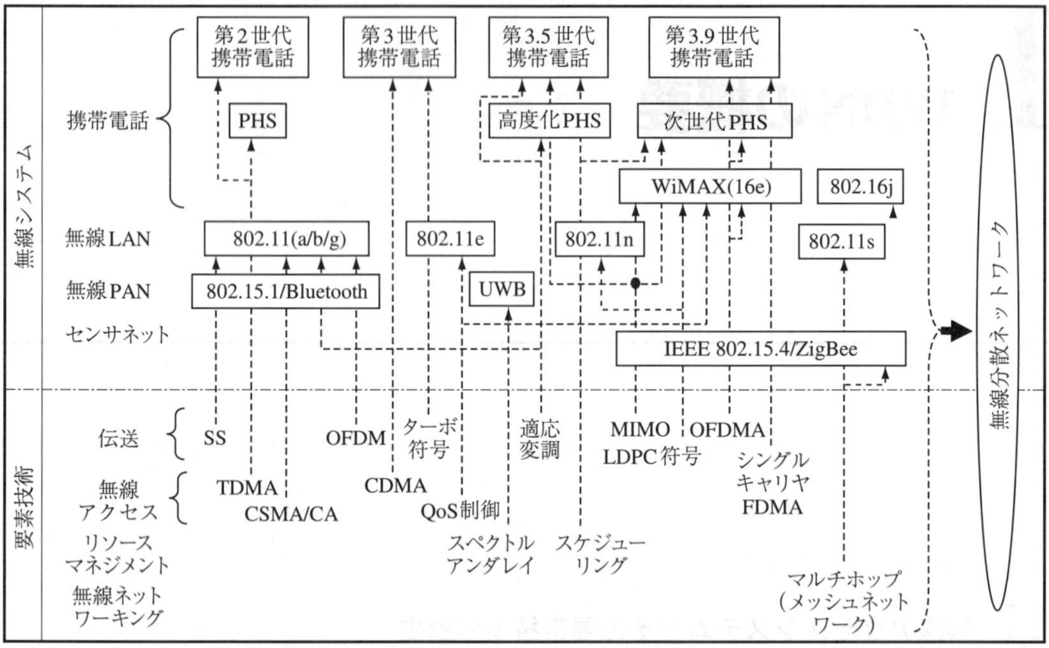

図 1.1　既存主要無線アクセスシステムとその要素技術

いられるに至った．更に，第 3 世代以降では，マルチキャリヤ伝送方式の一種である OFDM（Orthogonal Frequency Division Multiplexing）を FDMA の形態で運用する OFDMA（Orthogonal Frequency Division Multiple Access）も適用される予定である [2].

一方，無線 LAN では，信号の送受信を行う各ノードが自律分散制御に基づいて，無線リソースを獲得することとなっている．そのため，利用する周波数帯の電波の使用状況を検出するキャリヤセンスを基本とし，そこに，パケット衝突の確率をできるだけ回避する機能を付加した CSMA/CA（Carrier Sense Multiple Access/Collision Avoidance）が採用されている [3].

それらの要素技術に着目すると，1990 年代前半までは，デバイス技術のレベルが現在ほど高くはなかったので，あまり高度な伝送方式は用いられず，スペクトル拡散（SS: Spread Spectrum）が無線 LAN などに採用される程度であった [4]．しかし，1990 年中ごろから，シャノンのチャネル容量に漸近する伝送特性を実現するターボ符号 [5] や LDPC（Low Density Parity Check）符号 [6], [7] が開発され，また，伝搬路特性に応じて伝送速度を適応的に変化させる適応変調技術 [8] が開発されるに至り，携帯電話や無線 LAN など，多くのシステムにおける無線回線の信頼性の向上や伝送容量の向上に大きな寄与を果たした．更に，OFDM とスペクトルの整合性が高く，波形の PAPR（Peak to Average Power Ratio）が低いシングルキャリヤ信号が生成可能な single carrier FDMA[9]，非常に広い帯域を利用することで他のシステムとの干渉が起こらない程度まで電力スペクトル密度を下げた上で，他のシステムとの共用を行う（スペクトルのアンダレイ）UWB（Ultra Wide Band）という技術も生まれた [10].

伝送速度の更なる高速化としては，空間的に信号を多重する MIMO（Multiple Input Multiple Output）伝送技術が大きく進展し，無線 LAN（802.11n）や 3.5 世代以降の携帯電話に導入されるに至っている [11]．更に，無線リソースをより動的に割り当てるスケジューリング技術，信号を複数の経路をホップさせて伝送するマルチホップ伝送，マルチホップ伝送をメッシュ形態で実現するメッシュネットワークなども生まれており，これらはセンサネットワーク，無線 LAN のネットワーク化，更に携帯電話のカバレッジの拡大などに利用されつつある [12].

以上のシステムあるいは技術は，当然無線分散ネットワークにおいても主要な部分の一角を占めることになる．しかしながらこれらだけでは無線分散ネットワークを構築することはできず，そのための新たな技術体系が必要となる．本書は，その技術体系を構築することを目的としている．

1.2 無線分散ネットワークとは

1.1 節で述べたように，無線通信技術は 1990 年ごろより約 20 年の間に急速な成長を遂げ，有線ネットワークのラスト 1 ホップのコードレス化という意味では既に成熟期にあり，今後はヘテロジニアスな無線分散ネットワークの時代に入る．無線分散ネットワークとは，「分散して配置された無線ノードが互いに連携して通信を行うネットワーク」を指している．無線分散ネットワークへの発展の方向性としては，これまで集中制御されていたものの分散化と，分散制御されていたものの集中化の二つのベクトルが考えられる．この二つのベクトルを社会にたとえると，集中の分散化とは，例えば社長のみがすべての決定権をもっている会社において，現場に即した企業経営を行うために権限の一部を部下に委譲するようなものである．一方，分散の集中化とは，上司の影響力が全くない会社において，社員の協力を仰ぐためのルールを決めるようなものである．

無線通信における集中の分散化の例としては，セルラネットワークが挙げられる．IMT-Advanced [13] などで考えられている新世代セルラネットワークの例を図 **1.2** に示す．新世代セルラネットワークでは，物理層の革新技術として，マルチユーザ MIMO や協調 MIMO（2.2 節，3.4 節），協力中継（3.2 節，3.3 節），基地局連携（3.4 節，4.4 節）やフェムトセルなどの分散連携通信方式が注目を集めている．これまでのセルラネットワークでは，例えば周波数繰返しにより各セルの周波数チャネルが固定的に割り当てられ，また各端末のチャネルは各セルで FDMA や TDMA などの直交した方式により割当が行われてきた．またこれらの制御はオペレータや基地局が集中的に行ってきた．一方，新世代セルラネットワークでは，多元接続の方式として OFDMA を採用し，基地局間，端末間，または基地局中継局間が連携して日和見主義的（opportunistic）に無線リソースの制御を行う．例えば，マルチユーザ MIMO では複数の端末に同一チャネルを割り当てバーチャルな MIMO 通信を行うことで基地局のスループットを増加し，また基地局連携 MIMO では複数の基地局が同一チャネルでバーチャルな MIMO 通信を行うことで端末のスループットを増加している（4.5 節）．また協力中継通信

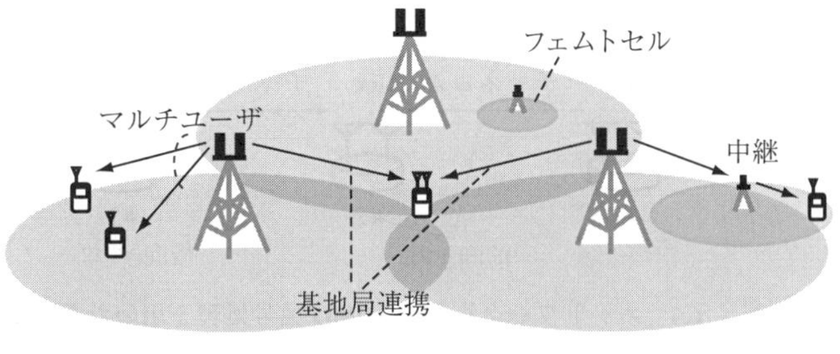

図 1.2 新世代セルラシステムにおける無線分散ネットワークの例

やフェムトセルでは，中継局や超小型基地局を用いて基地局と連携したチャネルの割当及び中継制御を行うことでセル端や不感地帯などにおける伝送特性を改善している（4.5 節）．このように新世代セルラネットワークにおける高い要求条件を満たすには，これまでの集中制御だけでなく，無線ネットワークの分散化を行いそれらを連携制御することが重要となる．

一方，分散の集中化の例としては無線 LAN が挙げられる．特にここでは無線 LAN などを用いたマルチホップ中継を例に分散の集中化の重要性を説明する．無線 LAN では各ノードが自律分散的に無線媒体にアクセスする CSMA/CA がアクセス制御方式として採用されている．この方法は媒体が未使用であれば通信を行うという方式であるため，他ノードとの連携を全くとる必要がなく，自律分散的な無線ネットワークに適している．しかしながらこのようなアクセス制御方式を用いて，マルチホップ中継を行う場合や，マルチフローの通信を行う場合には非常に多くの問題が発生する．例えば送信ノードが複数存在するマルチホップネットワークでは，ネットワーク内に隠れ端末問題（hidden terminal problem）やさらされ端末問題（expose terminal problem）が発生しスループット特性が大きく劣化する．よってこのようなネットワークを効率的に構成するためには分散した無線ノードの連携（分散の集中化）が重要となる．

無線分散ネットワークの概念を適用したマルチホップネットワークの例を図 **1.3** に示す．CSMA/CA の体系を崩さずに隠れ端末問題やさらされ端末問題を解決する手法としては，マルチチャネルや電力制御の導入が考えられる．これらを効率良く制御するためには，他ノー

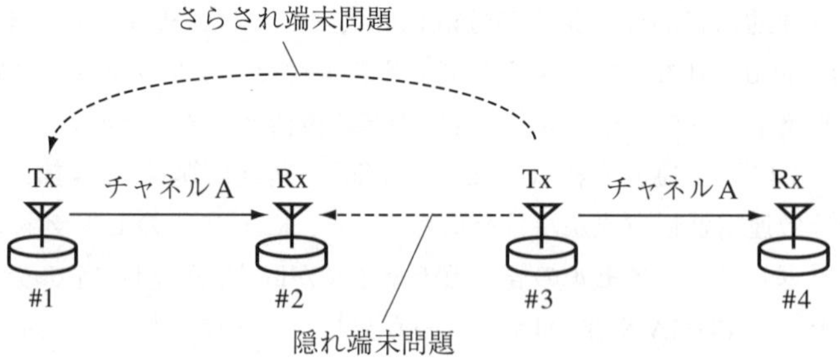

(a)　従来のマルチホップ中継

(b)　マルチチャネルマルチホップ中継

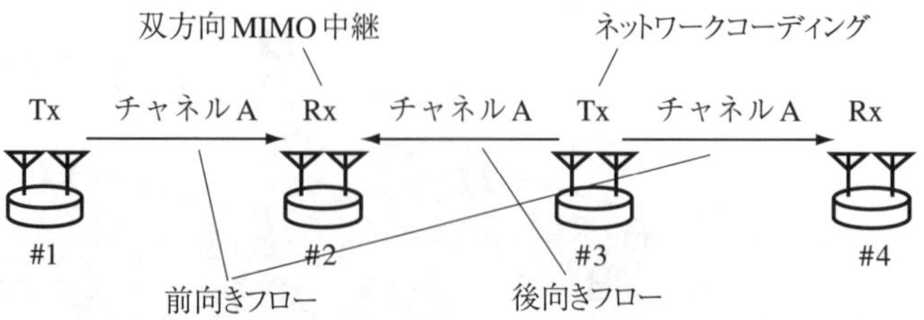

(c)　ネットワーク符号や MIMO 信号処理を用いた双方向マルチホップ中継

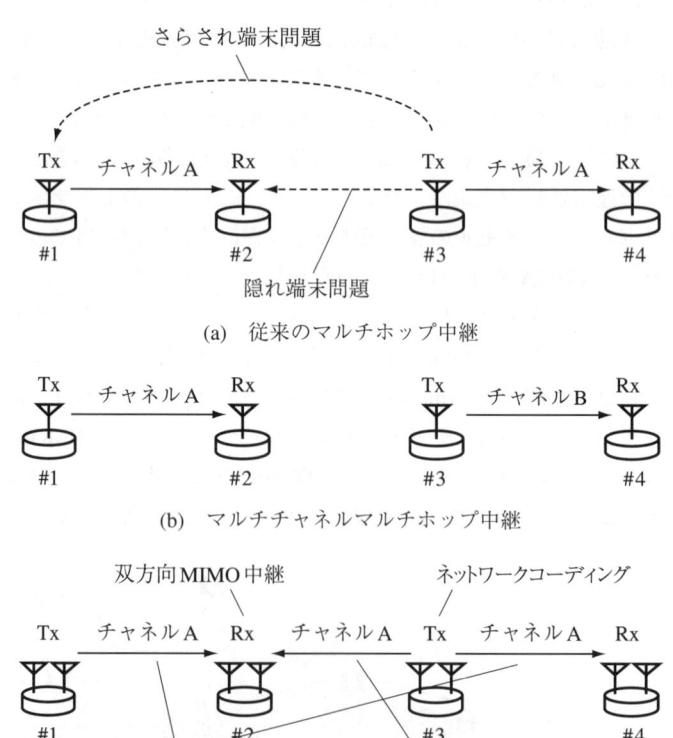

図 1.3　マルチホップ中継における無線分散ネットワークの例

ドの使用チャネルや干渉量を精度良く検出するセンシング技術（3.1 節）や，分散的に連携したリソース制御法（3.6 節）が重要となる．電力制御の代わりにアンテナの指向性を適応的に制御する方法もあり，指向性アンテナを前提とした CSMA/CA プロトコルも既に提案されている（3.7 節）．これらはいずれも所望リンクの品質を改善することでマルチホップネットワークの特性を改善する方式である．これ以外にもマルチホップ中継の品質を改善する方法として，ネットワークコーディング（3.5 節）や双方向 MIMO 中継（3.4 節）が近年提案されている．これらはマルチホップネットワーク内の双方向フローを多重化（圧縮）する方式であり，これまでのラスト 1 ホップの通信とは異なり，無線分散ネットワークには固有の符号化方式や多重化方式が存在することを示唆している．このように高効率なマルチホップネットワークを実現するためには，これまでの分散したアクセス制御方式では難しく，分散した無線ノードが連携してリソース制御及び符号化/多重化を行うことが重要となる．

以上，セルラネットワークとマルチホップネットワークを例に無線分散ネットワークの概要とその要素技術の例を説明した．

1.3 道路交通網とのアナロジー

前節で述べたヘテロジニアスな無線分散ネットワークの概念の理解を深めるために，本節では無線ネットワークと道路交通網のアナロジーを用いる．まず仮定として，無線通信は幅が距離とともに減少する道路であるとする．すなわち道路の幅は受信電力に相当しており距離損失によってその幅が減少する．道路交通網では一般に，単一の単方向の単線道路は役に立たない．そこで異なるシステムの連携を考える．例えば，電車（有線）と道路（無線）の連携であったり，高速道路（無線 LAN）と一般道路（セルラ）の接続であったりする．また同一システム内の連携も考えられる．これは道路に分岐（ブロードキャスト）や合流（マルチアクセス）などの多様な機能を備え相互接続（ジャンクション）を図るものである．このように道路交通網では多様な道路の組合せや，異なる交通手段との連携により利便性と効率を向上させている．この概念を無線通信に適用したものがヘテロジニアスな無線分散ネットワークである．

道路交通網全体として渋滞を軽減し高効率高信頼な社会インフラを構築するためには異なる多様な道路を組み合わせたヘテロジニアスな道路交通網が重要となる．**図 1.4** にヘテロジニアスな道路交通網の例を示す．ここでは複車線，分岐・合流，乗入れ，双方向車線，交差点，立体交差，私道など多様な道路の組合せで高効率高信頼な道路交通網を実現している．ヘテロジニアスな無線分散ネットワークでは，例えば複車線は MIMO 通信に相当し，分岐・合流はマルチユーザ MIMO により実現される．これらが実現されるとネットワークの構成要素が多様化するため，基地局連携や端末連携などの高度な通信が可能となる．道路の接続はマルチホップ中継により実現され，更にネットワークコーディングなどを組み合わせることで双方向車線の道路が完成する．これに更に MIMO マルチアクセスを組み合わせると立体交差が完成する．また適応的なリソース制御を組み合わせることでネットワーク全体として高効率な社会インフラが実現する．

多様な道路交通網が整備されると利用者はそれらを選択することができ利便性が向上する．ヘテロジニアスな無線分散ネットワークでは，各端末（ノード）の連携通信方式の選択や，アクセス方式・アクセスチャネルの選択がそれに相当する．利便性とは，通信の接続性，信頼

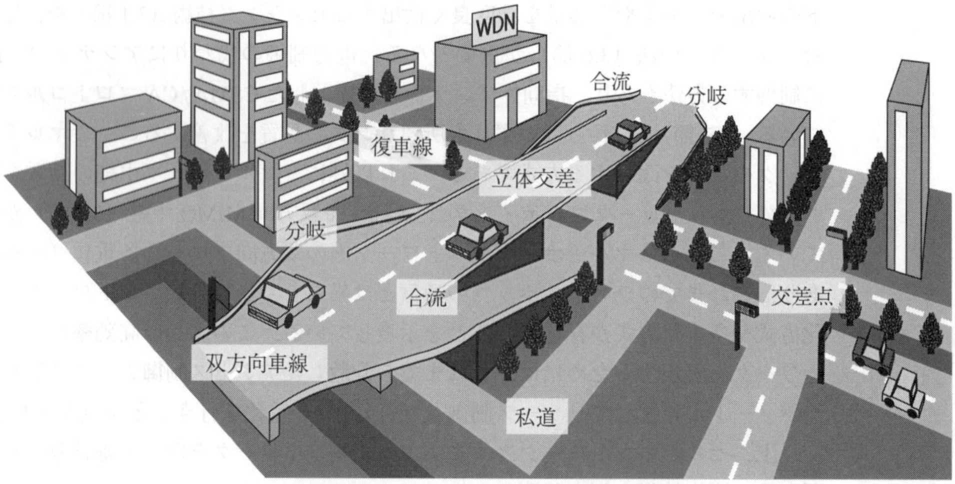

図 1.4　ヘテロジニアスな道路交通網

性，通信速度，コストなどであり，道路交通網では，確実に，速く，安く物または人を運ぶことである．ヘテロジニアスな無線分散ネットワークでは，そもそも交通手段を選択できるため接続性が高まり，同報される交通情報により交通手段を選択することで信頼性が高まり，高速道路が敷設されているのであればそれを利用することで移動速度が高まり，低料金なインフラを選択することでコストが安くなる．またこのような端末側の分散制御によるヘテロジニアス無線分散ネットワークを更に高効率化するためにはインフラ側の協力が重要となる．インフラ側は道路の状況を把握（センシング）しその情報をユーザに配信（共通制御情報）する．端末側ではこの情報に基づいて交通手段（通信モード）を選択するナビゲーションシステムが実現する．

以上，道路交通網とのアナロジーによりヘテロジニアスな無線分散ネットワークの社会的な位置付けを説明した．本書の読者が，無線分散ネットワークの概念を応用し，より良い街づくりに取り組むことを期待する．

1.4 本書の目的と構成

本書の構成を図 **1.5** に示す．読者の対象としては無線通信分野の大学院生及び社会人を想定し，無線通信の基礎については他の参考書など [14], [15] で別途習得しているという前提で執筆している．その前提のもとで，無線分散ネットワークにおいて新たに重要となる技術分野を，(1) 無線リソース制御の柔軟性構築技術，(2) 多様なデータフローに対処する物理（PHY: PHYsical）層 / 媒体アクセス制御（MAC: Media Access Control）層技術，(3) PHY / MAC とネットワーキングの協調技術，(4) 情報源圧縮とネットワーキングの協調技術，(5) ルーチング技術に分類し（図 1.5 第 2 層），そのための要素技術（図 1.5 第 3 層）とそれらを支える理論（図 1.5 第 1 層），及び要素技術を適用した応用例（図 1.5 第 4 層）という 4 層構造に分けて議論する．

まず，要素技術を支える理論分野（図 1.5 第 1 層）としては，無線通信システム分野で今

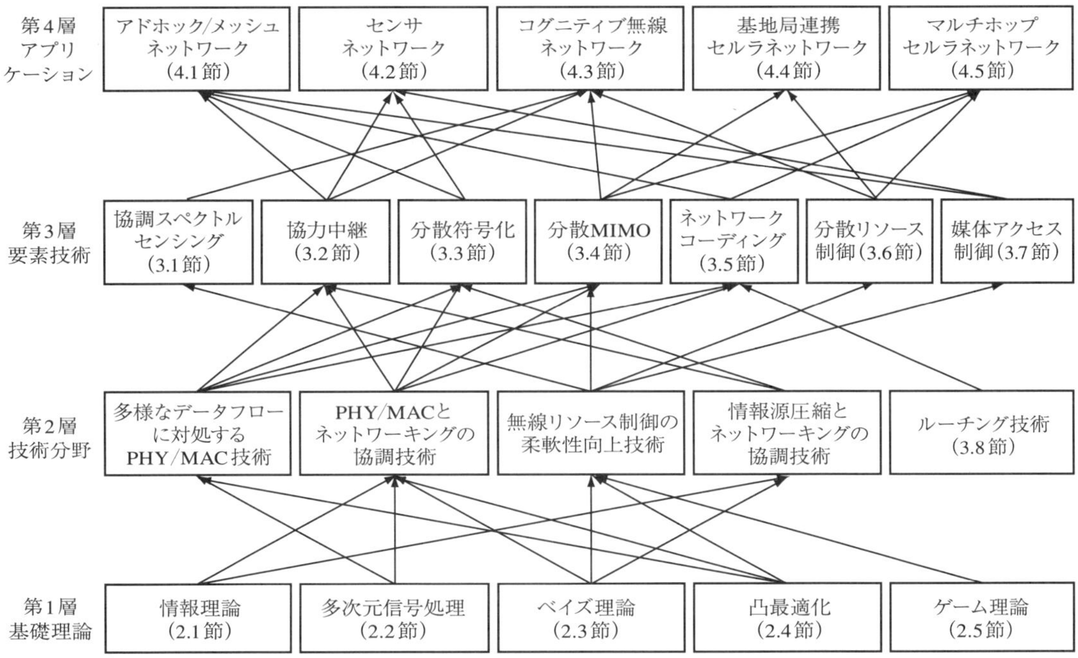

図1.5　本書の構成

後ますます重要になると考えられる普遍的なものとして，(1) 情報理論，(2) 多次元信号処理，(3) ベイズ理論，(4) 凸最適化，(5) ゲーム理論の5分野を選択し，第2章で説明している．

第3章では，図1.5の第2層に示される技術分野の中で，現時点で既に考えられているものを説明しており，具体的には，(1) 協調スペクトルセンシング，(2) 協力中継，(3) 分散符号化，(4) 分散MIMO，(5) ネットワークコーディング，(6) 分散リソース制御，(7) 媒体アクセス制御について説明する（図1.5第3層）．また，ルーチング技術はネットワークコーディングやアドホックネットワーク等を下支えする技術分野であるが，これらを理解する上で技術的な総括が必要と判断し，これも第3章で解説している．

第4章では，無線分散ネットワークの応用例として，(1) アドホック/メッシュネットワーク，(2) センサネットワーク，(3) コグニティブ無線ネットワーク，(4) 基地局連携セルラネットワーク，(5) マルチホップセルラネットワークを説明する（図1.5第4層）．

参考文献

[1] A.R. Mishra, Fundamentals of Cellular Network Planning and Optimisation, Wiley-Interscience, 2004.

[2] L. Hanzo, M. Muenster, B.J. Choi, and T. Keller, OFDM and MC-CDMA for Multi-User Broadband Communications, WLANs and Broadcasting, Wiley-Blackwell, 2003.

[3] http://standards.ieee.org/getieee802/802.11html

[4] 丸林　元，中川正雄，河野隆二，スペクトル拡散通信とその応用，電子情報通信学会，1998.

[5] C. Berrou, A. Glavieux, and P. Thitimajshima, “Near Shannon limit error-correcting coding and decoding: Turbo-codes,” Proc. IEEE ICC’93, pp. 1064–1070, May 1993.

[6] R.G. Gallager, “Low-density parity-check codes,” IRE Trans. Inf. Theory, vol.8, no.1, pp. 21–28, Jan. 1962.

[7] D.J.C. MacKay, “Good error-correcting codes based on very sparse matrices,” IEEE Trans. Inf. Theory, vol.45, no.2, pp. 399–431, March 1999.

[8] S. Sampei and H. Harada, “System design issues and performance evaluations for adaptive modulation in new

wireless access systems," Proc. IEEE, vol.95, no.12, pp. 2456–2471, Dec. 2007.

[9] H.G. Myung and D.J. Goodman, Single Carrier FDMA: A New Air Interface for Long Term Evolution, Wiley, 2008.

[10] R. Aiello and A. Batra, Ultra Wideband Systems: Technologies and Applications, Newnes, 2006.

[11] E. Biglieri and R. Calderbank, A. Constantinides, A. Goldsmith, A. Paulraj, and H.V. Poor, MIMO Wireless Communications, Cambridge, 2007.

[12] O.K. Tonguz and G. Ferrari, Ad Hoc Wireless Networks, Wiley, 2006.

[13] ITU-R M.2134, "Requirements related to technical performance for IMT-advanced radio interface(s)," Dec. 2008.

[14] 奥村善久，進士昌明（監修），移動通信の基礎，電子情報通信学会，1986.

[15] 松江英明，守倉正博，佐藤明雄，渡辺和二，高速ワイヤレスアクセス技術，電子情報通信学会，2004.

2 WDNのための基礎理論

2.1 情報理論

2.1.1 情報理論とは

情報理論とは，シャノン（C.E. Shannon）によって創始された，各種通信システムの理論的限界を明らかにする学問分野である．ここで理論的限界とは，装置の複雑さ・遅延などを無制限に大きくすることを許したときに達成できる性能の限界である．例えば，加法的白色ガウス雑音（AWGN: Additive White Gaussain Noise）通信路では，送信機と受信機をいくらでも複雑にすることを許し復号遅延がいくらでも長くなることを許したとき，信号対雑音電力比（SNR: Signal to Noise power Ratio）を γ で表すと，$C = \log_2(1 + \gamma)$ [bps/Hz] の情報を任意に小さい誤り率で送信できることが明らかにされている．

狭い意味での情報理論は，上に例示したように理想的な通信システムで達成できる性能限界を明らかにするだけであり，明らかになった限界を具体的に実現する方法は明らかにしない．それでは，無線分散ネットワークの研究開発において，一見役に立ちそうにない情報理論がどのように役に立つのであろうか．情報理論の有用な側面は多いが，以下に代表的な有用性の例を二つ挙げる．

1990 年代半ばごろまでは，有線，無線を問わず，1 秒当りに誤りなく伝送できる情報量を増やすためには送信電力または送信信号が占有する帯域幅を大きくすることが必要であると考えられてきた．しかしテレター（E. Telatar）は，帯域幅と送信電力が一定でも送受信アンテナの数を増やすと 1 秒間に伝送できる情報量の最大値が増えることを明らかにし，衝撃を与えた [1].

また，複数の送信局から一つの受信局に情報を伝送するときに一般的な方法は時分割多重であるが，時分割多重はどの瞬間でも情報を送信している送信局はたかだか一つである．これに対し，アールスェーデ（R. Ahlswede）とリアオ（H. Liao）は同時に複数の送信局が情報を送信すると，単位時間当りに伝送できる情報量の最大値がすべての送信局において増えることを明らかにした [2], [3].

上に紹介した研究成果は，通信装置の具体的な作り方を明らかにするものではないが，作り方に関する重要な洞察を与える．このような洞察を与えるところが，情報理論の意義である．

さて，情報理論では，通信システムが達成できる性能限界を確率分布の関数であるエントロピーなどの量で記述する．そこで，エントロピーなどの情報理論で用いる諸概念を紹介する．$\mathcal{X}$，$\mathcal{Y}$ を任意の有限集合，X，Y を $\mathcal{X}$，$\mathcal{Y}$ 上に値をとる確率変数，P_X，P_Y を X，Y の確率関数とする．また X と Y の同時確率関数を $P_{X,Y}$ で表し，X の Y に関する条件付き確率関数を $P_{X|Y}$ で表す．例えば，$P_{X,Y}(x,y)$ は $X=x$ かつ $Y=y$ となる同時確率である．X のエントロピー $H(X)$，X の Y に関する条件付きエントロピー$H(X|Y)$，X と Y の相互情報量 $I(X;Y)$ は以下のように定義される．

$$H(X) = -\sum_{x\in\mathcal{X}} P_X(x)\log_2 P_X(x), \tag{2.1}$$

$$H(X|Y) = -\sum_{\substack{x\in\mathcal{X}\\ y\in\mathcal{Y}}} P_{X,Y}(x,y)\log_2 P_{X|Y}(x|y), \tag{2.2}$$

$$I(X;Y) = H(X) - H(X|Y) \tag{2.3}$$

ここで，$I(X;Y) = I(Y;X)$ が成立するが，$H(X|Y) = H(Y|X)$ は一般に成立しないことに注意せよ．ここまでのところは確率変数が離散型であると仮定したが，連続型確率変数についてはエントロピーなどを，定義式の確率関数を確率密度関数に，総和を積分に置き換えて，同様に定義する．詳細は [4] を参照されたい．

2.1.2 通信路容量

2.1.2.1 通信路符号化定理

古典的な情報理論では一つの送信局と一つの受信局が存在する状況を考える．そのような状況において，情報源から得られる情報をどこまで圧縮できるかという問題と，雑音がある通信路において通信路の使用 1 回当り誤りなく伝送できる情報量は何ビットかという問題がシャノンによって考察された．本項では後者の問題を取り扱う．まず通信路容量について定義する．

$\mathcal{X}$ を通信路に入力できる信号の集合，$\mathcal{Y}$ を通信路から出力される信号の集合とする．以下記述を簡単にするために，$\mathcal{X}$ 及び $\mathcal{Y}$ が有限集合であると仮定するが，この仮定を取り除くことは容易である．K を自然数とし，通信路への K 回の入力信号を確率変数 $(X_1,\ldots,X_K)$，出力信号を確率変数 $(Y_1,\ldots,Y_K)$ で表すとする．情報通信の研究では，通信路の数学的な表現として入力信号 $(x_1,\ldots,x_K)$ を通信路に入力したときに出力信号 $(y_1,\ldots,y_K)$ を得る条件付き確率

$$\Pr[Y_1=y_1,\ldots,Y_K=y_K|X_1=x_1,\ldots,X_K=x_K] \tag{2.4}$$

を用いる．入出力が実数や複素数の連続値をとる場合には条件付き確率の代わりに条件付き確率密度を用いる．最も基本的な通信路は定常無記憶通信路と呼ばれるものである．ある条件付き確率 $Q_k(y_k|x_k)$ が存在して

$$\begin{aligned}&\Pr[Y_1=y_1,\ldots,Y_K=y_K|X_1=x_1,\ldots,X_K=x_K]\\&\quad= Q_1(y_1|x_1)\times\cdots\times Q_K(y_K|x_K)\end{aligned} \tag{2.5}$$

と表現できるときに，通信路を定常無記憶であるという．ここで無記憶とは式 (2.5) が $Q_k(y_k|x_k)$ の積の形で表現できることを指し，定常とはすべての k について Q_k が同一の関数になることを指す．

加法的ガウス雑音があり帯域が狭く制限された有線通信路が定常無記憶通信路の代表的例である．無線通信路でも帯域が狭く制限されていれば定常無記憶通信路で十分よく近似できる場合が多い．一方，2.3 節で述べる帯域が広い場合には，通常符号間干渉が生じるため，通信路が無記憶ではなくなる．

通信路容量の正式な定義を述べる．M_K 種類のメッセージ $\{1,\ldots,k,\ldots,M_K\}$ を K 回の信号に分けて送信することを考える．符号化器 e_K とは $\{1,\ldots,M_K\}$ の要素を通信路の入力である $\mathcal{X}^K$ の要素に対応させる関数である．ただし $\mathcal{X}^K$ は $\mathcal{X}$ の K 重直積集合 $\mathcal{X}\times\cdots\times\mathcal{X}$ である．メッセージ k に対応する送信信号は $e_K(k)\in\mathcal{X}^K$ となる．復号器 d_K とは通信路の出力である $\mathcal{Y}^K$ の要素を $\{1,\ldots,M_K\}$ の要素に対応させる写像である．受信信号 $y\in\mathcal{Y}^K$ を復号した結果は $d_K(y)\in\{1,\ldots,M_K\}$ となる．平均復号誤り確率を

$$P_K = \frac{1}{M_K}\sum_{k=1}^{M_K}\sum_{d_K(y)\neq k}\Pr\left[Y^K = y|X^K = e_K(k)\right] \tag{2.6}$$

で定義する．ここで X^K は送信信号を表す確率変数，Y^K は受信信号を表す確率変数であり，$\Pr[Y^K = y|X^K = e_K(k)]$ は通信路の統計的な性質によって定まる，$e_K(k)$ を送信したときに y を受信する条件付き確率である．P_K は通信路の統計的な性質及び符号化器・復号器の組 (e_K, d_K) に依存することに注意してほしい．また，P_K はいわゆるフレーム誤り率（FER: Frame Error Rate）を表し，シンボル誤り率（SER: Symbol Error Rate）及びビット誤り率（BER: Bit Error Rate）を表すわけではないことに注意する必要がある．更に，符号化器 e_K の情報レートを

$$R_K = \frac{\log_2 M_K}{K} \tag{2.7}$$

で定義する．この定義は e_K が通信路の使用 1 回当りに送信する情報量が R_K ビットであることに対応する．

ここで，誤りなく通信できる最大の情報レートを考える．$P_K\to 0\ (K\to\infty)$ という条件を満たす符号化器 e_K 及び復号器 d_K の対の系列の中における，K を大きくしたときの情報レート

$$\liminf_{K\to\infty} R_K \tag{2.8}$$

の上限を通信路容量という．

いくつかの注意を述べる．まず，$P_K = 0$ の代わりに $P_K\to 0$ を要求している点が重要である．例えば，入出力が $\{0,1\}$ で，ビットが反転する確率が $p>0$ で与えられる二元対称通信路では，いかなる符号化器・復号器の対を用いてもすべての K について $P_K\neq 0$ となってしまうので，通信路容量の定義における $P_K\to 0$ を $P_K = 0$ に置き換えると実用的な意味をもつ通信路容量を定義できなくなってしまう．

また，有限の値の K においては P_K をいかなる符号化器・復号器を用いても通信路から定まる非零の定数以下にできないことが知られている．このことは一般の通信路において K が有限の値のときは，任意に小さい平均復号誤り確率 P_K を実現できるわけではないことを表

している．

K が大きいということは K 回信号を受信し終わるまで復号を開始できないため，復号遅延が大きいことを意味する．したがって通信路容量とは無限の復号遅延を許す理想的な状況において達成できる通信速度の限界である．また，符号化器 e_K 及び復号器 d_K が現在の技術で実現できるかどうかは全く考慮しておらず，符号化器及び復号器は無限の計算時間を消費し無限の回路規模をもつことを許されることを暗に仮定している．

さて，通信路容量の工学的な意義は明らかであるが，与えられた通信路の統計的な性質から通信路容量を計算する方法は定義からは明らかではない．通信路容量について次のことが知られている．$\mathcal{X}$ に値をとる送信信号を表す確率変数が確率関数 P_X に従うとする．また定常無記憶通信路の統計的な性質が式 (2.5) の Q で与えられるとする．$\mathcal{Y}$ に値をとる受信信号を表す確率変数を Y で表す．Q は固定されているため，P_X を定めると X と Y の同時分布 $P_{X,Y}$ が定まり，$P_{X,Y}$ の関数である相互情報量 $I(X;Y)$ の値が定まる．通信路容量は

$$\max_{P_X} I(X;Y) \tag{2.9}$$

に等しくなることが知られている．これを通信路符号化定理と呼ぶ．式 (2.9) において，max は X が従う確率分布を取り換えて最大値を計算することを意味する．この最大値は 2.4 節で解説される凸最適化アルゴリズムや，通信路容量の計算に特化した有本–ブラハトアルゴリズムで計算できる [5], [6].

通信路容量の定義から，通信路容量より大きい情報レートにおいてはいかなる符号化器・復号器の対においても平均復号誤り確率 P_K が K を大きくしたときに 0 に収束しないことが分かる．実際には，定常無記憶通信路を含む広い種類の通信路において，いかなる符号化器・復号器の対においても $P_K \to 1$ $(K \to \infty)$ となることが知られている．これを通信路符号化強逆定理という．

前に述べたように P_K はフレーム誤り率である．通信システムの性能はフレーム誤り率よりもビット誤り率で評価されることの方が多いが，通信路符号化定理はビット誤り率については何も主張していない．ビット誤り率について情報理論から得られる知見は紙数の都合上割愛するが，詳細は [4] を参照されたい．

2.1.2.2 加法的ガウス雑音通信路と注水定理

等価低域系信号モデルにおいて，送信信号に加法的ガウス雑音が加わるいくつかの通信路の通信路容量について解説する．送信信号 $X \in \mathbb{C}$ に対し雑音 $N \in \mathbb{C}$ が加わり $Y = X + N$ が受信されるとする．ここでは，2.1.2.1 項と異なり，X, Y, N は複素数体の連続型の確率変数であり，有限集合内の離散値をとる確率変数ではないことに注意されたい．また，雑音 N は統計的に独立かつ同一の各次元において平均 0，分散 $\sigma^2 = \mathrm{E}[|N|^2]$ の複素ガウス分布（実部と虚部の分散はともに $\sigma^2/2$）に従うものとする．このような通信路を加法的白色ガウス雑音通信路（AWGN 通信路）と呼ぶ．通信路容量の式 (2.9) は，送信信号の確率分布の最適化を含むが，AWGN 通信路において式 (2.9) の相互情報量を最大にする送信信号の分布は分散 P 平均 0 のガウス分布である．この点に着目をすると，送信信号の平均電力 $\mathrm{E}[|X|^2]$ を P 以下に抑える制約がある AWGN 通信路にいて，信号を構成する 1 シンボル当りの通信路容量は

$$C_s = \log_2\left(1 + \frac{P}{\sigma^2}\right) \quad \text{[bit/symbol]} \tag{2.10}$$

で与えられる．この通信路容量の導出に関する詳細は，確率変数が複素数であることに注意しつつ，文献 [4] を参照されたい．

式 (2.10) に示した通信路容量は 1 シンボル当りに送信できるビット数であり，1 秒間に送信できるビット数ではない．ここで，帯域幅 W Hz の理想的な低域通過フィルタで帯域制限された通信路を考えると，1 秒間で W シンボル送信可能であるため，1 秒間に送信できるビット数は，

$$C_W = WC_s = W\log_2\left(1+\frac{P}{\sigma^2}\right) \quad \text{[bit/s]} \tag{2.11}$$

で与えられる．なお，本書では，断りがない限り式 (2.11) を帯域 W Hz で規格化した

$$C = \frac{C_W}{W} = \log_2\left(1+\frac{P}{\sigma^2}\right) \quad \text{[bps/Hz]} \tag{2.12}$$

を通信路容量として参照する．

任意に小さい復号誤り確率でこれより多いビット数を 1 秒間に送信することができないことも知られている [7]．式 (2.11) が，伝送速度を上げるためには占有帯域幅か送信電力を大きくする必要があることの根拠である．ここで，W を固定して送信電力 P を無限に大きくすると式 (2.11) は無限に大きくなるが，雑音電力密度を $N_0 = \sigma^2/W$ で定義した上で，反対に P を固定して W を無限に大きくすると

$$\lim_{W\to\infty} W\log_2\left(1+\frac{P}{N_0W}\right) = \frac{P}{N_0}\log_2 e \tag{2.13}$$

であるため，通信路容量が無限に大きくなるわけではないことを意味している．また式 (2.13) は，占有帯域幅がとても広いときは，通信路容量は送信電力に対して対数的ではなく線形に増加することを示しており，この点も重要である．

ここまでは，雑音の電力（分散）は常に一定であると仮定したが，現実には雑音の電力が異なる L 個の AWGN 通信路を利用して通信を行う場合がよくある．このような状況の代表例は離散マルチトーン（DMT: Discrete Multi-Tone），直交周波数分割多重（OFDM: Orthogonal Frequency Division Multiplexing）及び 2.2 節で説明される MIMO 固有モード通信である．i 番目の通信路への入力を X_i，雑音を N_i，出力を $Y_i = X_i + N_i$ とする．$(N_1, \ldots, N_L)$ は平均 0 の 2.3 節で説明する多次元ガウス分布に従うと仮定する．$N_1, \ldots, N_L$ が統計的に独立であると仮定することは必ずしも必要ではないが，説明の都合上統計的独立性を仮定する．これら L 個の AWGN 通信路の組を並列 AWGN 通信路と呼ぶ．このとき，個々の通信路の雑音電力が異なるので，送信電力も通信路ごとに異なる値を用いた方が式 (2.9) の相互情報量をより大きくできると考えられる．ここで式 (2.9) の送信信号を表す確率変数 X として，並列 AWGN 通信路では $(X_1, \ldots, X_L)$ の送信信号の組を考えていることに注意する．相互情報量の式 (2.9) を最大化する送信信号 $(X_1, \ldots, X_L)$ の分布は，分散が異なる統計的に独立な平均 0 のガウス分布で与えられる．

ここで平均総送信電力 $\mathrm{E}[|X_1|^2] + \cdots + \mathrm{E}[|X_L|^2]$ を一定値 P 以下に抑えるという制約のもとで，相互情報量を最も大きくするために各信号で送信する電力 $\mathrm{E}[|X_i|^2]$ をどのように設定すればいいか検討する．そうすると非負定数 ν を

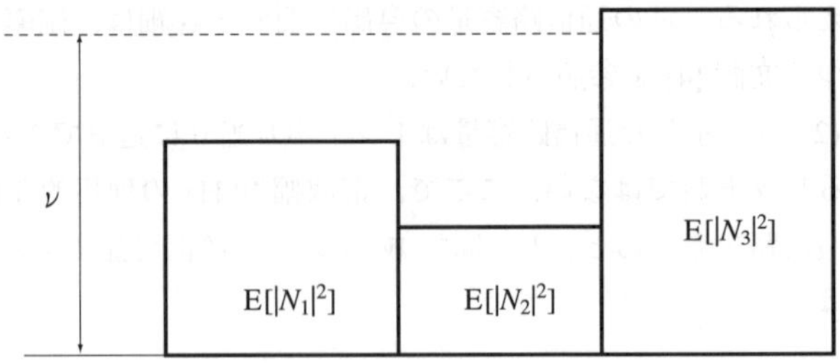

図 2.1 注水定理の名前の由来

$$\sum_{i=1}^{m} \max\{0, \nu - \mathrm{E}\,[|N_i|^2]\} = P \tag{2.14}$$

によって定めれば，i 番目の通信路に送信する電力を $\max\{0,\ \nu - \mathrm{E}\,[|N_i|^2]\}$ に選んだときに L 個の通信路の容量の和が最大になることが知られている．このような各送信電力の選び方を注水定理（water-filling theorem）と呼ぶ．注水定理の名前の由来は以下のとおりである．図 **2.1** のような高さがそれぞれ $\mathrm{E}\,[|N_i|^2]$ である土地が並んだ地形を考える．この地形に水位が ν になるまで水を注ぐと，水深がちょうど i 番目の通信路に送るべき電力に対応している．注水定理の導出は 2.4 節でより詳しく説明される．

ここで，注水定理を用いて送信局が適切に各通信路の送信電力を設定するためには，各通信路の雑音電力をかなり正確に把握する必要があることに注意する．実際には，送信局が雑音電力を正確に把握することが難しい場合もあり，そのような場合は注水定理をそのまま用いても通信速度を最大化することにつながらない場合もある．

2.1.2.3 フェージングがある通信路

ここからは周波数非選択性フェージングがある単一の送受信アンテナを用いる通信路の通信路容量について考察する．フェージングの変化の速さはそのつど断る．X，Y をそれぞれ送受信信号の確率変数とすると，それらの関係は

$$Y = HX + N \tag{2.15}$$

で表される．ただし，H は複素数のフェージング係数，N は加法的雑音を表す確率変数である．まずはじめに異なる時刻におけるフェージング係数が同一かつ統計的に独立な確率分布に従う場合[1]を検討する．

無線通信においては情報を伝送する前に，パイロット信号を送信してフェージング係数 H を推定することがよく行われる．係数 H がどのような値であるかを表す情報を通信路状態情報（CSI: Channel State Information）と呼ぶ．通常，CSI は送受信局両方にあるか，受信局だけにあるか，送受信局どちらにもない場合を考えることが多い．受信局及び送信局のどちらも CSI をもたない場合の通信路容量は相互情報量 $I(X;Y)$ を送信信号 X の分布を動かして最大化した値となる．

受信局が CSI をもつ場合，通信路の出力が受信信号 Y だけでなく H も出力されているとみなすことができる．したがって通信路容量は $I(X;Y,H)$ を X の分布を動かして最大化した値

[1] この仮定は多くの場合満たされないが，フェージング係数が定常エルゴード確率過程とみなせる場合はほぼ同様の議論が成立し，定常エルゴード性を仮定できる場合は多い．

になる．これは送信局が CSI をもつ場合ももたない場合も同様である．X が同一の分布に従うときに $I(X;Y,H) \geq I(X;Y)$ なので，受信局が CSI をもつ場合の容量は CSI をもたない場合の容量以上になることが分かる．

それでは，送信局における CSI の有無は通信路容量の違いを生まないのであろうか．送信局が CSI をもたない場合，送信信号を H に応じて変更することができない．したがって X の分布は H の分布と統計的に独立にならざるを得ない．一方，送信局が CSI をもつ場合，送信信号を H に応じて変更することができるので，X の分布は H と統計的に従属になってもよい．したがって通信路容量を求める際に送信信号の確率分布を動かせる範囲は送信局が CSI をもつ場合の方がそうでない場合よりも広くなり，そのため相互情報量の最大値である通信路容量は送信局が CSI をもつ場合の方が一般に大きくなる．

送信局が CSI をもたない場合フェージング係数に合わせて送信電力を調節することができないため，送信電力を $P = \mathrm{E}[|X|^2]$ とおく．受信局は CSI をもつと仮定しているため受信局が受信信号に $H^*/|H|^2$ を乗じることにより，フェージング通信路は SNR $P|H|^2/\sigma^2$ の AWGN 通信路とみなすことができる．したがって送信局が CSI をもたず受信局が CSI をもつときのフェージング通信路の容量は

$$\mathrm{E}_H\left[C = \log_2\left(1 + \frac{P \cdot |H|^2}{\sigma^2}\right)\right] \tag{2.16}$$

で与えられる．E_H は係数 H の変動に関して平均をとることを表す．

前段落に述べたようにフェージング通信路は異なる SNR の AWGN 通信路が複数あるとみなすことができ，これは前に述べた並列 AWGN 通信路である．送信局に CSI がある場合は，2.1.2.2 項の注水定理を用いて各時刻ごとに適切に送信電力を調節することができるため，送信局に CSI がないために各時刻に等しい送信電力を用いる場合に比べて通信路容量が大きくなる．与えられた H に対する適切な送信電力 $P(H)$ の算出は H の分布に依存し，$P(H)$ の数値計算は可能で，この $P(H)$ を用いて送受信局両方に CSI がある場合の通信路容量は

$$\mathrm{E}_H\left[C = \log_2\left(1 + \frac{P(H) \cdot |H|^2}{\sigma^2}\right)\right] \tag{2.17}$$

で与えられる．

さて，通信路容量は非常に長いビット系列により構成される 1 ブロックの情報を符号化して送信するときに達成できる伝送速度である．ここで導出したフェージング通信路容量は，フェージング係数 H は独立かつ同一の分布（またはエルゴード確率過程）に従うと仮定したが，このことは符号化を行う 1 ブロックを送信する間にフェージング係数 H が様々に変化することを意味している．無線通信を行う際，フェージングの変化の速さが遅く復号遅延を小さく抑える必要があるときに上記の仮定は満たされず，通常の意味での通信路容量を考察することにあまり意味がない．フェージングの変化が遅いときに用いる通信路容量の指標にアウテージ容量がある．今まで紹介した通信路容量をアウテージ容量と区別するためにエルゴード容量と呼ぶことがよくある．アウテージ容量は情報レートの最低限の保証であるのに対し，エルゴード容量は情報レートの平均である．

アウテージ容量を用いるとき，フェージング係数 H は何らかの分布（例えばレイリーフェージング）に従い一つの値に固定されて，それ以降永久に変わらないというモデルを用いる．送

信信号 X の確率分布を一つ定め更にフェージング係数 H の値を一つ定めると受信信号の確率分布が一つ定まる．その分布に従う受信信号を表す確率変数を Y_H と表記する．q% アウテージ容量を

$$\arg_R\{\Pr[I(X;Y_H) < R] = q/100\} \tag{2.18}$$

で定義する．従来の通信路容量は送信信号の分布を動かして相互情報量を最大化するが，アウテージ容量は送信信号を適当な分布（理想的な変調の使用を前提としたガウス分布や，QAM 信号点配置上の一様分布）などに固定して考察されることが多い．ここで $\Pr[I(X;Y_H) < R]$ は相互情報量が R 以下になる確率であり，アウテージ容量はそのような事態が生じる確率が q% 以下になるような最大の伝送速度を表している．$I(X;Y_H) < R$ であると通信路符号化定理より復号誤り確率を 0 に近づけることができないため，そのような事態が生じないような伝送速度をアウテージ容量と定めている．フェージング係数が $I(X;Y_H) < R$ となる値をとることをアウテージと呼ぶ．

アウテージ容量について，いくつかの注意を述べる．受信局に加えて送信局が CSI をもつ場合アウテージ容量を考える意味がない．なぜならば H の値に応じて伝送速度 R を $I(X;Y_H)$ 未満に抑えることによって $\Pr[I(X;Y_H) < R] = 0$ とできるからである．

またアウテージ容量において受信局が CSI をもたない場合を検討することはできない．相互情報量 $I(X;Y_H)$ は無限の復号遅延が許される場合に達成できる最大伝送速度を表し，アウテージ容量はフェージング係数が永久に変化しないことを仮定するが，そのような場合は送信局からパイロット信号を送ることにより伝送速度を落とさないで受信局は完全に CSI を得ることができるからである．

2.1.3 マルチユーザ情報理論

2.1.2 項では送信局と受信局がそれぞれ一つあり，雑音がある通信路を介して情報を送る状況を考察した．本項では，送信局及び受信局が複数ある状況を考察する．

2.1.3.1 スレピアン–ウォルフ（Slepian-Wolf）情報源符号化

データ圧縮を情報理論では情報源符号化と呼ぶが，通常の情報源符号化では単一の情報源から得られる系列を符号化（圧縮）し，符号化した系列（符号語）を復号器に送り，復号器は符号語から元の系列を復号（復元）しようと試みる．代表的な符号化法であるハフマン符号は，系列によって符号語の長さが異なるが，本項では情報源から得られる系列を K 文字ごとに区切って，その K 文字を一定長の符号語に対応させる符号化を取り扱う．このような符号化を固定長符号化と呼ぶ．

情報源から得られる 1 文字が属する有限集合を $\mathcal{X}$ で表す．符号化器を $\mathcal{X}^K$ の要素を $\{1,\ldots,M_K\}$ の要素に対応させる写像 e_K で表し，復号器を $\{1,\ldots,M_K\}$ の要素を $\mathcal{X}^K$ の要素に対応させる写像 d_K で表す．固定長符号化の復号誤り確率は，情報源から得られる K 文字の系列を表す確率変数を X^K とすると $P_K = \Pr[X^K \neq d_K(e_K(X^K))]$ で表される．一方，固定長符号化における情報レートは式 (2.7) で定義される．情報レートは，情報源から得られる 1 文字を表現するために何ビット必要かを表し，正しく復号できる範囲でなるべく小さい方が望ましい．情報源から得られる 1 文字を確率変数 X で表すときに，$P_K \to 0$ $(K \to \infty)$ となる符号化器と復号器の組について，その漸近的な情報レート $\lim_{K\to\infty} R_K$ の下限は $H(X)$ で与えられることが知られている．言い換えれば，K を十分に大きくすることを許せば，復号誤り確率 P_K を任意に小さ

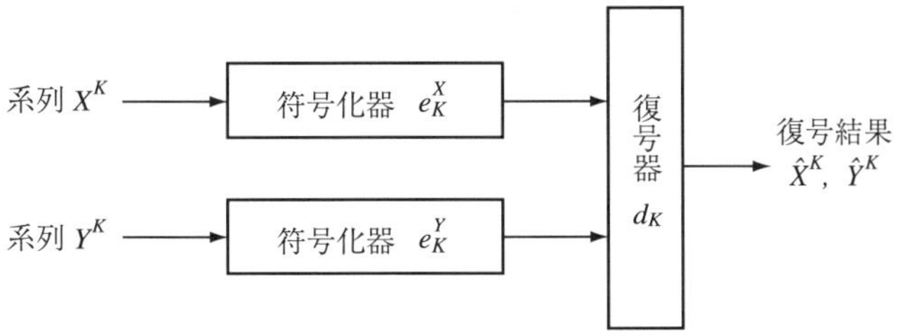

図 2.2 スレピアン–ウォルフ符号化器・復号器の構成

くし，情報源から得られる 1 文字を $H(X)$ ビット程度で表現する符号化器が存在する．

以上は通常の情報源符号化の復習であるが，ここからは統計的な相関がある情報源が二つあり，情報源から得られる系列を二つの符号化器 e_K^X 及び e_K^Y で符号化し，共通の受信局に送り，復号器 d_K はそれぞれの符号化器から出力された符号語の両方を用いて元の系列を復元する問題を考える．この問題を**図 2.2** に示す．

有限集合 $\mathcal{X}$ に値をとる確率変数 X 及び有限集合 $\mathcal{Y}$ に値をとる確率変数 Y で，二つの情報源 X と Y が表されるとする．符号化器 e_K^X は集合 $\mathcal{X}^K$ に所属する情報源 X から得られた長さ K の系列を，$\{1, \ldots, L_K\}$ に属する符号語に対応させる．同様に符号化器 e_K^Y は集合 $\mathcal{Y}^K$ に所属する情報源 Y から得られた長さ K の系列を，$\{1, \ldots, M_K\}$ に属する符号語に対応させる．復号器 d_K は，直積集合 $\{1, \ldots, L_K\} \times \{1, \ldots, M_K\}$ の要素を $\mathcal{X}^K \times \mathcal{Y}^K$ に対応させる写像となる．ここで符号化器 e_K^X は情報源 Y から得られる系列を参照することができず，符号化器 e_K^Y は情報源 X から得られる系列を参照することができないことに注意する．復号誤り確率は $P_K = \Pr[(X^K, Y^K) \neq d(e_K^X(X^K), e_K^Y(Y^K))]$ で定義される．

さて 2.1.2 項では送信局が一つだけだったので情報レートは一つの実数で表されたが，今考えている状況では送信局が二つあるので情報レートの対を考える必要がある．$R_K^X = (\log_2 L_K)/K$, $R_K^Y = (\log_2 M_K)/K$ はそれぞれ符号化器 e_K^X 及び e_K^Y の情報レートを表すが，(R_K^X, R_K^Y) をレート対と呼ぶ．あるレート対 (R^X, R^Y) に対して

$$\lim_{K\to\infty} R_K^X = R^X, \tag{2.19}$$

$$\lim_{K\to\infty} R_K^Y = R^Y, \tag{2.20}$$

$$\lim_{K\to\infty} P_K = 0 \tag{2.21}$$

を満たす符号化器と復号器の組の系列が存在するときに，(R^X, R^Y) を達成可能という．達成可能なレート対の集合を達成可能領域若しくは容量域という．従来の情報源符号化器と復号器を用いると (R^X, R^Y) が $H(X) < R^X$, $H(Y) < R^Y$ を満たすときに達成可能である．しかし，符号化器 e_K^X と e_K^Y から出力させる符号語を一括して復号すると，(R^X, R^Y) が

$$H(X|Y) < R^X, \tag{2.22}$$

$$H(Y|X) < R^Y, \tag{2.23}$$

$$H(X, Y) < R^X + R^Y \tag{2.24}$$

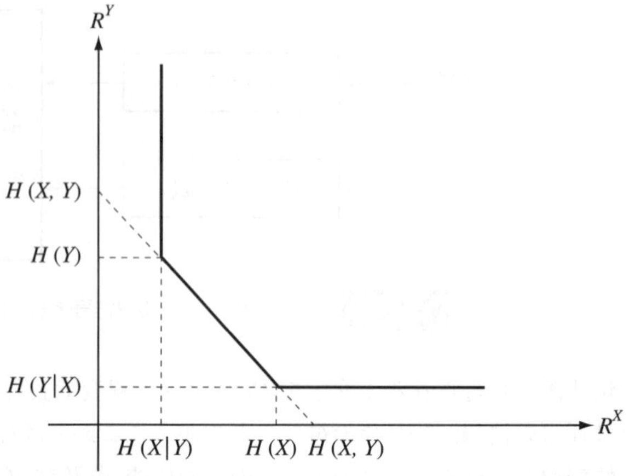

図 2.3　スレピアン–ウォルフ符号化の達成可能領域

を満たすならば達成可能であることが知られている．これをスレピアン–ウォルフ符号化定理と呼ぶ．ここで通常の情報通信においては正しい検波・復号を行うために情報レートが一定値以下である必要があるが，スレピアン–ウォルフ符号化を含む情報源符号化（データ圧縮）においては，正しく復号を行うために情報レートが一定値以上になることを注意する．**図 2.3** にスレピアン–ウォルフ符号化定理が示す達成可能なレート対の範囲を図示する．情報源 X と Y からの符号語を一括して復号することで，系列をより短く圧縮できることが分かる．$H(X|Y) = H(X)$ となる必要十分条件は X と Y が統計的に独立であることなので，従来法よりも圧縮率を改善できるための必要十分条件は，X と Y が統計的に従属であることである．このような従来法よりも優れた圧縮率を具体的に実現する方法として，低密度パリティチェック（LDPC: Low Density Parity Check）符号の符号化器と復号器を用いる方法が知られている [8].

2.1.3.2　マルチアクセス通信路

次に送信局が二つあり，一つの受信局に雑音がある通信路を介して情報を送ることを考える．送信局 1 の送信信号を集合 $\mathcal{X}_1$ に値をとる確率変数 X_1，送信局 2 の送信信号を集合 $\mathcal{X}_2$ に値をとる確率変数 X_2，受信信号を集合 $\mathcal{Y}$ に値をとる確率変数 Y で表す．送信局 1 の符号化器はメッセージ $\{1, \ldots, L_K\}$ の要素を $\mathcal{X}_1^K$ の要素に対応させる写像 e_K^1，送信局 2 の符号化器はメッセージ $\{1, \ldots, M_K\}$ の要素を $\mathcal{X}_2^K$ の要素に対応させる写像 e_K^2，受信局の復号器は $\mathcal{Y}^K$ の要素を $\{1, \ldots, L_K\} \times \{1, \ldots, M_K\}$ の要素に対応させる写像 d_K で表されるものとする．復号誤り確率 P_K を，送信メッセージが一様分布するときに受信局が送信局 1 及び 2 から送られたメッセージの片方または両方を正しく復号できない確率とする．また送信局 1 と 2 の情報レートをそれぞれ $R_K^1 = (\log_2 L_K)/K$，$R_K^2 = (\log_2 M_K)/K$ で定める．レート対 (R_K^1, R_K^2) に対して達成可能の概念をスレピアン–ウォルフ符号化の場合と同様に定め，達成可能領域も同様に定める．通信路が加法的白色性雑音のみをもつ場合のマルチアクセス通信路と符号化・復号器を**図 2.4** に挙げる．

このとき，達成可能領域は，ある統計的に独立な X_1 と X_2 の同時確率分布が存在して

$$R^1 < I(X_1; Y|X_2), \tag{2.25}$$

$$R^2 < I(X_2; Y|X_1), \tag{2.26}$$

$$R^1 + R^2 < I(X_1,\ X_2; Y) \tag{2.27}$$

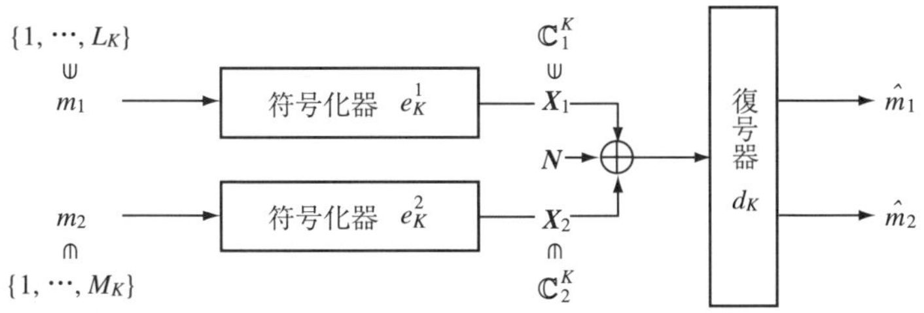

図 2.4 マルチアクセス通信路と符号化・復号器

を満たすレート対 (R^1, R^2) の集合に対する凸包となる．凸包の定義については 2.4 節を参照．ここで，$I(X_1; Y|X_2) = H(X_1|X_2) - H(X_1|Y, X_2)$ は条件付き相互情報量である．凸包を考える理由は，もしレート対 (R^1, R^2) 及び (S^1, S^2) が達成可能である場合，(R^1, R^2) に対応する符号化器と (S^1, S^2) に対応する符号化器を $a : (1-a)$ の比率で時分割多重で切り換えて使うことにより，凸結合のレート対 $(aR^1 + (1-a)S^1, aR^2 + (1-a)S^2)$ を達成できるからである．

以下，加法的雑音が存在する $Y = X_1 + X_2 + N$ でモデル化される AWGN マルチアクセス通信路の達成可能領域を考察する．ただし確率変数はすべて複素数値をとるとする．電力制限 $\mathrm{E}[|X_1|^2] \leq P_1$，$\mathrm{E}[|X_2|^2] \leq P_2$ が課されるとき，達成可能領域は

$$R^1 < \log_2\left(1 + \frac{P_1}{\sigma^2}\right), \tag{2.28}$$

$$R^2 < \log_2\left(1 + \frac{P_2}{\sigma^2}\right), \tag{2.29}$$

$$R^1 + R^2 < \log_2\left(1 + \frac{P_1 + P_2}{\sigma^2}\right) \tag{2.30}$$

を満たすレート対 (R^1, R^2) の集合となる．またこれを発展させた MIMO マルチアクセス通信路の達成可能領域は 2.2 節で説明される．

マルチアクセス通信路に対する従来法として，送信局 1 と送信局 2 が協調して片方だけしか送信しないようにする時分割多重がある．一般の符号化法を用いたときの達成可能領域を**図 2.5** に図示する．図において，時分割多重で達成できるレート領域は点 $(0, \log_2(1 + P_2/\sigma^2))$ と $(\log_2(1 + P_1/\sigma^2), 0)$ を結んだ線分の左下側になるため，一般の符号化法を用いると時分割多重では達成できないレートを達成できることが分かる．

2.1.3.3 ブロードキャスト通信路

次に，マルチアクセス通信路とは逆に，送信局が一つあり受信局が二つある状況を考える．例えば，携帯電話の基地局から端末に情報を送る場合などに相当する．送信信号を集合 $\mathcal{X}$ に値をとる確率変数 X，受信局 1 の受信信号を集合 $\mathcal{Y}_1$ に値をとる確率変数 Y_1，受信局 2 の受信信号を $\mathcal{Y}_2$ に値をとる確率変数 Y_2 で表すとする．受信局 1 に伝えたいメッセージの集合を $\{1, \ldots, L_K\}$，受信局 2 に伝えたいメッセージの集合を $\{1, \ldots, M_K\}$ とすると，符号化器 e_K は $\{1, \ldots, L_K\} \times \{1, \ldots, M_K\}$ の要素を $\mathcal{X}^K$ の要素に対応させる写像，受信局 1 の復号器 d_K^1 は $\mathcal{Y}_1^K$ の要素を $\{1, \ldots, L_K\}$ の要素に対応させる写像で表される．受信局 2 の復号器 d_K^2 も同様に定義される．ここで受信局 1 と 2 に伝えたい情報が異なることに注意する．通信路が加法的白色性雑音のみをもつ場合のブロードキャスト通信路と符号化・復号器を**図 2.6** に挙げる．

スレピアン–ウォルフ情報源符号化と同様に，ブロードキャスト通信路でもレート対を考え

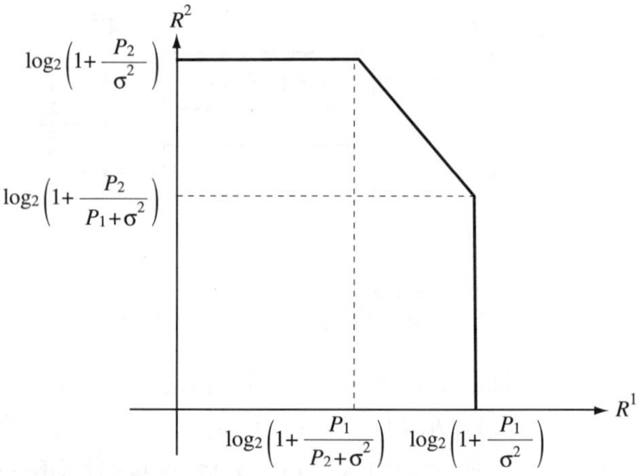

図 2.5 AWGN マルチアクセス通信路の達成可能領域

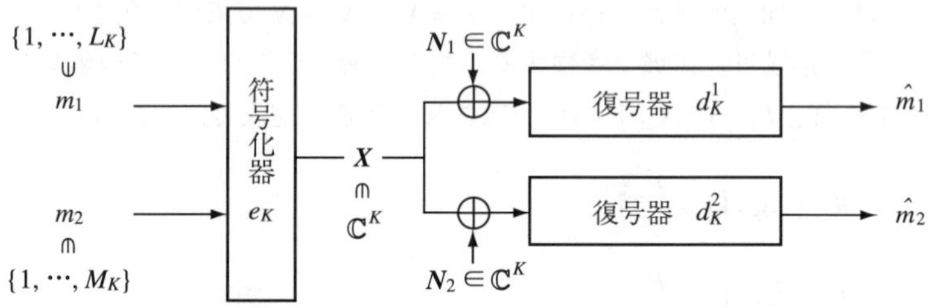

図 2.6 ブロードキャスト通信路と符号化・復号器

る必要があり，レート対は $R^1_K = (\log_2 L_K)/K$，$R^2_K = (\log_2 M_K)/K$ に対して (R^1_K, R^2_K) で定義される．復号誤り確率は，送信メッセージが一様分布するときに受信局 1 または 2 のどちらか片方または両方が送信メッセージの復号に失敗する確率として定義され，達成可能領域はスレピアン–ウォルフ符号化の場合と同様に定義される．

一般のブロードキャスト通信路の達成可能領域を示す式は今までのところ明らかにされていない．本項では以下に定義する AWGN ブロードキャスト通信路を扱う．送信信号の確率変数 X に対し，受信局 1 と 2 における受信信号の確率変数 Y_1 と Y_2 が

$$Y_1 = X + N_1, \tag{2.31}$$

$$Y_2 = X + N_2 \tag{2.32}$$

を満たし，N_1 と N_2 が統計的に独立な平均 0，複素分散 $\sigma_1^2 = \mathrm{E}[|N_1|^2]$ と $\sigma_2^2 = \mathrm{E}[|N_2|^2]$ の複素ガウス分布に従う場合を考える．送受信信号が属する集合 $\mathcal{X}$，$\mathcal{Y}_1$，$\mathcal{Y}_2$ はすべて複素数の集合 $\mathbb{C}$ とする．一般性を失うことなく $\sigma_1^2 \leq \sigma_2^2$ と仮定できる．送信電力制限を $\mathrm{E}[|X|^2] \leq P$ とする．ここで送信局からの受信局 1 及び 2 の送信信号は帯域などを共有しているため直交していないことに注意する．このとき達成可能領域は

$$R^1 < \log_2\left(1 + \frac{\alpha P}{\sigma_1^2}\right), \tag{2.33}$$

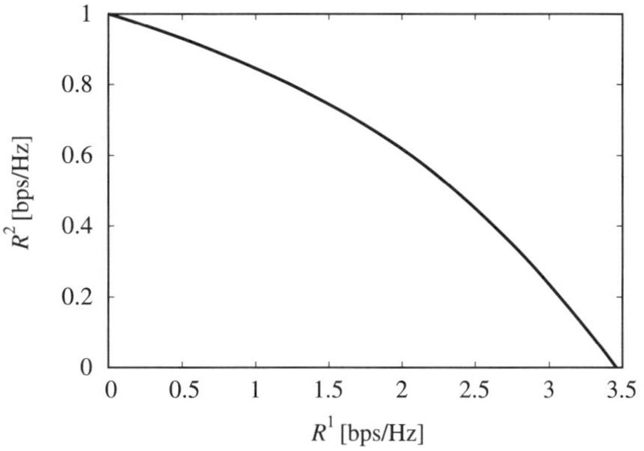

図 2.7 AWGN ブロードキャスト通信路の達成可能領域の一例

$$R^2 < \log_2\left(1 + \frac{(1-\alpha)P}{\alpha P + \sigma_2^2}\right) \tag{2.34}$$

を満たす $0 \le \alpha \le 1$ が存在するような (R^1, R^2) の集合となる．α の実用上の意義については後ほど説明する．またこれを発展させた MIMO ブロードキャスト通信路の達成可能領域は 2.2 節で解説される．

従来法として，送信局から受信局 1 への AWGN 通信路用の符号化器と送信局から受信局 2 への AWGN 通信路用の符号化器を時分割多重で切り換えて使う方式を考えることができる．この従来法を用いたときに達成できるレート対の集合は点 $(\log_2(1+P/\sigma_1^2), 0)$ と $(0, \log_2(1+P/\sigma_2^2))$ を結ぶ線分の左下側になる．AWGN ブロードキャスト通信路の達成可能領域を $P = 10$, $\sigma_1^2 = 1$, $\sigma_2^2 = 10$ の場合に数値計算した例を**図 2.7** に図示する．横軸が受信局 1 へのレートを示す．この図の達成可能領域は上に膨らんでおり，この膨らんだ部分のレート対が時分割多重で実現できないレート対になっている．一般に，AWGN ブロードキャスト通信路の場合は，時分割多重を用いた達成可能領域よりもより一般の符号化器を用いたときの達成可能領域が常に真に広くなることが知られている．

達成可能領域の中のレート対 (R^1, R^2) は以下のように達成できる．レート R^1 及び R^2 の二つの AWGN 通信路用の符号化器を用意し，受信局 1 への符号語 X_1^K と受信局 2 への符号語 X_2^K をそれぞれ送信電力 αP 及び $(1-\alpha P)$ で重ね合わせて送る．受信局 2 は X_1^K を加法的雑音とみなして X_2^K を復号することができる．受信局 1 は $\sigma_1^2 \le \sigma_2^2$ を仮定しているので x_2^K を正しく受信信号から復号することが可能で，受信信号から x_2^K を差し引いた後に x_1^K を復号する．AWGN 通信路に対する通信路符号化定理より，上記の手続きと情報レートで復号誤り確率をほぼ 0 にできることが分かる．

2.1.4 まとめ

本節では無線分散ネットワークに関連が深い情報理論の結果を駆け足で紹介した．ここで紹介できなかった無線通信一般に関する情報理論の結果に興味がある読者は [9] を参照されたい．本節で紹介した結果の初出文献は [4], [9] を参照されたい．

2.2 多次元信号処理

2.2.1 多次元信号処理とは

多次元信号処理とは離散的かつ有限の信号群に対して線形処理を施すことにより何がしかの演算を実現するもので，線形代数（linear algebra）により体系的に表現できる．離散的かつ有限の信号群とは，例えば時間軸における信号の標本値列であったり，空間軸の複数のアンテナ/ノードの信号であったり，複数のアンテナ/ノード間の伝搬路の観測値であったりする．これらの信号群はベクトルまたは行列を用いてまとめて表現できる．この中で本書は複数のアンテナ/ノードを用いた空間的な多次元信号処理であるアレー信号処理（array signal processing）を対象とし，その基礎と無線分散ネットワークへの適用法を説明する．

無線通信での多次元信号処理の効能としては，ダイバーシチ（diversity）/ビームフォーミング（beamforming），干渉キャンセル（interference cancellation），空間多重（spatial multiplexing）の三つが考えられる．これらは線形代数という観点からは，行列の部分空間分解（subspace decomposition）とその活用ととらえることができる [10], [11]．例えば，複数の伝搬路の観測値をまとめた通信路ベクトルの信号部分空間を用いることでダイバーシチ合成が可能となり，またその直交補空間を用いることで干渉キャンセルが可能となる．更に通信路ベクトルをまとめた通信路行列の信号部分空間を用いることで空間多重が可能となる．無線通信では，これらの多次元信号処理の効能を生かして，アダプティブアレーアンテナ（adaptive array antenna）[12], [13] や MIMO 通信（MIMO communication）[1]，マルチユーザ MIMO 通信（multi-user MIMO communication）[14] が既に実現されている．無線分散ネットワークでは，これらを発展させた協力中継通信や連携 MIMO 多重などが重要な技術となる．これらの要素技術を用いることで高効率なマルチホップ中継ネットワークや基地局連携セルラネットワークなどの高度なシステムモデルが実現される．

2.2.2 行列の部分空間分解とその応用

2.2.2.1 固有値展開

行列の部分空間を求めるには固有値展開（EVD: Eigen Value Decomposition）を用いると簡便である．対象とする行列として，通信路ベクトル $\boldsymbol{h} \in \mathbb{C}^{M\times 1}$ を N 個まとめた通信路行列 $\boldsymbol{H} \in \mathbb{C}^{M\times N}$ を考える．

$$\boldsymbol{H} = [\boldsymbol{h}_1, \ldots, \boldsymbol{h}_N] \tag{2.35}$$

ただし簡単のために通信路ベクトルは互いに線形独立 $(\boldsymbol{h}_i \neq \alpha\boldsymbol{h}_j, \forall i \neq j)$ であるとし，また $M \geq N$ を仮定する．このような行列 $\boldsymbol{H}$ に対して固有値展開を用いた部分空間分解を行う．

例として $M = 3, N = 2$ で $\boldsymbol{H}$ のすべての要素が実数の場合に $\boldsymbol{H}$ の部分空間を幾何学的に示したのが図 **2.8** である．ここで $\boldsymbol{e}_i \in \mathbb{C}^{M\times 1}, i = 1, 2, 3$ は M 次の正規直交基底であり固有ベクトル（または特異ベクトル）と呼ばれる．固有ベクトルをまとめた行列 $\boldsymbol{E} \in \mathbb{C}^{M\times M}$ を固有行列（または特異行列）という．

$$\boldsymbol{E} = [\boldsymbol{e}_1, \ldots, \boldsymbol{e}_M] \tag{2.36}$$

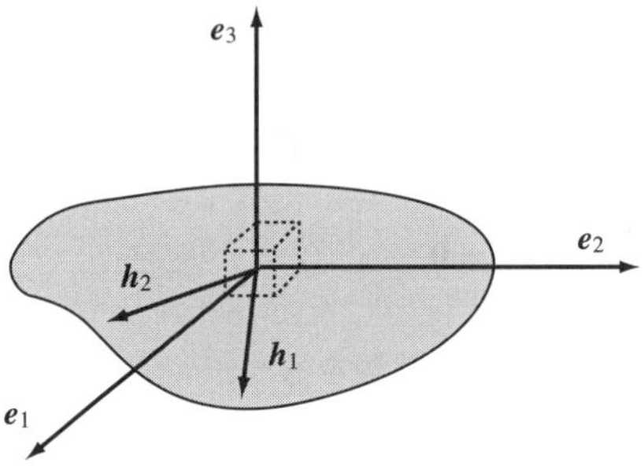

図 2.8 行列の部分空間分解

固有行列は正規直交基底であるため以下のユニタリ性の特徴をもつ．すなわち固有ベクトルは互いに直交する単位ベクトルで構成される．

$$\boldsymbol{E}^{\mathrm{H}}\boldsymbol{E} = \boldsymbol{I}_M \tag{2.37}$$

正規直交基底の中で行列 $\boldsymbol{H}$ との積の二乗和（射影電力）を最大とするものは第 1 固有ベクトルと呼ばれ以下で計算できる．

$$\boldsymbol{e}_1 = \arg\max_{\boldsymbol{e}} |\boldsymbol{e}^{\mathrm{H}}\boldsymbol{H}|^2 = \arg\max_{\boldsymbol{e}} \boldsymbol{e}^{\mathrm{H}}\boldsymbol{H}\boldsymbol{H}^{\mathrm{H}}\boldsymbol{e} = \arg\max_{\boldsymbol{e}} \boldsymbol{e}^{\mathrm{H}}\boldsymbol{R}\boldsymbol{e} \tag{2.38}$$

ここで $\boldsymbol{R} = \boldsymbol{H}\boldsymbol{H}^{\mathrm{H}} \in \mathbb{C}^{M\times M}$ は $\boldsymbol{H}$ の列ベクトルに着目した（行方向の関係を表す）相関行列である．一方，第 1 固有ベクトルが達成する射影電力を第 1 固有値と呼ぶ．

$$\lambda_1 = \max_{\boldsymbol{e}} \boldsymbol{e}^{\mathrm{H}}\boldsymbol{H}\boldsymbol{H}^{\mathrm{H}}\boldsymbol{e} = \boldsymbol{e}_1^{\mathrm{H}}\boldsymbol{R}\boldsymbol{e}_1 \tag{2.39}$$

次に第 2 固有値/固有ベクトルを求めるために，$\boldsymbol{R}$ から第 1 固有ベクトルによって構成される部分空間を取り除いた相関行列 $\boldsymbol{R}_1 \in \mathbb{C}^{M\times M}$ を求める．

$$\boldsymbol{R}_1 = \boldsymbol{R} - \lambda_1\boldsymbol{e}_1\boldsymbol{e}_1^{\mathrm{H}} \tag{2.40}$$

この $\boldsymbol{R}_1$ を用いて第 2 固有値/固有ベクトルは次式で求められる．

$$\boldsymbol{e}_2 = \arg\max_{\boldsymbol{e}} \boldsymbol{e}^{\mathrm{H}}\boldsymbol{R}_1\boldsymbol{e} \tag{2.41}$$

$$\lambda_2 = \max_{\boldsymbol{e}} \boldsymbol{e}^{\mathrm{H}}\boldsymbol{R}_1\boldsymbol{e} \tag{2.42}$$

以上を繰り返すことにより M 個の固有値/固有ベクトルが求まる．

$$\boldsymbol{R}_M = \boldsymbol{R} - \sum_{i=1}^{M} \lambda_i\boldsymbol{e}_i\boldsymbol{e}_i^{\mathrm{H}} = \boldsymbol{R} - \boldsymbol{E}\boldsymbol{\Lambda}\boldsymbol{E}^{\mathrm{H}} \tag{2.43}$$

$$\boldsymbol{\Lambda} = \mathrm{diag}\,[\lambda_1, \ldots, \lambda_M] \tag{2.44}$$

$\boldsymbol{\Lambda} \in \mathbb{C}^{M\times M}$ はすべての固有値をまとめた行列である．ところで $\boldsymbol{R}_M$ はすべての部分空間が取り除かれているため $\boldsymbol{R}_M = \boldsymbol{0}$ となる．よって式 (2.43) は次式に変形される．

$$\boldsymbol{R} = \boldsymbol{H}\boldsymbol{H}^{\mathrm{H}} = \boldsymbol{E}\boldsymbol{\Lambda}\boldsymbol{E}^{\mathrm{H}} \tag{2.45}$$

これを一般に固有値展開と呼ぶ．

2.2.2.2 部分空間分解

上記の固有値展開において $M > N$ の場合（例えば図 2.8 では $M = 3 > N = 2$）には，N 個の部分空間を取り除いた相関行列 $\boldsymbol{R}_N$ は次式のようにゼロとなる．

$$\boldsymbol{R}_N = \boldsymbol{R} - \sum_{i=1}^{N} \lambda_i \boldsymbol{e}_i \boldsymbol{e}_i^{\mathrm{H}} = \boldsymbol{0} \tag{2.46}$$

そのときの固有値は以下の特徴をもつ．

$$\lambda_1 \geq \lambda_2 \geq \cdots \geq \lambda_N > \lambda_{N+1} = \cdots = \lambda_M = 0 \tag{2.47}$$

ここで有効な（ゼロより大きい）固有値に相当する固有ベクトルが成す空間を信号部分空間（signal subspace）と呼び，その空間の正規直交基底は $\boldsymbol{H}^{\parallel} \in \mathbb{C}^{M \times N}$ で表される．

$$\boldsymbol{H}^{\parallel} = [\boldsymbol{e}_1, \ldots, \boldsymbol{e}_N] \tag{2.48}$$

また無効な（ゼロの）固有値に相当する固有ベクトルがなす空間を直交補空間（雑音部分空間）（noise subspace）と呼び，その正規直交基底は $\boldsymbol{H}^{\perp} \in \mathbb{C}^{M \times (M-N)}$ で表される．

$$\boldsymbol{H}^{\perp} = [\boldsymbol{e}_{N+1}, \ldots, \boldsymbol{e}_M] \tag{2.49}$$

ここで $\boldsymbol{X}^{\parallel}$ は行列 $\boldsymbol{X}$ の信号部分空間に属する正規直交基底をまとめた行列であり，また $\boldsymbol{X}^{\perp}$ は行列 $\boldsymbol{X}$ の直交補空間に属する正規直交基底をまとめた行列である．$\boldsymbol{H}^{\parallel}$ は信号を合成するために用いられ，$\boldsymbol{H}^{\perp}$ は信号をキャンセルするために用いられる．図 2.8 の $M = 3, N = 2$ の例では，$\boldsymbol{e}_1, \boldsymbol{e}_2$ は信号部分空間に属し，$\boldsymbol{e}_3$ はその直交補空間に属している．

2.2.2.3 特異値展開

上記の固有値展開は $\boldsymbol{H}$ の列ベクトルに着目したものであった．一般には列ベクトルに着目した相関行列 $\boldsymbol{R}_{\mathrm{a}} \in \mathbb{C}^{M \times M}$ と行ベクトルに着目した相関行列 $\boldsymbol{R}_{\mathrm{b}} \in \mathbb{C}^{N \times N}$ の 2 通りの固有値展開が考えられる．

$$\boldsymbol{R}_{\mathrm{a}} = \boldsymbol{H}\boldsymbol{H}^{\mathrm{H}} = \boldsymbol{E}_{\mathrm{a}} \boldsymbol{\Lambda}_{\mathrm{a}} \boldsymbol{E}_{\mathrm{a}}^{\mathrm{H}} \tag{2.50}$$

$$\boldsymbol{R}_{\mathrm{b}} = \boldsymbol{H}^{\mathrm{H}}\boldsymbol{H} = \boldsymbol{E}_{\mathrm{b}} \boldsymbol{\Lambda}_{\mathrm{b}} \boldsymbol{E}_{\mathrm{b}}^{\mathrm{H}} \tag{2.51}$$

ここで通信路行列の要素が列方向にも行方向にも線形独立であったとすると，その固有値はいずれの固有値展開で求めても最大で階数 $L = \min\{M, N\}$ まで有効な値をもち，またその値は一致する．

$$\lambda_{\mathrm{a}i} = \lambda_{\mathrm{b}i} = \lambda_i, \quad i = 1, \ldots, L \tag{2.52}$$

よって二つの固有値展開から $\boldsymbol{H}$ の列方向の信号部分空間（左特異行列）$\boldsymbol{U} \in \mathbb{C}^{M \times L}$ と，行方向の信号部分空間（右特異行列）$\boldsymbol{V} \in \mathbb{C}^{N \times L}$ を求めることができる．

$$\boldsymbol{H}^{\parallel} = \boldsymbol{U} = [\boldsymbol{e}_{\mathrm{a}1}, \ldots, \boldsymbol{e}_{\mathrm{a}L}] \tag{2.53}$$

$$\left(\boldsymbol{H}^{\mathrm{H}}\right)^{\parallel} = \boldsymbol{V} = [\boldsymbol{e}_{\mathrm{b}1}, \ldots, \boldsymbol{e}_{\mathrm{b}L}] \tag{2.54}$$

これらを用いて $\boldsymbol{H}$ は次式に特異値展開（SVD: Singular Value Decomposition）される．

$$\boldsymbol{H} = \boldsymbol{U}\boldsymbol{\Sigma}\boldsymbol{V}^{\mathrm{H}} \tag{2.55}$$

$$\boldsymbol{\Sigma} = \mathrm{diag}[\sqrt{\lambda_1}, \ldots, \sqrt{\lambda_L}] \tag{2.56}$$

$\boldsymbol{\Sigma} \in \mathbb{C}^{L\times L}$ は固有値の二乗根の次元をもつ特異値行列である．特異値展開は固有値展開を一般化したものであり，列方向と行方向の双方の特徴量を同時に表している．

2.2.2.4　行列の対角化・三角化

ここまで説明してきた行列の固有値展開，特異値展開，信号部分空間分解を応用して行列の対角化・上/下三角化を行う．対角化及び三角化の対象としては $M = N = L = 2$ の通信路行列 $\boldsymbol{H} \in \mathbb{C}^{M\times N}$ を考える．

$$\boldsymbol{H} = [\boldsymbol{h}_1, \boldsymbol{h}_2] \tag{2.57}$$

通信路行列の信号部分空間より左特異行列 $\boldsymbol{H}^{\parallel} = \boldsymbol{U} \in \mathbb{C}^{M\times L}$ と右特異行列 $\left(\boldsymbol{H}^{\mathrm{H}}\right)^{\parallel} = \boldsymbol{V} \in \mathbb{C}^{N\times L}$ を求めることができる．これらを行列 $\boldsymbol{H}$ の左右から乗算することにより $\boldsymbol{H}$ を対角化できる．得られた対角行列の成分は行列 $\boldsymbol{H}$ の特異値であり，信号部分空間にかき集められた行列 $\boldsymbol{H}$ の利得を表している．

$$\boldsymbol{U}^{\mathrm{H}}\boldsymbol{H}\boldsymbol{V} = \boldsymbol{\Sigma} \tag{2.58}$$

$$\boldsymbol{\Sigma}^{-1}\boldsymbol{U}^{\mathrm{H}}\boldsymbol{H}\boldsymbol{V} = \boldsymbol{I}_L \tag{2.59}$$

一方上三角化の場合には，ベクトル $\boldsymbol{h}_1$ よりユニタリ行列 $\boldsymbol{Q}_1 \in \mathbb{C}^{M\times N}$ を求める．

$$\boldsymbol{Q}_1 = [\boldsymbol{h}_1^{\parallel}, \boldsymbol{h}_1^{\perp}] \tag{2.60}$$

ただし，一般に $M > N$ のときには，$\boldsymbol{h}_1^{\perp}$ は $(M-1)$ 個の基底ベクトルからなるが，ここでは次に示す R_{22} を最大化する基底ベクトルを選択したものとする．この $\boldsymbol{Q}_1$ を $\boldsymbol{H}$ の左側から乗算することにより $\boldsymbol{H}$ を上三角化できる．

$$\boldsymbol{R} = \boldsymbol{Q}_1^{\mathrm{H}}\boldsymbol{H} = \begin{bmatrix} \left(\boldsymbol{h}_1^{\parallel}\right)^{\mathrm{H}}\boldsymbol{h}_1 & \left(\boldsymbol{h}_1^{\parallel}\right)^{\mathrm{H}}\boldsymbol{h}_2 \\ \left(\boldsymbol{h}_1^{\perp}\right)^{\mathrm{H}}\boldsymbol{h}_1 & \left(\boldsymbol{h}_1^{\perp}\right)^{\mathrm{H}}\boldsymbol{h}_2 \end{bmatrix} = \begin{bmatrix} R_{11} & R_{12} \\ 0 & R_{22} \end{bmatrix} \tag{2.61}$$

ここで R_{11} は $\boldsymbol{h}_1$ の信号部分空間に射影した（合成した）$\boldsymbol{h}_1$ の成分を表しており，R_{22} は $\boldsymbol{h}_1$ の直交補空間に射影された $\boldsymbol{h}_2$ の成分を表している．このように上三角化された行列は次に示す後退代入法により直交化できる．

$$\begin{bmatrix} 1/R_{11} & -R_{12}/(R_{11}R_{22}) \\ 0 & 1/R_{22} \end{bmatrix}\boldsymbol{R} = \boldsymbol{I}_N \tag{2.62}$$

また下三角化の場合には，ベクトル $\boldsymbol{h}_2$ よりユニタリ行列 $\boldsymbol{Q}_2 \in \mathbb{C}^{M\times N}$ を求める．

$$\boldsymbol{Q}_2 = [\boldsymbol{h}_2^{\perp}, \boldsymbol{h}_2^{\parallel}] \tag{2.63}$$

上三角化のときと同様に，一般に $M > N$ のときには，$\boldsymbol{h}_2^{\perp}$ は $(M-1)$ 個の基底ベクトルからなるが，ここでは次に示す L_{11} を最大化する基底ベクトルを選択したものとする．この $\boldsymbol{Q}_2$ を $\boldsymbol{H}$ の左側から乗算することにより $\boldsymbol{H}$ を下三角化できる．

$$\boldsymbol{L} = \boldsymbol{Q}_2^{\mathrm{H}}\boldsymbol{H} = \begin{bmatrix} \left(\boldsymbol{h}_2^{\perp}\right)^{\mathrm{H}}\boldsymbol{h}_1 & \left(\boldsymbol{h}_2^{\perp}\right)^{\mathrm{H}}\boldsymbol{h}_2 \\ \left(\boldsymbol{h}_2^{\parallel}\right)^{\mathrm{H}}\boldsymbol{h}_1 & \left(\boldsymbol{h}_2^{\parallel}\right)^{\mathrm{H}}\boldsymbol{h}_2 \end{bmatrix} = \begin{bmatrix} L_{11} & 0 \\ L_{21} & L_{22} \end{bmatrix} \tag{2.64}$$

ここで L_{22} は $\boldsymbol{h}_2$ の信号部分空間に射影した（合成した）$\boldsymbol{h}_2$ の成分を表しており，L_{11} は $\boldsymbol{h}_2$ の直交補空間に射影された $\boldsymbol{h}_1$ の成分を表している．このように上三角化または下三角化を選ぶことにより，$\boldsymbol{h}_1$ または $\boldsymbol{h}_2$ のどちらの部分空間を用いるかを選択することができる．上三角化と同様に，下三角化では次に示す前方代入法により直交化できる．

$$\begin{bmatrix} 1/L_{11} & 0 \\ -L_{21}/(L_{11}L_{22}) & 1/L_{22} \end{bmatrix}\boldsymbol{L} = \boldsymbol{I}_N \tag{2.65}$$

最後に，二つのベクトル $\boldsymbol{h}_1, \boldsymbol{h}_2$ に互いに直交した行列 $\boldsymbol{Q} \in \mathbb{C}^{M\times N}$ を定義する．

$$\boldsymbol{Q} = [\boldsymbol{h}_2^{\perp}, \boldsymbol{h}_1^{\perp}] \tag{2.66}$$

$\boldsymbol{Q}$ を $\boldsymbol{H}$ の左から乗算することにより $\boldsymbol{H}$ を直接対角化できる．

$$\boldsymbol{Q}^{\mathrm{H}}\boldsymbol{H} = \begin{bmatrix} \left(\boldsymbol{h}_2^{\perp}\right)^{\mathrm{H}}\boldsymbol{h}_1 & 0 \\ 0 & \left(\boldsymbol{h}_1^{\perp}\right)^{\mathrm{H}}\boldsymbol{h}_2 \end{bmatrix} = \begin{bmatrix} L_{11} & 0 \\ 0 & R_{22} \end{bmatrix} = \boldsymbol{\Omega} \tag{2.67}$$

$$\boldsymbol{\Omega}^{-1}\boldsymbol{Q}^{\mathrm{H}}\boldsymbol{H} = \boldsymbol{I}_N \tag{2.68}$$

この方法は簡易に直交化できるものの，信号部分空間は活用されていないことに注意されたい．また同様の操作は $\boldsymbol{U}$ と $\boldsymbol{V}$ を用いて次のように表現することもできる．

$$\boldsymbol{H}^{\dagger}\boldsymbol{H} = \boldsymbol{I}_N \tag{2.69}$$

$$\boldsymbol{H}^{\dagger} = \boldsymbol{V}\boldsymbol{\Sigma}^{-1}\boldsymbol{U}^{\mathrm{H}} \tag{2.70}$$

ここで $\boldsymbol{H}^{\dagger} \in \mathbb{C}^{N\times M}$ は $\boldsymbol{H}$ の一般逆行列（pseudo inverse）と呼ばれ $M \geq N$ の場合は次に展開できる．

$$\boldsymbol{H}^{\dagger} = \left(\boldsymbol{V}\boldsymbol{\Lambda}^{-1}\boldsymbol{V}^{\mathrm{H}}\right)\boldsymbol{V}\boldsymbol{\Sigma}\boldsymbol{U}^{\mathrm{H}} = \left(\boldsymbol{H}^{\mathrm{H}}\boldsymbol{H}\right)^{-1}\boldsymbol{H}^{\mathrm{H}} \tag{2.71}$$

よって式 (2.68) と式 (2.71) から次式が成り立つ．

$$\boldsymbol{H}^{\dagger} = \boldsymbol{\Omega}^{-1}\boldsymbol{Q}^{\mathrm{H}} = \left(\boldsymbol{H}^{\mathrm{H}}\boldsymbol{H}\right)^{-1}\boldsymbol{H}^{\mathrm{H}} \tag{2.72}$$

また $N \geq M$ の場合は一般逆行列 $\boldsymbol{H}^{\dagger} \in \mathbb{C}^{N\times M}$ は次に計算できる．

$$\boldsymbol{H}^{\dagger} = \boldsymbol{V}\boldsymbol{\Sigma}\boldsymbol{U}^{\mathrm{H}}\left(\boldsymbol{U}\boldsymbol{\Lambda}^{-1}\boldsymbol{U}^{\mathrm{H}}\right) = \boldsymbol{H}^{\mathrm{H}}\left(\boldsymbol{H}\boldsymbol{H}^{\mathrm{H}}\right)^{-1} \tag{2.73}$$

$\boldsymbol{H}^{\dagger}$ を $\boldsymbol{H}$ の右から乗算することにより $\boldsymbol{H}$ を対角化できる．

$$\boldsymbol{H}\boldsymbol{H}^{\dagger} = \boldsymbol{I}_M \tag{2.74}$$

2.2.2.5　固有値の統計的性質

行列 $\boldsymbol{H}$ の信号部分空間により合成された信号の利得はその固有値 $\boldsymbol{\Lambda}$（または特異値 $\boldsymbol{\Sigma}$）によって表現できる．ここでは $\boldsymbol{H}$ の各要素が独立で同一の（IID: Independent Identically Distributed）複素ガウス過程であった場合の固有値の統計的性質を説明する．

$\boldsymbol{H}$ の各要素を複素数 $h = h_\mathrm{R} + \mathrm{j}h_\mathrm{I}$ で表し，その実部 h_R 及び虚部 h_I はともに平均 $\mathrm{E}[h_\mathrm{R}] = \mathrm{E}[h_\mathrm{I}] = 0$，分散 $\mathrm{E}[|h_\mathrm{R}|^2] = \mathrm{E}[|h_\mathrm{I}|^2] = \eta^2/2$ のガウス分布に従うものとする．確率変数を $x = h_\mathrm{R}, y = h_\mathrm{I}$ と定義すると，複素ガウス過程の確率密度関数は次式で与えられる．

$$f(x, y) = \frac{1}{\pi\eta^2} \exp\left(-\frac{x^2 + y^2}{\eta^2}\right) \tag{2.75}$$

まず h の振幅 $r = |h| = \sqrt{x^2 + y^2}$ の確率密度関数は式 (2.75) を変数変換することにより得られる．

$$f(r) = \frac{2r}{\eta^2} \exp\left(-\frac{r^2}{\eta^2}\right) \tag{2.76}$$

この $f(r)$ を一般にレイリー分布（Rayleigh distribution）という．またその電力 $\lambda = |h|^2 = x^2 + y^2$ の確率密度関数は以下の指数分布（exponential distribution）となる．

$$f(\lambda) = \frac{1}{\bar{\lambda}} \exp\left(-\frac{\lambda}{\bar{\lambda}}\right) \tag{2.77}$$

ここで $\bar{\lambda} = \mathrm{E}[\lambda] = \eta^2$ は h の平均利得である．この指数分布の特性関数は次式で計算できる．

$$\phi(f) = \int_{-\infty}^{\infty} f(\lambda) \exp(\mathrm{j}\lambda f)\mathrm{d}\lambda = \frac{1}{1 - \mathrm{j}\bar{\lambda}f} \tag{2.78}$$

次に通信路ベクトル $\boldsymbol{h} \in \mathbb{C}^{M\times 1}$ の信号部分空間 $\boldsymbol{e}_1$ による射影（合成）利得を考える．$\boldsymbol{e}_1$ は相関行列 $\boldsymbol{h}\boldsymbol{h}^\mathrm{H}$ の第 1 固有ベクトルとして次式に求められる．

$$\boldsymbol{e}_1 = \arg\max_{\boldsymbol{e}} |\boldsymbol{e}^\mathrm{H}\boldsymbol{h}|^2 = \boldsymbol{h}/\sqrt{|\boldsymbol{h}|^2} \tag{2.79}$$

$\boldsymbol{e}_1$ を用いて合成されたチャネルの利得は第 1 固有値として次式に求められる．

$$\lambda_1 = \max_{\boldsymbol{e}} |\boldsymbol{e}^\mathrm{H}\boldsymbol{h}|^2 = |\boldsymbol{h}|^2 = \sum_{i=1}^{M} |h_i|^2 \tag{2.80}$$

すなわち第 1 固有値は独立な指数分布に従う確率変数 $|h_i|^2$ の和として求められる．独立な確率変数の和の確率密度関数は，それぞれの確率関数の畳込みとして求まる．よってその特性関数は，それぞれの特性関数の積として求められる．

$$\phi(f) = \prod_{i=1}^{M} \phi_i(f) = \left(\frac{1}{1 - \mathrm{j}\bar{\lambda}f}\right)^M \tag{2.81}$$

得られた特性関数を逆変換することにより確率密度関数 $f(\lambda_1)$ は次式で求まる．$f(\lambda_1)$ は一般に自由度 $2M$ のカイ二乗分布と呼ばれる．

$$f(\lambda_1) = \frac{1}{2\pi}\int_{-\infty}^{\infty}\phi(f)\exp(-\mathrm{j}\lambda_1 f)\mathrm{d}f = \frac{1}{(M-1)!\overline{\lambda}^M}\lambda_1^{M-1}\exp\left(-\frac{\lambda_1}{\overline{\lambda}}\right) \tag{2.82}$$

最後に通信路行列 $\boldsymbol{H}$ を信号部分空間（固有行列）$\boldsymbol{E}$ で合成（対角化）した固有値 $\boldsymbol{\Lambda} = \mathrm{diag}[\lambda_1, \ldots, \lambda_L]$ の確率密度関数を求める．

$$\boldsymbol{\Lambda} = \boldsymbol{E}^{\mathrm{H}}\boldsymbol{H}\boldsymbol{H}^{\mathrm{H}}\boldsymbol{E} \tag{2.83}$$

$\lambda_1, \ldots, \lambda_L$ の結合確率密度関数は，カイ二乗分布を発展させたウィシャート（Wishart）分布として次式に求まる．

$$f(\lambda_1, \ldots, \lambda_L) = \frac{\pi^{L(L-1)}}{\Gamma_L(K)\Gamma_L(L)\overline{\lambda}^L}\prod_{i=1}^{L}\left(\frac{\lambda_i}{\overline{\lambda}}\right)^{K-L}\exp\left(-\frac{\lambda_i}{\overline{\lambda}}\right)\prod_{i<j}^{L}\frac{(\lambda_i-\lambda_j)^2}{\overline{\lambda}^2} \tag{2.84}$$

ここで $L = \min\{M, N\}$，$K = \max\{M, N\}$ であり，また $\Gamma_i(j)$ は自然数に対する多変量ガンマ関数である．

$$\Gamma_i(j) = \pi^{\frac{i(i-1)}{2}}\prod_{k=1}^{i}(j-k)! \tag{2.85}$$

それぞれの固有値の分布は結合確率密度関数を周辺積分することにより求まる．例えば第 1 固有値の分布は第 2 から第 L 固有値を周辺積分することにより求まる．

$$f(\lambda_1) = \int_0^{\lambda_1}\cdots\int_0^{\lambda_{L-1}} f(\lambda_1, \ldots, \lambda_L)\mathrm{d}\lambda_L\cdots\mathrm{d}\lambda_2 \tag{2.86}$$

2.2.3 アレー信号処理

多次元信号処理の無線通信への一つ目の応用例として，複数のアンテナまたは複数のノードを用いたアレー信号処理を紹介する．まずはじめに平面波，マルチパス波，干渉波のそれぞれに対する受信信号モデルを説明する．

一つの送信アンテナから送信された信号を M 本の受信アンテナ（M 個の受信ノード）を用いて受信するとする．このときの受信信号ベクトル $\boldsymbol{y} \in \mathbb{C}^{M\times 1}$ は次式で表される．

$$\boldsymbol{y} = \boldsymbol{h}x + \boldsymbol{n} \tag{2.87}$$

ここで x は送信信号であり，その電力は $\mathrm{E}[|x|^2] = P$ である．$\boldsymbol{n} \in \mathbb{C}^{M\times 1}$ は雑音ベクトルであり，その共分散は $\mathrm{E}[\boldsymbol{n}\boldsymbol{n}^{\mathrm{H}}] = \sigma^2\boldsymbol{I}_M$ となる．最後に $\boldsymbol{h} \in \mathbb{C}^{M\times 1}$ は各アンテナで観測される通信路応答 $h_i (i = 1, \ldots, M)$ をまとめた通信路ベクトルであり，このベクトルに対して多次元信号処理を施すことによりダイバーシチ/ビームフォーミングの利得を獲得し，または干渉キャンセルを行う．

例えば図 **2.9** のように，M 素子のアレーアンテナに平面波で表現できる電波が角度 θ 方向から到来する環境を考える．このときの通信路ベクトル $\boldsymbol{h}$ は次式で表現できる．ここで ζ は送信点から受信点までの伝搬損を表しており，$\boldsymbol{a}(\theta)$ は θ 方向から平面波が入射した場合のアンテナ間の位相関係を表すアレー応答ベクトルである．

$$\boldsymbol{h} = \sqrt{\zeta}\boldsymbol{a}(\theta) \tag{2.88}$$

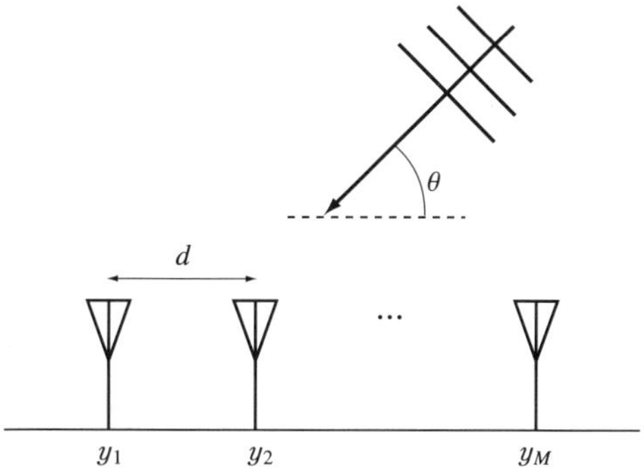

図 2.9 アレーアンテナと到来波

例えばアンテナ間隔 d のリニアアレーアンテナを用いた場合のアレー応答ベクトルは次式となる.

$$\boldsymbol{a}(\theta) = [1,\ e^{\mathrm{j}kd\cos\theta},\ \ldots, e^{\mathrm{j}k(M-1)d\cos\theta}]^{\mathrm{T}} \tag{2.89}$$

ここで k は波数である. このとき, アンテナ間では位相差のみが発生し振幅は同一であるため, 各アンテナの SNR γ は同一であり, 次式で決定論的に求められる.

$$\gamma = \frac{|h_i|^2 P}{\sigma^2} = \frac{\zeta P}{\sigma^2} \tag{2.90}$$

一方, 移動通信のように電波が反射・回折を繰り返して受信点に到達するマルチパス環境では, 複数の異なる方向から到来する平面波が重なり合うことで定在波 (フェージング) が発生する. このときの通信路ベクトルはマルチパスの数を D とすると次式で表すことができる.

$$\boldsymbol{h} = \sqrt{\zeta}\sum_{i=1}^{D}\boldsymbol{a}(\theta_i) \tag{2.91}$$

D が十分大きいとすると, 各アンテナでは異なるフェージング状態の影響を受けるため実現される SNR γ_i はアンテナごとに異なる.

$$\gamma_i = \frac{|h_i|^2 P}{\sigma^2} \tag{2.92}$$

アンテナ間隔が十分広い場合には, 各アンテナで観測される通信路応答はランダムな値となるため, h_i は独立で同一の (IID) 複素ガウス過程でモデル化できる. また, SNRγ_i と通信路利得 $\lambda_i = |h_i|^2$ は線形な関係にあることから, 変数変換により γ_i は式 (2.77) の指数分布に従うことが分かる.

$$f(\gamma_i) = \frac{1}{\bar{\gamma}}\exp\left(-\frac{\gamma_i}{\bar{\gamma}}\right) \tag{2.93}$$

$$\bar{\gamma} = \frac{gP}{\sigma^2} \tag{2.94}$$

$$g = \mathrm{E}\left[|h_1|^2\right] = \cdots = \mathrm{E}\left[|h_M|^2\right] \tag{2.95}$$

最後に，所望信号以外に他の波源からの干渉信号が加えられたときの信号モデルを説明する．所望信号を x_d，干渉信号を x_u としたとき，受信信号ベクトル $\boldsymbol{y}$ は次式に表現される．

$$\boldsymbol{y} = \boldsymbol{h}_\mathrm{d} x_\mathrm{d} + \boldsymbol{h}_\mathrm{u} x_\mathrm{u} + \boldsymbol{n} \tag{2.96}$$

ここで $\boldsymbol{h}_\mathrm{d} \in \mathbb{C}^{M\times 1}$ は所望信号の通信路ベクトルであり，$\boldsymbol{h}_\mathrm{u} \in \mathbb{C}^{M\times 1}$ は干渉信号の通信路ベクトルである．このような干渉信号が存在する場合には，$\boldsymbol{h}_\mathrm{u}$ の直交補空間を用いることで干渉キャンセルを行うことができる．

2.2.3.1 ダイバーシチ合成/ビームフォーミング

上記アレーアンテナ（複数ノード）の受信信号ベクトルに対して多次元信号処理を適用することで出力 SNR を最大化することを考える．一般に，マルチパス環境において出力 SNR を最大化する線形処理をダイバーシチ合成，フェージング変動のない（少ない）環境において出力 SNR を最大化する線形処理をビームフォーミングと呼ぶ．線形処理のための受信重みベクトルを $\boldsymbol{w} \in \mathbb{C}^{M\times 1}$ とすると，重み合成後の出力信号 $\widetilde{y}$ は次式で表現できる．

$$\widetilde{y} = \boldsymbol{w}^\mathrm{H} \boldsymbol{y} \tag{2.97}$$

ここで重み合成出力 $\widetilde{y}$ の SNR$\widetilde{\gamma}$ は次式となる．

$$\widetilde{\gamma} = \mathrm{E}\left[\frac{|\boldsymbol{w}^\mathrm{H}\boldsymbol{h}x|^2}{|\boldsymbol{w}^\mathrm{H}\boldsymbol{n}|^2}\right] = \frac{\boldsymbol{w}^\mathrm{H}\boldsymbol{h}\boldsymbol{h}^\mathrm{H}\boldsymbol{w}P}{\boldsymbol{w}^\mathrm{H}\boldsymbol{w}\sigma^2} \tag{2.98}$$

出力 SNR$\widetilde{\gamma}$ を最大化するダイバーシチ/ビームフォーミング重み $\boldsymbol{w}_\mathrm{o}$ は相関行列 $\boldsymbol{h}\boldsymbol{h}^\mathrm{H}$ の第 1 固有ベクトル $\boldsymbol{e}_1$ である．

$$\boldsymbol{w}_\mathrm{o} = \arg\max_{\boldsymbol{w}} \widetilde{\gamma} = \boldsymbol{e}_1 = \boldsymbol{h}^{\|} = \boldsymbol{h}/\sqrt{|\boldsymbol{h}|^2} \tag{2.99}$$

この $\boldsymbol{w}_\mathrm{o}$ を用いたときの出力 SNRγ_o は相関行列 $\boldsymbol{h}\boldsymbol{h}^\mathrm{H}$ の第 1 固有値 λ_1 を用いて次式で計算される．

$$\gamma_\mathrm{o} = \max_{\boldsymbol{w}} \widetilde{\gamma} = \frac{\lambda_1 P}{\sigma^2} = \frac{\sum_{i=1}^{M} |h_i|^2 P}{\sigma^2} \tag{2.100}$$

例えば平面波が 1 波到来する環境では，各アンテナの利得は同一であるため，出力 SNR は各アンテナの SNR の M 倍となる．一般にこの M をアレー利得という．

$$\gamma_\mathrm{o} = \frac{M\zeta P}{\sigma^2} \tag{2.101}$$

またマルチパス環境では，IID 複素ガウス分布に従う M 個のアンテナ出力を合成するため，出力 SNR の確率密度関数 $f(\gamma_\mathrm{o})$ は式 (2.82) で導出した自由度 $2M$ のカイ二乗分布で与えられる．

$$f(\gamma_\mathrm{o}) = \frac{1}{(M-1)!\bar{\gamma}^M} \gamma_\mathrm{o}^{M-1} \exp\left(-\frac{\gamma_\mathrm{o}}{\bar{\gamma}}\right) \tag{2.102}$$

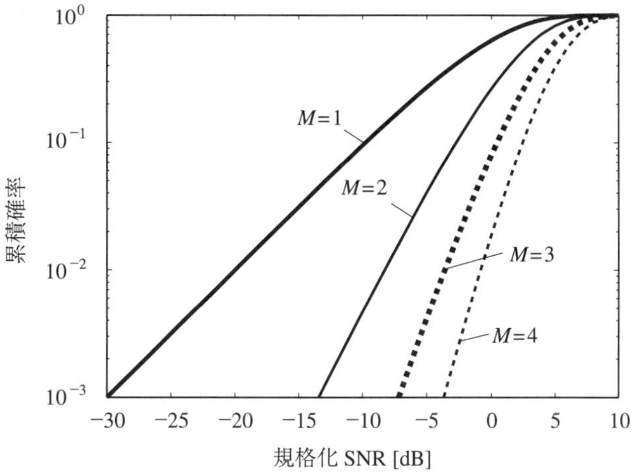

図 2.10 ダイバーシチ合成出力 SNR の累積確率分布

各アンテナの平均 SNR$\bar{\gamma}$ で正規化した出力 SNR $\gamma' = \gamma_o/\bar{\gamma}$ の累積確率分布（アウテージ確率）$\widetilde{f}(\gamma)$ を次式で計算し図 **2.10** に示す．

$$\widetilde{f}(\gamma) = \Pr[\gamma' \leq \gamma] = \int_0^{\gamma} f(\gamma'\bar{\gamma})\bar{\gamma}\mathrm{d}\gamma' = 1 - \exp(-\gamma)\sum_{i=1}^{M}\frac{\gamma^{i-1}}{(i-1)!} \tag{2.103}$$

図より素子数 M に応じて出力 SNR の累積確率分布の傾きが急しゅんになることが分かる．これはすなわち，ダイバーシチ合成により出力 SNR が低下する確率がその傾きに応じて削減されることを示している．一般にこの傾きのことをダイバーシチオーダ（利得）という．

例として $M = 2$ のとき式 (2.103) は次式に展開できる．

$$\widetilde{f}(\gamma) = 1 - \exp(-\gamma) - \gamma\exp(-\gamma) \tag{2.104}$$

$$= \frac{\gamma^2}{2} - \frac{\gamma^3}{3} + \cdots \tag{2.105}$$

ただし 2 行目はテイラー（Taylor）展開による近似を示している．ここで $\gamma \ll 1$ のとき，テイラー展開の 2 項目以降が無視できるとすると，累積確率分布の傾き d は次式となる．

$$d = \frac{10\log_{10}\widetilde{f}(\gamma) + 10\log_{10}2}{10\log_{10}\gamma} \cong 2 \tag{2.106}$$

これを拡張すると，一般に累積確率分布の傾きは $d = M$ となり，M 本のアンテナを用いると M 次のダイバーシチ利得が得られる．

2.2.3.2 干渉キャンセル

アレーアンテナ（複数ノード）に所望信号 x_d に加えて干渉信号 x_u が到来する場合には，多次元信号処理により干渉キャンセルを行うことができる．干渉キャンセルには干渉信号の通信路ベクトル $\boldsymbol{h}_\mathrm{u} \in \mathbb{C}^{M\times 1}$ の直交補空間 $\boldsymbol{h}_\mathrm{u}^{\perp} \in \mathbb{C}^{M\times(M-1)}$ を用いる．

$$\boldsymbol{h}_\mathrm{u}^{\perp} = [\boldsymbol{e}_2, \ldots, \boldsymbol{e}_M] \tag{2.107}$$

干渉波が一つの場合には，干渉キャンセルのための重みベクトルとして次の $(M-1)$ 通りが考えられる．

$$\boldsymbol{w} = \boldsymbol{e}_i, \quad (i = 2, \ldots, M) \tag{2.108}$$

この重みを用いて干渉キャンセルを行うと次式が得られる．

$$\widetilde{y} = \boldsymbol{w}^{\mathrm{H}}\boldsymbol{y} = \boldsymbol{e}_i^{\mathrm{H}}\boldsymbol{h}_{\mathrm{d}}x_{\mathrm{d}} + \boldsymbol{e}_i^{\mathrm{H}}\boldsymbol{n} = \widetilde{h}x_{\mathrm{d}} + \widetilde{n}, \quad (i = 2, \ldots, M) \tag{2.109}$$

ここで $\boldsymbol{e}_i$ は正規直交基底であるため $\boldsymbol{h}_{\mathrm{d}}$ や $\boldsymbol{n}$ の各成分が独立で同一のガウス確率過程に従う限りはその統計的な性質を変えない．すなわち干渉キャンセル後に得られた $\widetilde{h}$ 及び $\widetilde{n}$ の確率分布は $\boldsymbol{h}_{\mathrm{d}}$ 及び $\boldsymbol{n}$ の各要素の確率分布に一致する．よって干渉キャンセル重みは干渉信号をキャンセルし所望信号は保存していることが分かる．

一方，干渉キャンセル重みは $(M-1)$ 通り存在するため，これらを合成することで干渉キャンセルとダイバーシチを同時に実現する方法がある．そのために所望信号の通信路ベクトル $\boldsymbol{h}_{\mathrm{d}}$ を干渉信号の直交補空間に射影した等価な通信路ベクトル $\widetilde{\boldsymbol{h}}_{\mathrm{d}} \in \mathbb{C}^{(M-1)\times 1}$ を計算する．

$$\widetilde{\boldsymbol{h}}_{\mathrm{d}} = (\boldsymbol{h}_{\mathrm{u}}^{\perp})^{\mathrm{H}}\,\boldsymbol{h}_{\mathrm{d}} \tag{2.110}$$

この等価な通信路ベクトル $\widetilde{\boldsymbol{h}}_{\mathrm{d}}$ の信号部分空間 $\widetilde{\boldsymbol{h}}_{\mathrm{d}}^{\parallel} \in \mathbb{C}^{(M-1)\times 1}$ を用いて所望信号を合成することで干渉キャンセルとダイバーシチを同時に実現する．そのための受信重みベクトルは次式となる．

$$\boldsymbol{w} = \widetilde{\boldsymbol{h}}_{\mathrm{d}}^{\parallel} \tag{2.111}$$

これにより干渉キャンセルと $(M-1)$ 次のダイバーシチ利得を同時に得ることが可能となる．一般に M 素子のアンテナ（M 個のノード）を用いると $(M-1)$ 個の干渉信号を線形処理によりキャンセル可能であり，また干渉波が $N(<M)$ 個存在するときには干渉キャンセルとともに $(M-N)$ 次のダイバーシチ合成が可能である．

2.2.4 MIMO 空間多重

多次元信号処理の無線通信への二つ目の応用例として，送受信ノード双方のアレーアンテナ（または複数ノードからなるバーチャルなアレーアンテナ）を用いた MIMO 空間多重通信を紹介する．ここでは図 **2.11** に示す N 本の送信アンテナと M 本の受信アンテナからなる MIMO システムを対象とする．

このときの受信信号ベクトル $\boldsymbol{y} \in \mathbb{C}^{M\times 1}$ は次式で表される．

$$\boldsymbol{y} = \boldsymbol{H}\boldsymbol{x} + \boldsymbol{n} \tag{2.112}$$

ここで $\boldsymbol{x} = [x_1, \ldots, x_N]^{\mathrm{T}} \in \mathbb{C}^{N\times 1}$ は N 本のアンテナからの送信信号ベクトルである．この $\boldsymbol{x}$ は L 個の空間多重ストリーム $\widetilde{\boldsymbol{x}} = [\widetilde{x}_1, \ldots, \widetilde{x}_L]^{\mathrm{T}} \in \mathbb{C}^{L\times 1}$ に線形送信重み行列 $\boldsymbol{W}_{\mathrm{t}} \in \mathbb{C}^{N\times L}$ を乗算することにより生成する．

$$\boldsymbol{x} = \boldsymbol{W}_{\mathrm{t}}\widetilde{\boldsymbol{x}} \tag{2.113}$$

ただし空間ストリーム数 L は通信路行列 $\boldsymbol{H}$ の階数，すなわち信号部分空間の次元に等しく設

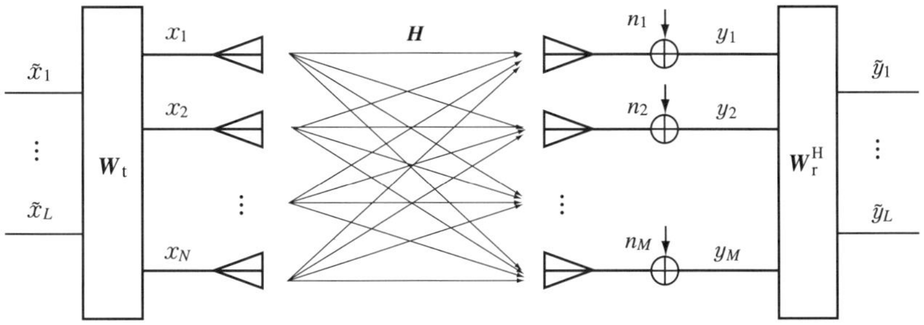

図 2.11　MIMO 空間多重通信

定している．

一方，受信側では受信信号ベクトル $\boldsymbol{y}$ に線形受信重み行列 $\boldsymbol{W}_\mathrm{r} \in \mathbb{C}^{M\times L}$ を乗算することで L 個の空間多重ストリームを線形的に分離する．

$$\widetilde{\boldsymbol{y}} = \boldsymbol{W}_\mathrm{r}^\mathrm{H}\boldsymbol{y} \in \mathbb{C}^{L\times 1} \tag{2.114}$$

この MIMO 空間多重通信の通信路容量を最大化するためには各ストリームの信号対干渉雑音電力比（SINR）を同時に最大化する必要がある．これは送受の線形重みとして通信路行列の特異行列（信号部分空間）を用いることで達成される．通信路行列 $\boldsymbol{H} \in \mathbb{C}^{M\times N}$ の特異値展開は次式で与えられる．

$$\boldsymbol{H} = \boldsymbol{U}\boldsymbol{\Sigma}\boldsymbol{V}^\mathrm{H} \tag{2.115}$$

$$\boldsymbol{\Sigma} = \mathrm{diag}\left[\sqrt{\lambda_1}, \ldots, \sqrt{\lambda_L}\right] \tag{2.116}$$

得られた特異行列を送受信の重み行列とすることで通信路行列 $\boldsymbol{H}$ の直交化（干渉キャンセル）と順序付（第 1 から第 L）の利得の最大化が同時に実現される．

$$\boldsymbol{W}_\mathrm{t} = \boldsymbol{V}, \quad \boldsymbol{W}_\mathrm{r} = \boldsymbol{U} \tag{2.117}$$

最終的に送受信の重み行列を施した等価なシステムモデルは次式となる．

$$\widetilde{\boldsymbol{y}} = \boldsymbol{W}_\mathrm{r}^\mathrm{H}\boldsymbol{H}\boldsymbol{W}_\mathrm{t}\widetilde{\boldsymbol{x}} + \boldsymbol{W}_\mathrm{r}^\mathrm{H}\boldsymbol{n} = \boldsymbol{\Sigma}\widetilde{\boldsymbol{x}} + \widetilde{\boldsymbol{n}} \tag{2.118}$$

ここで $\boldsymbol{\Sigma}$ は対角行列であるため，このシステムは L 個の並列した SISO 通信路と等価となる．この等価な並列通信路を一般に固有モードと呼ぶ．

すべての固有モードは互いに直交しているため，MIMO 空間多重通信の通信路容量は各固有モードの通信路容量の和として表現できる．各固有モードの SNR は通信路行列の特異値を用いて次式で計算できる．

$$\gamma_i = \frac{\lambda_i P_i}{\sigma^2}, \quad i = 1, \ldots, L \tag{2.119}$$

ここで $P_i = \mathrm{E}[|\tilde{x}_i|^2]$ は第 i 固有モードに割り当てられた送信電力であり，総送信電力 $\sum_{i=1}^{L} P_i = P$ が一定の条件下で凸最適化可能である．これらを用いて MIMO 空間多重通信の通信路容量は次式で計算できる．

$$C = \sum_{i=1}^{L} \log_2 (1 + \gamma_i) \tag{2.120}$$

$$= \log_2 \prod_{i=1}^{L} (1 + \gamma_i) \tag{2.121}$$

$$= \log_2 \det \left(\boldsymbol{I}_L + \frac{\boldsymbol{\Sigma P \Sigma}^{\mathrm{H}}}{\sigma^2} \right) \tag{2.122}$$

$$= \log_2 \det \left(\boldsymbol{I}_L + \frac{\boldsymbol{U}^{\mathrm{H}} \boldsymbol{H V P V}^{\mathrm{H}} \boldsymbol{H}^{\mathrm{H}} \boldsymbol{U}}{\sigma^2} \right) \tag{2.123}$$

$$= \log_2 \det \left(\boldsymbol{I}_L + \frac{\boldsymbol{H R}_{\mathrm{X}} \boldsymbol{H}^{\mathrm{H}}}{\sigma^2} \right) \quad \text{[bps/Hz]} \tag{2.124}$$

なお最後の式変形には行列式に関する $\det(\boldsymbol{I} + \boldsymbol{AB}) = \det(\boldsymbol{I} + \boldsymbol{BA})$ の性質を用いた．ここで $\boldsymbol{P} = \mathrm{diag}[P_1, \ldots, P_L] \in \mathbb{R}^{L \times L}$ はすべてのストリームの送信電力をまとめた行列であり，$\boldsymbol{R}_{\mathrm{X}} = \boldsymbol{V P V}^{\mathrm{H}} \in \mathbb{C}^{N \times N}$ は相互情報量を最大化する送信信号の相関行列である．なお送信側で通信路行列が未知の場合は，相互情報量を最大化する相関行列を生成することができない．この条件下では $\boldsymbol{R}_{\mathrm{X}} = \mathrm{diag}[P/N, \ldots, P/N] \in \mathbb{R}^{N \times N}$ とするのが最善の手段となる．これは送信電力 P を各送信アンテナに等分配したことを意味している．

また通信路行列 $\boldsymbol{H}$ がフェージング変動するマルチパス環境では MIMO 空間多重通信のエルゴード通信路容量は次式で計算される．

$$\bar{C} = \sum_{i=1}^{L} \int \log_2 (1 + \gamma_i) f(\gamma_i) \mathrm{d}\gamma_i \quad \text{[bps/Hz]} \tag{2.125}$$

例えば IID レイリーフェージング環境では，各固有モードの SNRγ_i の確率密度関数 $f(\gamma_i)$ は式 (2.84) のウィシャート分布より計算できる．

この IID レイリーフェージング環境における MIMO 空間多重通信のエルゴード通信路容量を図 **2.12** に示す．図より MIMO システムの伝送容量は通信路行列の階数 $L = M = N$ に対して線形にスケールしていることが分かる．これは複数の送信ストリームを通信路行列の信号部分空間を用いて空間軸上に多重化（空間多重）した効果である．

2.2.5 マルチユーザ MIMO

多次元信号処理の無線通信への三つ目の応用例としてマルチユーザ MIMO を紹介する．マルチユーザ通信では一つのアクセスノードが多くのユーザを同時に収容するが，その通信の向きによってマルチアクセス（multi-access）通信とブロードキャスト（broadcast）通信に大別できる．ここでは，2.1 節で紹介したマルチアクセス/ブロードキャスト型通信路の理論を発展させ，アレー信号処理と MIMO 空間多重に基づいたマルチユーザ MIMO の通信路容量を導出し，また具体的なアンテナ重みの計算法を紹介する．

2.2.5.1 MIMO マルチアクセスの通信路容量の達成可能領域

MIMO マルチアクセスの概念を図 **2.13** に示す．ここでは単一アンテナを有する N 個のユーザが M 本のアンテナを有する基地局に同時にアクセスしているものとする．例えば $N = 2$ のとき，第 1 ユーザの送信信号を x_1，第 2 ユーザの送信信号を x_2 とすると基地局における受信信号ベクトル $\boldsymbol{y} \in \mathbb{C}^{M \times 1}$ は次式で表される．

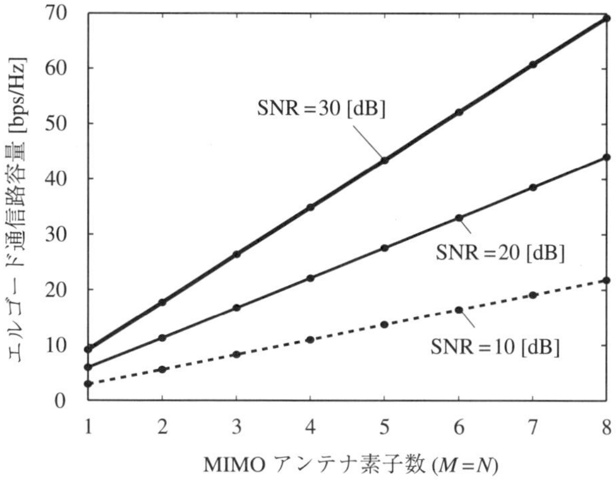

図 2.12　MIMO システムのエルゴード通信路容量

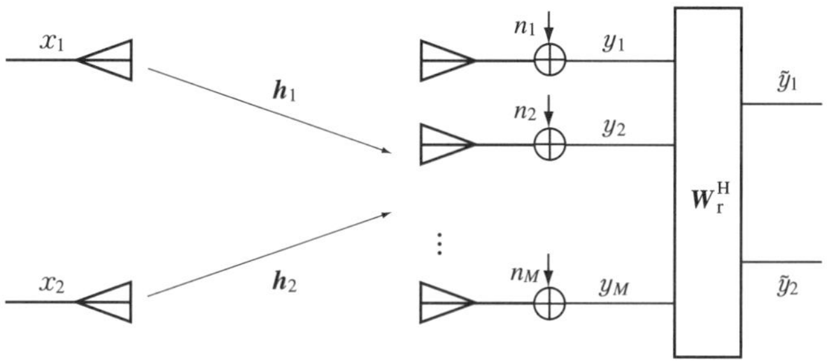

図 2.13　MIMO マルチアクセス

$$\boldsymbol{y} = \boldsymbol{h}_1 x_1 + \boldsymbol{h}_2 x_2 + \boldsymbol{n} = \boldsymbol{H}\boldsymbol{x} + \boldsymbol{n} \tag{2.126}$$

ここで $\boldsymbol{h}_1 \in \mathbb{C}^{M\times 1}$ 及び $\boldsymbol{h}_2 \in \mathbb{C}^{M\times 1}$ はそれぞれ第 1 ユーザまたは第 2 ユーザと基地局間の通信路ベクトルであり，$\boldsymbol{H} \in \mathbb{C}^{M\times N}$ はすべての通信路ベクトルをまとめたマルチアクセスのための通信路行列である．$\boldsymbol{x} \in \mathbb{C}^{N\times 1}$ はすべてのユーザの送信信号をまとめたベクトルであり，また各ユーザの送信電力は $P_i = \mathrm{E}[|x_i|^2] \leq P$ で拘束されるものとする．

このマルチアクセス通信路の通信路容量は 2.1 節と同様に達成可能領域として求めることができる．はじめに第 1 ユーザのみ通信を行う場合を考える．このときは単一送信複数受信の SIMO システムと等価となるため，通信路ベクトルの信号部分空間を用いたダイバーシチ受信が最適となる．よって誤りなく通信するためには，第 1 ユーザの通信レート R_1 に関して次の不等式を満たす必要がある．

$$R_1 \leq \log_2\left(1 + \frac{|\boldsymbol{h}_1|^2 P_1}{\sigma^2}\right) \quad [\mathrm{bps/Hz}] \tag{2.127}$$

同様に第 2 ユーザの通信レート R_2 に関して次の不等式が成り立つ．

$$R_2 \leq \log_2\left(1 + \frac{|\boldsymbol{h}_2|^2 P_2}{\sigma^2}\right) \quad [\mathrm{bps/Hz}] \tag{2.128}$$

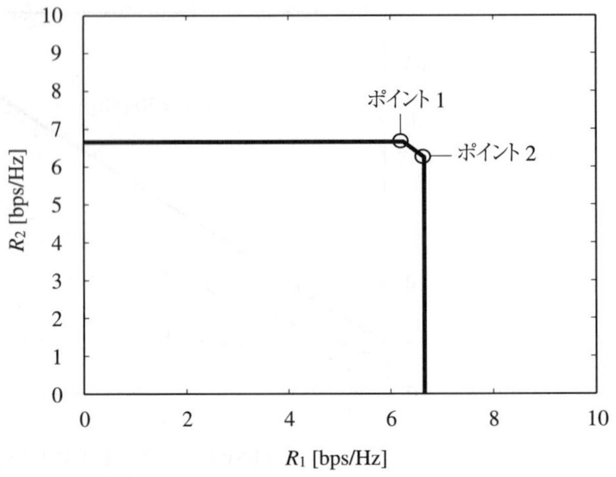

図 2.14 MIMO マルチアクセスの通信路容量領域

第 1 ユーザと第 2 ユーザが同時に通信を行う場合は，広義の MIMO システムととらえることができるためレート R_1 と R_2 の和に対して次の不等式が成り立つ．

$$R_1 + R_2 \leq \log_2 \det\left(\boldsymbol{I}_M + \frac{\boldsymbol{H}\boldsymbol{R}_\mathrm{X}\boldsymbol{H}^\mathrm{H}}{\sigma^2}\right) \quad \text{[bps/Hz]} \tag{2.129}$$

ただし，送信信号の相関行列は $\boldsymbol{R}_\mathrm{X} = \mathrm{diag}[P_1, \ldots, P_N] \in \mathbb{C}^{N\times N}$ に限定される．これら三つの不等式の凸包が達成可能領域である．

例として通信路行列 $\boldsymbol{H}$ が次式で与えられる場合の達成可能領域を図 **2.14** に示す．ここでは $P_i/\sigma^2 = 100\,(i = 1, 2)$ を仮定した．

$$\boldsymbol{H} = \begin{bmatrix} 1 & 1/2 \\ 0 & \sqrt{3}/2 \end{bmatrix} \tag{2.130}$$

図より基地局で観測される最大通信レート $R = R_1 + R_2$ は，二つのユーザを同時に収容したときに達成されている．これを一般にマルチユーザの空間多重化利得という．また図において不等式の交差する二つのポイントはユーザに優先順位を付けた場合に達成し得るレートを表している．例えばポイント 1 は第 2 ユーザからの干渉が存在する中で第 1 ユーザを検波し，そのレプリカを減算した後に第 2 ユーザを検波した結果である．すなわち順序付干渉キャンセラの伝送容量を表している．

2.2.5.2 MIMO マルチアクセスの受信重み

多次元信号処理を用いた MIMO マルチアクセスの受信重み設計法として，干渉キャンセル法（ZF: Zero Forcing）と順序付干渉キャンセル法（SIC: Successive Interference Cancellation）[15] を紹介する．ZF とは互いの通信路ベクトルに直交した重み行列 $\boldsymbol{W}_\mathrm{r} \in \mathbb{C}^{M\times N}$ を用いることでチャネルを直交化する方法である．

$$\boldsymbol{W}_\mathrm{r} = [\boldsymbol{h}_2^\perp, \boldsymbol{h}_1^\perp] \tag{2.131}$$

$$\boldsymbol{\Omega} = (\boldsymbol{W}_{\mathrm{r}})^{\mathrm{H}} \boldsymbol{H} = \begin{bmatrix} \left(\boldsymbol{h}_2^{\perp}\right)^{\mathrm{H}} \boldsymbol{h}_1 & 0 \\ 0 & \left(\boldsymbol{h}_1^{\perp}\right)^{\mathrm{H}} \boldsymbol{h}_2 \end{bmatrix} \tag{2.132}$$

この特徴を用いてZFを用いたマルチユーザの検波は次式で計算される．

$$\hat{\boldsymbol{x}} = \boldsymbol{\Omega}^{-1} (\boldsymbol{W}_{\mathrm{r}})^{\mathrm{H}} \boldsymbol{y} = \boldsymbol{x} + \boldsymbol{\Omega}^{-1} \widetilde{\boldsymbol{n}} \tag{2.133}$$

これはすなわち式 (2.72) で計算されるチャネルの一般逆行列を受信側で施していることに他ならない．このZF法は簡易であるが，二つの通信路ベクトルの相関が高いときに $\boldsymbol{\Omega}^{-1}$ の値が非常に大きくなり雑音が強調される．

一方，第1ユーザを優先したSICでは，次式に示す重み行列を用いて通信路行列を上三角化する．

$$\boldsymbol{W}_{\mathrm{r}} = \left[\boldsymbol{h}_1^{\parallel}, \boldsymbol{h}_1^{\perp}\right] \tag{2.134}$$

$$\boldsymbol{R} = (\boldsymbol{W}_{\mathrm{r}})^{\mathrm{H}} \boldsymbol{H} = \begin{bmatrix} \left(\boldsymbol{h}_1^{\parallel}\right)^{\mathrm{H}} \boldsymbol{h}_1 & \left(\boldsymbol{h}_1^{\parallel}\right)^{\mathrm{H}} \boldsymbol{h}_2 \\ 0 & \left(\boldsymbol{h}_1^{\perp}\right)^{\mathrm{H}} \boldsymbol{h}_2 \end{bmatrix} = \begin{bmatrix} R_{11} & R_{12} \\ 0 & R_{22} \end{bmatrix} \tag{2.135}$$

この場合，優先順位の低い第2ユーザを次式で先に検波する．

$$\hat{x}_2 = R_{22}^{-1} (\boldsymbol{h}_1^{\perp})^{\mathrm{H}} \boldsymbol{y} = x_2 + R_{22}^{-1} \widetilde{n}_2 \tag{2.136}$$

次に式 (2.62) と同様の後退代入法により第1ユーザを検波する．

$$\hat{x}_1 = R_{11}^{-1} \left(\left(\boldsymbol{h}_1^{\parallel}\right)^{\mathrm{H}} \boldsymbol{y} - R_{12} \bar{x}_2 \right) = x_1 + R_{11}^{-1} \widetilde{n}_1 \tag{2.137}$$

ここで $\bar{x}_2$ は $\hat{x}_2$ の検波値であり，ここでは適応レート制御により判定誤りは発生しないものとしている．この場合，第2ユーザはZFと同様に雑音強調が発生するが，第1ユーザに対してはダイバーシチ利得が得られるため優先されたより品質の良い通信が可能となる．

2.2.5.3　MIMOブロードキャストの通信路容量の達成可能領域

MIMOブロードキャストの概念を図 **2.15** に示す．ここでは M 個のアンテナを有する基地局が単一アンテナを有する N 個のユーザに異なるデータを同時にブロードキャスト（マルチキャスト）している．例えば $N = 2$ のとき，第1ユーザ及び第2ユーザの受信信号 y_1, y_2 はそれぞれ以下で表される．

$$y_1 = \boldsymbol{h}_1^{\mathrm{T}} \boldsymbol{x} + n_1, \quad y_2 = \boldsymbol{h}_2^{\mathrm{T}} \boldsymbol{x} + n_2 \tag{2.138}$$

ここで $\boldsymbol{h}_i \in \mathbb{C}^{M \times 1}$ $(i = 1, 2)$ は基地局と第 i ユーザ間の通信路ベクトルであり，$\boldsymbol{x} \in \mathbb{C}^{M \times 1}$ は送信信号ベクトルである．$\boldsymbol{x}$ は全ユーザへの送信ストリームをまとめたベクトル $\widetilde{\boldsymbol{x}} \in \mathbb{C}^{N \times 1}$ に送信重み行列 $\boldsymbol{W}_{\mathrm{t}} \in \mathbb{C}^{M \times N}$ を乗算することで生成する．

$$\boldsymbol{x} = \boldsymbol{W}_{\mathrm{t}} \widetilde{\boldsymbol{x}} \tag{2.139}$$

ただし，$\widetilde{\boldsymbol{x}}$ は次式に示す総送信電力に関する拘束条件を満たすものとする．

$$\mathrm{trace}\left(\mathrm{E}\left[\widetilde{\boldsymbol{x}}\, \widetilde{\boldsymbol{x}}^{\mathrm{H}}\right]\right) = \mathrm{trace}\left(\mathrm{diag}\left[P_1, \ldots, P_N\right]\right) = \sum_{i=1}^{N} P_i \leq P \tag{2.140}$$

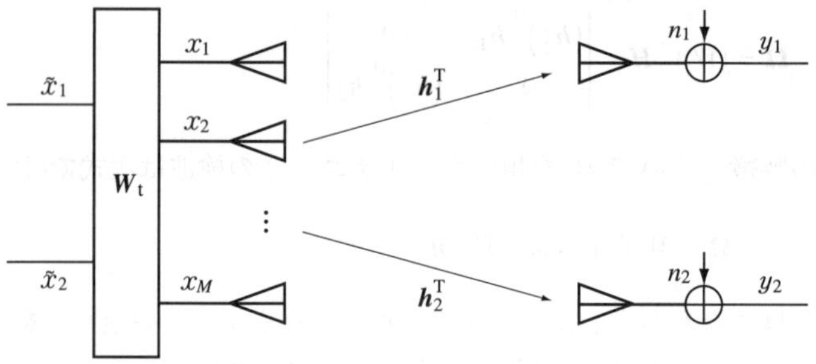

図 2.15 MIMO ブロードキャスト

すべてのユーザの受信信号をまとめたベクトルを $\boldsymbol{y} = [y_1, \ldots, y_N]^T$ とすると次式が成り立つ.

$$\boldsymbol{y} = \boldsymbol{H}\boldsymbol{x} + \boldsymbol{n} \tag{2.141}$$

ここで $\boldsymbol{H} = [\boldsymbol{h}_1, \ldots, \boldsymbol{h}_N]^T$ はすべての通信路ベクトルをまとめた行列である.

このブロードキャスト通信路の通信路容量はマルチアクセスと同様に達成可能領域として求めることができる. 第 1 ユーザまたは第 2 ユーザと基地局が単独で通信を行うときは, 送信ダイバーシチが最適な通信方式となり, そのときの各ユーザの通信レートは以下の不等式を満たす必要がある.

$$R_1 \leq \log_2\left(1 + \frac{|\boldsymbol{h}_1|^2 P_1}{\sigma^2}\right) \quad \text{[bps/Hz]} \tag{2.142}$$

$$R_2 \leq \log_2\left(1 + \frac{|\boldsymbol{h}_2|^2 P_2}{\sigma^2}\right) \quad \text{[bps/Hz]} \tag{2.143}$$

また第 1 ユーザと第 2 ユーザに同時に通信を行う場合は, ブロードキャスト通信路とマルチアクセス通信路の双対性から次の不等式が成り立つ.

$$R_1 + R_2 \leq \log_2 \det\left(\boldsymbol{I}_M + \frac{\boldsymbol{H}\boldsymbol{R}_X\boldsymbol{H}^H}{\sigma^2}\right) \quad \text{[bps/Hz]} \tag{2.144}$$

ここで $\boldsymbol{R}_X = \mathrm{diag}[P_1, P_2]$ は双対マルチアクセスモデルの送信信号の相関行列であり, マルチアクセスとは異なり $P_1 + P_2 \leq P$ を満たす必要がある. これより MIMO ブロードキャストの達成可能領域は $P_1 + P_2 \leq P$ を満たす P_1, P_2 に対する上記三つの不等式の凸包として計算できる. その中で通信レートの和 $R = R_1 + R_2$ を最大化する P_1, P_2 は $P_1 + P_2 = P$ の条件下での R に対する凸最適化問題を解くことによって得られる.

2.2.5.4 MIMO ブロードキャストの送信重み

多次元信号処理を用いた MIMO ブロードキャストの送信重み設計法として干渉キャンセル法 (ZF) と順序付干渉キャンセル法 (ZF-DPC: ZF Dirty Paper Coding) [16] を紹介する. 送信 ZF では, MIMO マルチアクセスと同様に互いの通信路ベクトルに直交した重み行列 $\boldsymbol{W}_t \in \mathbb{C}^{N\times M}$ を用いることで通信路行列を直交化する.

$$\boldsymbol{W}_t = \left[\left(\boldsymbol{h}_2^{\perp}\right)^*, \left(\boldsymbol{h}_1^{\perp}\right)^*\right] \tag{2.145}$$

$$\boldsymbol{\Omega} = \boldsymbol{H}\boldsymbol{W}_{\mathrm{t}} = \begin{bmatrix} \left(\boldsymbol{h}_1^{\mathrm{H}}\boldsymbol{h}_2^{\perp}\right)^* & 0 \\ 0 & \left(\boldsymbol{h}_2^{\mathrm{H}}\boldsymbol{h}_1^{\perp}\right)^* \end{bmatrix} \tag{2.146}$$

このとき MIMO ブロードキャストの受信信号ベクトルは次式となる．

$$\boldsymbol{y} = \boldsymbol{H}\boldsymbol{x} + \boldsymbol{n} = \boldsymbol{H}\boldsymbol{W}_{\mathrm{t}}\widetilde{\boldsymbol{x}} + \boldsymbol{n} = \boldsymbol{\Omega}\widetilde{\boldsymbol{x}} + \boldsymbol{n} \tag{2.147}$$

よってユーザごとに同期検波を行うことで所望の信号を検波できる．

$$\hat{x}_1 = \Omega_{11}^{-1} y_1 = \widetilde{x}_1 + \Omega_{11}^{-1} n_1 \tag{2.148}$$

$$\hat{x}_2 = \Omega_{22}^{-1} y_2 = \widetilde{x}_2 + \Omega_{22}^{-1} n_2 \tag{2.149}$$

この方法は簡易であるが，MIMO マルチアクセスと同様に二つの通信路ベクトルの相関が高い場合に雑音強調が発生する．

一方，第 1 ユーザを優先した ZF-DPC では次式に示す重み行列を用いて通信路行列を下三角化する．

$$\boldsymbol{W}_{\mathrm{t}} = \left[\left(\boldsymbol{h}_1^{\parallel}\right)^*, \left(\boldsymbol{h}_1^{\perp}\right)^*\right] \tag{2.150}$$

$$\boldsymbol{L} = (\boldsymbol{W}_{\mathrm{r}})^{\mathrm{H}}\boldsymbol{H} = \begin{bmatrix} \left(\boldsymbol{h}_1^{\mathrm{H}}\boldsymbol{h}_1^{\parallel}\right)^* & 0 \\ \left(\boldsymbol{h}_2^{\mathrm{H}}\boldsymbol{h}_1^{\parallel}\right)^* & \left(\boldsymbol{h}_2^{\mathrm{H}}\boldsymbol{h}_1^{\perp}\right)^* \end{bmatrix} = \begin{bmatrix} L_{11} & 0 \\ L_{21} & L_{22} \end{bmatrix} \tag{2.151}$$

これはすなわち優先度の高い第 1 ユーザにはダイバーシチ合成重みを，優先度の低い第 2 ユーザには第 1 ユーザへの干渉キャンセル重みを施している．このとき MIMO ブロードキャストの受信信号ベクトルは次式となる．

$$\boldsymbol{y} = \boldsymbol{H}\boldsymbol{x} + \boldsymbol{n} = \boldsymbol{H}\boldsymbol{W}_{\mathrm{t}}\widetilde{\boldsymbol{x}} + \boldsymbol{n} = \boldsymbol{L}\widetilde{\boldsymbol{s}} + \boldsymbol{n} \tag{2.152}$$

優先度の高い第 1 ユーザは第 2 ユーザからの干渉がないため，同期検波により送信ダイバーシチ利得を得ることができる．

$$\hat{x}_1 = L_{11}^{-1} y_1 = \widetilde{x}_1 + L_{11}^{-1} n_1 \tag{2.153}$$

一方，優先度の低い第 2 ユーザには第 1 ユーザからの干渉信号が存在するが，基地局は干渉信号あらかじめ知っているため，式 (2.65) と同様の前方代入法により干渉をキャンセルすることができる．

$$\bar{x}_2 = \widetilde{x}_2 - \frac{L_{21}}{L_{22}} x_1 \tag{2.154}$$

ここで $\bar{x}_2$ は DPC された第 2 ユーザへの送信信号である．この事前キャンセラにより，第 2 ユーザも同期検波により所望信号を検出することが可能となる．

$$\hat{x}_2 = L_{22}^{-1} y_2 = L_{22}^{-1}\left(L_{21} x_1 + L_{22}\bar{x}_2 + n_2\right) = \widetilde{x}_2 + L_{22}^{-1} n_2 \tag{2.155}$$

2.2.6 ま と め

本節では多次元信号処理とそれを無線通信へ応用したダイバーシチ/ビームフォーミング，干渉キャンセル，MIMO 空間多重，マルチユーザ MIMO を紹介した．特に行列の部分空間分解の理論を理解することで無線通信におけるアレー信号処理を一元的に取り扱うことができることを説明した．これらの中で特にマルチユーザ MIMO は無線分散ネットワークの中で中心的な役割を果たすことになる．詳しくは第 3 章以降で紹介しよう．

2.3 ベイズ理論

2.3.1 ベイズ理論とは

2.1 節で述べたように，情報理論の基幹を成す通信路容量は，送信及び受信信号のエントロピーにより規定される．また，確率変数 X のエントロピー，つまり不確定性の根源は，確定性を示す確率 $P_X(x)$ の逆数に対して対数をとり，その期待値を求めたものである．したがって，不確実性の定量化と，その操作に関して一定の枠組みを与える確率論が重要なものとなる．確率論において，確率計算の中心的役割を担うのが次式に示す二つの基本定理である．

$$\text{加法定理：}\quad P_X(x) = \sum_y P_{X,Y}(x,y) \tag{2.156}$$

$$\text{乗法定理：}\quad P_{X,Y}(x,y) = P_{Y|X}(y|x)P_X(x) \tag{2.157}$$

ここで，乗法定理と結合確率の対称性 $P_{X,Y}(x,y) = P_{Y,X}(y,x)$ に着目すると，次式に示すベイズの定理が得られる．

$$P_{X|Y}(x|y) = \frac{P_{X,Y}(x,y)}{P_Y(y)} = \frac{P_{Y|X}(y|x)P_X(x)}{P_Y(y)} \tag{2.158}$$

今，ディジタル無線通信を考え，送信信号 x が Q 値のシンボル $\mathcal{X}_q$（$q = 1,\ldots,Q$）により構成されており，雑音等の影響を受けた受信信号 y が通信あて先に届いているものとする．この場合，式 (2.156)～(2.158) を用いて，受信信号 y に関する知識を得た場合の送信信号が $x = \mathcal{X}_q$ である確率が次式で与えられる．

$$P_{X|Y}(\mathcal{X}_q|y) = \frac{P_{Y|X}(y|\mathcal{X}_q)P_X(\mathcal{X}_q)}{P_Y(y)} = \frac{P_{Y|X}(y|\mathcal{X}_q)P_X(\mathcal{X}_q)}{\sum_{q=1}^{Q} P_{Y|X}(y|\mathcal{X}_q)P_X(\mathcal{X}_q)} \tag{2.159}$$

ただし，ここでは X は送信信号の確率変数，Y は受信信号の確率変数としている．式 (2.159) における各種確率には，次のような用語が用いられる．

- 事後確率（*a-posteriori* probability）$P_{X|Y}(x|y)$：受信信号 y を観測した後の送信信号 x に関する知識の確実性
- 事前確率（*a-priori* probability）$P_X(x)$：送信信号 x に関して事前に知り得る確実性

- ゆう度関数（Likelihood function）$P_{Y|X}(y|x)$：送信信号 x に関する完全な知識を与えた場合に，受信信号 y がどれくらい起こりやすいかの関係

ここで，y を得られた結果，x を原因として考える．ベイズの定理の興味深い点は，原因に対する結果 $P_{Y|X}(y|x)$ から，結果に対する原因 $P_{X|Y}(x|y)$ を与える公式と解釈できる点である．一般に，我々が生活する自然界では，離散的な値を有する原因 x に対し，観測可能な結果 y が連続値をとることは少なくない．ディジタル無線通信の場合において，離散値 x に対して連続値のガウス雑音が付加された連続値を有する y が観測されるのが例である．この場合，ゆう度関数は確率密度関数 $p_{Y|X}(y|x)$ で与えられるため，確率関数 $P_{Y|X}(y|x)$ に基づく式 (2.158) は不都合があるかのように見える．しかし，確率と確率密度の関係式

$$P(y < Y \leq y + \Delta y) = \int_{y}^{y+\Delta y} p_Y(z)\mathrm{d}z \tag{2.160}$$

において，Δy が微小の場合，積分による面積が $p_Y(y)\Delta y$ に近づくため，

$$P(y < Y \leq y + \Delta y) \approx p_Y(y)\Delta y \tag{2.161}$$

の関係を得る．したがって，式 (2.158) は

$$P_{X|Y}(x|y) \approx \frac{p_{Y|X}(y|x)\Delta y P_X(x)}{p_Y(y)\Delta y} = \frac{p_{Y|X}(y|x)P_X(x)}{p_Y(y)} \tag{2.162}$$

で近似することができ，特に不都合は生じないことが分かる．同様に，式 (2.159) は次式となる．

$$P_{X|Y}(\mathcal{X}_q|y) \approx \frac{p_{Y|X}(y|\mathcal{X}_q)P_X(\mathcal{X}_q)}{\sum_{q=1}^{Q} p_{Y|X}(y|\mathcal{X}_q)P_X(\mathcal{X}_q)} \tag{2.163}$$

一方，事前確率 $P_X(x)$ は，ある事象に対して事前知識として主観性を与える役割を担っている．古典的な統計学では，確率の客観性が重要視され，主観性から独立にすべきという考え方が強い．確かに，意味のない主観性を取り入れたところで，意味のない結果しか得られないのは納得できる．ベイズ理論の最大の特徴は，確率論に基づき意味ある主観性を定義した上で，それを積極的に活用し，所望の意味ある結果を得ることにあるといえる．

我々の日常生活においても，ある情報に対する予想を立て，その事前知識を活用して，与えられた状況を考慮した上で，所望の情報を抽出するというアプローチをとることが多いため，近年，工学，情報学，医学等の様々な分野で注目を集めている．特に，複数の通信端末がネットワーク内に遍在する無線分散ネットワークでは，複数の端末から送信されている信号の中から，所望の信号のみを抽出することが責務である．また，信号が相互に干渉して受信される環境において，ベイズ理論により因果関係を分析し，制御あるいは行動の指針を与えることは重要な役割であると考えられる．

2.3.2 確率密度関数

ベイズ理論における原因の特定では，原因と結果の因果関係を示すゆう度関数の把握が重

要な役割を担う．2.3.1 項では，一つの確率変数の原因に対して，一つの確率変数の結果が存在する一価関数のモデルを紹介したが，我々が直面する多くの問題は，そのような単純なモデルではなく，例えば無線分散ネットワーク，MIMO 通信路のように，複数の確率変数として与えられる原因に対して，複数の確率変数の結果が複雑に絡み合ったモデルである．このようなモデルにおける因果律は，多変量確率密度関数を用いて記述することができる．D 次元複素信号ベクトル $\boldsymbol{y}$ に対する多変量ガウス確率密度関数は次式で与えられる．

$$p_{Y|Z}(\boldsymbol{y}|z) = \frac{1}{\pi^D|\boldsymbol{\Omega}|}\exp\left[-(\boldsymbol{y}-z)^{\mathrm{H}}\boldsymbol{\Omega}^{-1}(\boldsymbol{y}-z)\right] \tag{2.164}$$

ただし，z と $\boldsymbol{Z}$ は D 次元複素平均ベクトルとそのランダム変数，$\boldsymbol{\Omega}$ は $D\times D$ 次元の複素共分散行列，そして $|\boldsymbol{\Omega}|$ は行列 $\boldsymbol{\Omega}$ の行列式を表す．

ここで，$\boldsymbol{x}$，$\boldsymbol{y}$ と $\boldsymbol{n}$ を K 次元の送信信号，受信信号と雑音ベクトル

$$\boldsymbol{x} = [x_1,\ldots,x_k,\ldots x_K]^{\mathrm{T}},\quad \boldsymbol{y} = [y_1,\ldots,y_k,\ldots y_K]^{\mathrm{T}},\quad \boldsymbol{n} = [n_1,\ldots,n_k,\ldots n_K]^{\mathrm{T}} \tag{2.165}$$

とすると，無線通信における信号モデルは次式で与えられる．

$$\boldsymbol{y} = \boldsymbol{H}\boldsymbol{x} + \boldsymbol{n} \tag{2.166}$$

ただし，$\boldsymbol{H}$ は $K\times K$ 次元の通信路行列，$\boldsymbol{n}$ は複素共分散行列 $\boldsymbol{\Omega}$ が $\mathrm{E}[\boldsymbol{n}^{\mathrm{H}}\boldsymbol{n}] = N_0\boldsymbol{I}$ となる白色性ガウス雑音ベクトルを意味する．なお，N_0 は雑音電力密度である．

平均複素ベクトル z が $\boldsymbol{H}\boldsymbol{x}$ で与えられることを考慮し，$\boldsymbol{H}$ を確定値としてとらえると，式 (2.166) で与えられる信号モデルの多変量確率密度関数は

$$p_{Y|X}(\boldsymbol{y}|\boldsymbol{x}) = \frac{1}{(\pi N_0)^K}\exp\left[-\frac{(\boldsymbol{y}-\boldsymbol{H}\boldsymbol{x})^{\mathrm{H}}(\boldsymbol{y}-\boldsymbol{H}\boldsymbol{x})}{N_0}\right] \tag{2.167}$$

となり，このような多次元信号に対しても，ベイズの定理が次式で成立する．

$$P_{X|Y}(\boldsymbol{x}|\boldsymbol{y}) = \frac{P_{X,Y}(\boldsymbol{x},\boldsymbol{y})}{P_Y(\boldsymbol{y})} = \frac{P_{Y|X}(\boldsymbol{y}|\boldsymbol{x})P_X(\boldsymbol{x})}{P_Y(\boldsymbol{y})} \approx \frac{p_{Y|X}(\boldsymbol{y}|\boldsymbol{x})P_X(\boldsymbol{x})}{P_Y(\boldsymbol{y})} \tag{2.168}$$

ただし，$\boldsymbol{X}$ は送信信号ベクトルの確率変数，$\boldsymbol{Y}$ は受信信号ベクトルの確率変数を意味している．式 (2.168) により，受信信号ベクトル $\boldsymbol{y}$ を観測した場合に，送信信号ベクトルが $\boldsymbol{x}$ である確率を知ることができる．以降，本節では，説明の便宜上，誤解が生じない範囲内で，確率 P のサフィックスである確率変数の表記を省略して表現することにする．

2.3.3 統計的仮説検定（信号検出）

ベイズ理論と判定問題を組み合わせることにより，不確定性を含む情報（受信信号）から最適な原因（送信信号）の検出を行うことが可能となる．本項では，その判定の役割を担う仮説検定について述べる．一般に，仮説検定においては，どちらか一方の仮説を基準とし，それを帰無仮説，他方を対立仮説と呼ぶ．説明の便宜上，仮説検定の中で最も単純である，二つの対立する帰無仮説と対立仮説間の検定問題（単純仮説検定）を前提とするが，一般に，二つ以上の複数個の対立仮説問題にもそのまま拡張可能である．ここでは，送信信号ベクトル $\boldsymbol{x}$ が一次元の 2 値シンボル $x \in \{\mathcal{X}_0, \mathcal{X}_1\}$ である状況を考える．

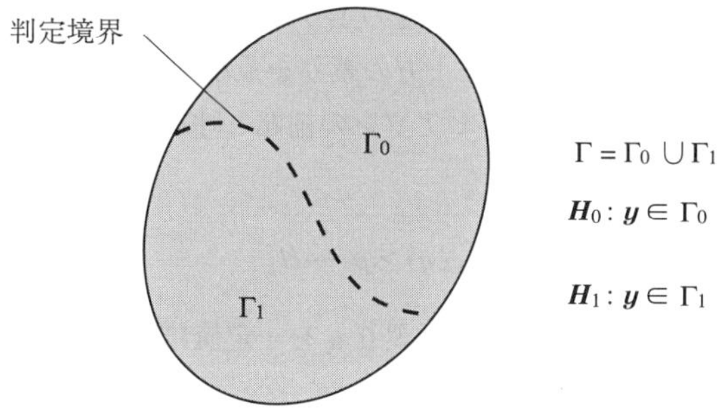

図 2.16　観測空間 Γ と仮説検定

2.3.3.1　統計的決定領域と判定境界

受信信号ベクトル $\boldsymbol{y}$ について，$\mathcal{X}_0$ から生じたものであるとする仮説を H_0，逆に，$\mathcal{X}_1$ から生じたものであるとする仮説を H_1 とする．なお，本項では，H_0 を帰無仮説とする．送信信号が $\mathcal{X}_0$ であったか $\mathcal{X}_1$ であったかを判定する問題は，受信信号ベクトル $\boldsymbol{y}$ を観測し，二つのゆう度関数 $P(\boldsymbol{y}|\mathcal{X}_0)$ と $P(\boldsymbol{y}|\mathcal{X}_1)$ のうち，高いゆう度を示す送信信号を二者択一的に決定することであるといえる．この場合，図 **2.16** に示すように，受信信号ベクトル $\boldsymbol{y}$ がとり得る状態の観測空間 Γ を互いに排反な部分空間である統計的決定領域 Γ_0 と Γ_1 に分割するための決定境界（$P(\boldsymbol{y}|\mathcal{X}_0) < P(\boldsymbol{y}|\mathcal{X}_1)$ の不等号が反転する境界）が判定基準となる．つまり，$\boldsymbol{y}$ が Γ_0 の内部に入れば仮説 H_0 を採択し，Γ_1 の内部に入れば仮説 H_1 を採択する．もし，帰無仮説 H_0 が真のときに，$\boldsymbol{y}$ が Γ_1 に属すれば判定は誤る．この場合の誤りを第 1 種の誤り（false alarm）という．一方，H_0 が偽のときに，$\boldsymbol{y}$ が Γ_0 に属している結果，H_0 を採択することによる誤りを第 2 種の誤り（miss detection）という．ここで，第 1 種の誤り確率を α，第 2 種の誤り確率を β とすると，これらの確率は次式で与えられる．

$$\alpha = P(\boldsymbol{y} \in \Gamma_1|\mathcal{X}_0) = \int_{\Gamma_1} P(\boldsymbol{y}|\mathcal{X}_0)\mathrm{d}\boldsymbol{y} \tag{2.169}$$

$$\beta = P(\boldsymbol{y} \in \Gamma_0|\mathcal{X}_1) = \int_{\Gamma_0} P(\boldsymbol{y}|\mathcal{X}_1)\mathrm{d}\boldsymbol{y} \tag{2.170}$$

2.3.3.2　ゆう度比検定

第 1 種と第 2 種の誤りが同程度に望ましい場合，単純仮説検定は次式に示すような簡単なものとなる．

$$P(\boldsymbol{y}|\mathcal{X}_0) > P(\boldsymbol{y}|\mathcal{X}_1) \rightarrow H_0, \qquad P(\boldsymbol{y}|\mathcal{X}_0) \leq P(\boldsymbol{y}|\mathcal{X}_1) \rightarrow H_1 \tag{2.171}$$

つまり，確率 $P(\boldsymbol{y}|\mathcal{X}_1)$ が確率 $P(\boldsymbol{y}|\mathcal{X}_0)$ より高い場合 H_1 を採択，そうでなければ H_0 を採択する．この場合，式 (2.171) をゆう度関数の比

$$L_{\mathrm{L}}(\boldsymbol{y}) = \frac{P(\boldsymbol{y}|\mathcal{X}_1)}{P(\boldsymbol{y}|\mathcal{X}_0)} \tag{2.172}$$

を用いて表現すると，

$$L_{\mathrm{L}}(\boldsymbol{y}) < 1 \rightarrow H_0, \qquad L_{\mathrm{L}}(\boldsymbol{y}) \geq 1 \rightarrow H_1 \tag{2.173}$$

になる．一方，第 1 種と第 2 種の誤りの重大さに差異がある場合，より重大な方の誤りを所定の値に固定しつつ，もう一方の誤りを最小限にとどめる判定境界の選定が重要となる．このような方針はネイマン–ピアソンの補題と呼ばれ，次式のゆう度比に基づく単純仮説検定に帰着する．

$$L_{\mathrm{L}}(\boldsymbol{y}) < \mu \to H_0, \qquad L_{\mathrm{L}}(\boldsymbol{y}) \geq \mu \to H_1 \tag{2.174}$$

ただし，しきい値 μ は，第 1 種誤り α を一定値に固定する場合，次式を満たすように選ばれる．

$$\alpha = \int_{\boldsymbol{y}:L_{\mathrm{L}}(\boldsymbol{y})>\mu} P(\boldsymbol{y}|\mathcal{X}_0)\mathrm{d}\boldsymbol{y} \tag{2.175}$$

なお，$\boldsymbol{y} : L_{\mathrm{L}}(\boldsymbol{y}) > \mu$ は，$L_{\mathrm{L}}(\boldsymbol{y}) > \mu$ を満たす $\boldsymbol{y}$ を意味している．一般に，式 (2.174) のようにゆう度比と，あるしきい値の関係から検定を行う手法をゆう度比検定（likelihood ratio test）と呼ぶ．

2.3.3.3　ベイズ検定

ここまでは，観測された受信信号ベクトル $\boldsymbol{y}$ のゆう度関数に基づく検定方法について述べてきたが，ベイズ理論的見地から，主観的な予測値である事前確率を活用して，判定することも可能である．式 (2.172) のように，事前確率の影響を含む事後確率の比は次式で与えられる．

$$L_{\mathrm{APP}}(\boldsymbol{y}) = \frac{P(\mathcal{X}_1|\boldsymbol{y})}{P(\mathcal{X}_0|\boldsymbol{y})} = \frac{P(\mathcal{X}_1, \boldsymbol{y})}{P(\mathcal{X}_0, \boldsymbol{y})} = \frac{P(\boldsymbol{y}|\mathcal{X}_1)}{P(\boldsymbol{y}|\mathcal{X}_0)} \cdot \frac{P(\mathcal{X}_1)}{P(\mathcal{X}_0)} = L_{\mathrm{L}} \frac{P(\mathcal{X}_1)}{P(\mathcal{X}_0)} \tag{2.176}$$

今，事後確率 $P(\mathcal{X}_1|\boldsymbol{y})$ が事後確率 $P(\mathcal{X}_0|\boldsymbol{y})$ より高い場合 H_1 を採択，そうでなければ H_0 を採択するといった仮説検定：

$$L_{\mathrm{APP}}(\boldsymbol{y}) < 1 \to H_0, \qquad L_{\mathrm{APP}}(\boldsymbol{y}) \geq 1 \to H_1 \tag{2.177}$$

を考え，式 (2.176) の関係に着目すると，

$$L_{\mathrm{L}}(\boldsymbol{y}) < \frac{P(\mathcal{X}_0)}{P(\mathcal{X}_1)} \to H_0, \qquad L_{\mathrm{L}}(\boldsymbol{y}) \geq \frac{P(\mathcal{X}_0)}{P(\mathcal{X}_1)} \to H_1 \tag{2.178}$$

が得られる．このような最大事後確率に基づく仮説検定は，判定誤り率を最小化する基準として知られており，無線通信における送信情報の検出に広く活用されている．

次に，ネイマン–ピアソンの補題のように，所要の第 1 種 α，第 2 種 β の誤り率の重大さに差異がある場合を考える．この場合には，ネイマン–ピアソンの方針とは別に，判定誤りに課すペナルティである損失を定義し，次式に示す平均損失の最小化も有効である．

$$\begin{aligned} G &= P(\mathcal{X}_0)(1-\alpha)G_{00} + P(\mathcal{X}_0)\alpha G_{01} + P(\mathcal{X}_1)\beta G_{10} + P(\mathcal{X}_1)(1-\beta)G_{11} \\ &= P(\mathcal{X}_0)G_{00} + P(\mathcal{X}_1)G_{11} + P(\mathcal{X}_0)(G_{01} - G_{00}) \int_{\Gamma_1} P(\boldsymbol{y}|\mathcal{X}_0)\mathrm{d}\boldsymbol{y} \\ &\quad + P(\mathcal{X}_1)(G_{10} - G_{11}) \int_{\Gamma_0} P(\boldsymbol{y}|\mathcal{X}_1)\mathrm{d}\boldsymbol{y} \end{aligned} \tag{2.179}$$

ただし，損失 G_{ij} の定義は**表 2.1** のとおりである．なお，誤りをおかしたときの損失は，正しい決定を下したときの損失より大きいものと考え，

表 2.1 損失の定義

送信＼受信	H_0 を採択	H_1 を採択
X_0 のとき	G_{00}	G_{01}
X_1 のとき	G_{10}	G_{11}

$$G_{01} - G_{00} > 0, \qquad G_{10} - G_{11} > 0 \tag{2.180}$$

とする．

ここで，Γ_0 と Γ_1 が互いに排反であることに着目すると次式が得られる．

$$\int_{\Gamma} P(\boldsymbol{y}|X_1)\mathrm{d}\boldsymbol{y} = \int_{\Gamma_1} P(\boldsymbol{y}|X_1)\mathrm{d}\boldsymbol{y} + \int_{\Gamma_0} P(\boldsymbol{y}|X_1)\mathrm{d}\boldsymbol{y} = 1 \tag{2.181}$$

この関係を用いると，式 (2.179) は次式で与えられる．

$$\begin{aligned} G &= P(X_0)G_{00} + P(X_1)G_{11} + P(X_1)(G_{10} - G_{11}) \\ &\quad + \int_{\Gamma_1} [P(X_0)(G_{01} - G_{00})P(\boldsymbol{y}|X_0) - P(X_1)(G_{10} - G_{11})P(\boldsymbol{y}|X_1)]\,\mathrm{d}\boldsymbol{y} \end{aligned} \tag{2.182}$$

この式における第 4 項の積分項以外は定数であるため，損失 G の最小化は，積分項が最小となる決定領域 Γ_1 を選べばよいことになる．したがって，被積分項内の第 2 項が第 1 項よりも大である $\boldsymbol{y}$ の集合を選べば十分であり，

$$L_{\mathrm{L}}(\boldsymbol{y}) > \frac{P(X_0)(G_{01} - G_{00})}{P(X_1)(G_{10} - G_{11})} \tag{2.183}$$

を満たす集合が Γ_1 となり，H_0 の決定領域となる．一方，H_1 の決定領域 Γ_0 は次式で与えられる．

$$L_{\mathrm{L}}(\boldsymbol{y}) \leq \frac{P(X_0)(G_{01} - G_{00})}{P(X_1)(G_{10} - G_{11})} \tag{2.184}$$

2.3.4 周辺確率

2.3.3 項では，2 値信号に対する単純仮説検定について述べてきた．しかし，送信信号ベクトル空間が多元的になると，とり得る送信信号の組合せ数，つまり，帰無仮説に対する対立仮説数が莫大なものとなり，送信信号ベクトルの判定に伴う演算量の問題を抱えることになる．そこで，その演算量を削減するためのアプローチを紹介する．

まず，結合確率に対する加法定理の概念に基づき，仮説問題における対立仮説数の削減を図る．送信信号ベクトル $\boldsymbol{x}$ と受信信号ベクトル $\boldsymbol{y}$ の結合確率に対して，式 (2.156) の加法定理を適用すると，次式が得られる．

$$P(x_k, \boldsymbol{y}) = \sum_{\backslash\{x_k\}} P(\boldsymbol{x}, \boldsymbol{y}) \tag{2.185}$$

ただし，$\backslash\{x_k\}$ は，送信信号ベクトル $\boldsymbol{x} = [x_1, \ldots, x_k, \ldots, x_K]^{\mathrm{T}}$ のうち，x_k 以外の変数を意味する．なお，このような確率は周辺確率と呼ばれる．一方，式 (2.159) と式 (2.185) により，ベイズの定理は次式で与えられる．

$$P(x_k|\boldsymbol{y}) = \frac{\sum_{\backslash\{x_k\}} P(\boldsymbol{x},\boldsymbol{y})}{P(\boldsymbol{y})} = \frac{\sum_{\backslash\{x_k\}} P(\boldsymbol{y}|\boldsymbol{x})P(\boldsymbol{x})}{P(\boldsymbol{y})} \tag{2.186}$$

このように考えることで，仮説数を送信信号の信号点数に限定することができるものの，残念ながら事後確率を求めるための確率の和にかかわる演算量が莫大なものとなる．この問題に対し，BCJR アルゴリズムが有効である [17]．BCJR アルゴリズムは，3.3 節で述べる通信路符号化による誤り訂正に対する最大事後確率復号法として考案されたアルゴリズムであるが，ここでは，広帯域伝送に伴う符号間干渉対策としての適用例により，その原理を述べることにする．

2.3.4.1 符号間干渉通信路

広帯域無線通信では，マルチパス通信路の影響により符号間干渉が生じ，周波数選択性フェージングの影響を受ける．ここで，式 (2.166) における K 個の送信信号 x_k が送信信号ベクトル $\boldsymbol{x}$ を構成し，その信号ベクトルの送信前は無伝送状態であると仮定する．更に，送信信号ベクトル伝送時にはフェージングが変動しない準静的フェージングを仮定すると，K 個の受信信号 y_k により構成される受信信号ベクトル $\boldsymbol{y}$ が影響を受ける通信路行列は次式で与えられる．

$$\boldsymbol{H} = \begin{bmatrix} h_{L-1} & 0 & \cdots & 0 & \cdots & 0 \\ \vdots & h_{L-1} & & \vdots & & \vdots \\ h_0 & \vdots & \ddots & & & \\ 0 & h_0 & & h_{L-1} & & \\ \vdots & & \ddots & \vdots & \ddots & 0 \\ 0 & \cdots & 0 & h_0 & & h_{L-1} \end{bmatrix} \tag{2.187}$$

ただし，L は通信路記憶長，h_l はフェージングの影響を示す複素係数である．BCJR アルゴリズムは，式 (2.187) における 0 要素に着目し，演算量の削減を実現するものである．

2.3.4.2 BCJR アルゴリズム

通信路行列である式 (2.187) に着目すると，符号間干渉通信路は図 **2.17** に示すように，複素

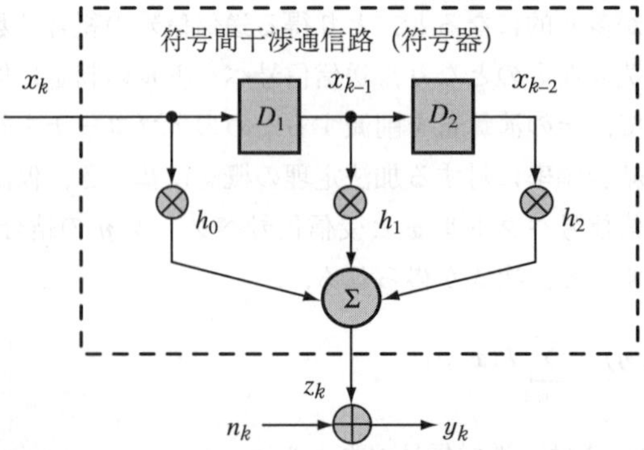

図 2.17 符号間干渉通信路を符号器とみなした場合のモデル（$L = 3$）

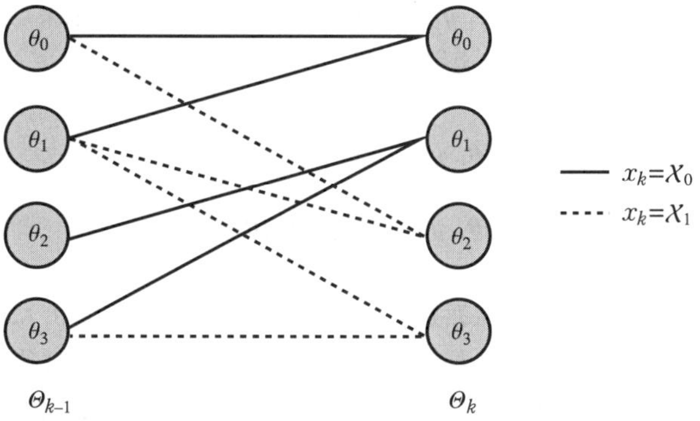

図 2.18　符号間干渉通信路のトレリス構造（$L = 3, 2$ 値信号）

数体で畳み込まれる FIR（Finite Inpulse Response）構造の符号器として考えることができる．ただし，同図は $L = 3$ の場合を例としている．この符号器では，入力である送信信号 x_k のみならず，二つのシフトレジスタ D_1, D_2 に記憶されている過去の送信信号 x_{k-1}, x_{k-2} に依存して出力値 z_k が決まる．ここで，説明の便宜上，送信信号が 2 値信号，つまり $x_k \in \{\mathcal{X}_0, \mathcal{X}_1\}$ の場合を考える．この場合，シフトレジスタ D_1，D_2 がとり得る状態をベクトルで表記すると，

$$\boldsymbol{\theta}_0 = [\mathcal{X}_0, \mathcal{X}_0]^{\mathrm{T}}, \qquad \boldsymbol{\theta}_1 = [\mathcal{X}_0, \mathcal{X}_1]^{\mathrm{T}}, \qquad \boldsymbol{\theta}_2 = [\mathcal{X}_1, \mathcal{X}_0]^{\mathrm{T}}, \qquad \boldsymbol{\theta}_3 = [\mathcal{X}_1, \mathcal{X}_1]^{\mathrm{T}} \tag{2.188}$$

の 4 状態となる．x_k が入力される前の状態変数を $\boldsymbol{\Theta}_{k-1}$，入力後を $\boldsymbol{\Theta}_k$ とすると，符号間干渉通信路のトレリス構造は図 **2.18** で表現される．このトレリス構造は，状態 $\boldsymbol{\Theta}_{k-1} = \boldsymbol{\theta}_i$ の符号器に，$x_k = \mathcal{X}_q$ が入力されると，状態 $\boldsymbol{\Theta}_k = \boldsymbol{\theta}_j$ へ遷移するとともに，

$$z_k = \boldsymbol{h}\left[x_k, \boldsymbol{\theta}_j^{\mathrm{T}}\right]^{\mathrm{T}} \tag{2.189}$$

を出力する様子を示している．ただし，$\boldsymbol{h} = [h_o, h_1, \ldots, h_{L-1}]$ である．以降，混乱を避けるため，$\boldsymbol{\theta}_i$ は時刻 $k-1$ における状態，$\boldsymbol{\theta}_j$ は時刻 k における状態を示していることに留意されたい．トレリス構造が示す重要な点は，$x_k = \mathcal{X}_q$ という事象を，状態が $\boldsymbol{\theta}_i$ から $\boldsymbol{\theta}_j$ への遷移という複数の事象に分解している点であり，この点に着目すると，事後確率 $P(x_k|\boldsymbol{y})$ は次式で与えられる．

$$\begin{aligned} P\left(x_k = \mathcal{X}_q|\boldsymbol{y}\right) &= \sum_{\substack{(\theta_i,\theta_j)\Rightarrow \\ x_k=\mathcal{X}_q}} P\left(\boldsymbol{\theta}_i, \boldsymbol{\theta}_j|\boldsymbol{y}\right) \\ &= \frac{1}{P(\boldsymbol{y})} \sum_{\substack{(\theta_i,\theta_j)\Rightarrow \\ x_k=\mathcal{X}_q}} P\left(\boldsymbol{\theta}_i, \boldsymbol{\theta}_j, \boldsymbol{y}\right) \end{aligned} \tag{2.190}$$

ただし，$(\boldsymbol{\theta}_i, \boldsymbol{\theta}_j) \Rightarrow x_k = \mathcal{X}_q$ は，$x_k = \mathcal{X}_q$ を入力時に $\boldsymbol{\theta}_i$ から $\boldsymbol{\theta}_j$ に遷移する状態の組合せを意味している．

次に，受信信号ベクトルを

$$\boldsymbol{y} = [[y_1, \ldots, y_{k-1}], y_k, [y_{k+1}, \ldots, y_K]]^{\mathrm{T}} = \left[(\boldsymbol{y}_k^-)^{\mathrm{T}}, y_k, (\boldsymbol{y}_k^+)^{\mathrm{T}}\right]^{\mathrm{T}} \tag{2.191}$$

のように，k に対して，$\boldsymbol{y}_k^-$（過去）・y_k（現在）・$\boldsymbol{y}_k^+$（未来）に分解して考え，ベイズの定理 $P(A,B)=P(B)P(A|B)$ を適用すると，

$$P\left(\boldsymbol{\theta}_i,\boldsymbol{\theta}_j,\boldsymbol{y}\right)=P\left(\boldsymbol{\theta}_i,\boldsymbol{\theta}_j,\boldsymbol{y}_k^-,y_k,\boldsymbol{y}_k^+\right)$$
$$=P\left(\boldsymbol{\theta}_i,\boldsymbol{\theta}_j,\boldsymbol{y}_k^-,y_k\right)P\left(\boldsymbol{y}_k^+|\boldsymbol{\theta}_i,\boldsymbol{\theta}_j,\boldsymbol{y}_k^-,y_k\right) \tag{2.192}$$

を得る．$\boldsymbol{y}_k^+$ は過去の状態 $\boldsymbol{\theta}_i$ には関係なく，現在の状態 $\boldsymbol{\theta}_j$ にのみ依存する．また，受信信号 y_k に含まれる不確定要素の雑音 n_k は，異なる時刻 k では独立であるとすると，$\boldsymbol{y}_k^+$ は $\boldsymbol{y}_k^-$ と y_k とは無関係である．したがって，式 (2.192) では，次式のように条件を消去して考えることができる．

$$P\left(\boldsymbol{\theta}_i,\boldsymbol{\theta}_j,\boldsymbol{y}\right)=P\left(\boldsymbol{\theta}_i,\boldsymbol{\theta}_j,\boldsymbol{y}_k^-,y_k\right)P\left(\boldsymbol{y}_k^+|\boldsymbol{\theta}_j\right) \tag{2.193}$$

上式に対して，再びベイズの定理を適用し，不必要な条件を消去すると，

$$P\left(\boldsymbol{\theta}_i,\boldsymbol{\theta}_j,\boldsymbol{y}\right)=P\left(\boldsymbol{\theta}_i,\boldsymbol{y}_k^-\right)P\left(y_k,\boldsymbol{\theta}_j|\boldsymbol{\theta}_i,\boldsymbol{y}_k^-\right)P\left(\boldsymbol{y}_k^+|\boldsymbol{\theta}_j\right)$$
$$=P\left(\boldsymbol{\theta}_i,\boldsymbol{y}_k^-\right)P\left(y_k,\boldsymbol{\theta}_j|\boldsymbol{\theta}_i\right)P\left(\boldsymbol{y}_k^+|\boldsymbol{\theta}_j\right)$$
$$=\alpha_{k-1}(\boldsymbol{\theta}_i)\cdot\gamma_k(\boldsymbol{\theta}_i,\boldsymbol{\theta}_j)\cdot\beta_k(\boldsymbol{\theta}_j) \tag{2.194}$$

を得る．ただし，

$$\alpha_{k-1}(\boldsymbol{\theta}_i)=P\left(\boldsymbol{\theta}_i,\boldsymbol{y}_k^-\right) \quad \text{（前方再帰的確率）} \tag{2.195}$$

$$\gamma_k(\boldsymbol{\theta}_i,\boldsymbol{\theta}_j)=P\left(y_k,\boldsymbol{\theta}_j|\boldsymbol{\theta}_i\right) \quad \text{（状態遷移確率）} \tag{2.196}$$

$$\beta_k(\boldsymbol{\theta}_j)=P\left(\boldsymbol{y}_k^+|\boldsymbol{\theta}_j\right) \quad \text{（後方再帰的確率）} \tag{2.197}$$

であり，それらの導出は下記のとおりである．

[前方再帰的確率：α]

式 (2.195) は，時刻 $k-1$ に状態 $\boldsymbol{\theta}_i$ である前方再帰的確率を示しているが，時刻 k に状態 $\boldsymbol{\theta}_j$ である確率は次式で与えられる．

$$\alpha_k(\boldsymbol{\theta}_j)=P\left(\boldsymbol{\theta}_j,\boldsymbol{y}_{k+1}^-\right)=P\left(y_k,\boldsymbol{\theta}_j,\boldsymbol{y}_k^-\right) \tag{2.198}$$

ここで，$P\left(y_k,\boldsymbol{\theta}_j,\boldsymbol{y}_k^-\right)$ が $P\left(y_k,\boldsymbol{\theta}_i,\boldsymbol{\theta}_j,\boldsymbol{y}_k^-\right)$ の $\boldsymbol{\theta}_i$ に関する周辺確率であると考え，ベイズの定理を適用し，不必要な条件を消去すると，上式は次式となる．

$$\alpha_k(\boldsymbol{\theta}_j)=\sum_{\text{all}\,\boldsymbol{\theta}_i}P\left(y_k,\boldsymbol{\theta}_i,\boldsymbol{\theta}_j,\boldsymbol{y}_k^-\right)$$
$$=\sum_{\text{all}\,\boldsymbol{\theta}_i}P\left(\boldsymbol{\theta}_i,\boldsymbol{y}_k^-\right)P\left(y_k,\boldsymbol{\theta}_j|\boldsymbol{\theta}_i,\boldsymbol{y}_k^-\right)$$

$$= \sum_{\text{all}\,\boldsymbol{\theta}_i} P\left(\boldsymbol{\theta}_i, \boldsymbol{y}_k^-\right) P\left(y_k, \boldsymbol{\theta}_j | \boldsymbol{\theta}_i\right)$$

$$= \sum_{\text{all}\,\boldsymbol{\theta}_i} \alpha_{k-1}(\boldsymbol{\theta}_i)\gamma_k(\boldsymbol{\theta}_i, \boldsymbol{\theta}_j) \tag{2.199}$$

ただし，all $\boldsymbol{\theta}_i$ は $\boldsymbol{\theta}_j$ へと遷移可能なすべての $\boldsymbol{\theta}_i$ を意味している．なお，時刻 $k=1$ に対する $\alpha_1(\boldsymbol{\theta}_j)$ を得るために，初期状態である $\alpha_0(\boldsymbol{\theta}_j)$ が必要となるが，送受信機において取決めがない場合には，すべての状態が等確率という条件を設け，$\alpha_0(\boldsymbol{\theta}_j)$=1/[状態数] とする．もし，既知信号が $\boldsymbol{x}$ の前方に付加されている場合には，その信号によりとり得る状態の確率を 1 に設定し，他の状態を 0 とする．

[後方再帰的確率：β]

式 (2.197) は，時刻 k に状態 $\boldsymbol{\theta}_j$ である後方再帰的確率を示しているが，時刻 $k-1$ に状態 $\boldsymbol{\theta}_i$ である確率は次式で与えられる．

$$\beta_{k-1}(\boldsymbol{\theta}_i) = P\left(\boldsymbol{y}_{k-1}^+ | \boldsymbol{\theta}_i\right) = P\left(y_k, \boldsymbol{y}_k^+ | \boldsymbol{\theta}_i\right) \tag{2.200}$$

ここで，前方再帰的確率の場合と同様に，$P\left(y_k, \boldsymbol{y}_k^+ | \boldsymbol{\theta}_i\right)$ が $P\left(y_k, \boldsymbol{y}_k^+, \boldsymbol{\theta}_j | \boldsymbol{\theta}_i\right)$ の $\boldsymbol{\theta}_j$ に関する周辺確率であると考えると，上式は次式となる．

$$\beta_{k-1}(\boldsymbol{\theta}_i) = \sum_{\text{all}\,\boldsymbol{\theta}_j} P\left(y_k, \boldsymbol{y}_k^+, \boldsymbol{\theta}_j | \boldsymbol{\theta}_i\right)$$

$$= \sum_{\text{all}\,\boldsymbol{\theta}_j} P\left(y_k, \boldsymbol{\theta}_j | \boldsymbol{\theta}_i\right) P\left(\boldsymbol{y}_k^+ | y_k, \boldsymbol{\theta}_i, \boldsymbol{\theta}_j\right)$$

$$= \sum_{\text{all}\,\boldsymbol{\theta}_j} P\left(y_k, \boldsymbol{\theta}_j | \boldsymbol{\theta}_i\right) P\left(\boldsymbol{y}_k^+ | \boldsymbol{\theta}_j\right)$$

$$= \sum_{\text{all}\,\boldsymbol{\theta}_j} \gamma_k(\boldsymbol{\theta}_i, \boldsymbol{\theta}_j)\beta_k(\boldsymbol{\theta}_j) \tag{2.201}$$

ただし，all $\boldsymbol{\theta}_j$ は $\boldsymbol{\theta}_i$ から遷移可能なすべての $\boldsymbol{\theta}_j$ を意味している．なお，時刻 $k=K$ に対する $\beta_K(\boldsymbol{\theta}_i)$ を得るために，終端状態である $\beta_{K+1}(\boldsymbol{\theta}_i)$ が必要となるが，送受信機において取決めがない場合には，すべての状態が等確率という条件を設け，$\beta_{k+1}(\boldsymbol{\theta}_i)$=1/[状態数] とする．もし，既知信号が $\boldsymbol{x}$ の後方に埋め込まれている場合には，その信号によりとり得る状態の確率を 1 に設定し，他の状態を 0 とする．

[状態遷移確率：γ]

式 (2.196) で与えられる状態遷移確率は，$\boldsymbol{\theta}_i$ から $\boldsymbol{\theta}_j$ への遷移の条件を付けた y_k のゆう度関数と，x_k に関する事前確率により，次式で与えられる．

$$\gamma_k(\boldsymbol{\theta}_i, \boldsymbol{\theta}_j) = P\left(y_k, \boldsymbol{\theta}_j | \boldsymbol{\theta}_i\right)$$

$$= P\left(y_k | \boldsymbol{\theta}_i, \boldsymbol{\theta}_j\right) P(\boldsymbol{\theta}_j | \boldsymbol{\theta}_i)$$

$$= P\left(y_k | \boldsymbol{\theta}_i, \boldsymbol{\theta}_j\right) P(x_k = \mathcal{X}_q) \tag{2.202}$$

ただし，$P(\boldsymbol{\theta}_j|\boldsymbol{\theta}_i)$ は，状態 $\boldsymbol{\theta}_i$ のときに，$x_k = \mathcal{X}_q$ が入力されて，状態 $\boldsymbol{\theta}_j$ となる確率であるため，$x_k = \mathcal{X}_q$ となる確率と等価であり，$P(\boldsymbol{\theta}_j|\boldsymbol{\theta}_i) = P(x_k = \mathcal{X}_q)$ となる．しかし，事前確率 $P(x_k = \mathcal{X}_q)$

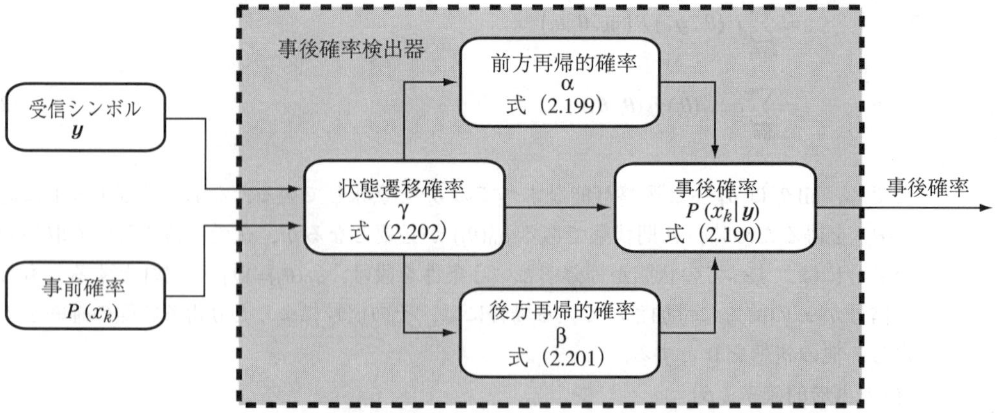

図 2.19 事後確率検出器（BCJR アルゴリズム）

が与えられていない場合，この確率は各 $\mathcal{X}_q$ に対して等確率として扱う．また，図 2.18 のトレリス構造を注意深く見ると，条件「状態 $\boldsymbol{\theta}_i$ から状態 $\boldsymbol{\theta}_j$ への遷移」は，条件「状態 $\boldsymbol{\theta}_i$ 時に，x_k が $\boldsymbol{\theta}_j$ の第 1 要素 $[\boldsymbol{\theta}_j]_1$ に一致」と等価であることが分かる．したがって，ゆう度関数は次式で得られる．

$$P\left(y_k|\boldsymbol{\theta}_i, \boldsymbol{\theta}_j\right) \approx p\,(y_k|\eta) = \frac{1}{\pi N_0}\exp\left(-\frac{|y_k-\eta|^2}{N_0}\right) \tag{2.203}$$

ただし，

$$\eta = \boldsymbol{h}\left[[\boldsymbol{\theta}_j]_1, \boldsymbol{\theta}_i^{\mathrm{T}}\right]^{\mathrm{T}} \tag{2.204}$$

最後に，式 (2.190) で与えられる事後確率 $P(x_k|\boldsymbol{y})$ を算出するための BCJR アルゴリズムにおける計算手順の関係を図 **2.19** に示す．実際にこれらの計算を行う際には，確率の乗算を避けるために，対数領域に変換して，状態遷移確率，前方再帰的確率，及び後方再帰的確率を算出する Log-MAP アルゴリズムが有効である．更なる演算量の削減を目的とし，指数関数の計算を避ける Max-Log-MAP アルゴリズムも提案されているが，検出精度に劣化が生じる．この検出精度誤差をヤコビアン対数により補正する手法も提案されている．これらのアルゴリズムの詳細は文献 [18] を参照されたい．

本項では，BCJR アルゴリズムに基づく確率の周辺積分により，事後確率が効率的に算出されることを述べてきた．しかし，事前確率が存在しない場合，事前確率を等確率で扱うことしかできないため，事後確率がゆう度関数に一致し，主観性を活用するベイズ理論の恩恵が一切得られない．そこで，次項では，事前確率が存在しない場合にも，主観性を与えることが可能な，繰返し信号検出について述べる．

2.3.5 繰返し信号検出（ターボ原理）

通信速度の限界指標である理論的な通信路容量と，実際の通信システムが達成し得る伝送容量には残念ながら大きな隔たりが存在する．しかしながら，ターボ符号における繰返し信号検出に端を発した昨今の誤り訂正技術の進展に伴い，その隔たりは著しく縮小しつつある [19]．

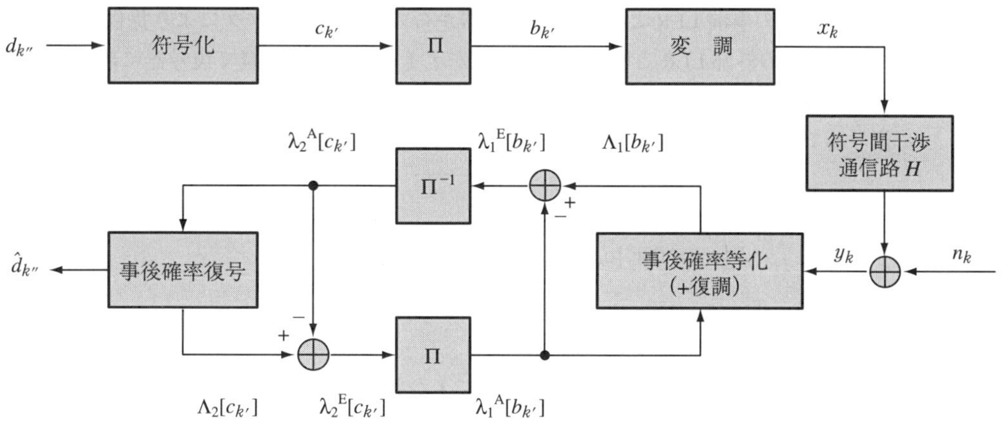

図 2.20　ターボ等化の基本ブロック構成

近年，この信号検出方法は，符号理論分野にとどまらず，広帯域移動通信における符号間干渉等化のための信号処理研究の流れに大きな変化を及ぼしつつある．符号間干渉通信路を介した符号化伝送システムは，通信路を内符号，誤り訂正をつかさどる通信路符号を外符号と考え，それらの間にインタリーバを配置した直列連接型のターボ符号とみなすことができる．したがって，このような符号化伝送における信号検出は，ターボ符号の復号過程の拡張と考えられ，その原理に由来してターボ等化と呼ばれている [20], [21].

図 2.20 にターボ等化の基本ブロック構成を示す．送信機では，まず，情報ビット $d_{k''}$ に対して，畳込み符号，ターボ符号等の 3.3 節で述べる通信路符号化が施され，その出力である符号語 $c_{k'}$ がインタリーバ Π に入力される．インタリーバ出力である $b_{k'}$ が変調器に入力され，その出力である送信信号 x_k が送信機から出力された後，符号間干渉通信路を介し，受信信号 y_k が受信機で得られる．なお，k''，k'，k は，それぞれ情報ビット，符号ビット，信号に対する異なるインデックスを意味している．

受信機では，BCJR アルゴリズム等の最大事後確率等化器を用いて等化を行い事後確率 $P(x_k|\boldsymbol{y})$ を得る．ここでは，説明の便宜上，2 値信号の送信信号 $x_k \in \{\mathcal{X}_0 = -1, \mathcal{X}_1 = +1\}$ を考える．この場合，$x_k = 2b_{k'} - 1\ (k = k')$ であるため，事後確率 $P(b_{k'}|\boldsymbol{y})$ は容易に求まる．ただし，最初の判定においては，事前確率は $P(b_{k'} = 1) = P(b_{k'} = -1) = 1/2$ である．なお，多値変調器により送信信号が形成されている場合，任意の符号化ビットの確率を抽出するための軟復調器（demodulator）を用いることで，$P(x_k|\boldsymbol{y})$ から $P(b_{k'}|\boldsymbol{y})$ への変換が可能となる．その詳細に関しては，文献 [22] を参照されたい．

次に，事後確率 $P(b_{k'}|\boldsymbol{y})$ の対数ゆう度比（LLR: Log Likelihood Ratio）を，事後 LLR として次式で定義する．

$$
\begin{aligned}
\Lambda_1[b_{k'}] &= \ln \frac{P(b_{k'} = 1|\boldsymbol{y})}{P(b_{k'} = 0|\boldsymbol{y})} = \ln \frac{P(b_{k'} = 1, \boldsymbol{y})}{P(b_{k'} = 0, \boldsymbol{y})} \\
&= \ln \frac{P(\boldsymbol{y}|b_{k'} = 1)}{P(\boldsymbol{y}|b_{k'} = 0)} + \ln \frac{P(b_{k'} = 1)}{P(b_{k'} = 0)} \\
&= \lambda_1^{\mathrm{E}}[b_{k'}] + \lambda_1^{\mathrm{A}}[b_{k'}]
\end{aligned}
\tag{2.205}
$$

$\lambda_1^{\mathrm{A}}[b_{k'}]$ は $b_{k'}$ の事前 LLR と呼ばれ，復号器からのフィードバックにより提供される．また，$\lambda_1^{\mathrm{E}}[b_{k'}]$ は $b_{k'}$ の外部 LLR と呼ばれ，この値がデインタリーバを経て復号器に事前 LLR $\lambda_2^{\mathrm{A}}[c_{k'}]$ として渡される．

復号器では，外部 LLR $\lambda_2^{\mathrm{A}}[c_{k'}]$ に基づき，次式の事後 LLR $\Lambda_2[b_{k'}]$ を得る．

$$\begin{aligned}\Lambda_2[c_{k'}] &= \ln \frac{P\left(c_{k'} = 1|\lambda_2^{\mathrm{A}}[c_{k'}]_{k'=1}^{K'}\right)}{P\left(c_{k'} = 0|\lambda_2^{\mathrm{A}}[c_{k'}]_{k'=1}^{K'}\right)} \\ &= \lambda_2^{\mathrm{E}}[c_{k'}] + \lambda_2^{\mathrm{A}}[c_{k'}] \end{aligned} \tag{2.206}$$

ただし，K' は符号語長であり，$\lambda_2^{\mathrm{A}}[c_{k'}]_{k'=1}^{K'}$ は，1 から K' ビットまでのすべての外部 LLR $\lambda_2^{\mathrm{A}}[c_{k'}]$ を意味する．なお，復号器出力の事後 LLR $\Lambda_2[b_{k'}]$ は，使用されている通信路符号化のトレリス構造に基づき，2.3.4 項で述べた BCJR アルゴリズムを適用することで，算出可能である．その詳細については文献 [18] を参照されたい．ここで得られた外部 LLR $\lambda_2^{\mathrm{E}}[c_{k'}]$ はインタリーバを経て，等化器の事前 LLR $\lambda_1^{\mathrm{A}}[b_{k'}]$ としてフィードバックされる．

このように繰返し信号検出では，等化器と復号器の外部 LLR を事前情報として互いに交換し，それらを事前確率として扱うことで，他方のモジュールに「意味ある主観性」を与えることが可能となる．これらの交換を任意の回数繰り返した後，復号器において $P\left(d_{k''}|\lambda_2^{\mathrm{A}}[c_{k'}]_{k'=1}^{K'}\right)$ を算出し，硬判定を行うことで，情報ビットを検出する．

2.3.5.1 ビット誤り率特性

図 2.21 にターボ等化伝送の情報ビット $d_{k''}$ に関するビット誤り率特性を示す．横軸を SNR とし，繰返し回数を 1 から 4 に設定した場合を示す．また，比較対象として最小二乗誤差（MMSE: Munimum Mean Square Error）基準の線形信号処理により等化を行った場合の特性も併せて示す．MMSE 基準は，2.2 節で述べた ZF の雑音強調問題を緩和する線形信号処理技術として知られている [23].

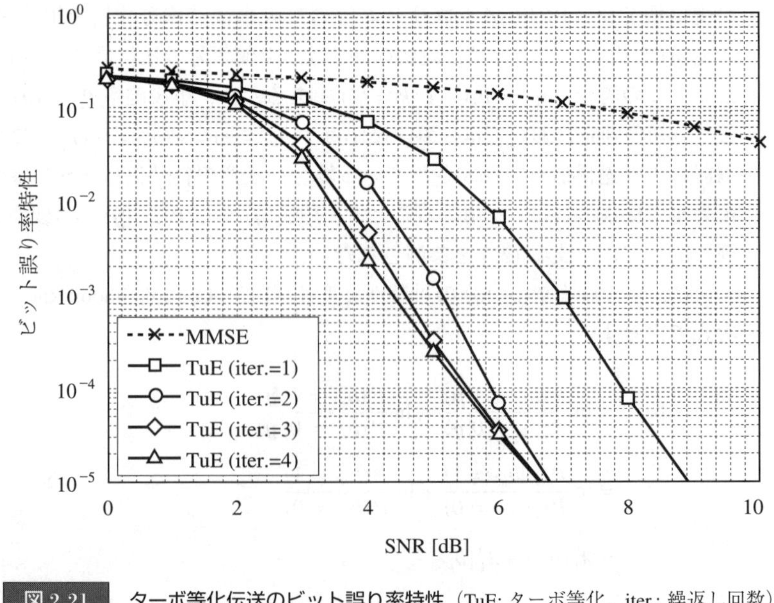

図 2.21 ターボ等化伝送のビット誤り率特性（TuE: ターボ等化，iter.: 繰返し回数）

表 2.2 シミュレーション諸元

変調方式	BPSK
通信路符号化	再帰的畳込み符号 $[37, 21]_8$
符号長	1024 ビット
インタリーバ	ランダム
等化器	BCJR
復号器	BCJR
通信路情報	受信機側で完全

通信路符号化として，生成多項式 $[37, 21]_8$ の再帰的畳込み符号を使用しているが，その詳細は，3.3 節で詳しく述べているので，そちらを参照されたい．また，通信路として，線形信号処理による等化にとって厳しい符号間干渉を引き起こすモデルである $\boldsymbol{h} = [0.227, 0.460, 0.688, 0.460, 0.227]$（文献 [23] に定義されている）を採用している．なお，シミュレーションの諸元は**表 2.2** に示すとおりである．

まず，図 2.21 において，MMSE 基準の線形等化の特性に着目すると，ターボ等化（TuE）の特性に比べ，著しく劣化していることが分かる．これは，MMSE 基準の重み係数の算出における逆行列の対象となる行列が特異に近いものとなり，その係数を受信信号に乗積することで，雑音成分を強調するためである．このように，線形信号処理が不得意とする通信路状況に対し，確率論に基づく事後確率検出は有効である．ただし，線形信号処理に比べ，演算量が大きなものとなる点には留意されたい．

また，同図より，繰返し信号検出を活用することで，誤り率の低減が可能であることを確認できる．$\mathrm{BER} \leq 10^{-5}$ を満たす所要 SNR が繰返し数 1 回目に比べ，十分な繰返し数を確保できた場合（繰返し回数 4 回），約 2 dB 程度低減可能であることが分かる．なお，繰返し数 3 回と 4 回の特性は同程度であり，それ以上繰り返しても意味がないことを示唆している．この事実に着目すると，当然，なぜそれ以上繰り返しても意味がないのかといった疑問が生じる．繰返し処理により，どの程度の特性の改善が期待できるのかという繰返し処理の振舞いは，次項で述べる EXIT（EXtrinsic Information Transfer）解析を行うことで，視覚的に把握することができる．

2.3.6 EXIT 解析

EXIT 解析 [24], [25] は，ターボ符号の繰返し処理の振舞いを評価するために考案された手法であるが，最近では，様々なターボ原理に基づくアルゴリズムの性能評価に用いられている．等化器と復号器間での外部情報の交換は，繰返し復号処理の結果，「送信情報に関する知識がどの程度増えたか」，つまり，「送信情報に関する確実性がどの程度改善したか」を知ることにより評価できる．この事実は，ターボ原理に基づく繰返し処理によって相互情報量がどのように変化をしたかを評価することと等価である．

2.3.6.1 外部 LLR と相互情報量の関係

今，送信信号がランダムの 2 値をとる変数 $x \in \{\pm 1\}$（-1 と $+1$ は等確率で生起），受信信号を y とする BPSK ガウス通信路 $y = x + n$ を考える．ただし，n は平均 0，複素分散 N_0 のガウス雑音成分である．この場合の相互情報量 $I(X; Y)$ は，2.1 節で与えられた通信路容量に対して，送信信号が BPSK 信号という拘束条件を与えたものであり，次式となる．

$$I(X;Y)=\frac{1}{2}\sum_{x=\pm1}\int_{-\infty}^{\infty}P_{Y|X}(y|x)\log_2\left[\frac{2P_{Y|X}(y|x)}{P_{Y|X}(y|-1)+P_{Y|X}(y|+1)}\right]\mathrm{d}y \tag{2.207}$$

なお，生起確率の等しい 2 値ランダム変数 x 及び連続値ランダム変数 y から算出される外部 LLR のランダム変数 λ^{E} は次式で与えられる．

$$\begin{aligned}\lambda^{\mathrm{E}} &= \ln\frac{P_{Y|X}(y|x=+1)}{P_{Y|X}(y|x=-1)}\\ &= -\frac{|y-1|^2}{N_0}+\frac{|y+1|^2}{N_0}=\frac{4}{N_0}\mathcal{R}\{y\}=\frac{4}{N_0}(x+\mathcal{R}\{n\})\end{aligned} \tag{2.208}$$

ただし $\mathcal{R}\{\cdot\}$ は実部を意味する．さらに，外部 LLR は振幅利得 μ^{E} 及び分散 $\left(\sigma^{\mathrm{E}}\right)^2$ を有するガウス変数 ψ^{E} を用いて，次式のガウスモデル信号と考えることができる．

$$\lambda^{\mathrm{E}}=\mu^{\mathrm{E}}x+\psi^{\mathrm{E}} \tag{2.209}$$

ただし，

$$\left(\sigma^{\mathrm{E}}\right)^2=\mathrm{var}\left[\left(\frac{4}{N_0}\right)\mathcal{R}\{n\}\right]=\left(\frac{4}{N_0}\right)^2\frac{N_0}{2}=\frac{8}{N_0} \tag{2.210}$$

$$\mu^{\mathrm{E}}=\frac{4}{N_0}=\frac{\left(\sigma^{\mathrm{E}}\right)^2}{2} \tag{2.211}$$

であり，このガウスモデルは標準偏差 σ^{E} のみに依存していることを確認できる．式 (2.208) では，外部 LLR λ^{E} と受信信号 y は線形の関係となっているだけで，送信情報に関するあいまいさに変化を与えるものではない．したがって，相互情報量 $I(X;Y)$ は，式 (2.207) の確率変数 Y を外部 LLR λ^{E} に置き換えた相互情報量と等価である．

次に，LLR ランダム変数が一貫性条件 [25]

$$P_{Y|X}(-\lambda^{\mathrm{E}}|x)=\exp\left(-\mu^{\mathrm{E}}x\,\lambda^{\mathrm{E}}\right)P_{Y|X}(\lambda^{\mathrm{E}}\,|\,x) \tag{2.212}$$

を満たす，$\pm\mu^{\mathrm{E}}$ にピークをもつガウス分布の和の対称分布である場合を考える．この場合，式 (2.207) は次式で表現できる．

$$I(X;Y)=1-\int_{-\infty}^{\infty}P_{Y|X}(\lambda^{\mathrm{E}}\,|+1)\log_2\left(1+\exp(-\lambda^{\mathrm{E}})\right)\mathrm{d}\lambda^{\mathrm{E}} \tag{2.213}$$

上記の性質に着目し，相互情報量 $I(X;Y)$ を算出するための J 関数を次式で定義する．

$$\begin{aligned}I(X;Y) &= J(\sigma^{\mathrm{E}})\\ &= 1-\frac{1}{\sqrt{2\pi}\sigma^{\mathrm{E}}}\int_{-\infty}^{\infty}\exp\left(-\frac{\left|\lambda^{\mathrm{E}}-\frac{(\sigma^{E})^2}{2}\right|^2}{2N^{\mathrm{E}}}\right)\log_2\left(1+\exp(-\lambda^{\mathrm{E}})\right)\mathrm{d}\lambda^{\mathrm{E}}\end{aligned} \tag{2.214}$$

ここで，この J 関数及びその逆関数は Nelder-Mead シンプレックス法 [26] を用いることで，次式に近似できる．

$$J(\sigma^{\mathrm{E}}) \approx \left(1 - 2^{-H_1(\sigma^{\mathrm{E}})^{2H_2}}\right)^{H_3} \tag{2.215}$$

$$\sigma^{\mathrm{E}} = J^{-1}(I(X;Y)) \approx \left(-\frac{1}{H_1}\log_2\left(1 - I(X;Y)^{\frac{1}{H_3}}\right)\right)^{\frac{1}{2H_2}} \tag{2.216}$$

ただし，$H_1 = 0.3073$，$H_2 = 0.8935$，$H_3 = 1.1064$ であり，計算機シミュレーションにより回帰させた任意に定まる値である．このように，$I(Y;X)$ と σ^{E} を 1 対 1 の関係で結ぶことができ，式 (2.215) 及び式 (2.216) を用いて，容易に相互変換が可能である．

2.3.6.2　EXIT 関数

2.3.5 項で述べたように，等化器と復号器は，事前 LLR を入力，外部 LLR を出力としているため，それらの LLR を相互情報量に変換することで，入出力関係を次式の EXIT 関数で表現できる．

$$\text{等化器：} I_1^{\mathrm{E}} = F(I_1^{\mathrm{A}}, \boldsymbol{H}, N_0) = F(I_2^{\mathrm{E}}, \boldsymbol{H}, N_0) \tag{2.217}$$

$$\text{復号器：} I_2^{\mathrm{E}} = G(I_2^{\mathrm{A}}) = G(I_1^{\mathrm{E}}) \tag{2.218}$$

ただし，I_1^{E} は外部 LLR $\lambda_1^{\mathrm{E}}[b_{k'}]$ の相互情報量，I_1^{A} は事前 LLR $\lambda_1^{\mathrm{A}}[b_{k'}]$ の相互情報量である．同様に，I_2^{E} は外部 LLR $\lambda_2^{\mathrm{E}}[c_{k'}]$，$I_2^{\mathrm{A}}$ は事前 LLR $\lambda_2^{\mathrm{A}}[c_{k'}]$ の相互情報量である．また，インタリーバは順番を並べ換えるものであり，外部 LLR の相互情報量を変えるものではないので，$I_1^{\mathrm{A}} = I_2^{\mathrm{E}}$，$I_2^{\mathrm{E}} = I_1^{\mathrm{A}}$ としている．

図 2.22 に等化器と復号器の EXIT 関数の入出力特性を評価するためのモデルを示す．任意の値の相互情報量 I^{A} を，式 (2.216) で与えられる J 関数の逆関数に代入し，標準偏差 σ^{E} を求める．この σ^{E} に基づき，式 (2.211) で与えられる振幅利得 μ^{E} を算出し，評価したいモジュール（等化器，復号器）に対する情報源（$b_{k'}, c_{k'}$）に基づく式 (2.209) の LLR λ^{E} を生成することで，任意の相互情報量を有する LLR の系列を発生させることができる．以上のように生成した LLR を事前 LLR として等化器あるいは復号器に入力し，出力外部 LLR を算出し，そのヒストグラムを評価することで，ゆう度関数 $P_{Y|X}(\lambda_1^{\mathrm{E}}[b_{k'}]|b_{k'})$ あるいは $P_{Y|X}(\lambda_2^{\mathrm{E}}[c_{k'}]|c_{k'})$ を実験的に求める．最後に，このゆう度関数を式 (2.213) に代入することで，出力相互情報量を算

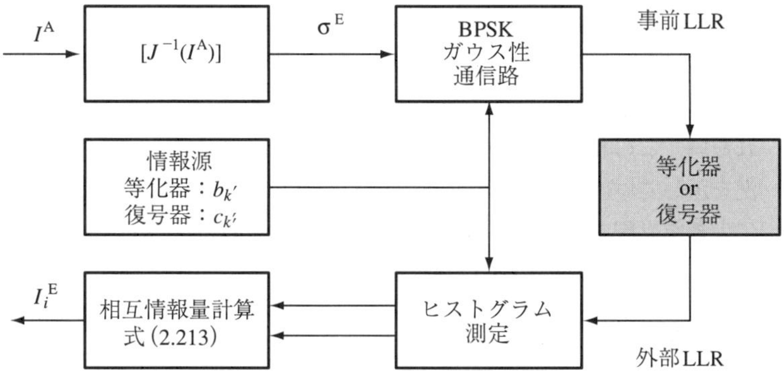

図 2.22　外部相互情報量伝達特性評価モデル

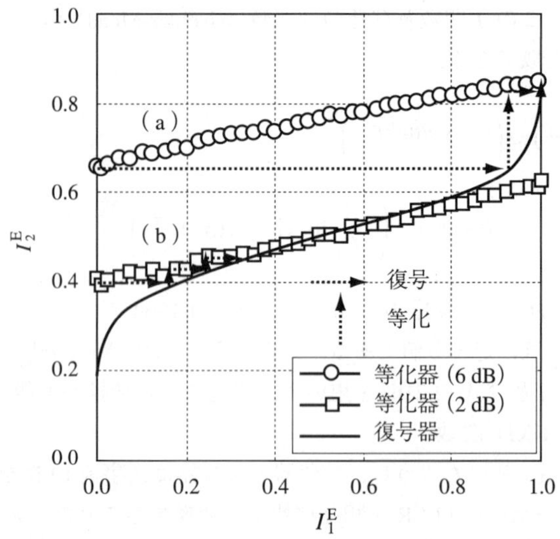

図 2.23 ターボ等化の EXIT チャート ((·) は SNR)

出することができる．これらの処理を $0 \le I_i^A \le 1$ の範囲内で行うことで，EXIT 関数特性を知ることができる．

2.3.6.3 解 析 例

図 **2.23** に等化器と復号器 EXIT 特性を一つの図に重ねて描写した EXIT チャートを示す．ただし，等化器 EXIT は受信 SNR を 2 dB と 6 dB に設定した場合の特性を示している．また，通信路モデルは図 2.21 の評価と同じものを使用し，シミュレーション諸元は表 2.2 と同一のものとしている．EXIT チャートでは，等化器入力相互情報量が復号器出力相互情報量に，等化器出力相互情報量が復号器入力相互情報量になっている．図中のステップ型の線は EXIT 軌跡と呼ばれ，水平成分が復号器処理，垂直成分が等化器処理による相互情報量改善量を示している．ここで，EXIT 軌跡の振舞い，つまり相互情報量交換の振舞いに着目する．図 2.23 の等化器曲線 (a) に着目すると，等化器と復号器の EXIT 特性が交差していない．このような状態のとき，EXIT 軌跡が $I_2^E = 0.0$ の地点から，I_2^E=1.0 の終端点まで到達することが分かる．この状態は収束状態と呼ばれ，送信情報に関する知識が受信側で完全な形で得られることを意味している．興味深いことに，EXIT 軌跡の段階数を確認することで，送信情報に関する完全な知識を得るために必要な繰返し数を把握することができる．

次に，等化器曲線 (b) に着目すると，等化器と復号器 EXIT 特性が交差している．これは，EXIT 軌跡が I_2^E=1.0 まで到達できないことを示しており，非収束状態と呼ばれる．非収束状態では，送信情報に関する完全な知識が得られないことを意味しており，判定誤りが避けられない．この状態が，いくら繰返し数を増加させたとしても，誤り率の改善が得られない状況を示している．ターボ原理に基づく繰返し処理を行う場合，EXIT 軌跡の収束性が検出精度に大きな影響を与えるため，収束状態を保つための，EXIT 解析の知見に基づく適応伝送レート制御が提案されている [27].

2.3.7 ま と め

本節では，統計的判定理論における決定領域，無線通信における繰返し信号検出の分野に焦点を絞り，事前知識という意味ある主体性を積極的に活用するベイズ理論を紹介した．統計的判定理論では，仮説検定において事前知識を導入するベイズ検定について述べ，送信情報の検出に有効であることに触れた．次に，無線通信路において複雑に信号が絡み合う様子を多変量確率密度関数で表現可能であることを述べ，その周辺確率により送信情報を低演算量で検出する BCJR アルゴリズムの原理を紹介した．また，繰返し信号検出において，等化器と復号器の出力を他方の事前知識として活用することで，信号検出精度を改善可能であることを明らかにし，その事前知識の交換の振舞いを EXIT 解析により描写し，その性能を評価した．

本節では，符号間干渉通信路を例として，繰返し信号検出法について述べたが，MIMO 通信路，無線分散ネットワーク等が形成する通信路も多変量確率密度関数で表現可能であることに着目すると，容易に適用可能である．また，実際のところ，複雑な絡み合いをもつ多変量確率密度関数は，強い符号化構造を有するため，複雑な構成の無線分散ネットワークというのは，符号理論の観点から見ると，非常にポジティブにとらえることができる．

2.4 凸 最 適 化

2.4.1 凸最適化とは

凸最適化（convex optimization）は，その解法が理論的に確立されている非線形最適化に属し，線形計画法はもとより，目的関数が二次関数，制約関数が一次関数で与えられる二次計画問題 QP（Quadratic Program），目的関数，制約関数とも二次関数で与えられる QCQP（Quadratic Constrained Quadratic Program）など，従来より効率的解法が知られている最適化問題をも包含するものである．その特徴をひと言でいうなら，最適化にかかわる非線形関数が凸性さえ有すれば十分精度の高い最適値が算出可能な非線形最適化アルゴリズムといえる．

凸最適化において最も重要なことは，凸関数（convex function）の性質を正しく認識した上での最適化問題の定式化にある．そこで本節では，まず，凸最適化問題の定式化を説明する．次に，凸関数最適化はラグランジュ（Lagrange）の未定乗数法を核とした理論体系で成り立っており，その結果が KKT（Karush-Kuhn-Tucker）条件であることから，KKT 条件に至る理論的体系を説明する．

凸最適化問題の解法としては，解析的手法が適用可能な場合もあるが，それが適用できない場合も存在し，その場合には反復法が適用される．ここでは，その中でも最も有効な手法であるニュートン（Newton）法と，それに基づく内点法（interior-point method）を説明する．

最後に，凸関数最適化問題の具体例として，送信スペクトルへの電力割当アルゴリズムについて説明する．

2.4.2 最適化問題とは

最適化問題とは，ある変数ベクトル $\boldsymbol{x} \in \mathbb{C}^n$（$n$ 次元複素ベクトル）の集合が存在するとき，その要素から算出される目的関数（objective function）$f : \mathbb{C}^n \to \mathbb{R}$（関数値は実数のスカラ値）を最小化するための $\boldsymbol{x}$ の最適値 $(\boldsymbol{x}^\star)$ と，それに対する f の値 $(p^\star)$ を求める問題である．最適化問題には最小化問題と最大化問題がある．多くの論文では，最大化問題も凸最適化と呼ばれている．ただ，凸最適化の理論体系を矛盾なく構築するためには，凸最適化を最小化問

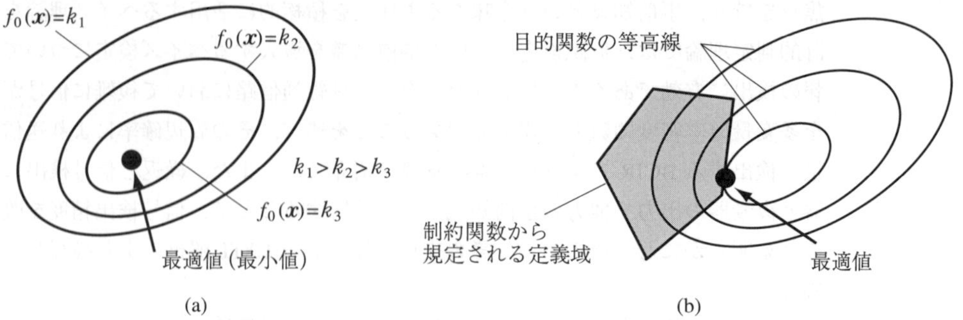

図 2.24 (a) 無制約最適化問題，(b) 制約付き最適化問題

題あるいは最大化問題に統一する必要があるので，ここでは，最大値問題は最小化問題に置き換えた後に解くものとし，最小化問題での凸最適化手法を説明する．

最適化問題は，図 **2.24** に示されるように，$\boldsymbol{x}$ の定義域（domain）に対する制約条件なしに目的関数を最小化する無制約最適化（unconstrained optimization）問題と，$\boldsymbol{x}$ の定義域が制約関数（constraint function）で制約される制約付き最適化問題に分類できる．制約関数が存在しない場合には，図 2.24 (a) に示されるように，目的関数そのものの最小値が最適値として与えられるのに対し，制約関数が存在する場合には，図 2.24 (b) に示されるように，制約関数で規定される定義域内の $\boldsymbol{x}$ で得られる目的関数の最小値が最適値となる．

制約付き最適化問題は，以下のように定式化できる．

$$\text{minimize } f_0(\boldsymbol{x}),\ \boldsymbol{x} \in \mathbb{C}^n \tag{2.219a}$$

$$\text{subject to } f_i(\boldsymbol{x}) \le 0,\ 1 \le i \le m_{\text{ueq}} \tag{2.219b}$$

$$h_i(\boldsymbol{x}) = 0,\ 1 \le i \le m_{\text{eq}} \tag{2.219c}$$

ここで式 (2.219a) は目的関数，式 (2.219b) は不等式制約関数（m_{ueq} は不等式制約条件の数），式 (2.219c) は等式制約関数（m_{eq} は等式制約条件の数）である．

2.4.3 凸最適化問題

無線通信システムにおいて取り扱う信号は一般に複素数ベクトルであるが，凸最適化を理解する上では実数ベクトルを想定し，幾何学的解釈と数式的解釈を同時に理解するのが分かりやすい．そこで，以下では，定義域を実数ベクトル空間として説明する．なお，定義域を複素数とした場合の対応については 2.4.6 項で説明する．

2.4.3.1 凸 関 数

n 次元実数で構成される集合 $\mathcal{R} \in \mathbb{R}^n$ を定義域とする関数 $f : \mathbb{R}^n \to \mathbb{R}$ を定義するとき，$\mathcal{R}$ 内の任意の二つの要素 $\boldsymbol{x}_{\text{a}}$，$\boldsymbol{x}_{\text{b}}$ に対して次式が満足されるとき，関数 f を凸関数（convex function）と呼ぶ．

$$\begin{aligned} &f(\theta\boldsymbol{x}_{\text{a}} + (1-\theta)\boldsymbol{x}_{\text{b}}) \le \theta f(\boldsymbol{x}_{\text{a}}) + (1-\theta)f(\boldsymbol{x}_{\text{b}}), \\ &\boldsymbol{x}_{\text{a}}, \boldsymbol{x}_{\text{b}} \in \text{dom}\, f, \quad 0 \le \theta \le 1 \end{aligned} \tag{2.220}$$

また上式の両辺の関係に等号が含まれない場合を厳密に凸（strictly convex）と呼ぶ．

図 **2.25** (a) は x が一次元変数である場合の x に対する $f(x)$ を示している．$f(x)$ が下に凸の

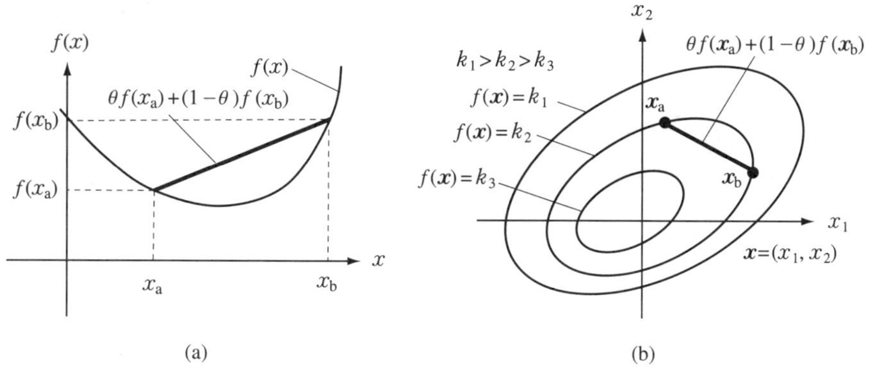

図 2.25　凸関数の例，(a)　一次元変数の場合，(b)　二次元変数の場合

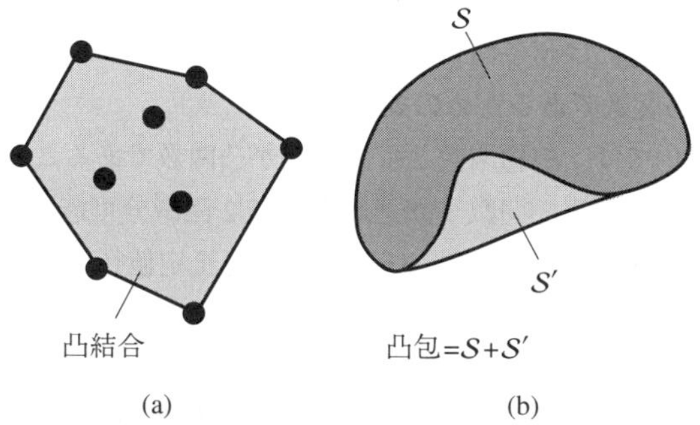

図 2.26　(a)　凸結合，(b)　凸包

場合，区間 $[x_a, x_b]$ において $f(x)$ を最小とする x が存在する．また $\boldsymbol{x}$ が二次元変数の場合，$f(\boldsymbol{x}) = f(x_1, x_2)$ は図 2.25 (b) に示されるように，$x_1 - x_2$ 座標系の等高線で表される．このとき，区間 $[\boldsymbol{x}_a, \boldsymbol{x}_b]$ において等高線を密に引いたとすると，$f(\boldsymbol{x})$ の値は下に凸となる．

2.4.3.2　凸結合と凸包

任意の m 個の要素 $\boldsymbol{x}_1, \boldsymbol{x}_2, \ldots, \boldsymbol{x}_m \in \mathbb{R}^n$ に対して $\theta_1 + \theta_2 + \cdots + \theta_m = 1$，$\theta_i \geq 0\,(1 \leq i \leq m)$ を満たす θ_i での線形合成（$\theta_1\boldsymbol{x}_1 + \theta_2\boldsymbol{x}_2 + \cdots + \theta_m\boldsymbol{x}_m$）の集合を凸結合（convex combination）と呼ぶ．また，ある集合 $\mathcal{S} \in \mathbb{R}^n$ に含まれるすべての要素に対する必要最小限の凸結合の集合を凸包（convex hull）と呼ぶ．**図 2.26** に (a) 凸結合と (b) 凸包の例を示す．特に凸包で注意すべき点は，図 2.26 (b) に示されるように，集合 $\mathcal{S}$ が凸集合でない場合には，凸包には，$\mathcal{S}$ 以外の空間（$\mathcal{S}'$）も含まれることである．

2.4.3.3　制約条件の幾何学的解釈

制約条件は等式及び不等式で与えられる．ここで等式 $\boldsymbol{a}^{\mathrm{T}}\boldsymbol{x} = b$ を考える．この等式の一つの解を $\boldsymbol{x}_0$ とすると，$\boldsymbol{a}^{\mathrm{T}}\boldsymbol{x}_0 = b$ が成立するので，$\boldsymbol{a}^{\mathrm{T}}(\boldsymbol{x} - \boldsymbol{x}_0) = 0$ となる．このことは，ベクトル $\boldsymbol{a}$ とベクトル $\boldsymbol{x} - \boldsymbol{x}_0$ が直交していることを示しているので，$\boldsymbol{a}^{\mathrm{T}}\boldsymbol{x} = b$ の解 $\boldsymbol{x}$ は，ベクトル $\boldsymbol{a}$ に垂直で $\boldsymbol{x}_0$ を含む超平面（hyper plane）となる．**図 2.27** (a) にその様子を示す．それに対して $\boldsymbol{a}^{\mathrm{T}}\boldsymbol{x} > b$ は $\boldsymbol{a}$ と $\boldsymbol{x} - \boldsymbol{x}_0$ の内積が正の領域なので超平面に対してベクトル $\boldsymbol{a}$ 側の半空間（half space），$\boldsymbol{a}^{\mathrm{T}}\boldsymbol{x} < b$ はベクトル $\boldsymbol{a}$ と反対側の半空間を示す．これらの関係も図 2.27 (a) に示す．

次に，$\boldsymbol{A}\boldsymbol{x} \leq \boldsymbol{b}$ は，$\boldsymbol{A}$ の i 行ベクトルを $\boldsymbol{a}_i^{\mathrm{T}}$，$\boldsymbol{b}$ の i 行成分を b_i とするとき，$\boldsymbol{a}_i^{\mathrm{T}}\boldsymbol{x} \leq b_i$ の集合を表しているので，これらが示す領域は，図 2.27 (b) に示すように，各不等式で表される超平

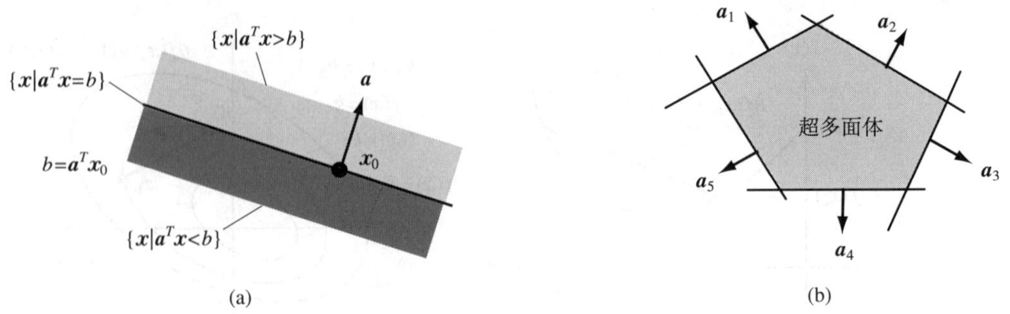

図 2.27　(a) 不等式と超平面の関係，(b) 不等式と超多面体の関係

面で囲まれる超多面体に相当している．凸関数で与えられる任意の領域は超多面体で近似が可能なので，凸最適化で取り扱う制約関数は，超多面体で近似できるといえる．なお等式制約条件の場合には超多面体の面で規定される．

2.4.3.4　凸関数であるための条件

凸最適化では，制約関数と目的関数が凸関数であることが前提なので，定式化の際，その確認が必要である．関数 f が連続関数で 2 回微分可能である場合，f が凸関数であるための必要十分条件はヘッセ行列（Hessian）が半正定値行列（positive semidefinite）であることであり，次式で表される．

$$\nabla^2 f(\boldsymbol{x}) = \begin{bmatrix} \partial^2 f(\boldsymbol{x})/\partial x_1^2 & \dots & \partial^2 f(\boldsymbol{x})/\partial x_1 \partial x_n \\ \vdots & \ddots & \vdots \\ \partial^2 f(\boldsymbol{x})/\partial x_n \partial x_1 & \dots & \partial^2 f(\boldsymbol{x})/\partial x_n^2 \end{bmatrix} \geq \mathbf{0} \tag{2.221}$$

凸最適化問題の定式化においては式 (2.221) が満足されることを確認する必要がある．

2.4.3.5　凸最適化問題の定式化

凸最適化定式化の基本形は，式 (2.219a)～(2.219c) で与えられている．一方，最適化問題においては，目的関数 $f_0(\boldsymbol{x})$ を最大化させたい場合もある．その場合には，以下に示すように目的関数の極性を反転させることで最小化問題に帰結させる．

$$\text{minimize} \ -f_0(\boldsymbol{x}) \tag{2.222a}$$

$$\text{subject to } f_i(\boldsymbol{x}) \leq 0,\ 1 \leq i \leq m_{\text{ueq}} \tag{2.222b}$$

$$h_i(\boldsymbol{x}) = 0,\ 1 \leq i \leq m_{\text{eq}} \tag{2.222c}$$

制約条件の不等号の向きが逆のときも同様の処理を行う．

2.4.4　双 対 問 題

2.4.4.1　ラグランジュの未定乗数法と双対問題

式 (2.219a)～(2.219c) で与えられた最適化問題は多数の式で表されているが，最適化処理においてはこれらを統合し，統合された式を最適化する方が便利である．ラグランジュ関数は，制約関数と目的関数を統合したものであり，次式で表される．

$$L(\boldsymbol{x}, \boldsymbol{\lambda}, \boldsymbol{\nu}) = f_0(\boldsymbol{x}) + \sum_{i=1}^{m_{\mathrm{ueq}}} \lambda_i f_i(\boldsymbol{x}) + \sum_{i=1}^{m_{\mathrm{eq}}} \nu_i h_i(\boldsymbol{x}) \tag{2.223a}$$

$$\boldsymbol{\lambda} = \left[\lambda_1, \lambda_2, \ldots, \lambda_{m_{\mathrm{ueq}}}\right]^{\mathrm{T}} \in \mathbb{R}^{m_{\mathrm{ueq}}}, \quad \boldsymbol{\nu} = \left[\nu_1, \nu_2, \ldots, \nu_{m_{\mathrm{eq}}}\right]^{\mathrm{T}} \in \mathbb{R}^{m_{\mathrm{eq}}} \tag{2.223b}$$

ただし $\boldsymbol{x}$ の定義域 D は制約関数 $f_i(\boldsymbol{x}), h_i(\boldsymbol{x})$ の定義域の共通部である．ここで，$f_i(\boldsymbol{x}) \leq 0,\ h_i(\boldsymbol{x}) = 0$ なので，$\boldsymbol{\lambda} \geq \boldsymbol{0}$ であれば

$$\begin{aligned} g(\boldsymbol{\lambda}, \boldsymbol{\nu}) &= \inf_{x \in D} L(\boldsymbol{x}, \boldsymbol{\lambda}, \boldsymbol{\nu}) \\ &= \inf_{x \in D} \left(f_0(\boldsymbol{x}) + \sum_{i=1}^{m_{\mathrm{ueq}}} \lambda_i f_i(\boldsymbol{x}) + \sum_{i=1}^{m_{\mathrm{eq}}} \nu_i h_i(\boldsymbol{x}) \right) \\ &\leq \inf_{x \in D} f_0(\boldsymbol{x}) = p^\star \end{aligned} \tag{2.224}$$

すなわち $g(\boldsymbol{\lambda}, \boldsymbol{\nu}) \leq p^\star$ が成り立つ．ここで，$\inf_{x \in D} f_0(\boldsymbol{x})$ は，定義域 D 内の $\boldsymbol{x}$ に対する関数 f_0 の最小値を意味する．

一方，$g(\boldsymbol{\lambda}, \boldsymbol{\nu})$ は $\boldsymbol{\lambda}$ と $\boldsymbol{\nu}$ が未定であるのでこれらを変化させると値は変わる．この最大値を $d^\star$ とすると，$g(\boldsymbol{\lambda}, \boldsymbol{\nu}) \leq d^\star \leq p^\star \leq f_0(\boldsymbol{x})$ という関係が成り立つ．ここで仮に $d^\star = p^\star$ が成り立つとすると，$f_0(\boldsymbol{x})$ の最小化は，次式で与えられる $g(\boldsymbol{\lambda}, \boldsymbol{\nu})$ の最大化問題を解くことと等価である．

$$\text{maximize } g(\boldsymbol{\lambda}, \boldsymbol{\nu}) \tag{2.225a}$$

$$\text{subject to } \boldsymbol{\lambda} \geq \boldsymbol{0} \tag{2.225b}$$

式 (2.219a)～(2.219c) で与えられる主問題（primary problem）に対する式 (2.225a) と式 (2.225b) を双対問題（dual problem）と呼ぶ．主問題と双対問題が同じ解を与えるとき，主問題と双対問題の間には強双対性（strong duality）があるという．それに対して両者が不等号の関係であるときには弱双対性（weak duality）があるという．また $(p^\star - d^\star)$ を双対ギャップ（duality gap）と呼ぶ．では，双対ギャップが 0，すなわち主問題と双対問題が等価となる条件は何であろうか．

式 (2.224) において $h_i(\boldsymbol{x}) = 0$ なので，$\lambda_i f_i(\boldsymbol{x}) = 0\ (1 \leq i \leq m_{\mathrm{ueq}})$ であれば

$$\begin{aligned} g(\boldsymbol{\lambda}, \boldsymbol{\nu}) &= \inf_{x \in D} \left(f_0(\boldsymbol{x}) + \sum_{i=1}^{m_{\mathrm{ueq}}} \lambda_i f_i(\boldsymbol{x}) + \sum_{i=1}^{m_{\mathrm{eq}}} \nu_i h_i(\boldsymbol{x}) \right) \\ &= \inf_{x \in D} f_0(\boldsymbol{x}) = p^\star \end{aligned} \tag{2.226}$$

が成立することが分かる．すなわち，$\lambda_i f_i(\boldsymbol{x}) = 0\ (1 \leq i \leq m_{\mathrm{ueq}})$ が双対ギャップが 0 となる条件であり，これは相補性条件（complementary slackness）と呼ばれる．また，この条件の意味は，λ_i が，$f_i(\boldsymbol{x}) = 0$ であれば $\lambda_i > 0$，$f_i(\boldsymbol{x}) < 0$ であれば $\lambda_i = 0$ という値に設定されるということである．

双対問題を解くことで，等価的に主問題の最適化を行うための条件が KKT 条件であり，その条件は以下の四つである．

1. $\boldsymbol{x}$ が主問題における実行可能領域（primary feasible）にあること．これはスレータ（Slater）の条件と呼ばれ，以下で表される．

$$f_i(\boldsymbol{x}^\star) \le 0,\ 1 \le i \le m_{\mathrm{ueq}} \tag{2.227}$$

$$h_i(\boldsymbol{x}^\star) = 0,\ 1 \le i \le m_{\mathrm{eq}} \tag{2.228}$$

2. 双対問題における双対パラメータが，次式で与えられる定義域にあること．

$$\boldsymbol{\lambda}^\star \ge \boldsymbol{0} \tag{2.229}$$

3. 強双対性を満足させるため，次式の相補性条件が満足されること．

$$\lambda_i^\star f_i(\boldsymbol{x}^\star) = 0,\ 1 \le i \le m_{\mathrm{ueq}} \tag{2.230}$$

4. ラグランジュ関数の極小値が最適値であるので，ラグランジュ関数は微分可能で微分値が 0 でなければならない．したがって，次式が満足されること．

$$\nabla L(\boldsymbol{x}^\star, \boldsymbol{\lambda}^\star, \boldsymbol{\nu}^\star) = \nabla f_0(\boldsymbol{x}^\star) + \sum_{i=1}^{m_{\mathrm{ueq}}} \lambda_i^\star \nabla f_i(\boldsymbol{x}^\star) + \sum_{i=1}^{m_{\mathrm{eq}}} \nu_i^\star \nabla h_i(\boldsymbol{x}^\star) = 0 \tag{2.231}$$

以上のように，KKT 条件は式 (2.227)～(2.231) をすべて満足させることを意味しており，また，主問題と双対問題が等価であるための必要十分条件となっている．そのため，凸最適化における多くの問題は，KKT 条件を出発点として最適化アルゴリズムを導出している．

2.4.4.2 鞍点問題と双対問題

最適化問題の中に，想定される最大の損失（例えばひずみ量など）を最小化するミニマックス問題がある．その最適点は極小でも極大でもない停留点によって与えられ，その関数形が馬の鞍に似ていることから，鞍点問題（saddle point problem）とも呼ばれている．

ここでラグランジュ関数を鞍点問題の観点から再考する．ラグランジュ関数が

$$L(\boldsymbol{x}, \boldsymbol{\lambda}) = f_0(\boldsymbol{x}) + \sum_{i=1}^{m_{\mathrm{ueq}}} \lambda_i f_i(\boldsymbol{x}) \tag{2.232}$$

で与えられるとする．ただし等式で与えられる制約関数の値は常に 0 であり，ラグランジュ関数値に影響を与えないので除外している．ラグランジュ関数において $\boldsymbol{x}$ と $\boldsymbol{\lambda}$ がともに一次元ベクトルである場合の関数形の例を図 **2.28** に示す．

$\lambda_i f_i(\boldsymbol{x})$ は 0 以下なので $\sup_{\lambda} L(\boldsymbol{x}, \boldsymbol{\lambda}) = f_0(\boldsymbol{x})$ である．ただし $\sup_{\lambda} L(\boldsymbol{x}, \boldsymbol{\lambda})$ は λ を変化させた場合の関数 L の最大値をとることを意味する．これは，図 2.28 (a) において太い実線の特性に相当する．主問題の最適化は，この特性の最小値を与える $\boldsymbol{x}$ を探すことなので，図 2.28 (a) に示されるように，$p^\star = \inf_{\boldsymbol{x}} \sup_{\lambda} L(\boldsymbol{x}, \boldsymbol{\lambda})$ で与えられる．

一方，双対問題の最適値である $d^\star$ は，式 (2.224)，(2.225a) 及び (2.225b) で与えられるように，$\boldsymbol{x}$ に関する $L(\boldsymbol{x}, \boldsymbol{\lambda})$ の極小値 $(\inf_{\boldsymbol{x}} L(\boldsymbol{x}, \boldsymbol{\lambda}))$ を求めた（図 2.28 (b) の太い実線）後，その結果に対して $\boldsymbol{\lambda}$ に関する最大化を行うことで算出される．したがって，$d^\star = \sup_{\boldsymbol{\lambda}} \inf_{\boldsymbol{x}} L(\boldsymbol{x}, \boldsymbol{\lambda})$ と表される．強双対性が成立する場合，$d^\star = p^\star$ が成立するので，図 2.28 (a) 及び図 2.28 (b) より，

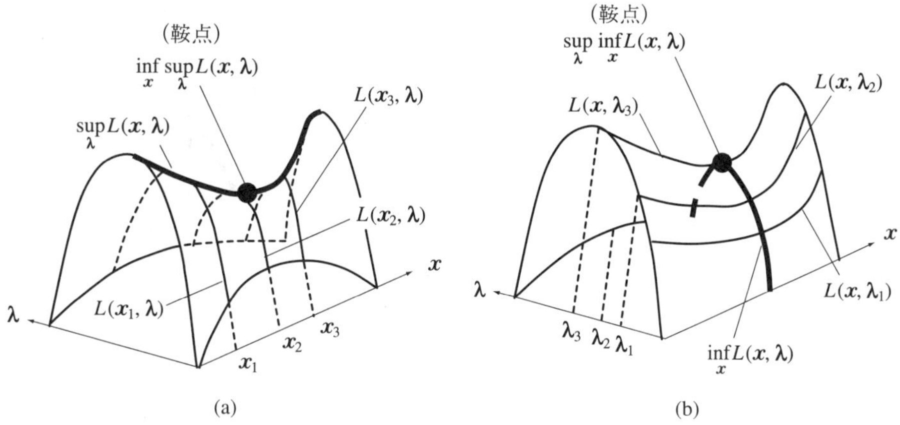

図 2.28　ラグランジュ関数の関数形と (a) x を固定した場合のラグランジュ関数，(b) λ を固定した場合のラグランジュ関数

$$\inf_{x} L(x,\lambda) \leq \sup_{\lambda}\inf_{x} L(x,\lambda) = d^{\star} = p^{\star} = \inf_{x}\sup_{\lambda} L(x,\lambda) \leq \sup_{\lambda} L(x,\lambda) \tag{2.233}$$

が成立する．このことより，強双対性が成り立つ場合の最適化問題は鞍点問題を解くのと等価であるといえる．

2.4.5 凸関数最適化問題の解法

定式化されたラグランジュ関数から最適解を算出する際，解析的に算出できる場合とできない場合が存在する．無線通信システムで定式化される関数は二次形式である場合が多々あり，その場合には解析的に最適解が算出できる．例えば，送信スペクトルに対する電力割当アルゴリズムである注水定理がそれにあたる．一方解析的に算出できない場合には，解析的に算出できるように近似計算を導入する場合と，反復法で解く場合がある．ここで，解析的算出法はそれほど難しくないため，ここでは，反復法の中で最も広く用いられているニュートン法と，その発展形である内点法を説明する．

2.4.5.1 ニュートン法

まず無制約最適化問題を前提に，関数 $f(\boldsymbol{x})$ の最小値とそれを与える $\boldsymbol{x}$ を求めることを考える．$\boldsymbol{x}+\boldsymbol{v} \in \mathrm{dom}\, f$ における $f(\boldsymbol{x}+\boldsymbol{v})$ は，二次の項までのテイラー展開を用いると次式で近似できる．

$$\hat{f}(\boldsymbol{x}+\boldsymbol{v}) = f(\boldsymbol{x}) + \nabla f(\boldsymbol{x})^{\mathrm{T}}\boldsymbol{v} + (1/2)\boldsymbol{v}^{\mathrm{T}}\nabla^2 f(\boldsymbol{x})\boldsymbol{v} \tag{2.234}$$

$\hat{f}(\boldsymbol{x}+\boldsymbol{v})$ は $\boldsymbol{v}$ の二次関数なので，$\hat{f}(\boldsymbol{x}+\boldsymbol{v})$ を最小化する $\boldsymbol{v}$ は

$$\boldsymbol{v} = \Delta\boldsymbol{x}_{\mathrm{nt}} = -\left(\nabla^2 f(\boldsymbol{x})\right)^{-1}\nabla f(\boldsymbol{x}) \tag{2.235}$$

で与えられる．$\Delta\boldsymbol{x}_{\mathrm{nt}}$ はニュートン法における更新ベクトルと呼ばれる．また

$$\lambda^2(\boldsymbol{x}) = -\nabla f(\boldsymbol{x})^{\mathrm{T}}\Delta\boldsymbol{x}_{\mathrm{nt}} = \nabla f(\boldsymbol{x})^{\mathrm{T}}\left(\nabla^2 f(\boldsymbol{x})\right)^{-1}\nabla f(\boldsymbol{x}) \tag{2.236}$$

なので，その結果得られる更新後の目的関数値は

$$f(\boldsymbol{x}+\Delta\boldsymbol{x}_{\mathrm{nt}}) = f(\boldsymbol{x}) - (1/2)\nabla f(\boldsymbol{x})^{\mathrm{T}}\left(\nabla^2 f(\boldsymbol{x})\right)^{-1}\nabla f(\boldsymbol{x}) \tag{2.237a}$$

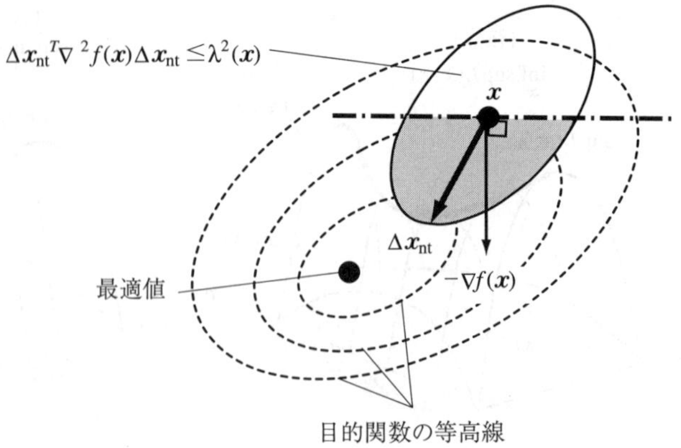

図 2.29　ニュートン法における更新ベクトルと更新方向の関係

$$= f(\boldsymbol{x}) - (1/2)\left(-\nabla f(\boldsymbol{x})^{\mathrm{T}} \Delta \boldsymbol{x}_{\mathrm{nt}}\right) \tag{2.237b}$$

となる．ここでは目的関数は厳密に凸関数であるものとすると，ヘッセ行列は正定値行列となるので，式 (2.237a) 右辺第 2 項 $(1/2)\nabla f(\boldsymbol{x})^{\mathrm{T}}\nabla^2 f(\boldsymbol{x})\nabla f(\boldsymbol{x})$ は正となる．すなわち，式 (2.237a) は目的関数の値を確実に減少させており，確実に収束点に向かっているといえる．

一方，式 (2.237a) は式 (2.237b) でも表すことができる．これは，目的関数において更新される差分が，点 $\boldsymbol{x}$ におけるこう配ベクトル $\nabla f(\boldsymbol{x})$ と更新ベクトル $\Delta \boldsymbol{x}_{\mathrm{nt}}$ の内積で与えられることを意味している．この関係を図 **2.29** に示す．まず更新ベクトルの存在範囲は，$\lambda^2(\boldsymbol{x}) = \nabla f(\boldsymbol{x})^{\mathrm{T}}\left(\nabla^2 f(\boldsymbol{x})\right)^{-1}\nabla f(\boldsymbol{x})$ で与えられる楕円体周辺及びその内部である．更に点 $\boldsymbol{x}$ に接する超平面に対する垂線が $\nabla f(\boldsymbol{x})$ であるので，$\nabla f(\boldsymbol{x})$ の長さを 1 としたとき，$(-\nabla f(\boldsymbol{x})^{\mathrm{T}}\Delta \boldsymbol{x}_{\mathrm{nt}})$ が最大となるのは図 2.29 に示される $\Delta \boldsymbol{x}_{\mathrm{nt}}$ の方向となる．

以上のように，ニュートン法は効率良く目的関数の最適値に漸近する方式であるが，あくまでも逐次漸近アルゴリズムであるので，最適値に十分漸近したと判断したらアルゴリズムを打ち切る必要がある．その判断に利用されるのが式 (2.236) で計算されるニュートンデクリメント（Newton decrement）$(\lambda^2(\boldsymbol{x}))$ であり，図 2.29 に示される楕円体の大きさを規定するものである．この楕円体は更新ベクトルの存在範囲を示すものなので，$\lambda^2(\boldsymbol{x})$ が十分小さければ更新ベクトルのノルムが小さい，すなわち最適値に十分近づいたと判定される．通常は，許容誤差 ϵ をあらかじめ設定し，$\lambda^2(\boldsymbol{x})/2 < \epsilon$ が満足されたらニュートン法の更新アルゴリズムを終了する．図 **2.30** に，以上のアルゴリズムをまとめたものを示す．

2.4.5.2　不等式制約関数が存在する場合のニュートン法

（1）障壁関数を用いた不等式制約関数と目的関数の統合　　前節で説明したニュートン法は，無制約最適化問題を対象としたアルゴリズムである．それに対し，制約関数が存在する場合には，目的関数と制約関数を統合した新たな凸関数を規定し，それに対してニュートン法を適用する必要がある．その際にニュートン法が適用可能な条件は，統合化された関数が微分可能な凸関数であることである．

ここで，次式で与えられる凸最適化問題を考える．

$$\text{minimize } f_0(\boldsymbol{x}) \tag{2.238a}$$

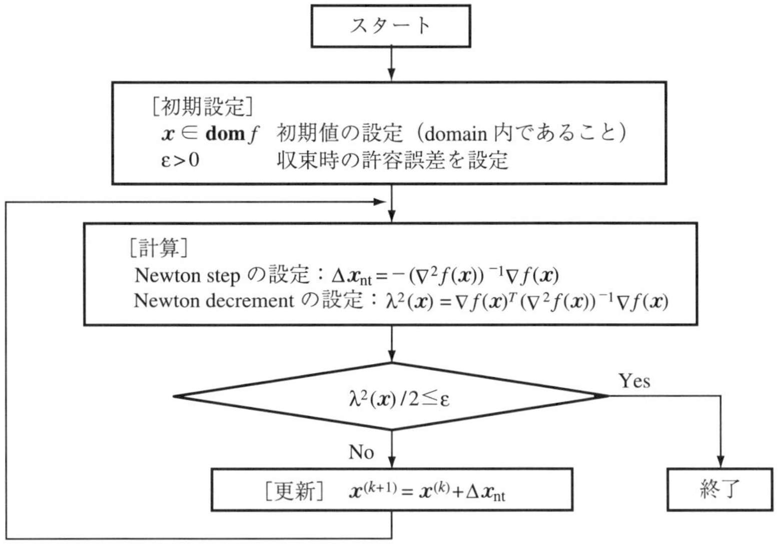

図 2.30 ニュートン法のアルゴリズム

$$\text{subject to } f_i(\boldsymbol{x}) \le 0, \quad 1 \le i \le m_{\text{ueq}} \tag{2.238b}$$

これら目的関数と制約関数を統合する一つの方法は，

$$I_{-}(u) = \begin{cases} 0, & u \le 0 \\ \infty, & u > 0 \end{cases} \tag{2.239}$$

という関数を用いて，以下のように統合することである．

$$f_{\text{comb}}(\boldsymbol{x}) = f_0(\boldsymbol{x}) + \sum_{i=1}^{m_{\text{ueq}}} I_{-}(f_i(\boldsymbol{x})) \tag{2.240}$$

これは，$u = f_i(\boldsymbol{x})$ が制約関数の条件を満足する場合は 0，満たさない場合は ∞ の値を目的関数に加算することで，制約条件を満足する範囲で目的関数を最小値するものである．ただ，式 (2.239) は微分不可能な点を含むため，式 (2.240) に対してニュートン法を適用することはできない．そこで式 (2.239) を微分可能な関数で近似したのが障壁関数（barrier function）法である．

障壁関数としては，次式で与えられる対数障壁（logarithmic barrier）関数が用いられる．

$$\hat{I}_{-}(u) = -\frac{1}{\alpha} \ln(-u), \quad u < 0, \quad \alpha > 0 \tag{2.241}$$

α をパラメータとした関数形を**図 2.31** に示す．また，式 (2.239) で与えられる関数 $I_{-}(u)$ も同図に示す．式 (2.241) で与えられる関数 $\hat{I}_{-}(u)$ は u の定義域内で常に微分可能であり，また α が大きくなると $I_{-}(u)$ に漸近するという性質をもつ．したがって原理的には適当に大きな α を設定することが望ましいと考えられるが，α が大きすぎるとニュートン法を適用した場合に反復が多くなるという問題が発生する．

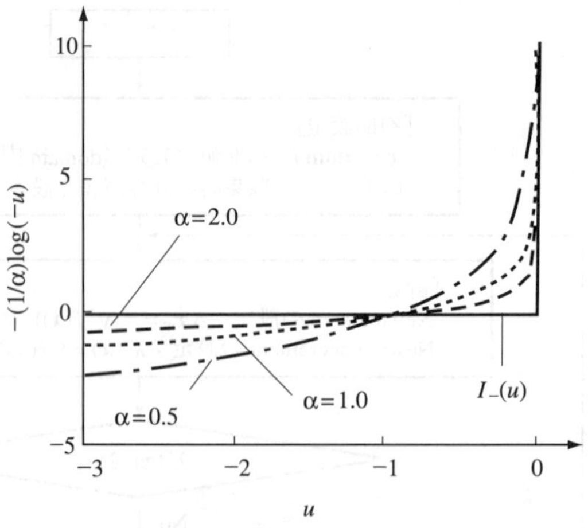

図 2.31　対数障壁関数

(2) 障壁関数を用いた内点法　内点法では，一つの最適化問題を複数の最適化処理の反復ととらえ，許容誤差の大きい初回の処理では収束速度を重視して小さな α に設定するとともに，反復を進めるにつれて α を大きくすることで $\hat{I}_-(u)$ を $I_-(u)$ に近づけるアルゴリズムである．また，それを繰返すことで，最終的に許容精度内での最適値が得られる．その際に最適値を与える $\boldsymbol{x}$ が実行可能領域の内部を進んでいくため，内点法と呼ばれる．

不等式制約関数が存在する場合の凸最適化問題は，次式で表される無制約最適化問題に帰着できる．

$$\text{minimize } \alpha f_0(\boldsymbol{x}) + \phi(\boldsymbol{x}) = \alpha f_0(\boldsymbol{x}) - \sum_{i=1}^{m_{\text{ueq}}} \ln(-f_i(\boldsymbol{x})) \tag{2.242}$$

式 (2.242) では，実行可能領域の外では解が存在し得ないように統合化されているので，この問題に対する KKT 条件は，スレータの条件 ($\boldsymbol{x} \in \mathbb{R}^n$) 以外は，次式で与えられる，式 (2.242) の極小値条件のみである．

$$\alpha \nabla f_0(\boldsymbol{x}^\star(\alpha)) + \nabla \phi(\boldsymbol{x}^\star(\alpha)) = \alpha \nabla f_0(\boldsymbol{x}^\star(\alpha)) + \sum_{i=1}^{m_{\text{ueq}}} \frac{\nabla f_i(\boldsymbol{x}^\star(\alpha))}{-f_i(\boldsymbol{x}^\star(\alpha))} = 0 \tag{2.243}$$

ここで，

$$\lambda_i^\star(\alpha) = -\frac{1}{\alpha f_i(\boldsymbol{x}^\star(\alpha))} \tag{2.244}$$

とすると，式 (2.243) は，次式に書き換えることができる．

$$\nabla f_0(\boldsymbol{x}^\star(\alpha)) + \sum_{i=1}^{m_{\text{ueq}}} \lambda_i^\star(\alpha) \nabla f_i(\boldsymbol{x}^\star(\alpha)) = 0 \tag{2.245}$$

これは，本最適化問題のラグランジュ関数

$$L(\boldsymbol{x}^\star(\alpha), \boldsymbol{\lambda}^\star(\alpha)) = f_0(\boldsymbol{x}^\star(\alpha)) + \sum_{i=1}^{m_{\text{ueq}}} \lambda_i^\star(\alpha) f_i(\boldsymbol{x}^\star(\alpha)) \tag{2.246}$$

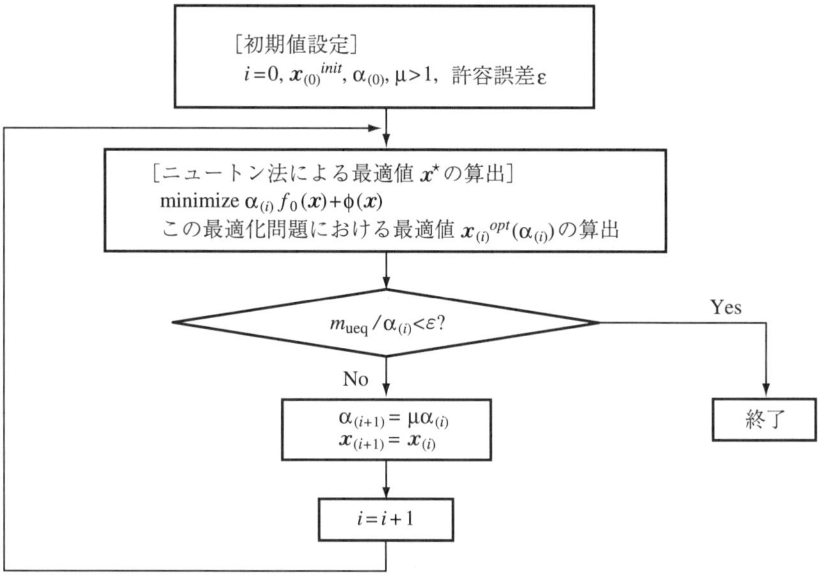

図 2.32 障壁法を適用した内点法アルゴリズム

の極小点条件となっている．また式 (2.246) に式 (2.244) を適用することで

$$
\begin{aligned}
p^\star &\geq g^\star \\
&\geq f_0(\boldsymbol{x}^\star(\alpha)) + \sum_{i=1}^{m_{\mathrm{ueq}}} \left(\frac{-1}{\alpha f_i(\boldsymbol{x}^\star(\alpha))} f_i(\boldsymbol{x}^\star(\alpha)) \right) \\
&= f_0(\boldsymbol{x}^\star(\alpha)) - \frac{m_{\mathrm{ueq}}}{\alpha}
\end{aligned}
\tag{2.247a}
$$

であり，これを書き直すと，次式となる．

$$
m_{\mathrm{ueq}}/\alpha \geq f_0(\boldsymbol{x}^\star(\alpha)) - p^\star \tag{2.247b}
$$

これは，α を決定すると最適化の誤差の上界値が m_{ueq}/α で与えられる，すなわち m_{ueq}/α –準最適値が得られることを示している．当然，この上界値は α が大きくなるほど 0 に近づく．このことを利用したアルゴリズムが，障壁法（barrier method）に基づく内点法である．

図 2.32 に，障壁法を適用した内点法のアルゴリズムを示す．初期値設定では，実行可能領域内で $\boldsymbol{x}$ の初期値と α の初期値を設定する．また，最終的に得られる最適値 $\boldsymbol{x}^\star$ の許容誤差 ϵ を設定する．次に，制約関数と目的関数が統合された関数

$$
f_0^{\mathrm{comb}}(\boldsymbol{x}) = \alpha_{(i)} f_0(\boldsymbol{x}) + \phi(\boldsymbol{x}) \tag{2.248}
$$

に対してニュートン法を用いて最適値を算出する．ここで $\alpha_{(i)}$ は i 回目の更新時の α の値を意味する．この処理における収束判定は，はじめに与えられた ϵ に対し，図 2.30 に示されるニュートンデクリメントの判定条件が満足されるか否かでなされる．ただしこの時点で得られる値は式 (2.248) の目的関数に対する最適値であり，式 (2.238a) 及び (2.238b) に対する本来の最適値に対する収束は保証されていない．そこで，$\alpha_{(i)}$ を μ 倍 ($\mu > 1$) したものを次の α ($\alpha_{(i+1)}$)

にするとともに，この処理で得られた $\boldsymbol{x}$ の最適値 $(\boldsymbol{x}^\star_{(i)})$ を次の最適化処理の初期値 $(\boldsymbol{x}^\star_{(i+1)})$ として設定し，再度ニュートン法に基づく最適化処理を行う．このように α の値を順次大きくすることで，より $I_{-}(u)$ に近い対数障壁関数 $\hat{I}_{-}(u)$ を用いた場合の最適化がなされ，$\boldsymbol{x}$ の最適値の推定精度が向上する．アルゴリズムの収束判定は，m_{ueq}/α が ϵ より小さいか否かで判定される．

なお，ニュートン法においては，式 (2.248) に対して $\nabla f_0^{\mathrm{comb}}(\boldsymbol{x})$ と $\nabla^2 f_0^{\mathrm{comb}}(\boldsymbol{x})$ の演算が必要になるので，次式に示す $\nabla\phi(\boldsymbol{x})$ と $\nabla^2\phi(\boldsymbol{x})$ の計算が必要となる．

$$\nabla\phi(\boldsymbol{x}) = \sum_{i=1}^{m_{\mathrm{ueq}}} \frac{1}{-f_i(\boldsymbol{x})}\nabla f_i(\boldsymbol{x}) \tag{2.249a}$$

$$\nabla^2\phi(\boldsymbol{x}) = \sum_{i=1}^{m_{\mathrm{ueq}}} \frac{1}{f_i(\boldsymbol{x})^2}\nabla f_i(\boldsymbol{x})\nabla f_i(\boldsymbol{x})^{\mathrm{T}} + \sum_{i=1}^{m_{\mathrm{ueq}}} \frac{1}{-f_i(\boldsymbol{x})}\nabla^2 f_i(\boldsymbol{x}) \tag{2.249b}$$

2.4.6 複素数に対するニュートン法の適用

以上の説明では，$\boldsymbol{x}$ は実数ベクトルとして説明してきた．しかしながら，無線通信システムで取り扱う物理量は基本的に複素数であるので，凸最適化問題は複素数に対応できるものでなければならない．

$z = x + \mathrm{j}y$ に対し，その複素共役 $z^* = x - \mathrm{j}y$ を考えると，x, y はともに z, z^* の関数として与えられる．したがって，目的関数や制約関数が複素ベクトル $\boldsymbol{z} = [z_1, z_2, \ldots, z_n]^{\mathrm{T}}$ の関数である場合，これらを実部と虚部に分解して計算するのでなく，これらを $\boldsymbol{z}$ と $\boldsymbol{z}^*$ の関数とみなして計算すると便利である [29].

2.4.6.1 複素関数の一次微分

複素ベクトルで与えられる関数

$$f(\boldsymbol{z}, \boldsymbol{z}^*) = f(z_1, z_2, \ldots, z_n, z_1^*, z_2^*, \ldots, z_n^*) \tag{2.250}$$

を考える．ただし，$\boldsymbol{z} = [z_1, z_2, \ldots, z_n]^{\mathrm{T}}, \boldsymbol{z}^* = [z_1^*, z_2^*, \ldots, z_n^*]^{\mathrm{T}}$ である．ここで，

$$\begin{aligned} \nabla_z f &= \left(\frac{\partial f}{\partial \boldsymbol{z}^{\mathrm{T}}}\right) = \left[\frac{\partial f}{\partial z_1}, \frac{\partial f}{\partial z_2}, \ldots, \frac{\partial f}{\partial z_n}\right]^{\mathrm{T}}, \\ \nabla_{z^*} f &= \left(\frac{\partial f}{\partial \boldsymbol{z}^{\mathrm{H}}}\right) = \left[\frac{\partial f}{\partial z_1^*}, \frac{\partial f}{\partial z_2^*}, \ldots, \frac{\partial f}{\partial z_n^*}\right]^{\mathrm{T}} \end{aligned} \tag{2.251}$$

とするとき，全微分は次式で与えられる．

$$\begin{aligned} \mathrm{d}f &= (\nabla_z f)^{\mathrm{T}}\mathrm{d}\boldsymbol{z} + (\nabla_{z^*} f)^{\mathrm{T}}\mathrm{d}\boldsymbol{z}^* \\ &= \frac{\partial f}{\partial \boldsymbol{z}^{\mathrm{T}}}\mathrm{d}\boldsymbol{z} + \frac{\partial f}{\partial \boldsymbol{z}^{\mathrm{H}}}\mathrm{d}\boldsymbol{z}^* \\ &= \sum_{i=1}^{n} \frac{\partial f}{\partial z_i}\mathrm{d}z_i + \sum_{i=1}^{n} \frac{\partial f}{\partial z_i^*}\mathrm{d}z_i^* \end{aligned} \tag{2.252}$$

したがって，Δz が微小の場合の関数 f の一次近似は次式で与えられる．

$$f(z + \Delta z, z^* + \Delta z^*) = f(z, z^*) + \nabla_z f(z, z^*)^{\mathrm{T}} \Delta z + \nabla_{z^*} f(z, z^*)^{\mathrm{T}} \Delta z^*$$

2.4.6.2 複素関数の二次微分 [30], [31]

前節と同様の考え方で $\mathrm{d}^2 f$ を計算すると次式となる．

$$\begin{aligned}
\mathrm{d}^2 f &= \frac{\partial(\mathrm{d}f)}{\partial z^{\mathrm{T}}}\mathrm{d}z + \frac{\partial(\mathrm{d}f)}{\partial z^{\mathrm{H}}}\mathrm{d}z^* \\
&= \left[\frac{\partial}{\partial z^{\mathrm{T}}}\left(\frac{\partial f}{\partial z^{\mathrm{T}}}\mathrm{d}z + \frac{\partial f}{\partial z^{\mathrm{H}}}\mathrm{d}z^*\right)\right]\mathrm{d}z + \left[\frac{\partial}{\partial z^{\mathrm{H}}}\left(\frac{\partial f}{\partial z^{\mathrm{T}}}\mathrm{d}z + \frac{\partial f}{\partial z^{\mathrm{H}}}\mathrm{d}z^*\right)\right]\mathrm{d}z^* \\
&= \mathrm{d}z^{\mathrm{T}}\nabla^2{}_{zz} f \mathrm{d}z + \mathrm{d}z^{\mathrm{H}}\nabla^2{}_{zz^*} f \mathrm{d}z + \mathrm{d}z^{\mathrm{T}}\nabla^2{}_{z^*z} f \mathrm{d}z^* + \mathrm{d}z^{\mathrm{H}}\nabla^2{}_{z^*z^*} f \mathrm{d}z^* \\
&= \begin{bmatrix} \mathrm{d}z \\ \mathrm{d}z^* \end{bmatrix}^{\mathrm{H}} \begin{bmatrix} \nabla^2{}_{zz^*} f & \nabla^2{}_{z^*z^*} f \\ \nabla^2{}_{zz} f & \nabla^2{}_{z^*z} f \end{bmatrix} \begin{bmatrix} \mathrm{d}z \\ \mathrm{d}z^* \end{bmatrix}
\end{aligned} \tag{2.253}$$

ただし，ヘッセ行列 $\nabla^2{}_{z_a z_b} f$ は次式で与えられる．

$$\nabla^2{}_{z_a z_b} f = \begin{bmatrix} \dfrac{\partial^2 f}{\partial z_1^a z_1^b} & \cdots & \dfrac{\partial^2 f}{\partial z_1^a z_1^b} \\ \vdots & \ddots & \vdots \\ \dfrac{\partial^2 f}{\partial z_1^a z_n^b} & \cdots & \dfrac{\partial^2 f}{\partial z_n^a z_n^b} \end{bmatrix} \tag{2.254}$$

また，$(\nabla^2{}_{zz^*} f)^{\mathrm{T}} = \nabla^2{}_{z^*z} f$ が満たされる．

以上をもとに，ニュートン法で説明した凸関数のテイラー展開について再考する．2.4.5.1 項で説明したように，実関数 $f(\boldsymbol{x} + \Delta \boldsymbol{x})$ を二次のテイラー展開で近似した場合の近似式は，次式で表される．

$$f_0(\boldsymbol{x} + \Delta \boldsymbol{x}) = f(\boldsymbol{x}) + \nabla f(\boldsymbol{x})^{\mathrm{T}} \Delta \boldsymbol{x} + (1/2)\Delta \boldsymbol{x}^{\mathrm{T}}(\nabla^2 f(\boldsymbol{x}))\Delta \boldsymbol{x} \tag{2.255}$$

それに対して，f_0 が複素関数の場合には，対応する式は次式となる．

$$\begin{aligned}
f_0(z + \Delta z, z^* + \Delta z^*) &= f_0(z, z^*) + \nabla_z f_0(z, z^*)^{\mathrm{T}} \Delta z + \nabla_{z^*} f_0(z, z^*)^{\mathrm{T}} \Delta z^* \\
&\quad + \begin{bmatrix} \Delta z \\ \Delta z^* \end{bmatrix}^{\mathrm{H}} \begin{bmatrix} \nabla^2{}_{zz^*} f_0 & \nabla^2{}_{z^*z^*} f_0 \\ \nabla^2{}_{zz} f_0 & \nabla^2{}_{z^*z} f_0 \end{bmatrix} \begin{bmatrix} \Delta z \\ \Delta z^* \end{bmatrix}
\end{aligned} \tag{2.256}$$

また，この極小値は，次式で与えられる．

$$\begin{aligned}
\Delta z &= (\nabla^2{}_{zz^*} f(z, z^*) + \nabla^2{}_{z^*z} f(z, z^*))^{-1} \nabla_{z^*} f(z, z^*) \\
&= \frac{1}{2}\nabla^2{}_{zz^*} f(z, z^*)^{-1} \nabla_{z^*} f(z, z^*)
\end{aligned} \tag{2.257}$$

2.4.7 無線通信における凸最適化の応用例

伝搬路の周波数特性に応じて送信スペクトルの電力を分配すると，受信機に搬送される電力を最大化することができる．この問題を，送受信アンテナがそれぞれ 1 本ずつの SISO（Single-Input Single-Output）伝送において全送信電力が一定という前提条件で各離散周波数における通信路容量の和を最大とする最大化問題とするとき，凸最適化問題での定式化は次式のとおりである [32].

$$\text{maximize} \sum_{i=1}^{n} \log_2\left(1 + \frac{P_i H_i}{N_0}\right) \tag{2.258a}$$

$$\text{subject to } \boldsymbol{P} \geq \boldsymbol{0} \tag{2.258b}$$

$$\boldsymbol{1}^{\mathrm{T}}\boldsymbol{P} = P_T \tag{2.258c}$$

$\boldsymbol{P} = [P_1, P_2, \ldots, P_n]^{\mathrm{T}}$，$\boldsymbol{1} = [1, 1, \ldots, 1]^{\mathrm{T}}$ である．また，H_i は i 番目の周波数のチャネル利得，N_0 は単位周波数当りの雑音電力密度である．なお，本書では凸最適化問題はすべて最小化問題に帰着することとしているので，凸最適化としての定式化は次式となる．

$$\begin{aligned}\text{minimize } f_0(\boldsymbol{P}) &= -\sum_{i=1}^{n} \log_2\left(1 + \frac{P_i H_i}{N_0}\right) \\ &= -\frac{1}{\ln 2}\sum_{i=1}^{n} \ln\left(1 + \frac{P_i H_i}{N_0}\right)\end{aligned} \tag{2.259a}$$

$$\text{subject to } f_i(P_i) = -P_i \leq 0,\ 1 \leq i \leq n \tag{2.259b}$$

$$h(\boldsymbol{P}) = \boldsymbol{1}^{\mathrm{T}}\boldsymbol{P} - P_T = 0 \tag{2.259c}$$

ただし P_{T} は総送信電力であり，ラグランジュ関数は次式で与えられる．

$$L(\boldsymbol{P}, \boldsymbol{\lambda}, \nu) = (\ln 2) f_0(\boldsymbol{P}) + \sum_{i=1}^{n} \lambda_i(-P_i) + \nu(\boldsymbol{1}^{\mathrm{T}}\boldsymbol{P} - P_T) \tag{2.260}$$

ここで，式 (2.259a) において常用対数表記を自然対数表記に変換する際の ln 2 を $\boldsymbol{\lambda}$，ν に含める形にするために，式 (2.260) においては，右辺第 1 項に ln 2 を乗積している．これを解くため，2.4.4 項で説明した KKT 条件を求めると，以下となる．

$$-P_i^\star \leq 0,\ 1 \leq i \leq n \tag{2.261a}$$

$$\boldsymbol{1}^{\mathrm{T}}\boldsymbol{P}^\star - P_T = 0 \tag{2.261b}$$

$$\lambda_i^\star \geq 0,\ 1 \leq i \leq n \tag{2.261c}$$

$$\lambda_i^\star P_i^\star = 0,\ 1 \leq i \leq n \tag{2.261d}$$

$$\frac{\partial}{\partial P_i} L(\boldsymbol{P}^\star, \boldsymbol{\lambda}^\star, \nu^\star) = -\frac{1}{P_i^\star + (H_i/N_0)^{-1}} - \lambda_i^\star + \nu^\star = 0 \tag{2.261e}$$

ここで，式 (2.261a) と (2.261b) は主問題実行可能領域条件，式 (2.261c) は双対問題実行可能領域条件，式 (2.261d) は相補性条件，式 (2.261e) はラグランジュ関数の極小値条件である．まず，式 (2.261d) と (2.261e) より，次式が成り立つ．

$$P_i^\star\left(\nu^\star - \frac{1}{P_i^\star + (H_i/N_0)^{-1}}\right) = 0,\ 1 \leq i \leq n \tag{2.262}$$

これは，次式を意味している．

$$P_i^\star = \begin{cases} (\nu^\star)^{-1} - (H_i/N_0)^{-1}, & (H_i/N_0)^{-1} \leq (\nu^\star)^{-1} \\ 0, & (H_i/N_0)^{-1} > (\nu^\star)^{-1} \end{cases} \tag{2.263}$$

また $\nu^\star$ は，$\mathbf{1}^{\mathrm{T}}\boldsymbol{P}^\star = P_{\mathrm{T}}$ が満たされるように設定される．以上の処理は，注水定理と呼ばれているものであり，注水定理を凸関数最適化から説明したものである．

2.4.8 まとめ

無線分散ネットワークでは，ネットワーク内の随所に自律分散制御に基づく最適化制御が導入される．その際考慮されるべきことは，基本的に局所的最適化（local optimization）を行うものの，その特性はできるだけ大域的最適化（global optimization）に近づけることであろう．またそれが可能であるとき，局所的最適化とは変数の定義域を目的関数の凸性が維持できる範囲にとどめる，あるいは近似操作によって凸性を確保することにより，本節で説明した凸最適化が適用できることになる．そのような観点から，凸最適化は無線分散ネットワークにおける重要な数学的手法と位置づけられる．

本節では，具体例として送信スペクトルへの電力割当の最適化問題について説明したが，凸最適化の具体的適用例としては，OFDM（Orthogonal Frequency Division Multiple Access）における固有ビーム伝送時の送信スペクトル整形 [33]，OFDM 伝送時の瞬時ピーク電力抑圧 [34]，マルチユーザ分散リソース制御にも有効である．なお，マルチユーザへの分散リソース制御については 3.6 節で説明する．また，本節では，無線分散ネットワークに適用を前提に，凸最適化に関する必要最小限の事項のみをまとめた．より詳細な内容を理解するには，文献 [32] や [35] が参考になるであろう．

2.5 ゲーム理論

2.5.1 ゲーム理論とは

ゲーム理論（game theory）とは，複数の意思決定主体が存在し，各主体間に相互作用がある状況で，各主体が取り得る選択肢の中から自己の目的関数が最大となる選択肢を決定するという分散的な意思決定を扱う理論である．この理論にはゲーム理論という呼称がついているが，ゲームという言葉は「パワーゲーム」というような言葉の中で使われる「競争」や「駆け引き」といった意味で用いられている．「携帯ゲーム機」というような言葉の中で使われ，ゲームという言葉から最もイメージされやすい「遊び」という意味とは異なることに注意されたい．

この分散的な意思決定は，一種の分散的最適化問題ととらえることもできる．ただし，2.4 節で述べたような最適化は全体合理性，すなわちシステム全体として追求する目的が設定されていることを前提とするのに対し，ゲーム理論では個人合理性を前提とする．個人合理性の定義は状況によって異なるが，非協力ゲーム理論においては個々の意思決定主体は自己の目的関数を最大化することを指す[2]．

無線分散ネットワークにおけるリソース制御（3.6 節）や周波数共用（4.3 節）などに存在する本質的な問題は干渉という無線特有の相互作用であり，ゲーム理論を用いて扱える形に定式化できることが多い．このため，何らかの理由により計算機シミュレーションや実験でなく理論的解析が必要となった場合，あるいは計算機シミュレーションや実験の結果を理論的に解析することが必要となった場合に，ゲーム理論は有用な理論となり得る．ただし，ゲーム理論の適用にあたっては，どのような問題に適用可能なのかについて特に注意が必要であり，これを次項で重点的に説明する．次に，非協力ゲーム理論と協力ゲーム理論を順に説明する．

2.5.1.1 ゲームと最適化問題，集中制御，分散制御

ゲーム理論とは,「ゲーム」と呼ばれる最適化問題を扱う理論である．本項では「ゲーム」と，単目的最適化（single-objective optimization）問題，多目的最適化（multi-objective optimization）問題という他の最適化問題との相違について述べ，ゲーム理論を適用可能な最適化問題，すなわち「ゲーム」を明確にする．また，集中制御，分散制御を数学的に定式化する際に，どの最適化問題の形にするべきかを述べる．

(1) 非協力ゲームと単目的最適化　単目的最適化問題とは，2.4 節で扱ったような一つの目的関数をもつ最適化問題を指す．一方，非協力ゲームにおいて最もシンプルな戦略形 2 人ゲームは，単目的最適化の表現を用いれば，次式のような二つの単目的最適化問題を組み合わせた問題である．

$$\begin{cases} \max\limits_{x_1} \ f_1(x_1, x_2), \quad x_1 \in \mathcal{X}_1 \\ \max\limits_{x_2} \ f_2(x_1, x_2), \quad x_2 \in \mathcal{X}_2 \end{cases} \tag{2.264}$$

第 1 式のみであれば単目的最適化問題であり，x_2 を所与として，目的関数 f_1 が最大となるような変数 x_1 を集合 $\mathcal{X}_1$ の中から決定するという意味である．単目的最適化問題であるため，その最適解を求める手法としては目的関数や制約条件の性質に応じて線形計画法や凸最適化（2.4 節）を用いることができる．式 (2.264) のような非協力ゲームが単目的最適化問題と違うポイントとして注意すべきことは，単目的最適化問題が複数存在すること，かつそれら個々の単目的最適化問題においては，目的関数 f_1 に対して変数 x_1 のみというように 1 変数しか変更できず，変更できない変数があること，加えて変数 x_1 の変更が他の単目的最適化問題に影響を与えるという相互作用が存在することである．単目的最適化の枠組みのみでは扱えない，式 (2.264) のような最適化問題を扱うのが非協力ゲーム理論である．

ゲームの解としては，単目的最適化問題に対する最適解の意味とは異なり，分散的な最適化の結果の予測として，ナッシュ均衡と呼ばれる均衡の概念を用いる．非協力ゲーム理論では，ゲームとして定式化した後のナッシュ均衡の求め方を与えるが，注意が必要なことは，

[2] 日本人には個人合理性の代わりに，自分勝手（selfish）という言葉を用いて説明した方が腑に落ちやすいことが多いように思われる．

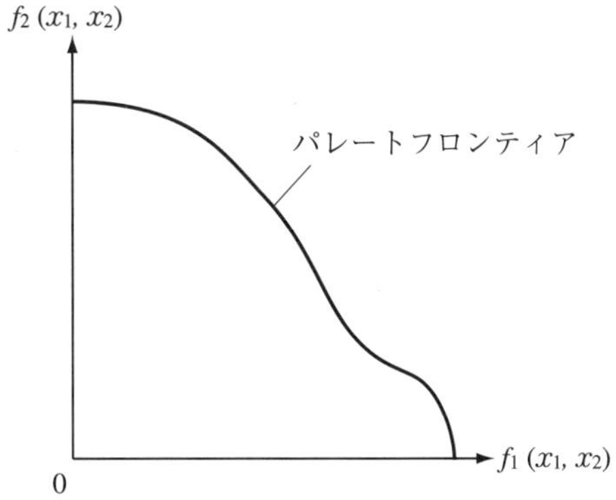

図 2.33　多目的最適化問題とパレートフロンティア

ナッシュ均衡に至る制御手法を必ずしも扱えるとは限らないことである．ナッシュ均衡に至る分散制御手法は，後で述べるクールノーゲームやポテンシャルゲームなどのゲームにおいては存在することが証明できるが，一般のゲームには存在するとは限らない．

(2)　非協力ゲームと多目的最適化　式 (2.264) のような非協力ゲームは，二つの目的関数からなるベクトル (f_1, f_2) の最大化問題

$$\max_{x_1, x_2} (f_1(x_1, x_2), f_2(x_1, x_2)), \quad x_1 \in \mathcal{X}_1, \quad x_2 \in \mathcal{X}_2 \tag{2.265}$$

とも異なることに注意されたい．この問題は多目的最適化問題と呼ばれる．多目的最適化問題の解は一般に一意には定められず，図 **2.33** のように，複数の目的関数が同時に実現可能な値を描いた場合，それらの目的関数すべて（式 (2.265) の場合には f_1 と f_2）に関して上回る点のない境界が解となる．この境界のことをパレートフロンティアと呼ぶ．式 (2.264) のような非協力ゲームと，式 (2.265) のような多目的最適化問題は，前提が個人合理性と全体合理性という点で本質的に異なる問題であり，非協力ゲーム理論の中のナッシュ均衡を求める議論が，パレートフロンティア上の点を求めるために用いることができるとは限らない．

また，非協力ゲームと多目的最適化問題は，複数の目的関数 f_1 と f_2 を反映した新たな目的関数 f（例えば $f(x_1, x_2) = f_1(x_1, x_2) + f_2(x_1, x_2)$）を用いた単目的最適化問題

$$\max_{x_1, x_2} f(x_1, x_2), \quad x_1 \in \mathcal{X}_1, \quad x_2 \in \mathcal{X}_2 \tag{2.266}$$

とも本質的に異なることに注意されたい．

(3)　集中制御，分散協力型制御，分散非協力型制御　複数の主体による分散制御，あるいはそれを定式化した分散最適化問題には様々な構造のものがある．これらを明確に分類するため，本節及び 3.6 節では，目的関数がシステム全体としての特性を表すもの，すなわち全体合理性を追求するものを分散協力型と呼び，主体ごとに異なる目的関数をもつもの，すなわち非協力ゲームにおける個人合理性を前提とするものを分散非協力型と呼んで区別する．このように分類すれば，分散協力型制御を定式化する場合には単目的最適化問題とするべきであり，分散非協力型制御は非協力ゲームとするべきである．ゲーム理論で扱われる式 (2.264) のような問題を，先に述べたように「ゲーム」と呼ぶが，単目的最適化問題と対比させるため，本書では分散非協力型最適化問題とも呼ぶ．また，単目的最適化問題を，同じ単一の目

的をもつ複数の主体が分散的に解くという意味の問題を分散協力型最適化問題と呼び，分散非協力型最適化問題と区別する．

目的関数が一つの集中制御は，単目的最適化として定式化するのが適切である．一方，各主体の目的関数を式 (2.264) のように制御する場合は集中制御システムであったとしても，非協力ゲームと定式化するべきであろう．

(4) 交渉問題 以上で述べた非協力ゲームは，意思決定主体は協力して行動をとることはないという前提での問題設定である．これに対し，協力してパレートフロンティア上から目指すべき点を選んだ方がシステム全体としては効率が高い．次に述べる協力ゲーム理論における交渉問題とは，パレートフロンティア上のどの点を選べば各主体は納得するか，という問題である．本質的には多目的最適化である問題に対して，式 (2.266) のような単目的最適化に置き換える際に目的関数をどう設定すべきかという議論とつながる．ただし，あくまで個人合理性を前提とした上で全体合理性を追求する議論であることに注意されたい．ただし，交渉問題における個人合理性は，交渉が成立しない場合より目的関数の値が下がらないことと定義される．目的関数 f の設定法は，

$$f(x_1, x_2) = f_1(x_1, x_2) + f_2(x_1, x_2) \tag{2.267}$$

$$f(x_1, x_2) = \min(f_1(x_1, x_2), f_2(x_1, x_2)) \tag{2.268}$$

$$f(x_1, x_2) = f_1(x_1, x_2) \cdot f_2(x_1, x_2) \tag{2.269}$$

といったものがある．

(5) 提携形ゲーム もし協力行動をとり得る場合，そこで得られた効用をどのように各主体に分配すべきかという問題が生まれる．本書では取り上げないが，協力ゲーム理論の基本モデルである提携形ゲームにおいては，一部の主体が協力行動をとり得るという前提で議論を行い，「協力するとどうなるか」という問題ではなく，「協力しない場合より協力した方が利益が上がる主体群が協力する場合，どの主体群が協力することになるのか，また協力を実現するためには協力によって得られる利益をどう配分すべきか」という問題を扱う．この「協力しない場合より協力した方が利益が上がる」ことを，提携形ゲームにおける個人合理性という．

このようにゲーム理論とは非協力ゲームだけでなく協力ゲームも含めて，自己の意思決定に関して評価尺度をもつ複数の主体が存在する状況，すなわち何らかの個人合理性を大前提とする状況をを扱う理論であり，この点で全体合理性を求める単目的最適化問題，多目的最適化問題とは本質的に異なる．以上では最適化の用語を用いたが，今後のゲーム理論の文脈においては，目的関数 f が効用関数 u，変数 x が戦略 a，意思決定主体がプレイヤに対応する．

2.5.2 非協力ゲーム理論

ゲーム理論の中で，プレイヤ間の協力を前提としないものを非協力ゲーム，場合によっては協力関係が生じることを前提とするものを協力ゲームと呼ぶ．本項ではまず，前者を扱う非協力ゲーム理論（non-cooperative game theory）において最も基本的な戦略形ゲーム（game in strategic form）の定義と，対応する解概念であるナッシュ均衡（Nash equilibrium）について述べる．次いで，戦略が非連続の場合，確率的な場合，連続の場合について例を挙げながらナッシュ均衡の求め方を述べる．

2.5.2.1 戦略形ゲームの定義

戦略形ゲームはプレイヤ（player），戦略（strategy），効用（utility）という三つの要素からなる．プレイヤとは，独立な意思決定主体を意味する．プレイヤ数が n の場合，プレイヤの集合を $\mathcal{N} = \{1, \ldots, n\}$ と表記する．

プレイヤ $i \in \mathcal{N}$ の戦略の集合 $\mathcal{A}_i$ を戦略集合と呼び，全プレイヤの戦略集合の直積集合を $\mathcal{A} = \prod_{i \in \mathcal{N}} \mathcal{A}_i$ と表記する．個々のプレイヤの選択肢 $a_i \in \mathcal{A}_i$ を戦略と呼び，全プレイヤの戦略の組合せを $\boldsymbol{a} \in \mathcal{A}$ と表記する．ここで，ゲーム理論特有の表記として，プレイヤ i 以外の戦略を

$$\boldsymbol{a}_{-i} = (a_1, \ldots, a_{i-1}, a_{i+1}, \ldots, a_n) \tag{2.270}$$

と表記し[3]，これを用いた次の表記を用いる．

$$(a'_i, \boldsymbol{a}_{-i}) = (a_1, \ldots, a_{i-1}, a'_i, a_{i+1}, \ldots, a_n) \tag{2.271}$$

各プレイヤの戦略の決定に伴い，プレイヤはそれぞれ何らかの結果を得る．この結果を各プレイヤが望ましいものほど大きな値となるように評価した値を効用と呼ぶ．プレイヤ i の得る結果，すなわち効用は，プレイヤ i のとる戦略 a_i の関数であるのみならず，他のプレイヤのとる戦略の組 $\boldsymbol{a}_{-i}$ の関数でもある．この関係を効用関数 $u_i : \mathcal{A} \to \mathbb{R}$ と呼び，各プレイヤのとった戦略が $\boldsymbol{a}$ の場合のプレイヤ i の効用を $u_i(\boldsymbol{a})$ と表す．

戦略形ゲームは，先に述べたようにプレイヤ，戦略，効用関数の 3 要素 $(\mathcal{N}, \mathcal{A}, \{u_i\}_{i \in \mathcal{N}})$ で構成される．この $(\mathcal{N}, \mathcal{A}, \{u_i\}_{i \in \mathcal{N}})$ という表現は，次の分散非協力型最適化問題を書く代わりの表現法である．

$$\begin{cases} \max\limits_{a_1 \in \mathcal{A}_1} u_1(a_1, \ldots, a_n) \\ \quad \vdots \\ \max\limits_{a_n \in \mathcal{A}_n} u_n(a_1, \ldots, a_n) \end{cases} \tag{2.272}$$

今後の議論において，ゲームの要素 $\mathcal{N}$，$\mathcal{A}$，$\{u_i\}_{i \in \mathcal{N}}$ はすべてのプレイヤの共通知識であると仮定する．この仮定のゲームを情報完備ゲーム（game with complete information）と呼び，本節では情報完備ゲームのみを扱う．各プレイヤは，他のプレイヤが最終的に決定する戦略に関する知識なしに，自己の効用を可能な限り最大化するように戦略を決定する状況を考える．このように自己の効用を可能な限り最大化する選択を合理的選択（rational choice）と呼ぶ．

現実世界においては，$(\mathcal{N}, \mathcal{A}, \{u_i\}_{i \in \mathcal{N}})$ の要素すべてが共通知識というのは非現実的と考えられる状況もあるだろう．そのような状況を扱うために他プレイヤの効用関数を完全には知らない情報不完備ゲーム（game with incomplete information）と呼ばれるゲームも研究されている．情報不完備ゲームに関して興味のある方は文献 [36], [38] を参照されたい．

2.5.2.2 最適応答

戦略形ゲーム $(\mathcal{N}, \mathcal{A}, \{u_i\}_{i \in \mathcal{N}})$ において，プレイヤ $i \in \mathcal{N}$ が選択すべき戦略について考えよう．プレイヤ i の目的は，自身の効用 u_i を最大化する戦略を選択することである．先に述べたよ

[3] $\boldsymbol{a}_{-i}$ は本書の他の節における $\boldsymbol{a}_{\setminus\{i\}}$ という表記と同じ意味である．本節ではゲーム理論における一般的な表記と併せ，$\boldsymbol{a}_{-i}$ と表記する．

うにユーザ i の効用 u_i は a_i のみならず $\boldsymbol{a}_{-i}$ の関数である．そこで，まず，他プレイヤの戦略の組 $\boldsymbol{a}_{-i}$ が固定されている場合に，自身の効用を最大化する戦略を考える．この戦略を $\boldsymbol{a}_{-i}$ に対するプレイヤ i の最適応答（best response）戦略 $a_i^\star$ と呼び，次式が成り立つ戦略 $a_i^\star$ により定義される．

$$u_i(a_i^\star, \boldsymbol{a}_{-i}) = \max_{a_i \in \mathcal{A}_i} u_i(a_i, \boldsymbol{a}_{-i}) \tag{2.273}$$

他プレイヤの戦略 $\boldsymbol{a}_{-i}$ が固定されていれば，最適応答戦略 $a_i^\star$ を求める問題は目的関数を u_i とする単目的最適化問題である．これに対し，他プレイヤも同時に最適応答戦略を決定する状況を扱う理論がゲーム理論と位置づけられる．

2.5.2.3　ナッシュ均衡点

すべてのプレイヤが最適応答戦略をとるとどのような結果となるだろうか．この問題に対しては初期状態などを含めた議論が必要となる．非協力ゲーム理論においてはそのような議論の代わりに，すべてのプレイヤが最適応答戦略をとる場合の理論的予測として，現時点でとっている戦略が全プレイヤに関して最適応答となっており，各プレイヤは自分だけ戦略を変更すると効用が低下するため戦略を変更する動機をもたない平衡点を考える．この点をナッシュ均衡点と呼ぶ．式で表現すると，戦略の組 $\boldsymbol{a}^\star = (a_i^\star, \boldsymbol{a}_{-i}^\star) \in \mathcal{A}$ がナッシュ均衡点であるのは，次式が成り立つ場合である．

$$u_i(a_i^\star, \boldsymbol{a}_{-i}^\star) = \max_{a_i \in \mathcal{A}_i} u_i(a_i, \boldsymbol{a}_{-i}^\star), \quad \forall i \in \mathcal{N} \tag{2.274}$$

非協力ゲーム理論においては多くの場合，ナッシュ均衡点を分散非協力型最適化の理論的予測として考え，2.5.2.5 項以下で述べるように，ナッシュ均衡点の性質，すなわちナッシュ均衡点が一意か否か，パレート最適か否か，最適応答などのダイナミックスが収束するか否か，といったことが議論される．

2.5.2.4　パレート最適

ナッシュ均衡の性質を議論するため，多目的最適化問題の解，すなわち 2.5.1.1 項で述べたパレートフロンティアの性質であるパレート最適を導入する．多目的最適化問題と非協力ゲーム（分散非協力型最適化問題）は本質的に異なる問題であるため，各々の解であるパレートフロンティアとナッシュ均衡にも直接的関係はない．

戦略形ゲームにおいて，効用ベクトル $\boldsymbol{u}(\boldsymbol{a}) = (u_1(\boldsymbol{a}), \ldots, u_n(\boldsymbol{a}))$ の集合，すなわち次式により定義される集合を実現可能集合（feasible set）と呼ぶ．

$$\mathcal{U} = \{\boldsymbol{u}(\boldsymbol{a}),\ \boldsymbol{a} \in \mathcal{A}\} \tag{2.275}$$

実現可能集合の中で，実現される最大のものを求める問題は次の多目的最適化問題である．

$$\max_{\boldsymbol{u}(\boldsymbol{a}) \in \mathcal{U}} \boldsymbol{u}(\boldsymbol{a}) \tag{2.276}$$

図 **2.34** のような，プレイヤ数が 2 の場合の実現可能集合での多目的最適化問題を考える．点 A や点 B のようにそれ以上右上に点がない場合は，あるプレイヤの効用を上げるためには，他のプレイヤの効用を下げざるを得ない，つまり，両方のプレイヤにとって，より望ましい戦

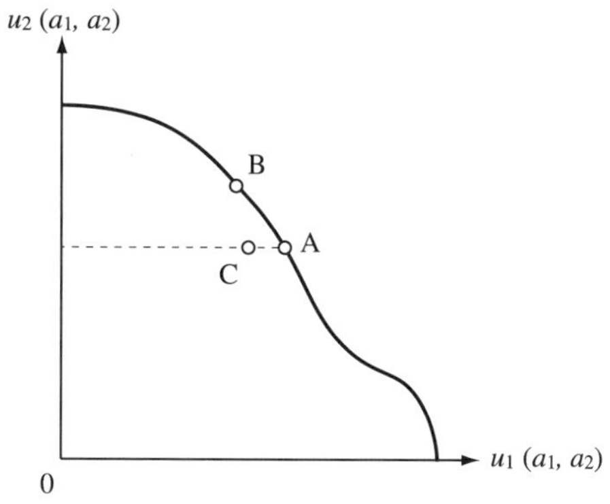

図 2.34　パレート最適

略の組がない．このような効用の集合をパレートフロンティアと呼び，パレートフロンティア上の効用を実現する戦略組はパレート最適（Pareto optimal）であるという．一方，点 C のようにパレートフロンティアの内側の点は，点 A のようなパレートフロンティア上の点に移動することでプレイヤ 2 の効用を減らすことなくプレイヤ 1 の効用を改善することができる．一般に，$\boldsymbol{a} \in \mathcal{A}$ に対し，

$$\boldsymbol{u}(\boldsymbol{a}') \succ \boldsymbol{u}(\boldsymbol{a}) \tag{2.277}$$

を満たす効用ベクトル $\boldsymbol{u}(\boldsymbol{a}') \in \mathcal{U}$ が存在しない場合，$\boldsymbol{a}$ あるいは $\boldsymbol{u}(\boldsymbol{a})$ はパレート最適という．

先に述べたようにナッシュ均衡とパレート最適は直接関係はなく，ナッシュ均衡はパレート最適とは限らない．ナッシュ均衡がパレート最適とならない代表的な例として，2.5.2.5 項で述べる囚人のジレンマ（prisoners' dilemma）という状況が知られている．

2.5.2.5　有限 2 人ゲーム

戦略形ゲームにおいて最もシンプルなものが有限 2 人ゲームである．これは，プレイヤ数が 2，各プレイヤの戦略数が有限の数の場合を指す．例を用いて有限 2 人ゲームのナッシュ均衡点の求め方を説明する．

(1)　囚人のジレンマ　　よく知られている有限 2 人ゲームとして，次に述べる囚人のジレンマがある．一緒に罪を犯して捕まった 2 人の囚人がおり，彼らをプレイヤ 1，2 とする（$\mathcal{N} = \{1, 2\}$）．警察は彼らの罪を立証する十分な証拠をもっておらず，2 人とも黙秘すればそれぞれ効用 2 を得る．ここで警察は司法取引[4]によって，もし自白すれば罰を軽くするともちかける．片方のプレイヤのみが自白すると効用 3 を得る一方，黙秘を続けたプレイヤは更に罰を受けて効用が −1 になるとする．ただし，両方が自白をした場合の効用は 0 とする．この状況は，戦略空間を $\mathcal{A}_i = \{$ 黙秘, 自白 $\}$，**表 2.3** を効用 u_i とする有限 2 人ゲーム $(\mathcal{N}, \prod_{i \in \mathcal{N}} \mathcal{A}_i, \{u_i\}_{i \in \mathcal{N}})$ と定式化される．

ナッシュ均衡を求めるには，まず最適応答を求める．はじめに，プレイヤ 2 の戦略に対するプレイヤ 1 の最適戦略を考える．プレイヤ 2 が黙秘する場合，表 2.3 で $a_2 =$ 黙秘 である列のプレイヤ 1 の効用 u_1 を最大とする最適応答戦略は自白である．プレイヤ 2 が自白する場合，同様に表 2.3 で $a_2 =$ 自白 である列のプレイヤ 1 の効用 u_1 を最大とする最適応答戦略は自白である．したがって，プレイヤ 2 の戦略にかかわらず，プレイヤ 1 の最適応答戦略 $a_1^\star$ は

[4] 日本にはない制度である．

表 2.3 囚人のジレンマ状況となる効用．表の各要素はプレイヤ 1 と 2 の効用 $u_1(a_1, a_2), u_2(a_1, a_2)$ を表す．

		a_2	
		黙秘	自白
a_1	黙秘	2, 2	−1, 3
	自白	3, −1	0, 0

表 2.4 複数のナッシュ均衡点が存在する場合の効用．表の各要素は $u_1(a_1, a_2), u_2(a_1, a_2)$．単位は Mbit/s．

		a_2	
		戦略 1	戦略 2
a_1	戦略 1	2, 1	5, 6
	戦略 2	10, 3	4, 2

自白である．同様にプレイヤ 1 に対するプレイヤ 2 の最適応答戦略 $a_2^\star$ も自白である．

式 (2.274) より，互いのプレイヤが最適応答戦略をとる戦略組がナッシュ均衡であり，このゲームの，ナッシュ均衡は $(a_1^\star, a_2^\star) =$ (自白, 自白) である．一方，パレート最適の条件 (2.277) を満たす戦略組は，$(a_1, a_2) =$ (黙秘, 黙秘), (黙秘, 自白), (自白, 黙秘) である．ナッシュ均衡点の効用 $(u_1, u_2) = (0, 0)$ は (黙秘, 黙秘) の場合の効用 $(u_1, u_2) = (2, 2)$ より全要素で低く，パレート最適ではない．このように，ナッシュ均衡点はパレート最適とは限らない．

この結果から分かることは，すべてのプレイヤに対してより良いパレートフロンティア上の戦略があるにもかかわらず，互いに相談できないために局所最適な戦略を選択せざるを得ない可能性があることである．もし相談できれば，2 人とも黙秘することでともに効用を上げることができる[5]．

(2) 複数のナッシュ均衡点　帯域幅の異なるチャネル 1（帯域幅 1MHz）とチャネル 2（帯域幅 2MHz）という二つのチャネルがあり，2 ユーザが同時に独立に自己のスループットを最大化するよう，一つのチャネルを選択する状況を戦略形ゲームとして定式化し，ナッシュ均衡を求める．

ユーザをプレイヤとし，プレイヤの集合を $\mathcal{N} = \{1, 2\}$ とする．チャネル 1 を用いた送信を戦略 1，チャネル 2 を用いた送信を戦略 2 とする．すなわち，プレイヤ i の戦略を $a_i \in \{1, 2\} = \mathcal{A}_i$ とする．

プレイヤがそれぞれ異なるチャネルを選択した場合は，そのチャネルのリソースを独占できるため，プレイヤ 1 は 5 bps/Hz，プレイヤ 2 は 3 bps/Hz の伝送を行う．一方，両プレイヤが同じチャネルを選択した場合は同じ帯域を共有するため，それぞれの伝送能力を下げる必要がある．そのため，プレイヤ 1 は 2 bps/Hz，プレイヤ 2 は 1 bps/Hz で伝送する．

各プレイヤの効用関数 $u_1(a_1, a_2)$，$u_2(a_1, a_2)$ は，伝送可能な伝送速度と設定する．例えば，プレイヤ 1 が戦略 2，プレイヤ 2 が戦略 1 を選んだ場合，プレイヤ 1 は 2 MHz の帯域で 5 bps/Hz，プレイヤ 2 は 1 MHz の帯域で 3 bps/Hz の伝送を行うため，$u_1(a_1 = 2, a_2 = 1) = 10$ Mbit/s，$u_2(a_1 = 2, a_2 = 1) = 3$ Mbit/s となる．同様に算出した効用をまとめて**表 2.4** に示す．表の各要

[5] これを協力と呼んで望ましいと考えることもあれば，談合と呼んで望ましくないと考えることもある．

素は $u_1(\boldsymbol{a}), u_2(\boldsymbol{a})$ を表す．以上により，この問題は戦略形ゲーム $(\mathcal{N}, \prod_{i\in\mathcal{N}} \mathcal{A}_i, \{u_i\}_{i\in\mathcal{N}})$ と定式化された．

ナッシュ均衡点を求めるために，最適応答戦略を求める．まず，プレイヤ 2 の戦略に対するプレイヤ 1 の最適応答戦略を求める．$a_2 = 1$ の場合は表 2.4 の $a_2 = 1$ という列で u_1 が最大となる戦略が最適応答戦略であるため，$a_1^\star = 2$ である．一方，$a_2 = 2$ の場合は $a_1^\star = 1$ であり，まとめると

$$a_1^\star = \begin{cases} 2, & a_2 = 1 \\ 1, & a_2 = 2 \end{cases} \tag{2.278}$$

同様にプレイヤ 1 の戦略に対するプレイヤ 2 の最適応答戦略を求めると，

$$a_2^\star = \begin{cases} 2, & a_1 = 1 \\ 1, & a_1 = 2 \end{cases} \tag{2.279}$$

となる．

ナッシュ均衡の定義 (2.274) より，これらを同時に満たす点がナッシュ均衡点であり，戦略組 $(a_1^\star, a_2^\star) = (1, 2)$ と，$(a_1^\star, a_2^\star) = (2, 1)$ がナッシュ均衡点である．このように，ナッシュ均衡点は複数存在することがある．この例でのナッシュ均衡の物理的な意味は，各プレイヤが異なるチャネルを用いることである．また，これらは式 (2.277) を満たすため，パレート最適である．

(3) 混合拡大　これまでの議論では，各プレイヤは効用を最大化する戦略を確定的に選択すると考えた．これに対して，戦略を確率分布に従って選択するように拡張したゲームを考えることができる．このようなゲームの拡張を混合拡大（mixed extension），拡大された戦略を混合戦略（mixed strategy）と呼び，これまでの議論における戦略を純戦略（pure strategy）と呼んで区別をする．

プレイヤ i について，純戦略 a_i を選択する確率を混合戦略 $\sigma_i(a_i)$ とする．各プレイヤの混合戦略が $\boldsymbol{\sigma} = (\sigma_i, \boldsymbol{\sigma}_{-i})$ の場合のプレイヤ i の効用の期待値 $v_i(\boldsymbol{\sigma})$ は

$$v_i(\boldsymbol{\sigma}) = \sum_{\boldsymbol{a}\in\mathcal{A}} \left(\prod_{j\in\mathcal{N}} \sigma_j(a_j) \right) u_i(\boldsymbol{a}) \tag{2.280}$$

と表せる．

先のゲームを混合拡大したゲームを考え，そのナッシュ均衡を求める．意味合いとしては，使用するチャネルを確定的に決めるのではなく，確率的に決める考え方である[6]．プレイヤ 1 がチャネル 1 と 2 を選択する確率はそれぞれ $\sigma_1(a_1 = 1)$，$\sigma_1(a_1 = 2)$ と表記されるが，その和は 1 であるため，それぞれ x，$1 - x$ とおく．同様にプレイヤ 2 についてそれぞれ $\sigma_2(a_2 = 1) = y$，$\sigma_2(a_2 = 2) = 1 - y$ とおく．

この場合のナッシュ均衡を求めるために，まず最適応答を求める．プレイヤ 1 の戦略ごとの効用の期待値は，プレイヤ 1 がチャネル 1 を選択した場合（$x = 1$）には $2y + 5(1 - y)$，チャネル 2 を選択した場合（$x = 0$）には $10y + 4(1 - y)$ となる．したがって，$y < 1/9$ であれば戦

[6] 分散制御における競合問題においては確率的な手段が有効な場合があり，具体例として，CSMA/CA のランダムバックオフを挙げることができる．

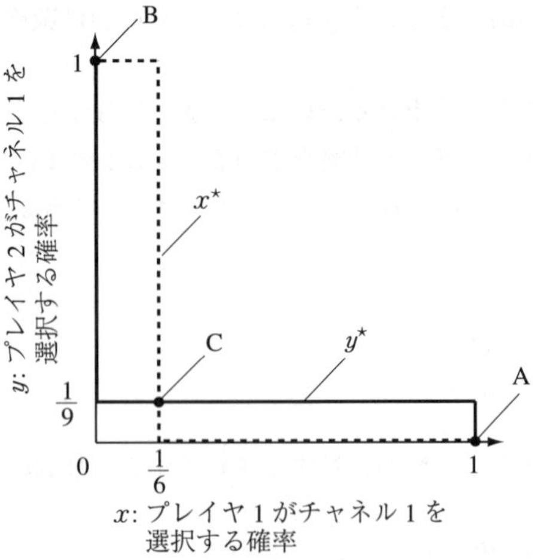

図 2.35 表 **2.4** を効用とするゲームにおける最適応答（破線がプレイヤ **1** のプレイヤ **2** に対する最適応答 $x^\star$，実線がプレイヤ **2** のプレイヤ **1** に対する $y^\star$）とナッシュ均衡点（**A**〜**C**）

略 1 の効用 $2y+5(1-y)$ の方が，戦略 2 の効用 $10y+4(1-y)$ より大きくなるため，プレイヤ 1 の最適応答は戦略 1（$x^\star=1$）となる．逆に $y>1/9$ であれば最適応答は戦略 2（$x^\star=0$）となる．$y=1/9$ の場合は戦略 1 でも 2 でも効用の値は変わらないため，$0\le x\le 1$ の範囲のあらゆる値が最適応答の条件を満たす．以上をまとめると，プレイヤ 2 の戦略 y に対するプレイヤ 1 の最適応答 $x^\star$ は次のようになる．

$$\begin{cases} x^\star=1, & \text{if} \quad y<1/9 \\ 0\le x^\star\le 1, & \text{if} \quad y=1/9 \\ x^\star=0, & \text{if} \quad y>1/9 \end{cases} \tag{2.281}$$

同様にしてプレイヤ 1 の戦略 x に対するプレイヤ 2 の最適応答 $y^\star$ は次式のように求められる．

$$\begin{cases} y^\star=1, & \text{if} \quad x<1/6 \\ 0\le y^\star\le 1, & \text{if} \quad x=1/6 \\ y^\star=0, & \text{if} \quad x>1/6 \end{cases} \tag{2.282}$$

これらの最適応答を図 **2.35** にまとめる．

式 (2.274) より，ナッシュ均衡点は最適応答の交点であり，この場合には図中点 A $(x,y)=(1,0)$，B $(0,1)$，C $(1/6,1/9)$ と求まる．ナッシュ均衡点 A は先に求めた純戦略均衡点 $(a_1,a_2)=(1,2)$，B は純戦略均衡点 $(a_1,a_2)=(2,1)$ である．

効用ベクトルは純戦略均衡点 A において $(u_1,u_2)=(5,6)$，純戦略均衡点 B において $(u_1,u_2)=(10,3)$，混合戦略均衡点 C において $(u_1,u_2)=(14/3,8/3)$ と計算される．均衡点 C の効用ベクトルは均衡点 A 及び B の効用ベクトルよりすべての成分について小さいため，式 (2.277) より点 C はパレート最適ではない．

2.5.2.6 クールノーゲーム

戦略が連続的な場合の例として，クールノーゲーム（Cournot game）を挙げ，ナッシュ均衡の求め方を述べる．これは，競合する企業が同質のサービスを同時に提供する場合に，サービス供給量を決定する問題である．

まず，この問題を戦略形ゲームとして定義する．2 社の企業をプレイヤとし，プレイヤの集合を $\mathcal{N} = \{1, 2\}$ とする．プレイヤ $i \in \mathcal{N}$ の戦略 a_i は同質のサービス供給量であり，$a_i \geq 0$ とする．同質のサービスを想定しているため，市場への供給量 $\sum_{i \in \mathcal{N}} a_i = a_1 + a_2$ に対してサービスの価格 p が決まる．一般に，価格が高ければ需要は減ると考えられる．需要に応じてサービスを供給する場合，価格が高ければサービス供給量は下がる．価格と供給量の関係の例として，定数 α, β $(\alpha > 0, \beta > 0)$ を用い，次の関数を用いる．

$$p = \max\{\alpha - \beta(a_1 + a_2), 0\} \tag{2.283}$$

プレイヤ i の効用は，サービスの単位当りの価格 p とコスト c_i $(0 < c_i < \alpha)$ とした場合，次式で表される．

$$u_i(a_1, a_2) = pa_i - c_i a_i \tag{2.284}$$

以上でこの問題は戦略形ゲームと定義された．

このゲームのナッシュ均衡点を求めるため，まず最適応答を求める．式 (2.283), (2.284) よりプレイヤ 1 の効用 u_1 は

$$u_1(a_1, a_2) = \begin{cases} (\alpha - \beta(a_1 + a_2))a_1 - c_1 a_1, & 0 \leq a_1 \leq \alpha/\beta - a_2 \\ -c_1 a_1, & \alpha/\beta - a_2 < a_1 \end{cases} \tag{2.285}$$

となる．$0 \leq a_1 \leq \alpha/\beta - a_2$ の場合は，$a_1 = (\alpha - c_1 - \beta a_2)/2\beta$ において u_1 は極大値をもつ．したがって，$a_1 = (\alpha - c_1 - \beta a_2)/2\beta$ は a_2 に対する最適応答となっている．一方，$a_1 > \alpha/\beta - a_2$ の場合に効用 u_1 を最大化するには $a_1 = 0$，すなわちサービスを提供しないことが最適応答である．以上をまとめると，a_2 に対するプレイヤ 1 の最適応答 $a_1^\star$ は次式で表される．

$$a_1^\star = \begin{cases} (\alpha - c_1 - \beta a_2)/2\beta, & 0 \leq a_2 \leq (\alpha - c_1)/\beta \\ 0, & (\alpha - c_1)/\beta < a_2 \end{cases} \tag{2.286}$$

同様に a_1 に対する最適応答 $a_2^\star$ は次式で表される．

$$a_2^\star = \begin{cases} (\alpha - c_2 - \beta a_1)/2\beta, & 0 \leq a_1 \leq (\alpha - c_2)/\beta \\ 0, & (\alpha - c_2)/\beta < a_1 \end{cases} \tag{2.287}$$

最適応答を描くと，**図 2.36** のようになる．式 (2.274) より，ナッシュ均衡点はこの二つの最適応答の交点であり，

$$(a_1^\star, a_2^\star) = \left(\frac{\alpha - 2c_1 + c_2}{3\beta}, \quad \frac{\alpha + c_1 - 2c_2}{3\beta} \right) \tag{2.288}$$

と求められる．

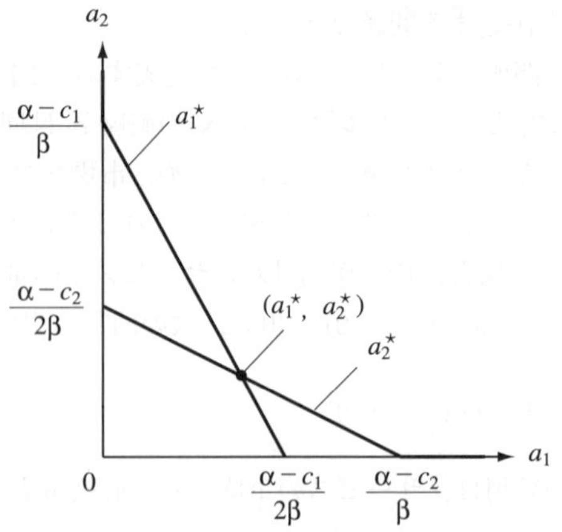

図 2.36　クールノーゲームにおけるナッシュ均衡点

2.5.2.7　ポテンシャルゲーム

これまでにナッシュ均衡の求め方を述べた．ナッシュ均衡に収束するような各プレイヤの戦略決定方法があれば分散非協力型制御のために用いることができるが，一般にはこのような性質をもつ戦略決定方法が存在するとは限らない．ナッシュ均衡への収束が保証されている戦略決定法が存在するゲームとして次に述べるポテンシャルゲーム（potential game）があり，分散非協力制御への応用が期待される．

ポテンシャルゲームとは，ポテンシャル関数が存在するゲームのことを指す．戦略形ゲーム $(\mathcal{N}, \mathcal{A}, \{u_i\}_{i\in\mathcal{N}})$ のポテンシャル関数とは，次の性質をもつ関数 $f : \mathcal{A} \to \mathbb{R}$ により定義される．

$$u_i(a_i, \boldsymbol{a}_{-i}) - u_i(a_i', \boldsymbol{a}_{-i}) = f(a_i, \boldsymbol{a}_{-i}) - f(a_i', \boldsymbol{a}_{-i}), \quad a_i, a_i' \in \mathcal{A}_i, \quad \forall i \in \mathcal{N} \tag{2.289}$$

すなわちポテンシャルゲームとは，あらゆるプレイヤの戦略変更に伴う自己の効用の変化を，システムにおいて一意の関数の変化として表すことのできるゲームである．

ポテンシャルゲームにおいては，あるタイミングで 1 プレイヤのみが現時点よりも自己の効用が増加するように戦略を変更するようなダイナミックスが，ナッシュ均衡に収束することが保証される．この理由を説明する．このような戦略の変更を $\boldsymbol{a}^{(0)}, \boldsymbol{a}^{(1)}, \boldsymbol{a}^{(2)}, \ldots$ とする．例えば，戦略組が $\boldsymbol{a}^{(0)}$ から $\boldsymbol{a}^{(1)}$ となる際に戦略を変更したプレイヤを i とすると，$u_i\left(\boldsymbol{a}^{(0)}\right) < u_i\left(\boldsymbol{a}^{(1)}\right)$ を満たす．この場合，ポテンシャル関数の定義 (2.289) により $f\left(\boldsymbol{a}^{(0)}\right) < f\left(\boldsymbol{a}^{(1)}\right)$ が成り立つ．したがって，$\boldsymbol{a}^{(0)}, \boldsymbol{a}^{(1)}, \boldsymbol{a}^{(2)}, \ldots$ といずれかのプレイヤの最適応答により戦略が変更されると，$f\left(\boldsymbol{a}^{(0)}\right) < f\left(\boldsymbol{a}^{(1)}\right) < f\left(\boldsymbol{a}^{(2)}\right) < \cdots$ が成り立つ．$\mathcal{A}$ が有限であれば，効用の変更は有限回数で終了する．また，効用の変更が終了した点では，すべてのプレイヤが最適応答戦略をとっているため，収束点はナッシュ均衡である．特に，ポテンシャル関数が戦略に関して凹関数であれば，ポテンシャル関数の局所最適値は大域的最適値と一致するため，収束点であるナッシュ均衡点はポテンシャル関数を最大化する．

例として前項で述べたクールノーゲームがポテンシャルゲームであることを示す．クールノーゲームを一般化し，プレイヤの集合 $\mathcal{N} = \{1, \ldots, n\}$，プレイヤ i の効用を

$$u_i(\boldsymbol{a}) = \left(\alpha - \beta \sum_{j\in\mathcal{N}} a_j\right) a_i - c_i a_i \tag{2.290}$$

とすると，次の関数は式 (2.289) を満たすため，このゲームのポテンシャル関数となっている．

$$f(\boldsymbol{a}) = -\sum_{i\in\mathcal{N}, i<j} a_i a_j + \sum_i \left(\alpha a_i - \beta {a_i}^2 - c_i a_i\right) \tag{2.291}$$

したがってクールノーゲームはポテンシャルゲームであり，最適応答 (2.286)，(2.287) を各プレイヤが逐次的にとることでナッシュ均衡に収束する．

2.5.3 協力ゲーム理論

ゲーム理論の中で，プレイヤ間の協力が可能と前提するものが協力ゲーム理論（cooperative game theory）である．2.5.2.5 項で述べた囚人のジレンマのような状況では，ナッシュ均衡点での効用はパレート最適ではないため，プレイヤが協力してパレート最適な状況を目指せば，個々のプレイヤの効用が増加し得る．このような場合，個々のプレイヤが納得し得る協力のためのルールとはどう設定すべきか，協力の結果としてどのような状態を目指すべきかという交渉問題（bargaining problem）が生まれる．交渉問題の定式化について述べた後，主要なルールであるナッシュ交渉解（Nash bargaining solution）について説明する．

2.5.3.1 交渉問題の定義

戦略形ゲームがプレイヤ，戦略，効用の 3 要素から成り立つように，交渉問題はプレイヤ，交渉の基準点，実現可能集合という 3 要素からなる．プレイヤの集合を，非協力ゲームの場合と同様に $\mathcal{N} = \{1, \ldots, n\}$ とする．交渉の基準点とは，交渉が成立しない場合の効用ベクトルとする．

$$\boldsymbol{u}^{\min} = (u_1^{\min}, \ldots, u_n^{\min}) \tag{2.292}$$

実現可能集合 $\mathcal{U}$ とは，交渉の結果，各プレイヤがとり得る効用ベクトルの集合を表す．実現可能集合 $\mathcal{U}$ は $\mathbb{R}^n$ 上の有界閉な凸集合であり，基準点 $\boldsymbol{u}^{\min}$ 及び基準点より全要素が大きい効用ベクトル $\boldsymbol{u} > \boldsymbol{u}^{\min}$ を含むと仮定する．以上の 3 要素を用いた $(\mathcal{N}, \mathcal{U}, \boldsymbol{u}^{\min})$ という表現を交渉問題という．

交渉問題の目的はすべてのプレイヤが同意する唯一の点 $\boldsymbol{u}^\star \in \mathcal{U}$ を選び出すルールを決定することである．この点 $\boldsymbol{u}^\star$ を交渉の妥結点と呼ぶ．また，$(\mathcal{N}, \mathcal{U}, \boldsymbol{u}^{\min})$ に対してただ一つの妥結点 $\boldsymbol{u}^\star$ を求めるルールを，交渉解（bargaining solution）と呼ぶ．

交渉解はすべてのプレイヤが同意する条件に対応するものを選択するべきである．この条件を公理と呼ぶ．もし，すべてのプレイヤが同意できる公理を設定できないのであれば，交渉解も設定できず，交渉は成立しないと考える．したがって，あらゆる状況で適用できるような交渉のルールを，交渉問題において提供することは不可能である．

2.5.3.2 ナッシュ交渉解

交渉による基準点からの増分の積を最大とするルールをナッシュ交渉解と呼ぶ．これは機会の公平性という意味での公平性を満たす．また，この場合の妥結点をナッシュ解と呼ぶ．交渉問題 $(\mathcal{N}, \mathcal{U}, \boldsymbol{u}^{\min})$ のナッシュ解は，次式の単目的最適化により与えられる．

$$\boldsymbol{u}^\star = \mathop{\arg\max}_{\boldsymbol{u}\in\mathcal{U}} \prod_{i\in\mathcal{N}} (u_i - u_i^{\min}), \quad \boldsymbol{u} \geq \boldsymbol{u}^{\min} \tag{2.293}$$

$\prod_{i\in\mathcal{N}}(u_i - u_i^{\min})$ をナッシュ積と呼ぶ．ナッシュ交渉解は，次に示す個人合理性，パレート最適性，効用の正一次変換からの独立性，対称性，無関連な代替案からの独立性という五つの公理を満たし，かつこれらの公理を満たす解はナッシュ交渉解に限られることが示されている

（ナッシュの定理）．これらの公理が妥当と考えるプレイヤ群ならば，ナッシュ交渉解を用いることで交渉は妥結する．

1. パレート最適性

妥結点 $\boldsymbol{u}^\star$ が実現可能集合 $\mathcal{U}$ のパレートフロンティア上の点であることを指す．

2. 個人合理性

妥結点が全要素で基準点以上（$\boldsymbol{u}^\star \geq \boldsymbol{u}^{\min}$）という条件を指す．

3. 効用の正一次変換からの独立性

効用及び基準点を正一次変換した場合，すなわちプレイヤ i の効用 u_i 及び基準点 $u_i^{\min}$ に対して，新たな効用 v_i 及び基準点 $v_i^{\min}$ を

$$v_i = \alpha u_i + \beta, \quad v_i^{\min} = \alpha u_i^{\min} + \beta, \quad \alpha, \beta > 0 \tag{2.294}$$

と定義した場合，妥結点 $u_i^\star$ が

$$v_i^\star = \alpha u_i^\star + \beta \tag{2.295}$$

となる場合，交渉解は効用の正一次変換からの独立性をもつという．これは，例えば効用の単位を Mbit/s から bit/s というように正一次変換しても，妥結点は本質的に変わりはないことを表す．

4. 対称性

$u_1^{\min} = u_2^{\min}$ 及び

$$(u_2, u_1) \in \mathcal{U}, \quad \forall (u_1, u_2) \in \mathcal{U} \tag{2.296}$$

を満たす場合に $u_1^\star = u_2^\star$ である場合，交渉解は対称性をもつという．

5. 無関連な代替案からの独立性

交渉問題 $(\mathcal{N}, \mathcal{U}, \boldsymbol{u}^{\min})$ に対し交渉解による妥結点を $\boldsymbol{u}^\star$ とする．ここで妥結点 $\boldsymbol{u}^\star$ を内部に含む新たな実現可能集合 $\mathcal{T} \subset \mathcal{U}$ に関して，新たな交渉問題 $(\mathcal{N}, \mathcal{T}, \boldsymbol{u}^{\min})$ を設定したとき，その妥結点も $\boldsymbol{u}^\star$ である場合，交渉解は無関連な代替案からの独立性をもつという．

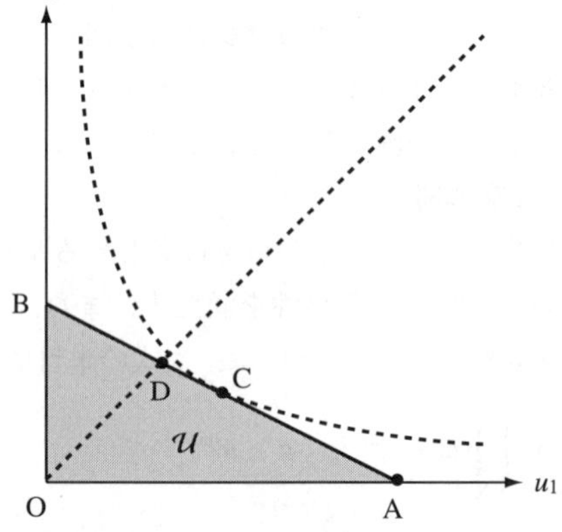

図 2.37 2 人交渉ゲームの妥結点の例．$\mathcal{N} = \{1, 2\}$．実現可能集合 $\mathcal{U}$ =ABO．基準点 $\boldsymbol{u}^{\min}$ は点 O．ナッシュ交渉解による妥結点は点 C．均等交渉解による妥結点は点 D．功利主義的交渉解による妥結点は点 A．

例として図 **2.37** のように $\mathcal{N}=\{1,2\}$，基準点 $\boldsymbol{u}^{\min}$ を原点 O（$(u_1^{\min},u_2^{\min})=(0,0)$），実現可能集合 $\mathcal{U}$ を ABO で囲まれた領域とする交渉問題に対するナッシュ交渉解の妥結点を求める．ナッシュ積 $u_1u_2=\alpha$（定数）を満たす点 (u_1,u_2) の集合は双曲線であり，実現可能集合 ABO の中で α を最大とする点 $(u_1^\star,u_2^\star)$ は，双曲線 $u_1u_2=\alpha$ と実現可能集合 ABO の接点 C である．したがって点 C がナッシュ解である．

2.5.3.3 均等交渉解

基準点 $\boldsymbol{u}^{\min}$ からの効用の増分を，全プレイヤに関して等しく最大化する点を妥結点とするルールを均等交渉解と呼ぶ．これは結果の公平性という意味での公平性を満たす．妥結点は，次式を満たす点である．

$$\boldsymbol{u}^\star=\arg\max_{\boldsymbol{u}\in\mathcal{U}}\min_{i\in\mathcal{N}}\{u_i-u_i^{\min}\} \tag{2.297}$$

均等交渉解による妥結点は，ナッシュ交渉解の公理の一つであるパレート最適性を満たさない場合がある．

図 2.37 では，$u_2=u_1=\alpha$（定数）を満たす点の中で，α を最大とする点が均等交渉解の妥結点である．$u_2=u_1=\alpha$ を満たす点は基準点 O を通る傾き 45 度の直線であり，α を最大とするのはこの直線と線分 AB の交点 D にあたる．したがって点 D が均等交渉解による妥結点である．

2.5.3.4 功利主義的交渉解

基準点 $\boldsymbol{u}^{\min}$ からの効用の増分の，全プレイヤについての和を最大とするルールを功利主義的交渉解と呼ぶ．この場合の妥結点は次式により与えられる．

$$\boldsymbol{u}^\star=\arg\max_{\boldsymbol{u}\in\mathcal{U}}\sum_{i\in\mathcal{N}}(u_i-u_i^{\min}) \tag{2.298}$$

これは単目的最適化問題である．無線ネットワークにおいて「個々の通信のスループットの総和で定義されるネットワークスループットを最大にする方式とは何か」という問題設定がしばしばなされるが，ネットワークスループットは功利主義的交渉解に対応し，あくまで一つの評価尺度にすぎない．もちろん，個人合理性を前提とせず，全体合理性のみを追求する場合には適切なルールといえようが，意思決定主体が複数で個人合理性を前提とすべき場合には公平性を満たさず，必ずしも適切とはいえない．

図 2.37 では，$u_1+u_2=\alpha$（定数）を最大とする点が功利主義的交渉解による妥結点である．$u_1+u_2=\alpha$ を満たす点の集合は傾き −45 度の直線であり，α を最大とするのは点 A である．したがって点 A が功利主義的交渉解による妥結点である．以上で述べた三つの妥結点の中ではプレイヤ 1 と 2 の効用の差が最も大きい．また，線分 AB が傾き −45 度である場合，功利主義的交渉解では，妥結点を一意に定めることができない．

2.5.4 ま と め

本節では，無線分散ネットワークにおける分散制御，分散最適化に適用することを前提とし，ゲーム理論に関する必要最小限の事項をまとめた．ゲーム理論の分散リソース制御への適用事例については 3.6 節で述べる．

本節で述べた以外の構造のゲームとして，非協力ゲーム理論において，囲碁などのように各プレイヤが交互に戦略を決定する展開形ゲーム（game in extensive form），ゲームを繰り返し行う繰返しゲーム（repeated game）がある．また，合理性の仮定を必要としない進化ゲーム理論（evolutionary game theory）も，今後応用が進むと考えられる．執筆の際にも参考としたゲーム理論に関する参考文献として，非協力ゲーム理論 [36]〜[38]，ポテンシャルゲーム [39]，協力ゲーム理論 [40], [41]，進化ゲーム理論 [42] を挙げる．

参考文献

[1] I.E. Telatar, “Capacity of multi-antenna Gaussian channels,” Euro. Trans. Telecommun., vol.10, no.6, pp.585–595, Nov. 1999.

[2] R. Ahlswede, “Multi-way communication channels,” Proc. 2nd Int. Symp. Inform. Theory, Tsahkadsor Armenian U.S.S.R., Hungarian Acad. Sci., 1973.

[3] H. Liao, Multiple Access Channels, Ph.D. Thesis, Univ. of Hawaii, 1972.

[4] T.M. Cover and J.A. Thomas, Elements of Information Theory, 2nd ed., Wiley Interscience, 2006.

[5] S. Arimoto, “An algorithm for calculating the capacity of an arbitrary discrete memoryless channels,” IEEE Trans. Inf. Theory, vol.IT-18, no.1, pp.14–20, 1972.

[6] R. Blahut, “Computation of channel capacity and rate distotion functions,” IEEE Trans. Inf. Theory, vol.IT-18, no.4, pp. 460–473, 1972.

[7] A.D. Wyner, “Capacity of the band-limited Gaussian channel,” Bell Syst. Tech. J., vol.45, pp.359–395, 1966.

[8] T.P. Coleman, A.H. Lee, M. Médard, and M. Effros, “Low-complexity approaches to Slepian-Wolf near-lossless distributed data compression,” IEEE Trans. Inf. Theory, vol.52, no.8, pp.3546–3561, Aug. 2006.

[9] D. Tse and P. Viswanath, Fundamentals of Wireless Communication, Cambridge University Press, 2005.

[10] 吉田正広，松森徳衛，川上　泉，小島紀男，松浦武信，現代工学のためのマトリクスの固有値問題，現代工学社，1994.

[11] 柳井晴男，竹内　啓，射影行列・一般逆行列・特異値分解，東京大学出版会，1983.

[12] 唐沢好男，ディジタル移動通信の電波伝搬基礎，コロナ社，2003.

[13] 菊間信良，アレーアンテナによる適応信号処理，科学技術出版，1998.

[14] A. Goldsmith, S.A. Jafar, N. Jindal, and S. Vishwanath, “Capacity limits of MIMO channels,” IEEE J. Sel. Areas Commun., vol.21, no.5, pp. 684–702, June 2003.

[15] G.J. Foschini, “Layered space-time architecture for wireless communication in a fading environment when using multi-element antennas,” Bell Labs Tech. J., vol.1, no.2, pp.41–59, Autumn, 1996.

[16] U. Erez and S. ten Brink, “A close-to-capacity dirty paper coding scheme,” IEEE Trans. Inf. Theory, vol.51, no.10, pp.3417–3432, Oct. 2005.

[17] L. Bahl, J. Cocke, F. Jelinek, and J. Raviv, “Optimal decoding of linear codes for minimizing symbol error rate,” IEEE Trans. Inf. Theory, vol.IT-20, no.2, pp.284–287, March 1974.

[18] L. Hanzo, T.H. Riew, and B.L. Yeap, Turbo Coding, Turbo Equalization and Space-Time Coding for Transmission over Fading Channels, John Wiley & Sons, 2002.

[19] S. Lin and D.J. Costello, Jr., Error Control Coding, Pearson Prentice Hall, 2004.

[20] C. Douillard, M. Jezequel, C. Berrou, A. Picart, P. Didier, and A. Glavieux, “Iterative correction of intersymbol interference: Turbo-equalization,” European Trans. Telecommun., vol.6, no.5, pp.507–511, Sept. 1995.

[21] M. Tüchler, R. Koetter, and A.C. Singer, “Turbo equalization: Principles and new results,” IEEE Trans. Commun., vol.50, no.5, pp.754–767, May 2002.

[22] S. ten Brink, J. Speidel, and R.-H. Yan, “Iterative demapping and decoding for multilevel modulations,” Proc. IEEE Globecom, pp.579–584, Sydney, Australia, Nov. 1998.

[23] J.G. Proakis, Digital Communications, McGraw-Hill, 2001.

[24] S. ten Brink, “Convergence behavior of iteratively decoded parallel concatenated codes,” IEEE Trans. Commun., vol.49, no.10, pp.1727–1737, Oct. 2001.

[25] J. Hagenauer, “The EXIT chart — Introduction to extrinsic information transfer in iterative processing,” Proc. 12th European Signal Processing Conference, Vienna, Sept. 2004.

[26] J.A. Nelder and R. Mead, “A simplex method for function minimization,” Comput. J., vol.7, pp.308–313, 1965.

[27] T. Matsumoto, S. Ibi, S. Sampei, and R. Thoma, “Adaptive transmission with single-carrier multilevel BICM,” Proc. IEEE, vol.95, no.12, pp.2354–2367, Dec. 2007.

[28] 松原　望，入門ベイズ統計—意思決定の理論と発展，東京図書，2008.

[29] D.H. Brandwood, "A complex gradient operator and its application in adaptive array theory," IEE Proc., vol.130, Pts. Fand H, no.1, pp.11–16, Feb. 1983.

[30] A. Hjørungnes and D. Gesbert, "Complex-valued matrix differentiation: Techniques and key results," IEEE Trans. Signal Process., vol.55, no.6, pp.2740–2746, June 2007.

[31] A. Hjørungnes and D. Gesbert, "Hessians of scalar functions of complex-valued matrices: A systematic computational approach," ISSPA 2007, pp.1–4, Feb. 2007.

[32] S. Boyd and L. Vandenberghe, Convex Optimization, Cambridge University Press, 2004.

[33] D.P. Palomar, J.M. Cioffi, M.A. Lagunas, and A.P. Iserte, "Convex optimization theory applied to joint beamforming design in multicarrier MIMO channels," ICC'03, pp.2974–2978, May 2003.

[34] J. Tellado-Mourelo, Peak to average power reduction for multicarrier modulation, Ph.D. Thesis, Stanford University, 1999.

[35] J. Dattorro, Convex Optimization & Euclidean Distance Geometry, Meboo Publishing, 2005.

[36] D. Fudenberg and J. Tirole, Game Theory, MIT Press, 1991.

[37] 鈴木光男，新ゲーム理論，勁草書房，1994.

[38] 岡田　章，ゲーム理論，有斐閣，1996.

[39] 宇井貴志，"ポテンシャルゲームと離散凹性，" 第 17 回 RAMP シンポジウム論文集，pp.89–105, 2005.

[40] B. Peleg and P. Sudhoelter, Introduction to the Theory of Cooperative Games, 2nd ed., Springer, 2007.

[41] 中山幹夫，船木由喜彦，武藤滋夫，協力ゲーム理論，勁草書房，2008.

[42] カール　シグムント，ジョセフ　ホッフバウアー（著），竹内康博，宮崎倫子，佐藤一憲（訳），進化ゲームと微分方程式，現代数学社，2001.

3 WDNの要素技術

第1章では無線分散ネットワークの概念を紹介し，第2章では無線分散ネットワークの分野において必要となる五つの基礎理論を説明してきた．本章では無線分散ネットワーク特有の八つの要素技術を紹介する．ここでは比較的少数の無線ノードからなる簡単なトポロジーを対象とするため，八つの要素技術の類似性は非常に高い．しかしそれぞれ異なる目的や手段をもっており，どの節から読み始めても理解できるものである．ただし，ほぼすべての節で情報理論及び関連する基礎理論の知識を前提としているため，詳しく理解するためには第2章と併せて読み進める必要がある．八つの要素技術は，無線システムにおけるレイヤの順に説明されている．3.1節～3.5節では物理レイヤ及び物理とMACレイヤの協調技術として，3.1節では無線チャネルの空き状況を検出する協調スペクトルセンシング技術，3.2節では複数の無線ノードが連携したダイバーシチ合成を行う協力中継技術，3.3節では分散したノードが協力した符号化により通信品質を改善する分散符号化技術，3.4節では複数のノードが連携してMIMO空間多重を行う分散MIMO技術，3.5節では中継ノードが符号化を行うことにより通信フローの多重を行うネットワークコーディングをそれぞれ紹介する．3.6節，3.7節ではMACレイヤにおける無線リソース制御の柔軟性向上技術として，3.6節では電力制御やチャネル割当などの分散リソース制御技術，3.7節ではキャリヤセンスに基づいた自律分散型のメディアアクセス制御技術を紹介する．最後に3.8節ではネットワークレイヤの要素技術として，マルチホップ通信のためのルーチング技術を紹介する．

3.1 協調スペクトルセンシング技術

スペクトルセンシング技術は，無線機が，時間的空間的スペクトルの利用状況を観測，判断する技術であり，スペクトル利用の優先権を考慮した動的な周波数共用の実現のかぎを握る技術である．異なる無線システム間における周波数共用において，互いの干渉を抑えることは重要な課題である．以下に，二つの周波数共用の例を示す．一つ目は，5.3 GHz帯における気象レーダと無線LAN（Local Area Network）によるスペクトルの静的な共用の例である．このスペクトル共用では，無線LANの利用が屋内環境に限定しているため，また気象レーダは上空に向かって電波を放出するために互いに干渉の生じる確率が非常に低い．気象レーダは5.3GHz帯の使用に関して優先権をもっており，無線LANが5.3GHz帯を使用する際には，1分間チャネルをスキャンし，チャネルが空いている場合はそのチャネルを使用するが，気象レーダを検出した場合は他のチャネルに移動しなければいけない．二つ目の周波数共用の例として，2.4GHz帯における異無線LANシステム間の周波数共用を挙げる．ここでは，静的な共用とは大きく異なり異無線LANシステム同士が非常に近い場所に位置し，互いに干渉を与える確率が非常に高い．無線LANシステムは，キャリヤセンスにより他無線システムの信号を検出することで衝突を避けている．しかし，異無線LANシステム間にはチャネル利用に関する優先権はなく，それぞれの無線LANシステムの通信品質保証はキャリヤセンスの設計において考慮されていない．これは，本節で取り上げるスペクトルセンシングと大きく異なる点である．本節で紹介するスペクトルセンシング技術を用いた周波数共用は，上記2例の中間的状況に対応する．この周波数共用は，スペクトル利用の優先権を有する既存システムに属するプライマリユーザ（PU: Primary User）と新規参入システムに属するセカンダリユーザ（SU: Secondary User）により行われる．PUとSUの関係は空間的に近い状況もあり，時間的に環境が変化するという点では後者の周波数共用例に近いが，SUはスペクトル利用の優先権を有するPUに対して干渉を与えないようにスペクトルを利用しなければいけない点は前者の周波数共用例に近い．すなわち，SUは時間及び空間的にPUのスペクトルの利用状況をスペクトルセンシング技術を用いて認識し，空いてるスペクトルを利用する．また，SUがPUの通信品質を保証するようにスペクトルセンシングは設計される．

スペクトルセンシングは単独SUによるスペクトルセンシングと複数SUによる協調スペクトルセンシングに分類することができる．SUが単独でスペクトルセンシングを行うと，シャドーイング，マルチパスフェージングによって，検出精度が大幅に劣化する問題がある．本節で紹介する協調センシングは，複数SUの観測情報を用いることで空間ダイバーシチ利得を得ることができ，シャドーイング，マルチパスフェージング環境においても単独スペクトルセンシングと比較して検出精度を大幅に改善できる．

本節では，まずスペクトルセンシング問題とスペクトルセンシング法をいくつか紹介する．次に，1端末による単独スペクトルセンシング法と複数端末による協調スペクトルセンシング法をそれぞれ紹介する．

3.1.1 スペクトルセンシング

SUは，スペクトルセンシング技術を用いて広帯域な周波数帯から空き帯域を探し出すことが本来求められているが，本節では，広帯域の中の一部の帯域におけるスペクトルセンシング問題にのみ注目する．スペクトルセンシング問題は以下の仮説検定問題（2.3節）として表せる．

H_0 : SUがチャネル（PUのライセンスバンド）使用可

H_1 : SUがチャネル（PUのライセンスバンド）使用不可

SUは観測信号から検定を行うことで，H_0かH_1であるかを判定する．スペクトルセンシングを設計する上で，仮説検定における仮説はSUのチャネル利用条件に応じて設定する．例えば，H_0はPUがチャネルを利用していないとき，またH_1はPUがチャネルを利用しているときなどがある．スペクトルセンシングの精度を評価するのに2種類の誤り特性がある．真の状態がH_0であった場合に，$\hat{H} = H_1$と判定することを第1種の誤り（false alarm）とし，その

誤りの確率を誤警報確率と呼び $P_{FA} = \Pr[\hat{H} = H_1|H_0]$ と表す．次に，真の状態が H_1 であった場合に，$\hat{H} = H_0$ と誤判定することを第 2 種の誤り（miss detection）とし，その誤りの確率を誤判定確率と呼び $P_M = \Pr[\hat{H} = H_0|H_1]$ と表す．特に，真の状態が H_1 であった場合に，$\hat{H} = H_1$ と正確に判定をする確率を検出成功確率 $P_D = \Pr[\hat{H} = H_1|H_1]$ とする．ここで，$P_M = 1 - P_D$ となる．周波数共用システムにおける二つの誤りは異なる意味をもつ．第 1 種誤りは，真が「チャネル使用可」にもかかわらず，誤判定により「チャネル使用不可」と判定する．これは，SU がチャネル利用機会を喪失することに相当するが，PU に悪影響を及ぼすものではない．一方，第 2 種誤りは，真が「チャネル使用不可」にもかかわらず，誤判定により「チャネル使用可」と判定する誤りであり，SU は PU に干渉を与えることになる．周波数共用のためのスペクトルセンシングは，第 2 種の誤りである P_M を設定値以下にすることが要求される．P_M を設定値以下にした上で，第 1 種誤りの確率 P_{FA} をできる限り低くするように設計する．

スペクトルセンシングには，電力基準検出，周期定常性を用いたセンシング，マッチドフィルタを用いるセンシングに大きく分類できる．電力基準による検出のメリットは，信号の情報（変調方式，シンボルレート等）が不要なこと，計算量が低いことである [1]～[4]．一方で，周期定常性及びマッチドフィルタを用いるスペクトルセンシング法では，PU 送信信号の特徴量の情報が必要となる．信号の周期定常性はシンボルレート，変調方式，搬送波周波数等により決定され，検出の性能はフェージング等の影響に対してもロバストなことが知られている．周期定常性を用いたスペクトルセンシング法は異なるタイプの信号（変調方式，シンボルレート等が異なる信号）を識別可能であり，電力基準検出より高精度なセンシングが可能である [13]．マッチドフィルタは最も高い検出精度が期待できる手法であるが，SU は PU からの受信信号を復調する必要があり，そのため送信信号に関する詳細な情報を知る必要がある．また，複数種類の PU に対応するには，複数の受信機能が必要となり，受信機コストが高くなる．**表 3.1** に各方式の比較結果を示す．以降では，より汎用性が高く，計算量が少なく，そして最低限の事前情報のみを必要とする電力基準によるスペクトルセンシングのみを取り扱う．

3.1.2 電力基準単独スペクトルセンシング法

記号 y_i で表される SU の k サンプル目の観測信号を下記のとおり定義する．

$$y_i(k) = \zeta_i \eta_i x_i(k) + n_i(k) \tag{3.1}$$

$n_i(k) \in \mathbb{C}$ は複素ガウス過程に従う雑音とし，円対称性（circular symmetry）をもち，平均 0，分散 $\sigma_{n_i}^2$ とする．PU からの信号成分 $x_i(k)$ は平均 0，分散 1 の円対称性をもつ複素ガウス過程であるとする．η_i^2 はその対数 $\eta_{i,\mathrm{dB}}^2 = 10\log_{10}\eta_i^2$ が正規分布となる対数正規シャドーイングによるチャネル利得であり，η_i^2 の確率密度関数は下記のとおり与えられる．

表 3.1　センシング法の比較

スペクトルセンシング法	検出精度	計算量	事前情報
電力検出	△	○	◎
周期定常性	○	△	△
マッチドフィルタ	◎	×	×

$$p(\eta_i^2) = \frac{10/\ln 10}{\sqrt{2\pi\rho_{\mathrm{SH}}^2}\eta_i^2}\exp\left(-\frac{(10\log_{10}\eta_i^2)^2}{2\rho_{\mathrm{SH}}^2}\right) \tag{3.2}$$

ρ_{SH} は $\eta_{i,\mathrm{dB}}^2$ の標準偏差である．ζ_i は距離減衰によるチャネル利得である．また，s_i の位置が決定されたとき，シャドーイングと距離減衰により与えられたチャネル利得を $h_i = \zeta_i\eta_i$ とする．このときの s_i における観測信号の信号の変動に関して平均化した平均信号対雑音電力比（SNR: Signal to Noise Ratio）γ_i は平均受信電力を $\mathrm{E}[|h_i x_i(k)|^2]] = \sigma_{s_i}^2$ とすることで $\gamma_i = \sigma_{s_i}^2/\sigma_{n_i}^2$ となる．また，γ_i をシャドーイングの変動に関して平均化した平均 SNR を $\mathrm{E}[\gamma_i] = \bar{\gamma}_i$ とする．ここで，仮説を下記のとおり定義する．

$$\begin{aligned} H_0 &: y_i(k) = n_i(k) \\ H_1 &: y_i(k) = h_i x_i(k) + n_i(k) \end{aligned} \tag{3.3}$$

上記の仮説では，H_0 は PU がチャネルを使用していない状況を表し，H_1 は PU がチャネルを使用している状況を表している．すなわち，SU は PU がチャネルを使用していない場合にチャネルが利用可能であるということである．s_i の観測期間を $0 \le k \le K_i - 1$ とし，得られた観測信号ベクトルを $\boldsymbol{y}_i = (y_i(0), y_i(1), \ldots, y_i(K_i-1))^{\mathrm{T}}$ とする．以下に，2.3 節で紹介したネイマン–ピアソンの補題（NPT: Neyman-Pearson Theorem）に基づき設計した最適な検出法を紹介する．NPT によれば，与えられた P_{FA} に対して最大の判定成功率 $P_{\mathrm{D}} = P(H_1|H_1)$ を得る判定法は下記のとおりである．下式のゆう度比 $L_{\mathrm{s}}(\boldsymbol{y}_i)$ を用いた不等式が成立する場合に H_1 を選択し，そうでない場合には H_0 を選択する．

$$L_{\mathrm{s}}(\boldsymbol{y}_i) = \frac{p(\boldsymbol{y}_i|H_1)}{p(\boldsymbol{y}_i|H_0)} > \mu_{\mathrm{NP}}. \tag{3.4}$$

また，設定された $P_{\mathrm{FA}} = P(H_1|H_0)$ に対して，しきい値は下式を満たすことが求められる．

$$P_{\mathrm{FA}} = \int_{\boldsymbol{y}_i : L_{\mathrm{s}}(\boldsymbol{y}_i) > \mu_{\mathrm{NP}}} p(\boldsymbol{y}_i|H_0)\mathrm{d}\boldsymbol{y}_i. \tag{3.5}$$

このとき，右辺はしきい値を変数とした累積密度関数と見て，累積密度関数の逆関数からしきい値を導出することができる．実際には，式 (3.4) を用いた検定ではなく，簡易に表現できる等価な不等式または近似された不等式を用いて検定は行われる．以下に検定用の簡易な不等式を導出する．今，$y_i(k)$ の統計的性質は下のとおりである．

$$y_i(k) \sim \begin{cases} \mathcal{CN}(0, \sigma_{n_i}^2), & H_0 \\ \mathcal{CN}(0, \sigma_{n_i}^2 + \sigma_{s_i}^2), & H_1 \end{cases} \tag{3.6}$$

ここで，$a \sim \mathcal{CN}(m, v^2)$ とは，a が平均 m，分散 v^2 の円対称性をもつ複素ガウス乱数であることを指す．よって，H_0 と H_1 に対する $\boldsymbol{y}_i$ の確率密度関数は下式のとおり表せる．

$$p(\boldsymbol{y}_i|H_0) = \frac{1}{\pi^{K_i}\sigma_{n_i}^{2K_i}}\exp\left\{-\frac{1}{\sigma_{n_i}^2}\boldsymbol{y}_i^{\mathrm{H}}\boldsymbol{y}_i\right\} \tag{3.7}$$

$$p(\boldsymbol{y}_i|H_1) = \frac{1}{\pi^{K_i}(\sigma_{n_i}^2 + \sigma_{s_i}^2)^{K_i}}\exp\left\{-\frac{1}{(\sigma_{n_i}^2 + \sigma_{s_i}^2)}\boldsymbol{y}_i^{\mathrm{H}}\boldsymbol{y}_i\right\} \tag{3.8}$$

次に，式 (3.7) と式 (3.8) を式 (3.4) に代入し，対数をとることで下式が与えられる．

$$\left(\frac{1}{\sigma_{n_i}^2}-\frac{1}{\sigma_{n_i}^2+\sigma_{s_i}^2}\right)\boldsymbol{y}_i^{\mathrm{H}}\boldsymbol{y}_i > \ln(\mu_{\mathrm{NP}})-\ln\left(\frac{\sigma_{n_i}^{2K_i}}{(\sigma_{n_i}^2+\sigma_{s_i}^2)^{K_i}}\right) \tag{3.9}$$

ここで，観測値 $\boldsymbol{y}_i$ のみに注目した不等式を考えたとき，下記の不等式 (3.10) は不等式 (3.9) と等価となり最適な検出率が得られる．判定のルールは，不等式 (3.10) が成立する場合に H_1 を選択し，そうでない場合には H_0 を選択することとする．

$$T_{\mathrm{s}}(\boldsymbol{y}_i)=\boldsymbol{y}_i^{\mathrm{H}}\boldsymbol{y}_i > \mu_{\mathrm{s}} \tag{3.10}$$

ここで，$T_{\mathrm{s}}(\boldsymbol{y}_i)=\boldsymbol{y}_i^{\mathrm{H}}\boldsymbol{y}_i$ は単独 SU のスペクトルセンシングの検定統計量を指し示しており，μ_{s} はしきい値であり，後に導出を示す．$T_s(\boldsymbol{y}_i)=\boldsymbol{y}_i^{\mathrm{H}}\boldsymbol{y}_i$ は，K_i が十分大きい場合，中心極限定理よりガウス分布に従うと近似でき，下記の統計的性質が得られる．

$$T_{\mathrm{s}}(\boldsymbol{y}_i)\sim\begin{cases}\mathcal{N}(K_i\sigma_{n_i}^2, K_i\sigma_{n_i}^4), & H_0\\ \mathcal{N}(K_i(\sigma_{n_i}^2+\sigma_{s_i}^2), K_i(\sigma_{n_i}^2+\sigma_{s_i}^2)^2), & H_1\end{cases} \tag{3.11}$$

これより，しきい値 μ_{s} は下記のとおり計算できる．

$$\mu_{\mathrm{s}}=\sqrt{K_i}\sigma_{n_i}^2 Q^{-1}(P_{\mathrm{FA}})+K_i\sigma_{n_i}^2 \tag{3.12}$$

ここで，$x=Q^{-1}(y)$ は $y=Q(x)=\frac{1}{\sqrt{2\pi}}\int_x^{\infty}e^{-\frac{z^2}{2}}\mathrm{d}z$ の逆関数である．また，検出率 P_{D} は次のとおり与えられる．

$$P_{\mathrm{D}}=Q\left(\frac{\mu_{\mathrm{s}}-K_i(\sigma_{n_i}^2+\sigma_{s_i}^2)}{\sqrt{K_i}(\sigma_{n_i}^2+\sigma_{s_i}^2)}\right) \tag{3.13}$$

次に，単独スペクトルセンシングの P_{FA} 及び P_{M}（$=1-P_{\mathrm{D}}$）特性の評価を行う．**図 3.1** に ROC（receiver operating characteristics）カーブを示す．ROC カーブは P_{FA} に対する P_{M} 特性を

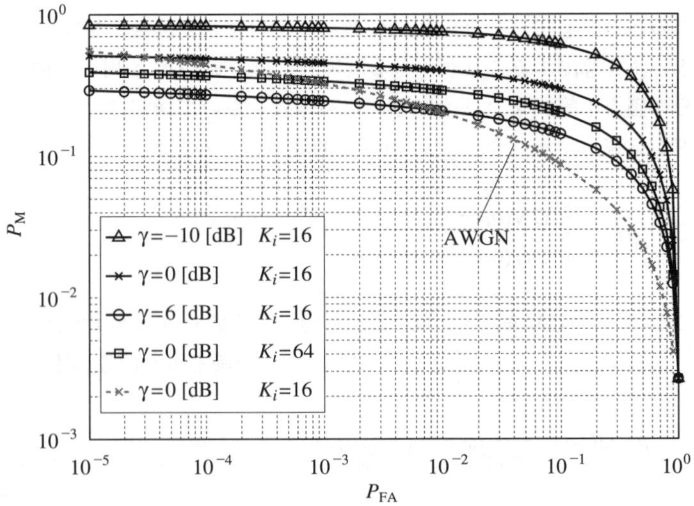

図 3.1　単独スペクトルセンシングの P_{FA} に対する P_{M} 特性（シャドーイングの標準偏差 = 6 dB）

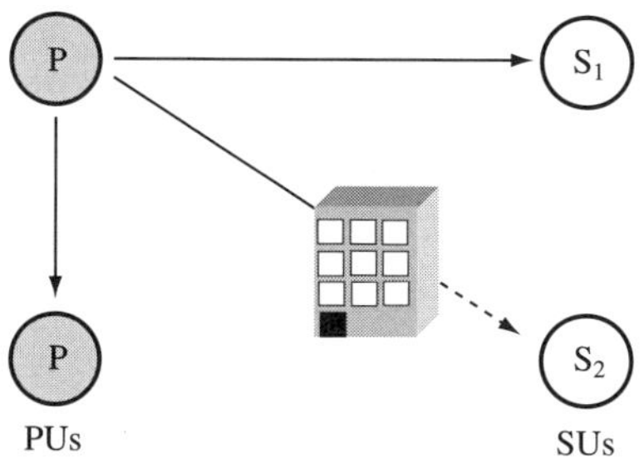

図 3.2 単独スペクトルセンシングの問題点

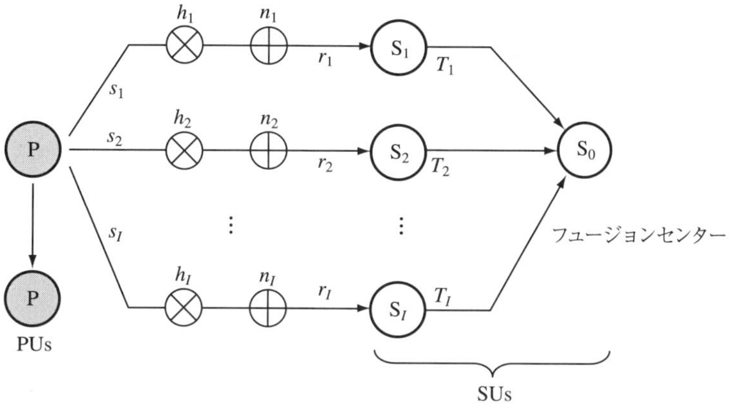

図 3.3 協調スペクトルセンシング

示しており，図において左下に近づくほど良好なセンシング特性が得られることを示している．スペクトルセンシングは，設定された P_{M} を満たすように設計され，その条件下でどの程度 P_{FA} を抑えられるかという視点で評価されるべきであるが，ここではある P_{FA} に対してしきい値を設定し，どの程度 P_{M} を抑えられるかを評価している．シャドーイングのない場合（AWGN のみ）の特性は点線の結果となる．AWGN 環境の特性は他のシャドーイング環境の特性と比較して，横軸の P_{FA} を増やすことで，P_{M} 特性がより良くなることが確認できる．また，P_{FA} が増加することに対して，P_{M} は単調減少であり，これはしきい値の設定によって，P_{FA} と P_{M} を同時に改善することができないことを指している．平均 SNR が −10 dB，0 dB，6 dB と増加するほど，またサンプル数が $K_i = 16$ から $K_i = 64$ へ増加することで P_{FA} と P_{M} が改善可能であることが示される．

最後に，単独センシング法の問題を**図 3.2** を用いて説明する．S_1 は PU からの信号を高 SNR で得られるため，高精度な検出が可能であるが，S_2 は障害物により PU の状況を正確に把握できない．この場合，S_2 は PU を検出できずに通信を開始してしまい，PU に対して干渉を与える可能性がある．協調センシングはこの問題の解決を目指す技術である．

3.1.3 協調スペクトルセンシング

図 3.3 に協調スペクトルセンシングの構成を示す．単独スペクトルセンシングと異なり，I 台の SU が同時に観測する状況を考える．SU 端末 S_i は自身の観測結果をフュージョンセン

ター（FC: Fusion Center）である S_0 に送る．S_0 は集めた観測結果をもとに最終判定を行う．

協調スペクトルセンシングでは，大きく三つの課題が挙げられる．課題を図 3.3 を用いて説明する．まず，S_i は観測情報を FC に送る際に，$\boldsymbol{y}_i$ をそのまま送るのではなく，加工した局所観測情報 T_i を送る．この局所観測情報の設計法が課題の一つである．この設計には大きく分けると，軟判定情報と硬判定情報がある．硬判定情報を用いた協調スペクトルセンシングでは，各端末が H_0 か H_1 の判定を行い，その判定結果のみを FC に送る [2]～[4]．一般に，軟判定と硬判定では，軟判定を用いた方が高い検出精度が得られることが知られている [3]．一方で，協調端末数が多い場合は，硬判定を用いても軟判定とほぼ同等の検出精度が得られるという結果が示されている [4]．

各 SU で得られた局所観測情報を FC に集める方法も協調センシングの課題の一つである．SU には局所情報を集めるための専用チャネルがある場合，また共用チャネルを利用する場合など，情報収集のためのチャネルを確保することは大きな課題である．

最後の課題は，集めた局所情報を用いた検定法である．これは，局所観測情報 T_i の形式にも依存する．硬判定情報の場合は，AND，OR そして M-out-of-I という検出法があり，後に詳しく説明する [5]．また，軟判定情報を用いた場合には，その合成方法として等利得合成 [6]，選択合成，重み付き合成 [7], [8] 等の方法がある．以下に硬判定と軟判定を用いた協調センシング法の紹介を行う．

3.1.3.1 協調スペクトルセンシング（硬判定）

協調センシングの硬判定のプロセスを紹介する．SU である S_i は観測情報 $\boldsymbol{y}_i$ に基づいて電力基準単独センシングを行う．局所観測情報 T_i は $\hat{H}_i = H_1$ の場合 $T_i = 1$，$\hat{H}_i = H_0$ の場合 $T_i = 0$ とし，T_i を S_i は FC に送信する．最終判定のルールが M-out-of-I の場合，協調センシング端末数 I に対して，局所観測情報 $T_i = 1$ の端末数が M 以上の場合に最終判定結果を $\hat{H} = H_1$ とし，そうでない場合は，$\hat{H} = H_0$ とする．AND ルールの場合は $M = I$ であり，OR ルールの場合は $M = 1$ である．

OR ルールの場合の P_{D} と P_{FA} を以下に示す．OR ルールでは少なくとも一つの $T_i = 1$ があれば $\hat{H} = H_1$ と判定するため，S_i における P_{D} を式 (3.13) より求め $P_{\mathrm{D},i}$ とおくことで，OR ルール時の P_{D} は下式で与えられる．

$$P_{\mathrm{D}} = 1 - \prod_{i=1}^{I}(1 - P_{\mathrm{D},i}) \tag{3.14}$$

また，端末 S_i における $P_{\mathrm{FA},i}$ としたとき，OR ルール時の P_{FA} は下式で与えられる．

$$P_{\mathrm{FA}} = 1 - \prod_{i=1}^{I}(1 - P_{\mathrm{FA},i}) \tag{3.15}$$

次に，AND ルールでは，全 SU に対して $T_i = 1$ の場合に $\hat{H} = H_1$ と判定するため，P_{D} は下式で与えられる．

$$P_{\mathrm{D}} = \prod_{i=1}^{I}(P_{\mathrm{D},i}) \tag{3.16}$$

また，AND ルール時の P_{FA} は下式で与えられる．

$$P_{\mathrm{FA}} = \prod_{i=1}^{I}(P_{\mathrm{FA},i}) \tag{3.17}$$

次に，M-out-of-I の場合の P_{D} を示す．協調端末の集合 $\mathcal{I} = \{1, 2, ..., I\}$ における部分集合 $\mathcal{I}_M \subset \mathcal{I}$ は要素数が M であるとし，その要素を $i_M \in \mathcal{I}_M$ とする．また，差集合を $\bar{\mathcal{I}}_M = \mathcal{I} \backslash \mathcal{I}_M$ としその要素を $\bar{i}_M \in \bar{\mathcal{I}}_M$ とする．このとき M-out-of-I の P_{D} は下式で表せる．ただし，$1 < M \leq I$ とする．

$$P_{\mathrm{D}} = 1 - \sum_{m=0}^{M-1} \left(\sum_{\mathcal{I}_m \subset \mathcal{I}} \prod_{i_m \in \mathcal{I}_m} P_{\mathrm{D},i_m} \prod_{\bar{i}_m \in \bar{\mathcal{I}}_m} (1 - P_{\mathrm{D},\bar{i}_m}) \right) \tag{3.18}$$

式 (3.18) は $M = 1$ の場合に式 (3.14) と等しくなる．また，P_{FA} は上式において右辺の $P_{D,i}$ を $P_{\mathrm{FA},i}$ と置き換えることで得られる．

3.1.3.2 最適協調スペクトルセンシング（軟判定）

複数端末による判定法を NPT に基づき導出する．式 (3.4) に相当するゆう度比検定の不等式は下記より与えられる．

$$L_{\mathrm{c}}(\boldsymbol{Y}) = \frac{\prod_{i=1}^{I} p(\boldsymbol{y}_i|H_1)}{\prod_{i=1}^{I} p(\boldsymbol{y}_i|H_0)} > \mu \tag{3.19}$$

ここで，μ はしきい値，$\boldsymbol{Y}$ は $\boldsymbol{Y} = [\boldsymbol{y}_1, \boldsymbol{y}_2, \ldots, \boldsymbol{y}_I]$ である．また，各 SU の観測値は独立であると仮定している．式 (3.7) と式 (3.8) を用い，単独センシングにおける簡易な検出法である式 (3.10) と同様の計算を行うことで，最適な検出法は下記のとおり得られる．下記の不等式 (3.20) を満たす場合は，H_1 を選択し，そうでない場合は H_0 を選択する．

$$T_{\mathrm{c}}(\boldsymbol{Y}) = \sum_{i=1}^{I} \left(\left(\frac{1}{\sigma_{n_i}^2} - \frac{1}{\sigma_{s_i}^2 + \sigma_{n_i}^2} \right) \boldsymbol{y}_i^{\mathrm{H}} \boldsymbol{y}_i \right) > \mu_{\mathrm{c}} \tag{3.20}$$

このとき，$T_{\mathrm{c}}(\boldsymbol{Y})$ は検定統計量を表している．ここで，

$$w_i = \left(\frac{1}{\sigma_{n_i}^2} - \frac{1}{\sigma_{s_i}^2 + \sigma_{n_i}^2} \right) \tag{3.21}$$

とおく．このとき，$T_{\mathrm{c}}(\boldsymbol{Y})$ は各 SU が単独センシングを行った場合の検定統計量 $T_{\mathrm{s}}(\boldsymbol{y})$ に重み係数 w_i を掛けた合計となり，下記のとおり表せる．

$$T_{\mathrm{c}}(\boldsymbol{Y}) = \sum_{i=1}^{I} w_i T_{\mathrm{s}}(\boldsymbol{y}_i) \tag{3.22}$$

検定統計量 $T_{\mathrm{c}}(\boldsymbol{Y})$ の統計的性質は下記のとおり与えられる．K_i 及び I が十分大きい場合，中心極限定理に基づき $T_{\mathrm{c}}(\boldsymbol{Y})$ がガウス分布に従うと近似し，下記のとおり与えられる．

$$T_{\mathrm{c}}(\boldsymbol{Y}) \sim \begin{cases} \mathcal{N}\left(\sum_{i=1}^{I} w_i K_i \sigma_{n_i}^2, \sum_{i=1}^{I} w_i^2 K_i \sigma_{n_i}^4 \right), & H_0 \\ \mathcal{N}\left(\sum_{i=1}^{I} w_i K_i (\sigma_{n_i}^2 + \sigma_{s_i}^2), \sum_{i=1}^{I} w_i^2 K_i (\sigma_{n_i}^2 + \sigma_{s_i}^2)^2 \right), & H_1 \end{cases} \tag{3.23}$$

この場合のしきい値 μ_c は P_{FA} に対して下記のとおり与えられる．

$$\mu_c = \sqrt{\sum_{i=1}^{I} w_i^2 K_i \sigma_{n_i}^4} Q^{-1}(P_{FA}) + \sum_{i=1}^{I} w_i K_i \sigma_{n_i}^2 \tag{3.24}$$

また，判定成功率 P_D は下記より与えられる．

$$P_D = Q\left(\frac{\mu_c - \sum_{i=1}^{I} w_i K_i(\sigma_{n_i}^2 + \sigma_{s_i}^2)}{\sqrt{\sum_{i=1}^{I} w_i^2 K_i(\sigma_{n_i}^2 + \sigma_{s_i}^2)^2}}\right) \tag{3.25}$$

$T_c(\boldsymbol{Y})$ を求めるには，事前に雑音電力 $\sigma_{n_i}^2$ のみならず PU 信号電力 $\sigma_{s_i}^2$ が必要となり，スペクトルセンシングにおける $\sigma_{s_i}^2$ の推定方法の検討も行われている [9]．また，$w_i = 1$ の場合は等利得合成となり，そのときの検定統計量 $T_e(\boldsymbol{Y})$ は下記のとおり与えられる．

$$T_e(\boldsymbol{Y}) = \sum_{i=1}^{I} T_s(\boldsymbol{y}_i) \tag{3.26}$$

図 **3.4** に各スペクトルセンシング法（最適重み付き協調センシング，等利得合成協調センシング，単独センシング）の P_{FA} に対する P_M 特性を示す．図中で opt と記されているのが最適重み付き協調センシングとなり，$I = 1$ が単独センシングである．二つの協調センシングに関しては，協調端末数を $I = 3$ と固定し，$K_i = 16$ と $K_i = 64$ の場合の特性を評価している．また，平均 SNR は，-10 dB であり，対数正規シャドーイングの標準偏差を 6 dB としている．単独センシングの総サンプル数は 192 としており，これは $I = 3$，$K_i = 64$ のときの総サンプル数と等しい．単独センシングは総サンプル数が 4 分の 1 である最適重み付き協調センシングとほぼ同等のセンシング精度しか得られないことが確認できる．一方で，協調センシング

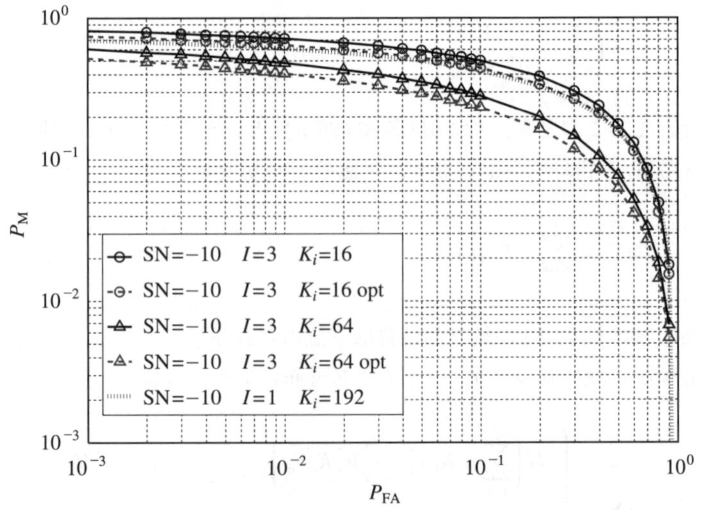

図 3.4 **各スペクトルセンシング法の P_{FA} に対する P_M 特性**（対数正規シャドーイングの標準偏差 = 6 dB，平均 SNR = −10 dB）

法は同等のサンプル数ではセンシング精度が空間ダイバーシチ効果により改善できることが確認できる．また，等利得合成協調センシングと比較して最適重み付き協調センシングの推定精度が改善されることも確認できる．

3.1.4 P_M 基準に基づく協調スペクトルセンシングの設計

ここでは，等利得合成の軟判定協調センシングの設計例を示す．設計においては所望の P_M を 0.1 と設定する．$P_M = 0.1$ を満たすための検定統計量の分布を数値解析により導出し，しきい値を設定することで $P_M = 0.1$ を達成可能となる．PU と SU の関係を図 **3.5** に示す．SU である S_0 を中心に半径 r_a の SU のカバレッジ内に合計 I 端末の SU が存在している．領域 H_0 では，SU はチャネルを利用可能であり，領域 H_1 では，SU が通信を行うと PU に対して所定の干渉レベル以上の干渉を与える可能性があるためチャネルの利用を不可とする．S_0 は送信 PU からの受信信号を観測し，S_0 が領域 H_1 と H_0 のどちらにいるのかを判断する．まず，想定するチャネルモデルと PU の所望 SINR からリンク設計を行う．SU から観測できるのは実際に信号を出している送信 PU の信号であるため，送信 PU（図 3.5 中の $d = 0$ の PU）と境界までの距離を決める．SU の検定統計量は等利得合成型の協調センシングを用いるとし，式 (3.26) を用いる．次に，S_0 が境界にいると想定し，SU の検定統計量の統計分布を導出し，それから所望の P_M を満たすようにしきい値を設定する．

3.1.4.1 リンク設計

図 **3.6** を用い，SU からの干渉レベルと距離減衰を考慮した PU の所要平均 SINR を $(\bar{\gamma}_{P,\min})$ とし，それから領域 H_1 と H_0 を定義する．図中の横軸は送信 PU からの距離（d）を表している．まず，PU と SU の送信電力をそれぞれ P_P [dBm] と P_S [dBm] とする．受信 PU は送信 PU から d_1[m] 離れており，そこが PU のカバレッジ端とする．PU のカバレッジ端での SNR を $\bar{\gamma}_{P,\min}$ と SU からの与干渉を考えたマージン $\Delta\bar{\gamma}_P$ を用いて下記のとおり設定する．

$$10\log_{10}(\bar{\gamma}_{P,\min}) + 10\log_{10}(\Delta\bar{\gamma}_P) = P_P - PL(d_1) - P_n \tag{3.27}$$

$PL(d_1)$ は距離減衰を示し，下記のとおり与える [12].

$$PL(d) = 20\log_{10}(f) + 30\log_{10}(d_i) - 28 \tag{3.28}$$

ここで，f [MHz] は送信信号の中心周波数を指す．また，P_n [dBm] は雑音電力である．領域

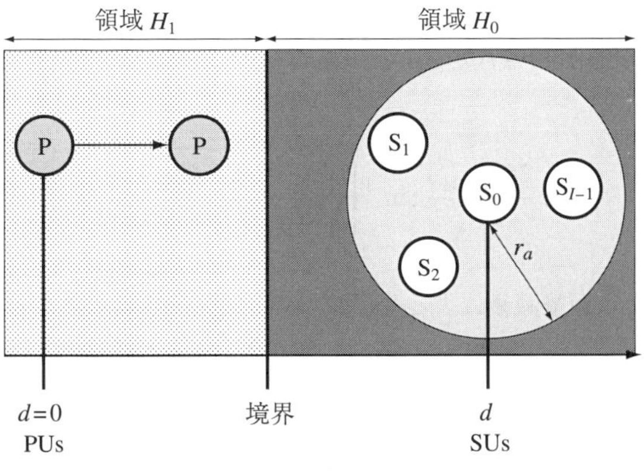

図 3.5 PU と SU の関係及び領域 H_0 と H_1

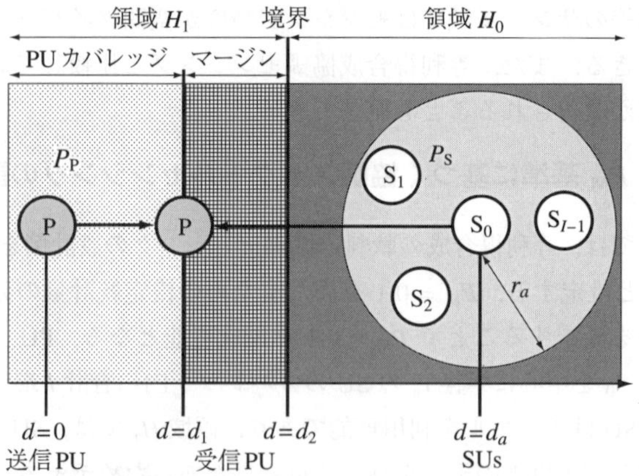

図 3.6　リンク設計時の PU と SU の関係

H_1 と H_0 の境界に相当する $d = d_2$ は，$d = d_2$ における S_0 からの干渉を考慮した PU のカバレッジ端（$d = d_1$）での受信 PU の SINR が $\bar{\gamma}_{P,\min}$ となるように設定を行う．マージン $\Delta\bar{\gamma}_P$ は小さいほど，PU のカバレッジ半径 d_1 と d_2 は長くなる傾向にある．つまり，SU は $d > d_2$（領域：H_0）のとき，チャネル使用可とし，また $d \leq d_2$ のときは使用不可（領域：H_1）とする．

3.1.4.2　しきい値の設定法

誤検出確率 $P_M = P(H_0|H_1)$ を一定値に抑えるしきい値の設計を以下に紹介する．しきい値の導出には，$T_e(\boldsymbol{Y})$ の確率密度関数（PDF）を導出する必要がある．以下，$T_e = T_e(\boldsymbol{Y})$ と表記する．また，$\sigma_{n_i}^2 = 1$，$\sigma_{s_i}^2 = h_i^2$ とする．S_i（$i > 0$）は送信 PU から距離が d_3 離れた点を中心とした半径 r_a の円内に一様分布すると仮定する．また，このとき S_i と送信 PU の距離を d_i とすると，距離の確率密度関数 $p_d(d_i)$ は下記のとおり計算できる．

$$p_d(d_i) = \frac{2d_i}{2\pi r_a^2} \tan^{-1}\left(\sqrt{\left(\frac{2d_3 d_i}{d_i^2 - r_a^2 + d_3^2}\right)^2 - 1}\right) \tag{3.29}$$

また，S_i の距離減衰による受信レベル ζ_i^2 の dBm 値である $\zeta_{i,\mathrm{dBm}}^2$ は $\zeta_{i,\mathrm{dBm}}^2 = P_P - PL(d_i)$ で与えられ，その逆関数を $d_i = f(\zeta_{i,\mathrm{dBm}}^2)$ としたとき，$\zeta_{i,\mathrm{dBm}}^2$ の PDF（p_ζ）は式 (3.29) を用いて下記のとおり得られる．

$$p_\zeta(\zeta_{i,\mathrm{dBm}}^2) = p_d(f(\zeta_{i,\mathrm{dBm}}^2))\frac{\mathrm{d}d_i}{\mathrm{d}\zeta_{i,\mathrm{dBm}}^2}$$

$$= \frac{2f(\zeta_{i,\mathrm{dBm}}^2)}{2\pi r_a^2} \tan^{-1}\left(\sqrt{\left(\frac{2d_3 f(\zeta_{i,\mathrm{dBm}}^2)}{f(\zeta_{i,\mathrm{dBm}}^2)^2 - r_a^2 + d_3^2}\right)^2 - 1}\right) \frac{-\exp(f(\zeta_{i,\mathrm{dBm}}^2))f(\zeta_{i,\mathrm{dBm}}^2)}{30} \tag{3.30}$$

これより，距離減衰による受信レベル $\zeta_{i,\mathrm{dBm}}^2$ が与えられたときのシャドーイングにより変動する受信レベル h_i^2 の PDF（p_h）は下式で与えられる．

$$p_h(h_i^2|\zeta_{i,\mathrm{dBm}}^2) = \frac{10/\ln 10}{\sqrt{2\pi\rho_{SH}^2}h_i^2} \exp\left(-\frac{10\log_{10} h_i^2 - \zeta_{i,\mathrm{dBm}}^2}{2\rho_{SH}^2}\right) \tag{3.31}$$

すべての SU の受信レベル h_i^2 が与えられたときの T_e の PDF を $p(T_e|h_0^2,\ldots,h_{I-1}^2)$ とする．このとき $p(T_e|h_0^2,\ldots,h_{I-1}^2)$ は式 (3.23) より正規分布に従い，また等利得合成の協調センシングを用いるため，重みを $w_i = 1$ とすることで下記のとおり計算できる．

$$p(T_e|h_0^2,\ldots,h_{I-1}^2) = \frac{1}{\sqrt{2\pi \sum K_i(h_i^2+1)^2}} \exp\left(-\frac{(T_e - \sum K_i(h_i^2+1))^2}{2\sum K_i(h_i^2+1)^2}\right). \tag{3.32}$$

式 (3.30)，(3.31)，(3.32) より，T_e の PDF である $p(T_e)$ は下記のとおり求められる．

$$p(T_e) = \int_{h_0^2=0}^{\infty} \cdots \int_{h_{I-1}^2=0}^{\infty} \int_{\zeta_{0,\mathrm{dBm}}^2=\zeta_{\mathrm{dBm,min}}^2}^{\zeta_{\mathrm{dBm,max}}^2} \cdots \int_{\zeta_{I-1,\mathrm{dBm}}^2=\zeta_{\mathrm{dBm,min}}^2}^{\zeta_{\mathrm{dBm,max}^2}} p(T_e|h_0^2,\ldots,h_{I-1}^2)$$

$$\cdot \prod_{i=1}^{I} p_h(h_i^2|\zeta_i^2)p_\zeta(\zeta_i^2)\mathrm{d}h_0^2\cdots\mathrm{d}h_{I-1}^2\mathrm{d}\zeta_{0,\mathrm{dBm}}^2\cdots\mathrm{d}\zeta_{I-1,\mathrm{dBm}}^2. \tag{3.33}$$

ここで，$\zeta_{\mathrm{dBm,min}}^2$ は受信レベルが最小の場合，すなわち SU が図において円の右端である $d_i = d_3 + r_a$ にいる場合に相当し，$\zeta_{\mathrm{dBm,max}}^2$ は円の左端における最大の場合に相当する．

上記の $p(T_e)$ を用いて $P_M = 0.1$ を満たすしきい値 μ_e を下式より求めることができる．

$$P_M = \int_{T_e<\mu_e} p(T_e)\mathrm{d}T_e \tag{3.34}$$

図 **3.7** に，P_M と P_{FA} に関する性能評価の結果を示す．所望の P_M を 0.1，$P_P = 19$ [dBm]，$P_S = 15$ [dBm] とし，$10\log_{10}(\bar{\gamma}_{P,\min}) = 13$ [dBm]，$10\log_{10}(\Delta\bar{\gamma}_P) = 3$ [dBm] としている．ここでは境界は $d_2 = 157$ [m] である．図の横軸は距離 d に相当する．図中には，P_M 特性と P_{FA} を載せているが，$d < d_2$ の領域は H_1 のため $P_{FA} = \Pr[\hat{H} = H_1|H_0] = 0$ であり，領域 H_0（$d > d_2$）では $P_M = \Pr[\hat{H} = H_0|H_1] = 0$ となる．

$d < d_2$ の領域 H_1 における P_M 特性は，境界で $P_M = 0.1$ となることが確認できる．また，領

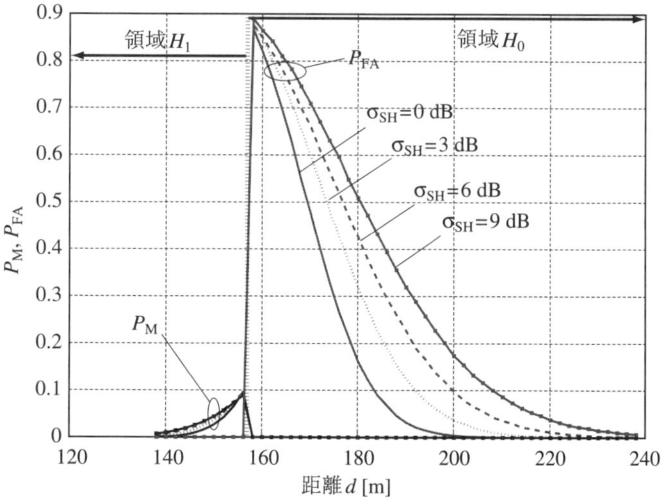

図 3.7　準最適協調スペクトルセンシング（P_M 基準）の P_M と P_{FA} に関する性能評価（$K = 32$ [sample]，$P_S = 10$ [dBm]，$I = 8$，$r_a = 40$ [m]）

域 H_1 において常に $P_M < 0.1$ を満たしている．一方で，領域 H_0（$d > d_2$）では，d が増加するにつれて（PU から SU が遠ざかるにつれて），P_{FA} が下がり，SU がより送信機会を得られることとなる．また，ρ_{SH} が増えるにつれて，P_{FA} 特性が劣化していることが分かる．

3.2 協力中継技術

本節で取り扱う協力中継技術とは，無線分散ネットワークにおいて，空間中に分散して存在するノードが互いに協力することにより，限られたリソースを用いて効率的に情報を伝達する手法である．

一般に無線通信では送信電力が制限されるが，始点ノード S とあて先受信ノード D の距離が大きい場合やマルチパスによるフェージングの影響を受ける場合，瞬時の受信信号対雑音電力比（SNR）が低下し，よって通信可能な伝送レート（通信路容量）の低下を招く．そのような状況で有効となる技術が協力中継である．協力中継の基本的な考え方は，協力中継ノード R が送受信ノードの中間に位置する場合（**図 3.8**(a)）は中継器として動作し，送受信ノードの近辺に位置する場合（図 3.8(b)）は近いノードの仮想的なアンテナとして振る舞うことにある．したがって，各ノードが単一のアンテナを有する場合においても，協力中継によりダイバーシチ効果を期待できる．

なお，協力中継通信においては，同じ情報を 2 度伝送する必要があるため，通常 2 倍の帯域を要する点に注意されたい（例えば図 3.8 において，実線矢印が第一フェーズ通信，点線矢印が第二フェーズ通信であるが，いずれも同じ情報が伝送されるため，帯域当りの伝送レートは半分になる）．

本節では，簡単のため協力ノード数が 1 の場合について，フェージング伝搬路における協力通信方法（プロトコル）に応じたダイバーシチの基本特性を導出する．また，始点ノード付近に多数の協力ノードが分布し，かつノード間で理想的な同期が確立できれば，協力ノード群を一種のアレーアンテナとして扱うことができる．本節の最後に，ランダムに分布した協力ノードがアレーアンテナをなし，協力してビームフォーミングを行う場合のビームパターン特性について述べる．

3.2.1 基本協力中継方式とダイバーシチ

図 3.9 に，想定する協力中継通信路モデルを示す．ここで h_{SR}，h_{RD}，h_{SD} は始点ノードから協力ノード，協力ノードから終点ノード，始点ノードから終点ノードまでの通信路応答を表し，確率変数とみなす．また，$g_{SD} = \mathrm{E}[|h_{SD}|^2]$，$g_{SR} = \mathrm{E}[|h_{SR}|^2]$，$g_{RD} = \mathrm{E}[|h_{RD}|^2]$ はシャドー

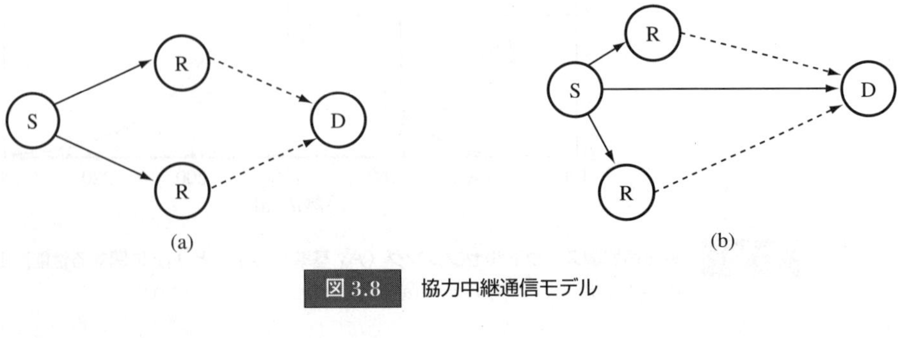

図 3.8 協力中継通信モデル

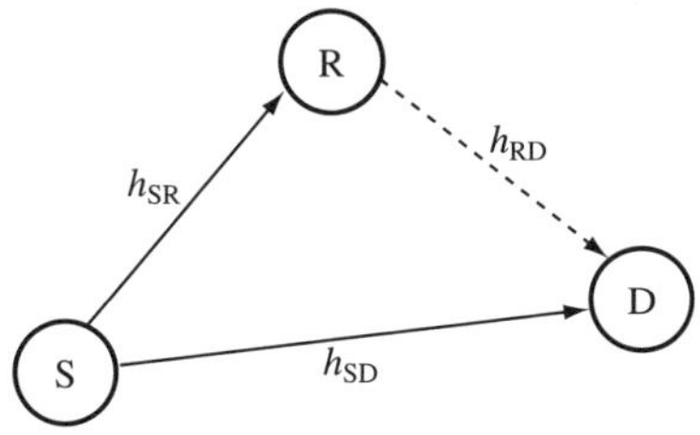

図 3.9 一協力ノードの中継通信路（実線：第一フェーズ，破線：第二フェーズ）

イングと距離減衰を反映したリンク利得を表し，それぞれ始点ノードから終点ノード，始点ノードから協力ノード，協力ノードから終点ノード，に対応したパラメータと定義する．これ以降，表記 X_{AB} はノード A からノード B への通信における変数 X を意味する．

本項における協力中継システムでは以下を仮定する．

- 通信路応答 h_{SR}，h_{RD}，h_{SD} は，受信側でのみ既知であるとする．
- 各ノードは送信及び受信を同時には行わない（半二重通信）．

なお，各リンクにフィードバックチャネルがあれば，通信路応答を送信側で共有することも可能であり，その場合は（分散）ビームフォーミング等の処理による特性改善も可能である．また，協力ノードが同じ周波数帯域において送受信を同時に行うこと（全二重通信）ができれば帯域利用効率の向上が期待できるが，そのような仮定は簡易な通信装置においては現実的でない．

第一フェーズにおいて，始点ノード S が（理想的に誤り訂正符号化された）送信信号 x を送信電力 p_S で送信するとき，協力ノード R，終点ノード D における受信信号 $y_{SR}^{(1)}$，$y_{SD}^{(1)}$ は以下のように表すことができる．

$$y_{SR}^{(1)} = h_{SR}\sqrt{p_S}x + n_{SR} \tag{3.35}$$

$$y_{SD}^{(1)} = h_{SD}\sqrt{p_S}x + n_{SD} \tag{3.36}$$

ここで, 各変数の右肩の (1) は第一フェーズを表し, n_{SR}, n_{SD} はそれぞれ平均 0, 分散 $\sigma_{SR}^2 = N_{SR}$, $\sigma_{SD}^2 = N_{SD}$ のガウス雑音を表す．また，送信信号 x は平均電力 1 に正規化されているものと仮定する．よって，上式中の p_S は送信信号の平均電力を表す．

第二フェーズにおいては，終点ノード D における受信信号 y_{RD} は以下のように表すことができる．

$$y_{RD}^{(2)} = h_{RD}\sqrt{p_R}x_R + n_{RD} \tag{3.37}$$

ここで，x_R はノード R から送信された信号（平均電力は 1 に正規化）を表す．以下では，通信路応答 h_{SR}，h_{SD}，h_{RD} は，平均電力が g_{SR}，g_{SD}，g_{RD} の独立なレイリーフェージングと仮定する．

以上のモデルにおいて，協力中継を用いない S と D の直接通信では，所要の伝送レートを R [bit/symbol] とすると，所要伝送レートを達成できない確率（アウテージ確率）P^{SD} は，次式で与えられる．

$$P^{SD} = \Pr\left[C\left(|h_{SD}|^2 \frac{p_S}{N_{SD}}\right) < R\right] \tag{3.38}$$

ここで 1 シンボル当りの通信路容量 $C(\gamma)$ [bit/symbol] は，受信 SNR が γ であるときの通信路容量であり，理想的な変調を仮定すると，以下のように定義される．

$$C(\gamma) = \log_2 (1 + \gamma) \tag{3.39}$$

これより式 (3.38) は

$$P^{\mathrm{SD}} = \Pr\left[\frac{|h_{\mathrm{SD}}|^2}{g_{\mathrm{SD}}} < a\Gamma^{-1}\right] \tag{3.40}$$

となる．ただし $a = 2^R - 1$ は伝送レート R を満たすための所要 SNR，$\Gamma = g_{\mathrm{SD}} p_{\mathrm{S}}/N_{\mathrm{SD}}$ は平均受信 SNR である．ここで，$|h_{\mathrm{SD}}|^2$ は指数分布に従うため，アウテージ確率は以下のように計算することができる．

$$P^{\mathrm{SD}} = 1 - \exp\left(-a\Gamma^{-1}\right) \tag{3.41}$$

ここで指数関数のテイラー展開 $\exp(x) = 1 + x + x^2/2! + \cdots$ を用いると以下に変形できる．

$$P^{\mathrm{SD}} = a\Gamma^{-1} - \frac{a^2}{2!}\Gamma^{-2} + \cdots \tag{3.42}$$

一般に，高 SNR（$\Gamma \to \infty$）において -2 次以下の項が無視できるため，アウテージ確率は漸近的に

$$P^{\mathrm{SD}} \sim a\Gamma^{-1} \tag{3.43}$$

となり，ダイバーシチオーダは 1 であると定義される [14].

3.2.1.1　マルチホップ通信

本項では，図 3.9 において，始点ノード S と終点ノード D との直接的な通信路を利用しない場合をマルチホップ通信と定義する．この場合，ノード S からノード D までの独立な経路は S–R–D のみの一つとなり，ダイバーシチオーダは 1 となるが，これを以下で具体的に導出する．

中継ノードを用いる場合では，始点ノードから中継ノードまでの通信と中継ノードから終点ノードまでの通信が必要であるため，直接通信に比べ 2 倍の時間を要する．それを考慮すると，第一フェーズの中継ノードにおけるアウテージ確率 P^{SR} は，以下となる．

$$P^{\mathrm{SR}} = \Pr\left[\frac{1}{2}C\left(|h_{\mathrm{SR}}|^2 \frac{p_{\mathrm{S}}}{N_{\mathrm{SR}}}\right) < R\right] \tag{3.44}$$

よってアウテージ確率は以下のように表すことができる．

$$P^{\mathrm{SR}} = \Pr\left[\frac{|h_{\mathrm{SR}}|^2}{g_{\mathrm{SR}}} < a_1\Gamma_1^{-1}\right] = 1 - \exp\left(-a_1\Gamma_1^{-1}\right) \tag{3.45}$$

ただし $a_1 = 2^{2R} - 1$，$\Gamma_1 = g_{\mathrm{SR}} p_{\mathrm{S}}/N_{\mathrm{SR}}$ である．

同様に第二フェーズの協力ノード R から終点ノード D への通信におけるアウテージ確率 P^{RD} は，以下のように計算できる．

$$P^{\mathrm{RD}} = 1 - \exp\left(-a_2\Gamma_2^{-1}\right) \tag{3.46}$$

ただし $a_2 = 2^{2R} - 1$，$\Gamma_2 = g_{\mathrm{RD}} p_{\mathrm{R}} / N_{\mathrm{RD}}$ である．

マルチホップ通信システムでは，始点ノードから中継ノードへの通信と中継ノードから終点ノードまでの通信の両方が成功した場合に通信に成功する．つまり，アウテージ確率 P^{MH} は式 (3.45) と式 (3.46) を用いて，以下のようになる．

$$\begin{aligned} P^{\mathrm{MH}} &= 1 - \left(1 - P^{\mathrm{SR}}\right)\left(1 - P^{\mathrm{RD}}\right) \\ &= 1 - \exp\left(-a_1 \Gamma_1^{-1}\right) \exp\left(-a_2 \Gamma_2^{-1}\right) \\ &= a_1 \Gamma_1^{-1} + a_2 \Gamma_2^{-1} + \cdots \end{aligned} \tag{3.47}$$

アウテージ確率は信号対雑音電力比 Γ に対して -1 次以下の関数となる．よってマルチホップ通信におけるダイバーシチオーダが 1 であることが示された．以上より，一般にマルチホップ通信は距離減衰による受信 SNR の劣化を補償することはできるが，ダイバーシチ効果を得ることはできないことが分かる．したがって以降では，ダイバーシチ効果を得るために始点ノード S と終点ノード間の直接的な通信路を利用する場合を考え，そのときの協力ノードの二つの中継方法を紹介する．

3.2.1.2 AF 型協力ダイバーシチ

AF（Amplify-and-Forward）型システムにおいては，協力ノードは始点ノードから受信した信号を復調・復号することなくそのまま増幅（amplify）して終点ノードへ転送（forward）する．

したがって，第二フェーズにおいて終点ノードで受信される信号は以下のようになる．

$$y_{\mathrm{RD}}^{(2)} = h_{\mathrm{RD}} \sqrt{p_{\mathrm{R}}} \alpha_{h_{\mathrm{SR}}} y_{\mathrm{SR}}^{(1)} + n_{\mathrm{RD}} \tag{3.48}$$

ここで，$\alpha_{h_{\mathrm{SR}}}$ は協力ノードにおける送信信号の電力を 1 に正規化するための調整（増幅）係数であり，次式で表現できる．

$$\alpha_{h_{\mathrm{SR}}} = \frac{1}{\sqrt{p_{\mathrm{S}} |h_{\mathrm{SR}}|^2 + N_{\mathrm{SR}}}} \tag{3.49}$$

式 (3.35)，(3.49) を式 (3.48) に代入すると協力ノード R からの受信信号は以下のようになる．

$$y_{\mathrm{RD}}^{(2)} = h_{\mathrm{RD}} \sqrt{p_{\mathrm{R}}} \alpha_{h_{\mathrm{SR}}} h_{\mathrm{SR}} \sqrt{p_{\mathrm{S}}} x + \tilde{n}_{\mathrm{d}} \tag{3.50}$$

ただし $\tilde{n}_{\mathrm{d}}$ は分散が次式で計算される等価な雑音である．

$$\tilde{N}_{\mathrm{d}} = |h_{\mathrm{RD}}|^2 p_{\mathrm{R}} \alpha_{h_{\mathrm{SR}}}^2 N_{\mathrm{SR}} + N_{\mathrm{RD}} \tag{3.51}$$

ここで，協力ノード R が始点ノード S からの受信信号を増幅する際に，信号成分だけでなく雑音成分も同時に増幅されている点に注意されたい．

終点ノード D では，始点ノード S からの受信信号（式 (3.36)）と協力ノード R からの受信信号（式 (3.50)）から，最大比合成を行った信号は以下のようになり，これを終点ノードで復号する．

$$\hat{x} = \frac{\sqrt{p_{\mathrm{S}}} h_{\mathrm{SD}}^* y_{\mathrm{SD}}^{(1)}}{N_{\mathrm{SD}}} + \frac{\sqrt{p_{\mathrm{R}}} \alpha_{h_{\mathrm{SR}}} (h_{\mathrm{SR}} h_{\mathrm{RD}})^* \sqrt{p_{\mathrm{S}}} y_{\mathrm{RD}}^{(2)}}{\tilde{N}_{\mathrm{d}}}$$

通信路容量 C^{AF} は，始点ノードとの直接通信における SNRγ_{SD} と中継通信における SNRγ_{SRD} の和として以下に求められる．

$$\begin{aligned} C^{\mathrm{AF}} &= \frac{1}{2}\log_2(1+\gamma_{\mathrm{SD}}+\gamma_{\mathrm{SRD}}) \\ &= \frac{1}{2}\log_2\left(1+\frac{|h_{\mathrm{SD}}|^2 p_{\mathrm{S}}}{N_{\mathrm{SD}}}+\frac{|h_{\mathrm{RD}}|^2 p_{\mathrm{R}}\alpha_{h_{\mathrm{SR}}}^2|h_{\mathrm{SR}}|^2 p_{\mathrm{S}}}{\tilde{N}_{\mathrm{d}}}\right) \\ &= \frac{1}{2}\log_2\left(1+\frac{p_{\mathrm{S}}|h_{\mathrm{SD}}|^2}{N_{\mathrm{SD}}}+\frac{\frac{p_{\mathrm{S}}|h_{\mathrm{SR}}|^2}{N_{\mathrm{SR}}}\frac{p_{\mathrm{R}}|h_{\mathrm{RD}}|^2}{N_{\mathrm{RD}}}}{\frac{p_{\mathrm{S}}|h_{\mathrm{SR}}|^2}{N_{\mathrm{SR}}}+\frac{p_{\mathrm{R}}|h_{\mathrm{RD}}|^2}{N_{\mathrm{RD}}}+1}\right) \end{aligned} \tag{3.52}$$

上式をまとめると

$$C^{\mathrm{AF}} = \frac{1}{2}\log_2\left(1+\alpha_0+\frac{\alpha_1\alpha_2}{\alpha_1+\alpha_2+1}\right) \tag{3.53}$$

$$\alpha_0 = \frac{p_{\mathrm{S}}|h_{\mathrm{SD}}|^2}{N_{\mathrm{SD}}} \tag{3.54}$$

$$\alpha_1 = \frac{p_{\mathrm{S}}|h_{\mathrm{SR}}|^2}{N_{\mathrm{SR}}} \tag{3.55}$$

$$\alpha_2 = \frac{p_{\mathrm{R}}|h_{\mathrm{RD}}|^2}{N_{\mathrm{RD}}} \tag{3.56}$$

仮定より，α_0，α_1，α_2 は，それぞれ $\lambda_0 = N_{\mathrm{SD}}/(g_{\mathrm{SD}}p_{\mathrm{S}})$，$\lambda_1 = N_{\mathrm{SR}}/(g_{\mathrm{SR}}p_{\mathrm{S}})$，$\lambda_2 = N_{\mathrm{RD}}/(g_{\mathrm{RD}}p_{\mathrm{R}})$ をパラメータとしてもつ指数分布に従う．以上の式から，AF 型協力ダイバーシチのアウテージ確率 P^{AF} は，高い SNR においては文献 [15], [16] に示されているように，以下のように近似することができる．

$$\begin{aligned} P^{\mathrm{AF}} &= \Pr[C^{\mathrm{AF}} < R] \\ &\sim \frac{\lambda_0(\lambda_1+\lambda_2)}{2}\left(2^{2R}-1\right)^2 \\ &= \frac{a^2}{2!}\Gamma_1^{-1}\Gamma_2^{-1} \end{aligned} \tag{3.57}$$

ここで $a = 2^{2R}-1$，$\Gamma_1 = 1/\lambda_0 = g_{\mathrm{SD}}p_{\mathrm{S}}/N_{\mathrm{SD}}$，$\Gamma_2 = 1/(\lambda_1+\lambda_2) = g_{\mathrm{RD}}p_{\mathrm{R}}/[N_{\mathrm{RD}}+(g_{\mathrm{RD}}p_{\mathrm{R}}/g_{\mathrm{SR}}p_{\mathrm{S}})N_{\mathrm{SR}}]$ である．つまり高 SNR においては，AF 型システムのアウテージ確率は信号対雑音電力比の -2 次の関数となる．よって，このときのダイバーシチオーダは 2 となる．以上より，協力ノードが一つあれば，ダイバーシチオーダは 1 上がることが分かった．

3.2.1.3 DF 型協力ダイバーシチ

DF（Decode-and-Forward）型の協力ダイバーシチでは，第一フェーズにおいて協力ノード R が始点ノード S からの信号を復号（decode）し，第二フェーズにおいて（再符号化して）終点ノード D へ転送（forward）する．この場合，協力ノードの動作はマルチホップ通信の場合と基本的には同じである．したがって，協力ノードが正しく復号できる確率は

$$1 - P^{\mathrm{SR}} \tag{3.58}$$

ここで，P^{SR} は始点ノードから協力ノードへの通信におけるアウテージ確率であり，式 (3.45) で与えられる．

(1) 協力ノードが正しく復号できた場合

この場合，協力ノードは情報を再符号化し，転送する．この場合の第二フェーズの終点ノードにおける受信信号は式 (3.48) における協力ノードの送信信号 $\alpha_{h_{\mathrm{SR}}} y_{\mathrm{SR}}^{(1)}$ を始点ノードの送信信号 x とした場合に等しくなる．

$$y_{\mathrm{RD}}^{(2)} = h_{\mathrm{RD}} \sqrt{p_{\mathrm{R}}} x + n_{\mathrm{RD}} \tag{3.59}$$

よって，これら二つの信号の最大比合成は以下のようになる．

$$\hat{x} = \frac{\left(h_{\mathrm{SD}} \sqrt{p_{\mathrm{S}}}\right)^*}{N_{\mathrm{SD}}} y_{\mathrm{SD}}^{(1)} + \frac{\left(h_{\mathrm{RD}} \sqrt{p_{\mathrm{R}}}\right)^*}{N_{\mathrm{RD}}} y_{\mathrm{RD}}^{(2)} \tag{3.60}$$

よって，アウテージ確率は以下のように計算できる．

$$\begin{aligned}
P^{\mathrm{SD+RD}} &= \Pr\left[\frac{1}{2} C\left(|h_{\mathrm{SD}}|^2 \frac{p_{\mathrm{S}}}{N_{\mathrm{SD}}} + |h_{\mathrm{RD}}|^2 \frac{p_{\mathrm{R}}}{N_{\mathrm{RD}}}\right) < R\right] \\
&= \Pr\left[\frac{|h_{\mathrm{SD}}|^2}{g_{\mathrm{SD}}} \Gamma_1 + \frac{|h_{\mathrm{RD}}|^2}{g_{\mathrm{RD}}} \Gamma_2 < a\right] \\
&= \frac{1}{\Gamma_1 - \Gamma_2} \left\{\Gamma_1 \left(1 - e^{-\frac{a}{\Gamma_1}}\right) - \Gamma_2 \left(1 - e^{-\frac{a}{\Gamma_2}}\right)\right\} \\
&= \frac{a^2}{2!} \Gamma_1^{-1} \Gamma_2^{-1} + \cdots
\end{aligned} \tag{3.61}$$

ここで $a = 2^{2R} - 1$，$\Gamma_1 = g_{\mathrm{SD}} p_{\mathrm{S}} / N_{\mathrm{SD}}$，$\Gamma_2 = g_{\mathrm{RD}} p_{\mathrm{R}} / N_{\mathrm{RD}}$ である．式 (3.61) より，協力ノードが正しく復号できた場合のアウテージ確率は高 SNR において各リンクの受信 SNR の逆数の積に比例するため，ダイバーシチオーダが 2 となることが分かる．

(2) 協力ノードが正しく復号できなかった場合

この場合のアウテージ確率は，協力ノードは送信を行わないため，式 (3.41) に示した直接通信の場合のアウテージ確率と同様に次式となる．

$$P^{\mathrm{SD}} = 1 - \exp\left(-a\Gamma_1^{-1}\right) \tag{3.62}$$

よってダイバーシチオーダは 1 となる．

(1) と (2) で得られたアウテージ確率 $P^{\mathrm{SD+RD}}$ と P^{SD} を用い，DF 型協力ダイバーシチにおける終点ノードでのアウテージ確率を表すと

$$P^{\mathrm{DF}} = \left(1 - P^{\mathrm{SR}}\right) P^{\mathrm{SD+RD}} + P^{\mathrm{SR}} P^{\mathrm{SD}} \tag{3.63}$$

となり，右辺第 2 項はダイバーシチオーダが 1 のアウテージ確率の積であるため，結局 P^{DF} のダイバーシチオーダは 2 となることが理解できる．

なお本項では，協力ノードが始点ノードと全く同じ符号化処理を行い，終点ノードが最大比合成受信を行うことを仮定したが，より一般には，協力ノードにおいて始点ノードと異な

る符号器を用いることも可能であり，この場合は終点ノードは始点ノードからの信号と協力ノードからの信号を一つの符号とみなし復号することが可能となる．よって符号を適切に設計することによりダイバーシチオーダの利得に加え符号化利得を得ることが可能となる．詳細については次節を参照されたい．

3.2.2 協力ビームフォーミング

本節の最後に，協力ビームフォーミングについて取り上げる．図 3.8 (b) に示した協力中継通信モデルにおいて，協力ノードが始点ノードの近辺に多数存在するような状況では，各協力ノードを始点ノードの仮想的なアレーアンテナとみなすことができる．したがって，協力ノードが複数である場合，時空間符号等を用いた送信ダイバーシチ技術を適用することにより，協力ノード数に比例したダイバーシチオーダを達成することが可能となる [15]．

一方，群（クラスタ）の中の協力ノードが半波長以上離れた位置に分布し，外部からのビーコン等により十分な同期が確立できれば，近隣のノードとともに鋭いビームを形成することも可能である．**図 3.10** にこの協力ビームフォーミングの概念を示す．協力ビームフォーミングは，複数個のノードで構成されたクラスタにおいて，クラスタ内であらかじめ共有している情報を各ノードが協力してビームを形成し，あて先に一括送信する技術である．協力ビームフォーミングの応用例は，一般的なアレーアンテナを用いてビーム形成した場合と同様に，干渉除去，空間多重技術，ビームフォーミングによるアレー利得などを利用した高度な無線通信が考えられる [17]．

以下に，空間的に分散された協力ノードの位置を確率変数として扱い，それらが協力してビームを生成する方法について説明する．

図 3.11 に協力ノード群と終点ノードとの関係を示す．今，x–y 平面上の半径 R の円の内部にノードが分布しており，k 番目のノードの極座標を (r_k, ψ_k) とする．終点ノードの極座標（球座標）を (A, ϕ_0, θ_0) とした．方位角 ϕ は $\phi \in [-\pi, \pi]$ を満たし，仰角 θ は $\theta \in [0, \pi]$ を満たす．また，ここでは議論の簡単化のため，以下のことを仮定する．協力する N 個のノードは，半

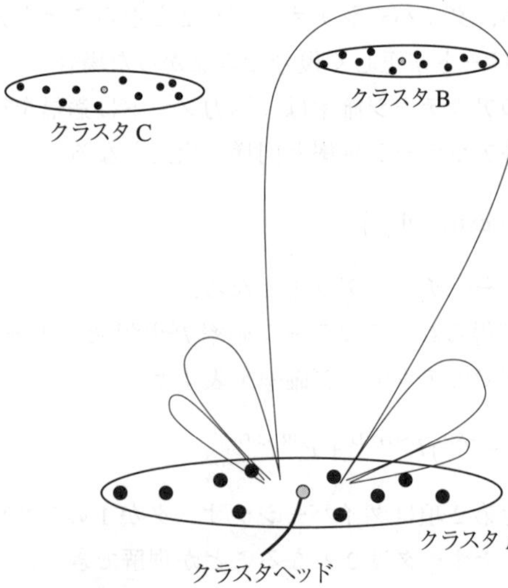

図 3.10 協力ビームフォーミング技術

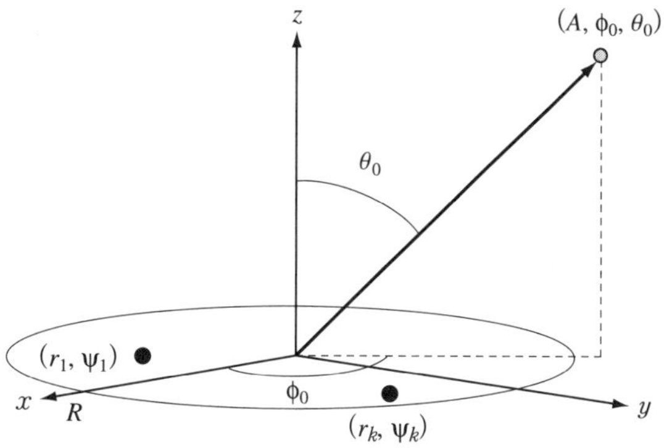

図 3.11　協力ノード群と終点ノード

径 R の円の中に一様分布している．各ノードは単一の無指向性アンテナをもっている．すべてのノードの送信電力は同一であり，また各ノードからあて先までのパスロスは等しい．反射や散乱等はなく，そのためマルチパスやシャドーイングは考慮しない．図 3.11 より，k 番目のノードと基準点 (A, ϕ, θ) とのユークリッド距離は以下のように計算できる．

$$d_k(\phi, \theta) = \sqrt{A^2 + r_k^2 - 2r_k \sin\theta \cos(\phi - \psi_k)} \tag{3.64}$$

式 (3.64) を用いて，終点ノードから k 番目のノードへの初期位相は以下となる．

$$\Psi_k = -\frac{2\pi}{\lambda} d_k(\phi_0, \theta_0) \tag{3.65}$$

このとき，N 個のノードが協力し，終点ノードの極座標 (A, ϕ_0, θ_0) に対してビームを向けた指向性関数は，k 番目の協力ノードの重みを $\exp(\mathrm{j}\Psi_k)$ と設定することで以下のように与えられる．

$$F(\phi, \theta | \boldsymbol{r}, \boldsymbol{\psi}) = \frac{1}{N} \sum_{k=1}^{N} \exp(\mathrm{j}\Psi_k) \exp\left(\mathrm{j}\frac{2\pi}{\lambda} d_k(\phi, \theta)\right) \tag{3.66}$$

$$= \frac{1}{N} \sum_{k=1}^{N} \exp\left(\mathrm{j}\frac{2\pi}{\lambda}[d_k(\phi, \theta) - d_k(\phi_0, \theta_0)]\right) \tag{3.67}$$

ここで $\boldsymbol{r} = [r_1, r_2, \ldots, N] \in [0, R]^N$，$\boldsymbol{\psi} = [\psi_1, \psi_2, \ldots, \psi_N] \in [-\pi, \pi]^N$ であり，λ は搬送波周波数の波長を表す．

終点ノードが協力ノード郡が分布している領域より十分遠方に存在する（$A \gg r_k$）と仮定すると，式 (3.64) は以下のように近似することができる．

$$d_k(\phi, \theta) \approx A - r_k \sin\theta \cos(\phi - \psi_k) \tag{3.68}$$

上式の近似を用いると終点ノードが遠方に存在する場合のアレー応答関数は以下の近似式で表すことができる．

$$F(\phi, \theta | \boldsymbol{r}, \boldsymbol{\psi}) \approx \frac{1}{N} \sum_{k=1}^{N} \exp\left(\mathrm{j}\frac{2\pi}{\lambda} r_k[\sin\theta_0 \cos(\phi_0 - \psi_k) - \sin\theta \cos(\phi - \psi_k)]\right)$$

$$\triangleq \tilde{F}(\phi, \theta|\boldsymbol{r}, \boldsymbol{\psi}) \tag{3.69}$$

また，もう一つのビーム生成方法として，上記の終点ノードから k 番目のノードへの初期位相 Ψ_k の代わりに，下記に示す初期位相を用いる方法がある．

$$\Psi_k^{\dagger} = \frac{2\pi}{\lambda} r_k \sin\phi_0 \cos(\phi_0 - \psi_k) \tag{3.70}$$

つまり，Ψ_k 若しくは $\Psi_k^{\dagger}$ を与えることにより，任意にビームパターンを形成することができる．式 (3.65) の Ψ_k を与えるには，各ノードと終点ノードまでの距離と波長 λ との正確な相対値が必要となる．それに対して，式 (3.70) の $\Psi_k^{\dagger}$ を与えるには，共通の参照位置から各ノードまでの位置が必要となる．また，それぞれの場合においてノードの初期位相は重要であるが，それは終点ノードからのパイロット信号と GPS などから得られる絶対時刻を用いて，自律的に位相オフセットを推定可能である．次に，終点ノードが協力ノード群と同一平面上（x–y 平面上）に存在する場合（$\theta = \theta_0 = \pi/2$）において，ノード数 N，ノード群の半径 R とその時に実現するビームパターンを示す．ここで，$\tilde{R} \triangleq R/\lambda$，$\tilde{\psi}_k \triangleq \psi_k - ((\phi_0 + \phi)/2)$，$\tilde{r}_k \triangleq r_k/R \sin(\tilde{\psi}_k)$，とそれぞれ定義する．その場合の指向性関数である式 (3.69) を以下のように変形する．

$$\tilde{F}(\phi|\tilde{\boldsymbol{r}}) \triangleq \tilde{F}(\phi, \theta = \pi/2|\tilde{\boldsymbol{r}}) = \frac{1}{N}\sum_{k=1}^{N} \exp\left(-\mathrm{j}4\pi\tilde{R}\sin\left(\frac{\phi}{2}\right)\tilde{r}_k\right) \tag{3.71}$$

更に $\alpha(\phi) \triangleq 4\pi\tilde{R}\sin(\phi/2)$ と定義する．ここで，式 (3.71) を用いて，ビームパターンは以下のように定義される．

$$P(\phi|\tilde{\boldsymbol{r}}) \triangleq \left|\tilde{F}(\phi|\tilde{\boldsymbol{r}})\right|^2 \tag{3.72}$$

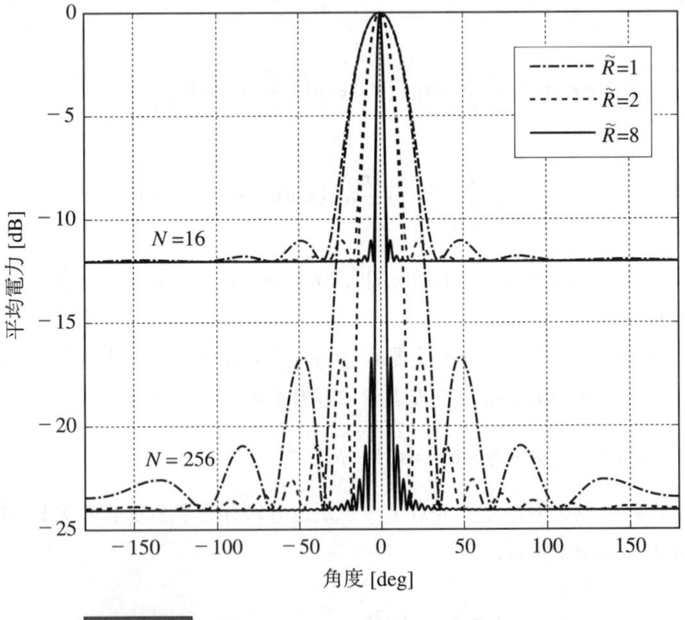

図 3.12　平均ビームパターン $\tilde{R} = 1, 2, 8$，$N = 16, 256$

ここで協力するノードは半径 R の円内に一様分布していると仮定しているため，r_k，ψ_k の確率密度関数が定められ，それらより $\tilde{r}_k$ の確率密度関数が一意に求まる．式 (3.72) を $\tilde{r}_k$ で周辺化すると以下のようになる．

$$P_{av}(\phi) \triangleq \mathrm{E}_{\tilde{r}}[P(\phi|\tilde{\boldsymbol{r}})]$$

$$= \frac{1}{N} + \left(1 - \frac{1}{N}\right)\left|2 \cdot \frac{J_1(\alpha(\phi))}{\alpha(\phi)}\right|^2 \tag{3.73}$$

$J_n(x)$ は，第 1 種ベッセル関数を表す．式 (3.73) における第 1 項はサイドローブの平均電力を表しており，ノードの位置には無関係であり協力ノードの数 N のみに依存する．また第 2 項はメインローブを表しており，希望角度から離れるに従い減衰する．図 **3.12** に，波長に対する半径（$\tilde{R}$），協力ノード数（N）を変化させた場合の平均ビームパターンを示す．先述したとおり，サイドローブは $1/N$ に漸近し，希望角度から離れるに従いビームレベルが低下する．

3.3 分散符号化技術

本節で取り扱う分散符号化とは，空間中に分散する複数のノードが互いに協力し，通信路符号化を行うことで，より高い通信路容量を実現する技術である．

本節ではまず始点ノードと終点ノードのみで構成される 1 対 1 通信路における通信路符号化について述べ，1 対 1 通信路における通信路符号化の問題点を具体的に明らかにする．その後，特に図 **3.13** に示す (a) 単一の協力ノードが存在する中継通信路における分散通信路符号化，(b) 複数の協力ノードを介する中継通信路における分散通信路符号化，及び (c) 相関をもった複数の情報源に対する分散通信路符号化のそれぞれに焦点を当て，具体的な符号を例にとり，説明を行う．

3.3.1　1 対 1 通信路における通信路符号化

まず，図 **3.14** に示すような，始点・終点ノードのみで構成される 1 対 1 通信路を考えよう．h_{SD} は始点・終点ノード間の通信路応答である．また $\mathrm{E}[|h_{\mathrm{SD}}|^2] = g_{\mathrm{SD}}$ はシャドーイングと距離減衰を含むリンク利得を表す．通信路符号化の目的は符号化によって，情報伝達の信頼性を上げることである．信頼性を向上する一つの方法は，送信側において誤り訂正符号化を施

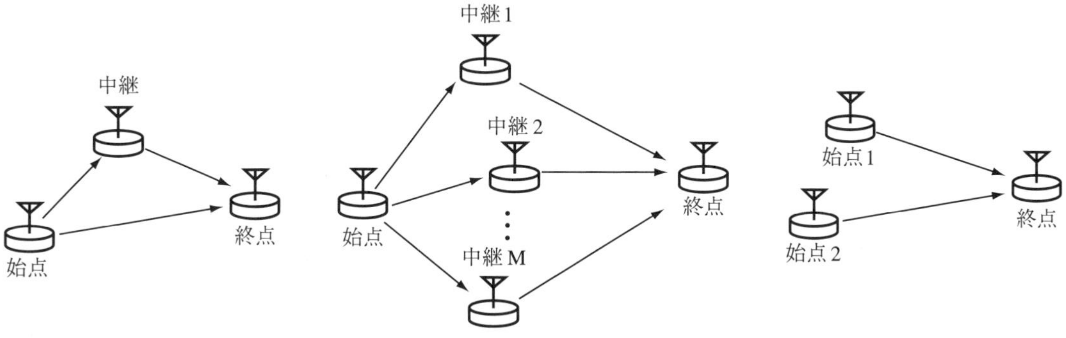

(a)　単一協力ノード　　(b)　複数協力ノード　　(c)　相関のある複数情報源

図 3.13　本節で取り扱う無線分散ネットワークモデル

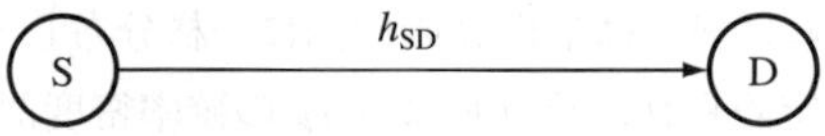

図3.14 1対1送受信モデル

し，受信側において誤りを訂正すればよい．このような方式を前方誤り訂正（FEC: Forward Error Correction）と呼ぶ．誤り訂正符号の中で特に重要なものとして，ベロー（C. Berrou）らによって提案されたターボ符号（Turbo Codes）や，ギャラガー（R. G. Gallager）によって提案された低密度パリティチェック（LDPC: Low Density Parity Check）符号がある．これらの符号は，2.1節において述べた通信路容量に漸近する強力な誤り訂正符号として知られている [21]．一方，リアルタイム性を要求されない通信では，受信機において誤りの発生を検知し，情報をもう一度送ってもらうことで，信頼性を向上することができる．このような誤りの検出を行う符号を誤り検出符号と呼び，誤り検出による情報の再送によって信頼性を向上する技術を自動再送制御（ARQ: Automatic Repeat reQuest）と呼ぶ．

ブロックレイリーフェージング通信路における誤り制御

センサネットワークのようなアプリケーションでは，ノードの移動や周囲の環境によるフェージング変動がほとんど発生せず，通信路応答が時間的にほとんど変動しない．このため一度受信信号レベルが低下した場合，長期的に受信電力が落ち込む．通信路応答 h_{SD} が，レイリー分布に従い，情報ブロックの伝送期間中は変化しないような通信路モデルを一般にブロックレイリーフェージング通信路と呼ぶ．始点ノードが送信信号 x を送信電力 p_{S} で送信するとき，終点ノードにおける受信信号 y_{SD} は以下のように表すことができる．

$$y_{\mathrm{SD}} = h_{\mathrm{SD}}\sqrt{p_{\mathrm{S}}}x + n_{\mathrm{SD}}$$

ここで n_{SD} は平均0，分散 $\sigma_{\mathrm{SD}}^2 = N_{\mathrm{SD}}$ の白色ガウス雑音である．このとき，図3.14の通信路容量は，

$$C = \log_2\left(1 + |h_{\mathrm{SD}}|^2 \frac{p_{\mathrm{S}}}{N_{\mathrm{SD}}}\right) \tag{3.74}$$

と与えられる．ブロックレイリーフェージング通信路では h_{SD} が1ブロックの送信期間中は固定され，次の送信ブロックまでは変化しない．h_{SD} が0に漸近した場合，通信路容量も0に漸近し，どのような符号化を行っても通信品質が改善されないことになる．よって，このような通信路ではターボ符号やLDPC符号のような強力な誤り訂正符号を用いたとしても通信品質が改善されない．

ブロックレイリーフェージング通信路において効果的な誤り制御技術としてハイブリッドARQ方式が挙げられる．ハイブリッドARQ方式とは，ARQとFECを組み合わせて用いる方式である．ハイブリッドARQを用いた場合，フェージングの変動が緩やかであっても，情報の再送遅延によって通信路応答 h_{SD} が変化することが期待でき，復号においてこれらを効果的に利用することで時間ダイバーシチが得られる．ハイブリッドARQ方式は大別してType-IとType-IIの二つの方式がある．

（1） Type-Iハイブリッド ARQ Type-IハイブリッドARQ方式では情報ブロックに誤り

検出符号が施され，更に誤り訂正符号化が行われる．受信機側では誤り訂正復号が行われ，その後誤り検出復号される．誤り訂正符号によって受信信号レベルが低い場合においても情報を正しく推定できる確率が向上し，再送の発生確率を低く抑えることができる．一方，誤り訂正後に誤りが検出された場合には，同一の符号ブロックを再送する．再度受信されたブロックに同一の操作を行い，正しく受信されるまでこれを繰り返す．Type-I ハイブリッド ARQ 方式は，受信信号レベルの低い領域においては非常に優れた特性を示す一方で，誤り訂正符号の冗長性のために受信信号レベルの高い領域においてはスループット特性が低下するという問題点がある．

（2） Type-II ハイブリッド ARQ　Type-II ハイブリッド ARQ 方式では，Type-I ハイブリッド ARQ 方式と同様に誤り検出符号化した情報ブロックに誤り訂正符号化を施す．Type-II ハイブリッド ARQ 方式では，符号語は複数のブロックに分割され，まず分割された符号ブロックのうちの一つを送信する．受信側では誤り検出復号が行われ，誤りが検出された場合には，残りの符号 語ブロックが再送され，再度誤り訂正復号が行われる．順次符号ブロックが送信され，すべてのブロックが送信されてもなお誤りが残る場合には，最初の符号ブロックの送信に戻り，繰り返し再送が行われる．

受信側において，これまで受信されたものと同一の符号ブロックを最大比合成して，誤り訂正復号を行うことで Type-I，Type-II どちらのハイブリッド ARQ 方式においても更なる特性の改善が見込める．このような方式を Chase Combining という．また，Type-II ハイブリッド ARQ 方式の中でも特に符号化率可変符号（rate compatible code）を用いたものを Incremental Redundancy と呼ぶ．Incremental Redundancy では，誤りが発生するたびに追加の冗長ビットを順次伝送し，受信側において復号を行う．このため通信路の状態に合わせて，適応的に符号化率が選択されることとなる[1]．また，再送にかかる時間を最小限に抑えることが可能となるため，高いスループット特性を示すことが知られている．

ARQ 方式を用いて情報を再送し，通信路応答 h_{SD} が変化すれば，時間ダイバーシチ効果によって通信品質の改善が期待できる．しかし，4.2 節で述べるセンサネットワークのように通信路が長時間にわたって変動しないアプリケーションでは，再送処理を行ったとしても h_{SD} が変化しない可能性がある．そのような場合には，時間ダイバーシチを得ることができず，通信品質を改善することができない．また，センサネットワークではノードの小型化・省電力化が望まれるため，送受信機に複数のアンテナを配置し，空間ダイバーシチによって受信信号電力を向上させることも難しい．

3.3.2 中継通信路における分散通信路符号化

前項では始点・終点ノードのみで構成される 1 対 1 通信路における通信路符号化の問題点について述べた．これらの問題点を解決する手法として，3.2 節で述べた協力中継技術がある．

図 3.15 に単一の協力ノードが存在する場合の送受信モデルを示す．ここで h_{SR}，h_{RD}，h_{SD} はそれぞれ始点・協力ノード間，協力・終点ノード間，始点・終点ノード間の通信路応答を表し，各通信路応答はそれぞれ統計的に独立なレイリー分布に従うものとする．また，$\mathrm{E}[|h_{\mathrm{SR}}|^2] = g_{\mathrm{SR}}$，$\mathrm{E}[|h_{\mathrm{RD}}|^2] = g_{\mathrm{RD}}$，$\mathrm{E}[|h_{\mathrm{SD}}|^2] = g_{\mathrm{SD}}$ であり，これらは各リンクにおけるシャドーイングと距離減衰を含むリンク利得を示す．始点ノードが送信信号 x を送信電力 p_{S} で送信し，協力ノードが

[1] 情報理論的には，通信路によって与えられた通信路容量を満たすように適応的に符号化率を選択していることと等しい．

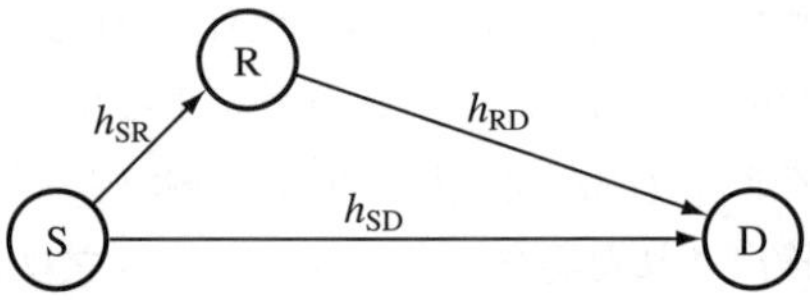

図 3.15 協力ノードが存在する送受信モデル

送信信号 x_1 を送信電力 p_R で送信するとき，協力ノードにおける受信信号 y_{SR}，終点ノードにおける受信信号 y_{SD} はそれぞれ以下のように表すことができる．

$$y_{SR} = h_{SR}\sqrt{p_S}x + n_{SR}$$

$$y_{SD} = h_{SD}\sqrt{p_S}x + h_{RD}\sqrt{p_R}x_1 + n_{SD}$$

ここで n_{SR}，n_{SD} はそれぞれ平均 0，分散 $\sigma_{SR}^2 = N_{SR}$，$\sigma_{SD}^2 = N_{SD}$ の白色ガウス雑音である．協力中継技術は，情報理論では中継通信路若しくはリレー通信路と呼ばれ，2.1.3 項で述べたブロードキャスト通信路とマルチアクセス通信路で構成された通信路ととらえることができる [18]．このとき，送信信号として通信路容量を満たす理想的な変調（ガウス分布に従う送信信号に変調）を仮定すると，その通信路容量は，

$$C \leq \min\left\{\log_2\left(1 + (|h_{SD}|^2\frac{p_S}{N_{SD}} + |h_{SR}|^2\frac{p_S}{N_{SR}})\right),\right.$$
$$\left.\log_2\left(1 + |h_{SD}|^2\frac{p_S}{N_{SD}} + |h_{RD}|^2\frac{p_R}{N_{SD}} + 2\sqrt{|h_{SD}|^2\frac{p_S}{N_{SD}}|h_{RD}|^2\frac{p_R}{N_{SD}}}\right)\right\} \tag{3.75}$$

で与えられることが報告されている．この式の導出については，文献 [19] を参照されたい．式 (3.74) 及び式 (3.75) より，協力ノードを導入することにより，始点・終点ノード間の通信路容量は明らかに増加する．これは，協力ノードを用いた中継通信路の通信路容量を満たすような通信路符号化法が存在することを意味しており，このような空間中に分散する複数のノードを利用した通信路符号化法を，分散通信路符号化と呼ぶ[2]．以降では，単一協力ノードを用いた中継通信路及び複数協力ノードを介した中継通信路を例にとり，具体的な符号化法について説明する．

3.3.2.1 単一協力ノードを用いた中継通信路における分散通信路符号化

図 3.15 に示した単一協力ノードを用いた中継通信路において，送信情報として誤り訂正符号化を行った系列を仮定しよう．このとき協力ノードが正しく情報を復号し，終点ノードへと送信情報を再送すれば，Type-I ハイブリッド ARQ における再送処理を協力ノードにおいて行うことと等価となり，効果的な誤り訂正が実現できる．一方，Type-II ハイブリッド ARQ のように新たな冗長ビットを協力ノードから送信することもできる．この場合，協力ノードは確率的な要素符号器となり，無線分散通信路全体で構成される分散通信路符号を設計することができる．このような手法を，一般に符号化協力若しくは符号化協調（coded cooperation）通信と呼ぶ [21]～[23]．

ここでは一例としてターボ符号を用いた符号化協力通信について述べる．まず図 **3.16** に

---

[2] 前項において説明した中継ノードが同一の情報を再送する協力中継方式は，繰返し符号を用いた分散通信路符号化といえる．

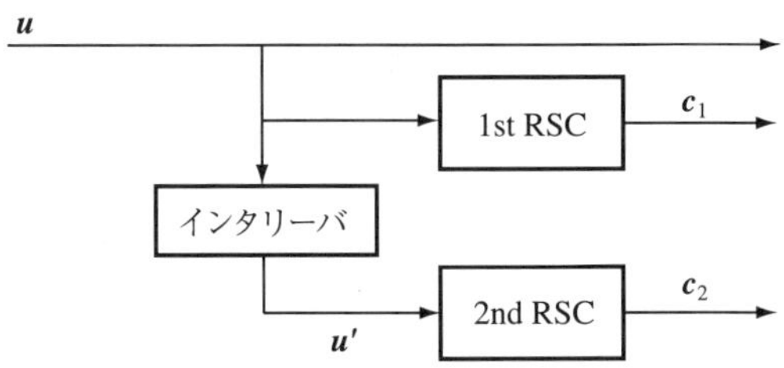

図 3.16 ターボ符号化器

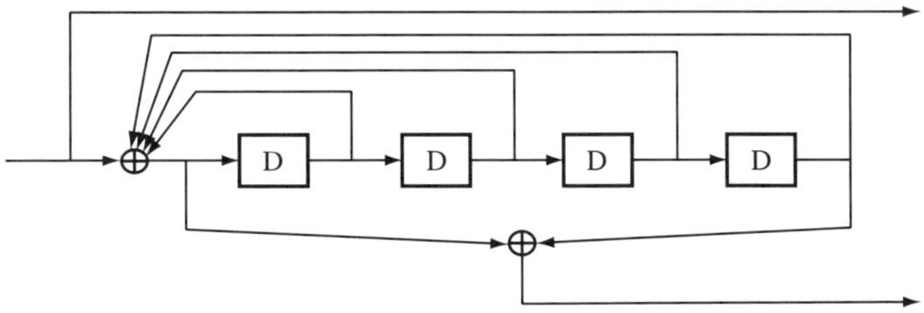

図 3.17 生成多項式 $(37, 21)_8$ の再帰的組織畳込み符号

ターボ符号の符号化器を示す．ターボ符号では，要素符号化器（elementary encoder）として**図 3.17** に示すような再帰的組織畳込み（RSC: recursive systematic convolutional）符号が用いられる．図 3.17 に示した RSC 符号は生成多項式 $(37, 21)_8$ で与えられ，ベローのターボ符号として広く知られている [26]．情報系列 $\boldsymbol{u}$ は，まず 1 番目の RSC 符号化器において符号化され，符号語系列 $\boldsymbol{c}_1$ を生成する．インタリーバ（interleaver）は情報列をランダムに並べ換え，出力する装置であり，その出力を $\boldsymbol{u}'$ とする．このとき，情報系列 $\boldsymbol{u}'$ に対して 2 番目の RSC 符号化器により符号化が行われ，符号語系列 $\boldsymbol{c}_2$ が生成される．2 番目の RSC 符号化器への入力である $\boldsymbol{u}'$ は $\boldsymbol{u}$ と同一であるため送信されず，全体の符号化率は 1/3 となる．

ターボ符号化協力通信では，始点ノード S が，$\boldsymbol{u}$ 及び $\boldsymbol{c}_1$ を送信する．協力ノード R は第 1 フェーズにおいてこれらの信号を受信し，誤り訂正復号を行う．情報が正しく復号できた場合，協力ノードは情報系列 $\boldsymbol{u}$ をインタリーブし，始点ノードと同一の RSC 符号化器によって $\boldsymbol{c}_2$ を生成する．第 1 フェーズにおいて終点ノードが情報を正しく復号できなかった場合，第 2 フェーズにおいて協力ノードから符号語系列 $\boldsymbol{c}_2$ が送信される．このとき，協力ノードは図 3.16 における 2 番目の RSC 符号器と同一の働きをしており，ネットワーク内に存在するノードを一種の確率的な符号化器として用いたことになる．また，協力ノードから送信された情報は，始点・終点ノード間の通信路応答 h_{SD} とは異なる通信路応答 h_{RD} をもつため，復号時に空間ダイバーシチ利得が獲得できる．

図 3.18 にターボ符号化協力通信におけるビット誤り率特性を示す．要素符号器として $(37, 21)_8$ を用い，協力ノードではビタビ復号を，終点ノードでは繰返し MAP 復号をそれぞれ用いた．以下では始点・終点ノード間の SNR を基準とし，リンク利得は $g_{SD} = g_{RD}$ であるとする．また簡単のため，g_{SR} を g_{SD} で正規化した正規化リンク利得 G を用いる．ターボ復号における繰返し数は 15 回，情報長は 3992 ビット，正規化リンク利得 G は，$0, 10, \infty$ [dB] を用いる．ここで $G = \infty$ は始点・協力ノード間に誤りがない理想的な協力状態であるとする．図 3.18 より，ターボ符号化協力通信によって，空間ダイバーシチ利得が 2 となり，大幅な誤り率特性

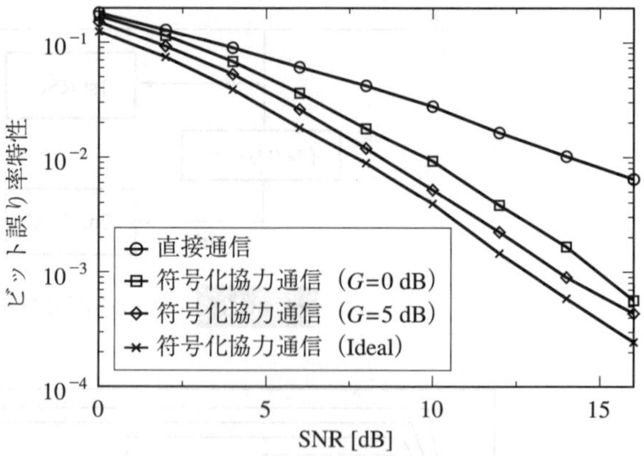

図 3.18 ブロックレイリーフェージング環境下におけるターボ符号化協力通信を用いた場合のビット誤り率特性．図中における **Direct Transmission** は始点・終点ノードのみによる直接通信を，**Ideal** は $G = \infty$ の場合を示す．

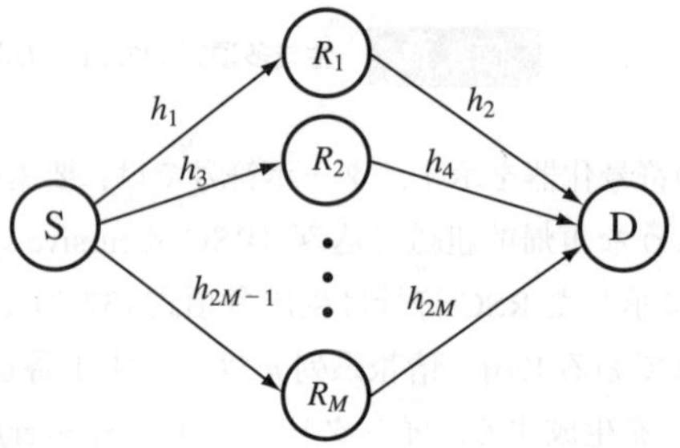

図 3.19 多数の協力ノードを介した中継通信送受信モデル

の改善が得られていることが分かる．また G の値が小さい場合，協力ノードが符号器として機能する確率が低下するため，特性が劣化していることが分かる．つまり，始点ノードと協力ノード間の距離が送信・終点ノード間の距離に比べて近いほど，符号化協力通信は有効であるといえる．

始点ノードから協力ノードへ送信される符号語は単一の通信路応答の影響を受けるため，ダイバーシチ利得が得られない．このため視点ノードの符号化器には，与えられた単一通信路に対して符号化利得が最大になるように設計するのが望ましい．一方，協力ノードにおける符号化器には，終点ノードにおける誤り率を小さくするように，ダイバーシチ利得を最大にするような設計が望ましい．

3.3.2.2 複数協力ノードを介した中継通信路における分散通信路符号化

前項までは，協力ノードが 1 ノードの場合について述べた．しかしセンサネットワークのような環境では，周囲に多数のノードが存在する可能性が高く，図 **3.19** に示すように，2 ノード以上の複数ノードの協力による中継通信が可能となる．このような場合，これらのノードを要素符号器とみなして，更なる分散符号化が可能である．例えば，Repeat-Accumulate（RA）符号に基づく符号化協調法 [24] や，複数のノードから逐次的に冗長ビットを伝送することによって Incremental Redundancy を実現する協調方式 [25] などが挙げられる．符号の設計によって，一定数以上の協力ノードを用いても，ダイバーシチ利得が得られない場合がある．しかしながらこのような状況においても多数のノードを用いることで，符号化利得を得ることは可能である．よって多数のノードが協力可能な状況では，できるだけ多くのノードを用いて分散符号を設計することにより，より効率的な通信が可能になる．

3.3.3 相関のある複数情報源の分散符号化

3.3.1 項及び 3.3.2 項では，複数ノード分散する場合に通信路符号化がどうあるべきかについて述べてきた．ここでは，マルチアクセス通信路を前提に，送信局が情報源符号化器と通信路符号化器から構成され，受信局も同様に通信路復号化器と情報源復号器から構成される場合を考え，情報源符号化と通信路符号化を統合する場合を考える．そのために，まず，2.1.3 項で述べたスレピアン–ウォルフ（Slepian-Wolf）情報源符号化定理の復習から始めよう．

簡単のため，二つの情報源 X と Y を考える．独立に情報源符号化した場合，誤りなく復号するために必要な符号長（ビット）はそれぞれ次式で与えられる．

$$R^X \geq H(X),\ \ R^Y \geq H(Y) \tag{3.76}$$

ここで，R^X 及び R^Y は情報源 X 及び Y の一つのシンボルを表すのに必要な情報レート（平均符号長）である．

さて，情報源 X と Y の間に相関がある場合，X と Y を独立に情報源符号化したとしても，一括して復号することができれば，それぞれを別々に復号した場合に比べて圧縮可能である．すなわち，

$$\begin{aligned} &R^X \geq H(X|Y),\ \ R^Y \geq H(Y|X) \\ &R^X + R^Y \geq H(X,Y) \end{aligned} \tag{3.77}$$

の情報レートが達成可能である．これが 2.1.3 項で紹介したスレピアン–ウォルフ情報源符号化定理である．

次に，情報源 X と Y をそれぞれ独立な通信路で伝送することを考える．また，単位時間当りに平均 1 シンボルを通信路符号化して伝送する．情報源 X と Y に対する通信路符号の符号化率をそれぞれ R_c^X，R_c^Y（$0 < R_c^X, R_c^Y \leq 1$）とすると，伝送レートは $R^X R_c^X$，$R^Y R_c^Y$ となる．ここで，2.1.2 項で述べたシャノン（Shannon）の通信路符号化定理で決まる通信路容量を C^X，C^Y（bit/symbol）とすると，誤りなく伝送するためには，以下を満たさなければならない．

$$R^X R_c^X \leq C^X,\ \ R^Y R_c^Y \leq C^Y \tag{3.78}$$

3.3.3.1 シャノン/スレピアン–ウォルフの情報源・通信路符号化定理

スレピアン–ウォルフの情報源符号化定理とシャノンの通信路符号化定理より次式の結合定理が導かれる．

$$\begin{aligned} &C^X/R_c^X \geq H(X|Y),\ \ C^Y/R_c^Y \geq H(Y|X) \\ &C^X/R_c^X + C^Y/R_c^Y \geq H(X,Y) \end{aligned} \tag{3.79}$$

通信容量が等しく，$C^X = C^Y = C$ とすると，

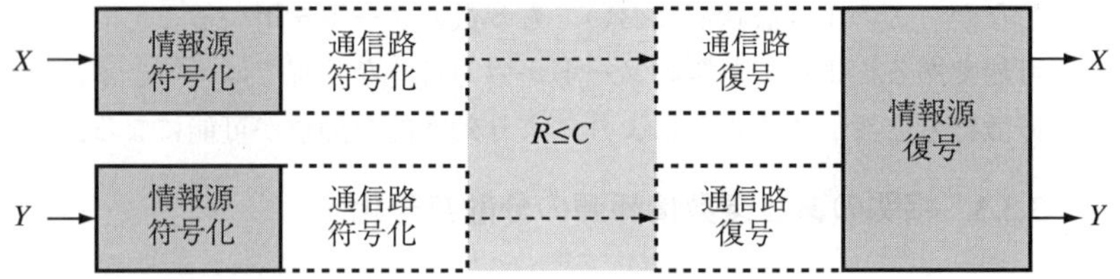

図 3.20 シャノン/スレピアン–ウォルフの情報源・通信路符号化モデル（情報源符号化の観点）

$$\tilde{R} = \frac{H(X,Y)}{2} \cdot \frac{2}{1/R_c^X + 1/R_c^Y} \leq C \tag{3.80}$$

となる．ここで $\tilde{R}$ は，X と Y を誤りなく伝送できる最小の平均伝送レートである．さて，右辺の $H(X,Y)$ はスレピアン–ウォルフの情報源符号化を表し，相関のある情報源 X と Y をそれぞれ独立に符号化，一括して復号することによって達成できる情報レートである．また $R_c^X = R_c^Y = R_c$ とおくと $2/(1/R_c^X + 1/R_c^Y) = R_c$ となり従来と変わりないことが分かる．

図 **3.20** に，シャノン/スレピアン–ウォルフの情報源・通信路符号化モデルを示す．同図は，スレピアン–ウォルフの情報源符号化の観点，すなわち式 (3.80) をモデル化したものであり，情報源復号を一括して行うことことでスレピアン–ウォルフの情報源符号化定理で示される情報レートを達成する．

では，情報源復号を一括して行う代わりに通信路復号を一括して行うとどうなるだろう．式 (3.80) の伝送レート $\tilde{R}$ を次のように変形する．

$$\tilde{R} = \frac{H(X) + H(Y)}{2} \cdot \frac{H(X,Y)}{H(X) + H(Y)} \cdot \frac{2}{(1/R_c^X + 1/R_c^Y)} \leq C \tag{3.81}$$

更に通信路符号化の平均符号化率を $\tilde{R}_c$ とおくと式 (3.81) は

$$\tilde{R} = \frac{H(X) + H(Y)}{2} \cdot \tilde{R}_c \leq C \tag{3.82}$$

と書くことができる．ここで $\tilde{R}_c$ は

$$\tilde{R}_c = \frac{H(X,Y)}{H(X) + H(Y)} \cdot \frac{2}{(1/R_c^X + 1/R_c^Y)} \tag{3.83}$$

である．上式において $R_c^X = R_c^Y = R_c$ とおくと $\tilde{R}_c$ は次式となる．

$$\tilde{R}_c = \frac{H(X,Y)}{H(X) + H(Y)} \cdot R_c \tag{3.84}$$

情報源 X と Y の間に相関がある場合 $H(X,Y) \leq H(X) + H(Y)$ となるため $\tilde{R}_c \leq R_c$ となる．このように，スレピアン–ウォルフの情報源符号化定理を通信路符号化（平均符号化率 $\tilde{R}_c$）の観点から扱うこともできる．この場合，図 **3.21** のようにモデル化でき，スレピアン–ウォルフの情報源符号化によって新たに達成可能になる情報レートを通信路符号化による伝送レートとして扱っている．

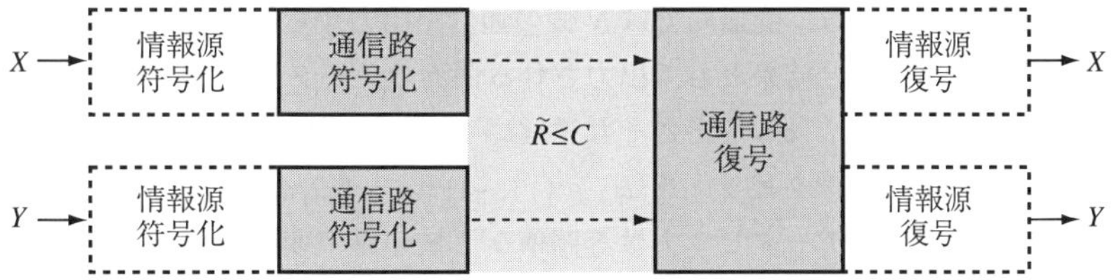

図 3.21 シャノン/スレピアン–ウォルフの情報源・通信路符号化モデル（通信路符号化の観点）

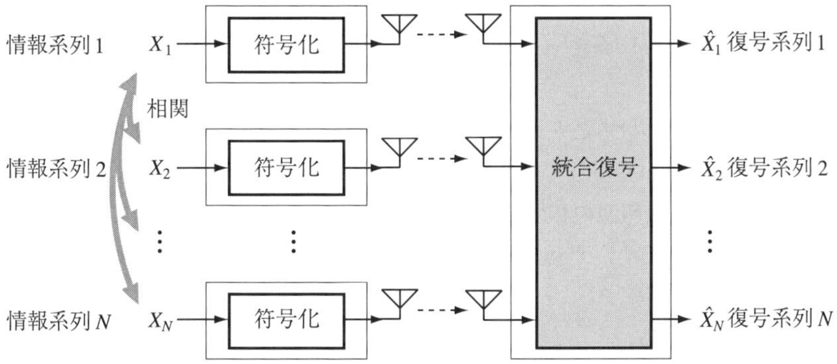

図 3.22 分散通信路符号化・統合通信路復号の概略図

スレピアン–ウォルフの情報源符号化定理では，相関のある情報源 X と Y を一括して復号する．こうすることで，それぞれ個別に復号する場合に比べて平均符号長をより短く，すなわち情報レートを小さくできることを示している（図 3.20）．一方，式 (3.82) では，スレピアン–ウォルフの情報源符号化定理で新たに達成できる情報レートの減少分を通信路復号に利用できることを示している（図 3.21）．

2.1.2 項で示したように通信路容量は次式で与えられる．

$$C = \log_2\left(1 + \frac{P}{\sigma^2}\right) \quad \text{[bit/symbol]}$$

ただし，P は送信電力，σ^2 は伝送路で加わる白色ガウス雑音の電力である．ここで，図 3.21 のモデルを考えてみよう．情報源 X と Y に相関がある場合，たとえ情報源符号化及び通信路符号化を個別に行った場合であっても，通信路復号を一括して行う統合復号ができれば，P/σ^2 で与えられる SN 比より小さい SN 比で伝送したとしても誤りなく復号できることになる．

3.3.4 相関のある情報源に対する分散通信路符号化・統合通信路復号

それでは，実際にスレピアン–ウォルフの情報源符号化定理で得られる利得を通信路符号化の利得として見た場合，どのくらい誤り率特性が改善できるのか評価してみよう．

(1) システムモデル **図 3.22** にシステムモデルの概略図を示す．同図では N 個の送信局（情報源）と 1 個の受信局からなる分散通信路符号化・統合通信路復号システムを示している．簡単のため，情報源符号化及び情報源復号は省略する．

各送信局は相関のある N 個の送信データをそれぞれ独立に通信路符号化し，通信路を通じて受信局へ送る．受信局では N 個の通信路出力から統合的に通信路復号を行う．統合通信路復号では，復号結果として出力される個々のデータ間の相関を利用して特性改善を図る．

今，$\boldsymbol{x}_1, \boldsymbol{x}_2, \ldots, \boldsymbol{x}_N$ をそれぞれ送信局 $1, 2, \ldots, N$ から送信されるデータ系列とする．系列 $\boldsymbol{x}_n$ の k 番目のデータビットを $x_{n,k} \in \{+1, -1\}$（$n = 1, 2, \ldots, N$，$k = 1, 2, \ldots, K$）で表す．K は系列長である．各データビットは等確率な 2 値の確率変数であるものとし，k に関して独立とする．すなわち，$P(x_{n,k} = \pm 1 \mid x_{n,l(\neq k)}) = P(x_{n,k} = \pm 1) = 1/2$ である．

系列 $\boldsymbol{x}_n$ と $\boldsymbol{x}_m$（$m \neq n$）の間の相関の大きさは

$$\frac{1}{K}\sum_{k=1}^{K}(x_{n,k} \cdot x_{m,k})$$

により特徴づけることができる．この値は，$\boldsymbol{x}_n$ と $\boldsymbol{x}_m$ が全く同じ系列の場合に 1 となり，互いに系列の半分が異なっている場合に 0 となる．これより，各データビットに関してエルゴード性を仮定し，情報源の相関係数を $\rho_{nm} = \mathrm{E}\{x_{n,k} x_{m,k}\}$（すべての k について）と定義する．以下では簡単のため，インデックス k は必要なとき以外は表記を省略する．相関係数 ρ_{nm} が与えられたとき，結合確率 $P(x_n, x_m)$ は $P(x_n = \pm 1, x_m = \pm 1) = (1 + \rho_{nm})/4$ 及び $P(x_n = \mp 1, x_m = \pm 1) = (1 - \rho_{nm})/4$ で与えられる．

(2) 繰返し統合通信路復号　統合通信路復号器は図 **3.23** のように，N 個の受信系列に対応した繰返し復号器の間で外部情報を互いに交換しながら繰り返し復号を行う [27]．また各復号器は，外部情報から情報の相関成分を事前情報として利用しており，通常の MAP 復号アルゴリズムを図 **3.24** のように拡張している．

さて，復号器において外部情報が与えられた場合のデータ系列 $\boldsymbol{x}_n$ の MAP 復号に着目し，MAP 復号器からの外部情報出力及び MAP 復号器への事前情報入力は独立なガウス確率変数によりモデル化できるものとする [28]．これより $\boldsymbol{x}_n$ の MAP 復号において，データビット x_n に関する軟値出力は次式の形式で与えられる．

$$S_n = \mu_{S_n} \cdot x_n + w_{S_n}, \quad \mu_{S_n} = \sigma_{S_n}^2 / 2 \tag{3.85}$$

ここで，w_{S_n} は平均 0 で，分散 $\sigma_{S_n}^2$ のガウス確率変数である．

すべての通信路出力 $\boldsymbol{r}_n$（データビットとパリティビットに関する離散時間受信信号）に加

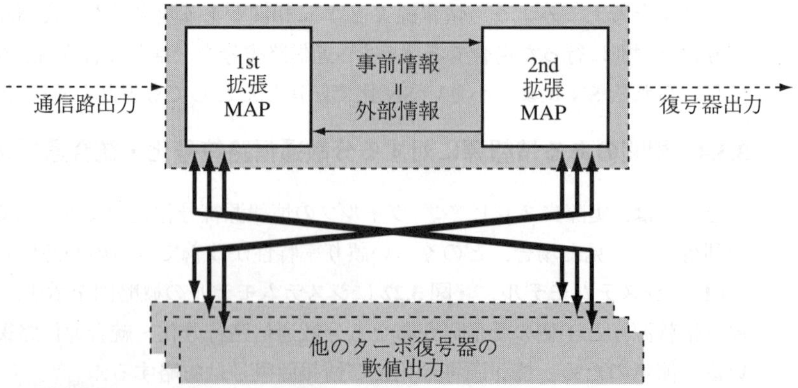

図 3.23　**繰返し統合通信路復号器**（復号器間で軟値出力を互いにフィードバック）

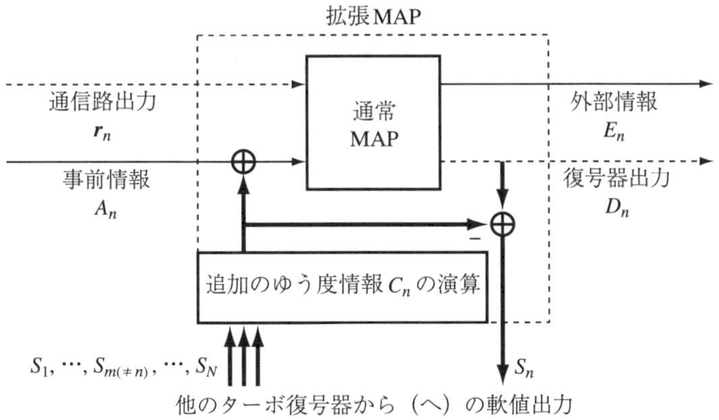

図 3.24 外部情報から情報の相関成分を事前情報として利用する MAP 復号器

え，他のターボ復号器の軟値出力 $S_1, S_2, \ldots, S_{m(\neq n)}, \ldots, S_N \triangleq \backslash\{S_n\}$ が外部情報として与えられたとき，MAP 復号器はデータビット x_n に関して事後確率 $P(x_n \,|\, \boldsymbol{r}_n,\ \backslash\{S_n\})$ の対数ゆう度比（式 (3.86)）を計算する．

$$D_n = \ln \frac{P(x_n = +1 \,|\, \boldsymbol{r}_n,\ \backslash\{S_n\})}{P(x_n = -1 \,|\, \boldsymbol{r}_n,\ \backslash\{S_n\})} \tag{3.86}$$

復号ビットは復号器出力の硬判定により与えられる．すなわち，$D_n \geq 0$ のとき $\hat{x}_n = +1$，$D_n < 0$ のとき $\hat{x}_n = -1$ である．更に，式 (3.85) の仮定を用いることで，式 (3.86) は次式のように簡単な形に変形できる．

$$D_n = Z_n + A_n + C_n + E_n \tag{3.87}$$

通信路情報 Z_n と事前情報 A_n はそれぞれ次式で定義される．

$$Z_n = \ln \frac{P(z_n \,|\, x_n = +1)}{P(z_n \,|\, x_n = -1)}, \quad A_n = \ln \frac{P(x_n = +1)}{P(x_n = -1)} \tag{3.88}$$

ここで，z_n は x_n に関する離散時間受信信号である．AWGN 通信路においては，Z_n は式 (3.85) と同様の形式で表すことができ，ガウス確率変数の分散は $\sigma^2_{Z_n} = 4/\sigma^2_n$ である．1 ビット当りの SN 比を E_b/N_0，符号化率を R_c とすれば，$E_b/N_0 = 1/(2R_c\sigma^2_n)$ である．式 (3.87) の復号器出力 D_n は A_n と C_n の和が事前情報入力であるとみなすことで，通常の MAP 復号アルゴリズムにより計算することができる．繰返し復号処理により，外部情報 E_n（$= D_n - Z_n - A_n - C_n$）はインタリーバに通され，次の MAP 復号器への事前情報入力 A_n となる．また，通信路情報 Z_n，事前情報 A_n 並びに外部情報 E_n はいずれもガウス確率変数でモデル化できることから，外部情報 S_n はこれらのゆう度情報の和 $S_n = Z_n + A_n + E_n$ により与えることができ，繰返し復号処理に合わせて更新される．追加のゆう度情報である C_n は外部情報 $\backslash\{S_n\}$ より次のように求められる．

$$C_n = \ln \frac{P(\backslash\{S_n\} \,|\, x_n = +1)}{P(\backslash\{S_n\} \,|\, x_n = -1)}$$

$$= \ln \frac{\sum\left\{e^{(x_1 \cdot S_1 + x_2 \cdot S_2 + \cdots + x_m \cdot S_{m(\neq n)} + \cdots + x_N \cdot S_N)/2} P(x_1, x_2, \ldots, x_{m(\neq n)}, \ldots, x_N \mid x_n = +1)\right\}}{\sum\left\{e^{(x_1 \cdot S_1 + x_2 \cdot S_2 + \cdots + x_m \cdot S_{m(\neq n)} + \cdots + x_N \cdot S_N)/2} P(x_1, x_2, \ldots, x_{m(\neq n)}, \ldots, x_N \mid x_n = -1)\right\}} \tag{3.89}$$

式 (3.89) の $\sum$ は，$x_1 = \pm 1, x_2 = \pm 1, \ldots, x_{m(\neq n)} = \pm 1, \ldots, x_N = \pm 1$. のすべての 2^{N-1} 通りの組合せについての和である．等確率な 2 値の確率変数 $x_s \in \{+1, -1\}$ との条件付き確率 $P(x_1 \mid x_s), P(x_2 \mid x_s), \ldots, P(x_N \mid x_s)$ によって送信データ系列 $\boldsymbol{x}_1, \boldsymbol{x}_2, \ldots, \boldsymbol{x}_N$ は互いに相関を有し，式 (3.90) で与えられる結合確率をもつものとする．

$$P(x_1, x_2, \ldots, x_N) = \sum_{x_s = \pm 1} P(x_1 \mid x_s) P(x_2 \mid x_s) \cdots P(x_N \mid x_s) P(x_s) \tag{3.90}$$

$P(x_n = \pm 1 \mid x_s = \pm 1) = q$ 及び $P(x_n = \mp 1 \mid x_s = \pm 1) = 1 - q$ とすれば，確率 q は $q = (1 + \sqrt{\rho})/2$ で与えられる．ここで，情報源の相関係数はすべての系列に関して等しく ρ，すなわち，すべての n と m（$\neq n$）について，$\rho_{nm} = \rho$ とする．

統合通信路復号器の特性をビット誤り率を用いて評価する．符号器にはそれぞれ，符号化率 1/3 のターボ符号器を用いる．平均特性を得るために，通信路容量が等しくなるよう，各 AWGN 通信路におけるデータビット当りの SN 比（E_b/N_0）は等しいものとする．

統合通信路復号器の復号特性を**図 3.25** に示す．ここで，情報源の相関係数を $\rho = 0.8$，系列長を $K = 10000$，繰返し復号回数 20 回とした．図中の実線及び破線はそれぞれ，要素畳込み符号器の生成多項式が $(23, 35)_8$, $(37, 21)_8$ の場合を示している．3.3.2 項において述べたとおり，生成多項式 $(37, 21)_8$ はベローのターボ符号 [26] として広く知られているものである．また，生成多項式 $(23, 35)_8$ は waterfall 領域の特性は劣るものの，エラーフロアの低い特性が得られることで知られている [29]．図 3.25 が示すように，生成多項式によらず，送信局数 N が増えることにより通常のターボ復号器と比較して大きな利得が得られている．

（3） 情報源の相関の推定　復号器において情報源の相関が未知である場合，$P(x_1, x_2, \ldots, x_{m(\neq n)}, \ldots, x_N \mid x_n)$ を推定する必要がある．この確率値を推定する最も簡単な方法の一つは，復号データ系列 $\hat{\boldsymbol{x}}_1, \hat{\boldsymbol{x}}_2, \ldots, \hat{\boldsymbol{x}}_N$ の中に $x_1, x_2, \ldots, x_N$ が含まれる回数を数える手法である．こうすることで統合通信路復号器で情報源の相関を知らなくても，復号器出力のみにより式 (3.89)

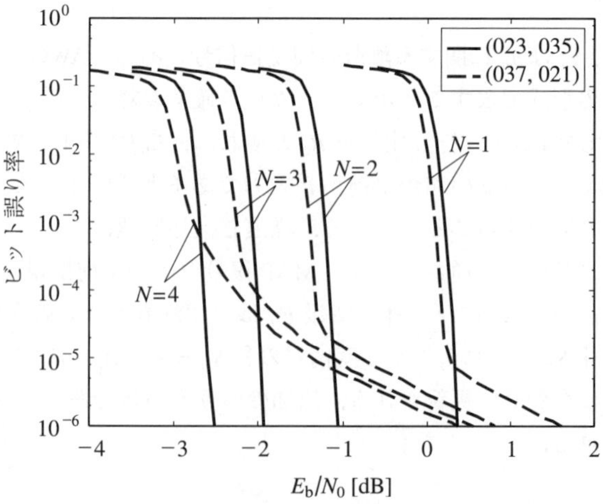

図 3.25　送信局数 N を増やした場合のビット誤り率特性の比較（$\rho = 0.8$，繰返し復号回数 20 回）

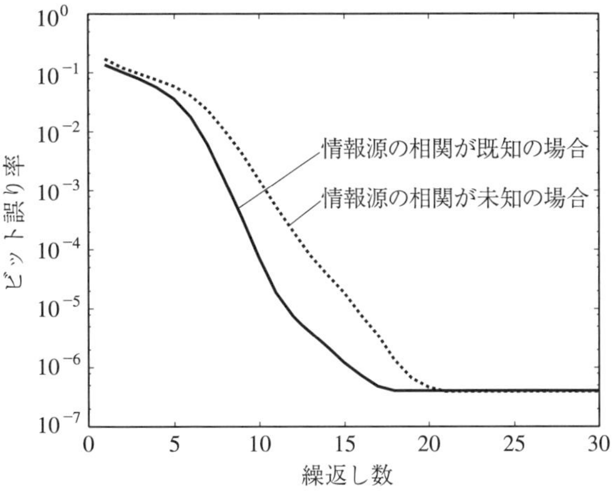

図 3.26　**統合通信路復号器で相関が既知の場合と相関の推定を行った場合における，繰返し数によるビット誤り率特性の改善**（$E_b/N_0 = -2.5$ [dB]，$\rho = 0.8$，$N = 4$）

のゆう度情報を計算できる．推定値である $\hat{P}(\cdot)$ は次式で求められる．

$$\hat{P}(x_1, x_2, \ldots, x_{m(\neq n)}, \ldots, x_N \mid x_n) = \frac{\text{the number of } \hat{x}_1 = x_1, \hat{x}_2 = x_2, \ldots, \hat{x}_N = x_N}{\text{the number of } \hat{x}_n = x_n} \tag{3.91}$$

相関の推定は各要素 MAP 復号器ごとに行われ，外部情報と同様，繰返し復号処理に合わせて更新される．

図 3.26 に統合通信路復号器で相関が既知の場合と相関の推定を行った場合におけるビット誤り率特性を示す．情報源の相関係数は $\rho = 0.8$，送信局数は $N = 4$ とした．横軸は繰返し回数であり，$E_b/N_0 = -2.5$ [dB] としている．この $E_b/N_0 = -2.5$ [dB] は，図 3.25 で確認できるように，$N = 4$ において，ビット誤り率特性が急しゅんに改善を始めるクリフポイントである．

図 3.26 の実線の特性は，復号器において情報源の相関が既知の場合，すなわち，式 (3.89) のゆう度情報の計算において $P(x_1, x_2, \ldots, x_{m(\neq n)}, \ldots, x_N \mid x_n)$ が既知である場合の特性を示している．一方，点線の特性は復号器において情報源の相関が未知の場合の特性を示している．この場合は，式 (3.91) の推定手法を繰返し復号処理において適用している．

図より，相関の推定を行う場合，繰返し数が 20 以下では相関が既知の場合よりビット誤り率の特性が劣化している．しかし，繰返し数が 20 回を超えると，どちらの場合でも，それ以上繰返し数を増やしてもビット誤り率の改善は見られない．言い換えると，繰返し数が 20 回を超えると，相関の推定による劣化は生じないことになる．

ところで，通常のターボ復号器では，繰返し数が 6 回を超えるとビット誤り率の改善が小さくなることが知られている [26]．これに比べて，統合通信路復号器では繰返し数が 20 回以上も必要になる．この理由について考えてみたい．

これまで述べてきたように，情報源に相関がある場合は，より低い SNR でも所望のビット誤り率を達成できる．しかし，これは，復号の初期状態，すなわち最初に復号器に入ってくる信号の SNR が通常より低い状況で復号を行うことを意味する．先の例だと，$E_b/N_0 = -2.5$ [dB] である．このため，復号の初期状態では，他の復号器へフィードバックする軟値出力も小さな値をとる．この軟値出力は，繰返し復号処理の過程で更新されて徐々に大きくなっていくのだが，最初の値が小さいため，十分な信頼性を伴う値となるまでには，より多くの繰返し復号処理が必要になる．このため，統合通信路復号器では，通常のターボ復号器に比べて，より多くの繰返し復号を行わないと所望の誤り率を達成できない．

3.4 分散 MIMO 技術

ラスト 1 ホップを担ってきた従来の無線通信のトポロジーは基本的には 1 対 1 である．これに対して第 2 章に紹介したマルチユーザ MIMO 技術は 1 対多のスタートポロジーを可能とする．しかしながらマルチユーザ MIMO では，各ユーザは独立な情報を送受信しており，ユーザ間の連携やフローの制御といった概念は含まれていない．本節で取り扱う分散 MIMO 技術（distributed MIMO，network MIMO）は，マルチユーザ MIMO の主要な技術である MIMO マルチアクセスと MIMO ブロードキャストを情報の合流と分岐ととらえ，それらを組み合わせることで分散 MIMO ネットワーク（distributed MIMO network）を構成し，接続されたノードに連携とフロー制御の機能を与えることでインテリジェントな無線分散ネットワークを構築する技術である [30]．よって従来の MIMO 通信の特徴であるストリーム空間多重という概念はネットワーク内のフロー多重（flow multiplexing）という概念に引き継がれ，更に中継機能などを加えることでネットワークのトポロジー制御（topology control）すら可能とする特徴がある．

多様なトポロジーが考えられる分散 MIMO 技術の中で，本節では特に図 **3.27** に示す複数の端末（ユーザ）が連携してアクセスポイント（基地局）と空間多重通信を行う端末連携 MIMO（user cooperative MIMO），複数のアクセスポイントが連携して一つまたは複数の端末と空間多重通信を行うアクセスポイント（基地局）連携 MIMO（basestation cooperative MIMO），及びネットワーク上の双方向フローを中継ノードにおいて空間多重する双方向 MIMO 中継（two-way MIMO relay），またその拡張である双方向 MIMO マルチホップ中継（two-way MIMO multi-hop relay）に焦点を当てて説明を行う．なお 3.2 節や 3.3 節に紹介した協力中継や分散通信路符号化ともトポロジー的には類似しているが，分散 MIMO 技術では複数アンテナまたはノードを用いたフロー多重により通信路容量を拡大する点が大きく異なる．また通常の MIMO 空間多重通信の送受信ノード間に複数の中継ノードを設ける MIMO 中継方式も検討されているが，これは中継ノードを MIMO 伝搬路の一部としてとらえると，通常の MIMO 空間多重に議論が帰着するため本節では深い議論は行わない．

この分散 MIMO 技術を習得するためには，2.2 節で紹介した多次元信号処理を理解していることが望ましい．特に本節では固有モード伝送を行う MIMO 空間多重及び ZF 送受信重みを用いたマルチユーザ MIMO を前提知識としている．これらの MIMO 空間多重やマルチユー

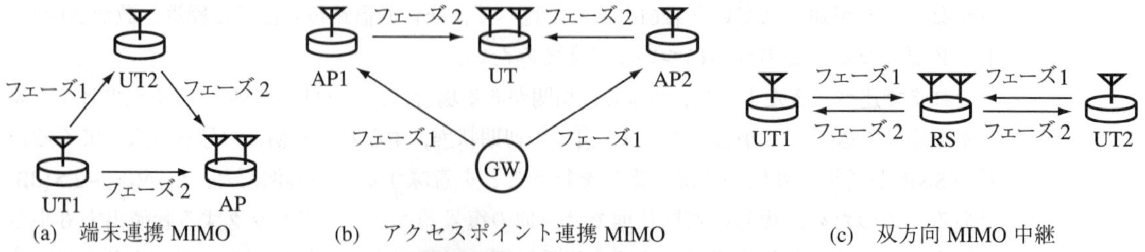

図 3.27　分散 MIMO 技術の例

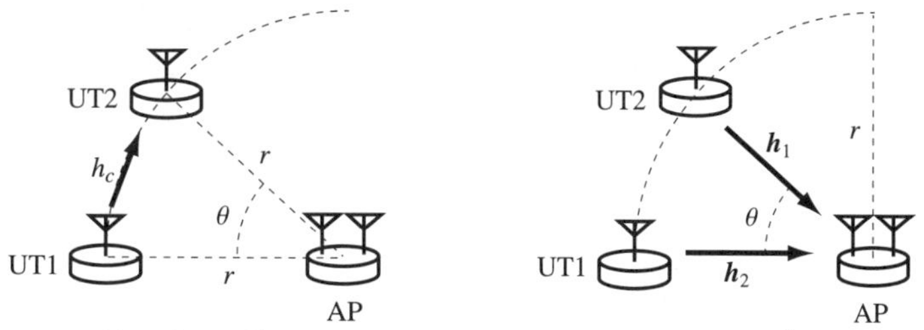

(a) フェーズ 1 (b) フェーズ 2

図 3.28 端末連携 MIMO

ザ MIMO 技術をネットワーク的に発展させたものが分散 MIMO 技術である．今後は，様々な無線ネットワークに対してそれぞれのトポロジーに応じた分散 MIMO 技術が発展すると考えられる．現在考えられている分散 MIMO 技術の応用例としては，基地局連携セルラネットワークや時分割同期型のアドホックネットワークがあるがその詳細は第 4 章で紹介する．

3.4.1 端末連携 MIMO

図 3.28 に示す端末連携 MIMO 技術はアザリアン（K.Azarian）ら [31] を中心に研究が進められ 2000 年代より注目を集めている技術である．またの名をバーチャル MIMO（virtual MIMO）ともいう．この端末連携 MIMO では，複数の端末が連携して MIMO 空間多重通信を行う．そのためには端末間で制御情報及びデータを共有するための高速な無線リンクが必要となる．このためにアクセス回線とは異なる高速な無線方式（例えばウルトラワイドバンドやミリ波通信など）を用いる方法も検討されているが，本項ではアクセス回線を時間的に二つのフェーズに分けて，フェーズ 1 では情報の共有，フェーズ 2 では連携した空間多重通信を行うものとする．

はじめにこの端末連携 MIMO システムを数学的にモデル化する．ここでは単一のアンテナをもつ $K = 2$ 台の端末と，$M = 2$ 素子のアンテナをもつアクセスポイント（基地局）間の通信を考える．はじめにフェーズ 1 の情報共有を考える．端末 1 が送信元，端末 2 が連携ノードであるとし，共有する情報から生成した送信信号を x_c，端末 1 と端末 2 間の通信路応答を h_c とすると，端末 2 の受信信号 y_2 は次式となる．

$$y_2 = h_c x_c + n_2 \tag{3.92}$$

ここで端末 1 の送信電力は $P_1 = \mathrm{E}[|x_c|^2]$ で与えられ，端末 2 の雑音電力は $\sigma^2 = \mathrm{E}[|n_2|^2]$ であるものとする．これらよりフェーズ 1 の通信路容量は次式に計算される．

$$C_{\mathrm{p}1} = \log_2\left(1 + \frac{|h_c|^2 P_1}{\sigma^2}\right) \tag{3.93}$$

次にフェーズ 2 では端末 1 と端末 2 が連携してアクセスポイントに対して MIMO 空間多重通信を行う．端末 1 と端末 2 の送信信号をそれぞれ x_1，x_2 とし，それぞれの端末とアクセスポイント間の通信路ベクトルを $\boldsymbol{h}_1, \boldsymbol{h}_2 \in \mathbb{C}^{M\times 1}$ とすると，アクセスポイントの受信信号ベクトル $\boldsymbol{y} \in \mathbb{C}^{M\times 1}$ は次式に計算できる．

$$\boldsymbol{y} = \boldsymbol{h}_1 x_1 + \boldsymbol{h}_2 x_2 + \boldsymbol{n} = \boldsymbol{H}\boldsymbol{x} + \boldsymbol{n} \tag{3.94}$$

ここで $\boldsymbol{H} \in \mathbb{C}^{M\times K}$ は二つの通信路ベクトルをまとめた行列であり，$\boldsymbol{x} \in \mathbb{C}^{K}$ は二つの送信信号をまとめたベクトルであり，$\boldsymbol{n} \in \mathbb{C}^{M}$ は共分散が $\mathrm{E}[\boldsymbol{n}\boldsymbol{n}^{\mathrm{H}}] = \sigma^2 \boldsymbol{I}_M$ で与えられるアクセスポイントの雑音ベクトルである．また端末 1 と 2 の送信電力はそれぞれ $P_1 = \mathrm{E}[|x_1|^2]$ 及び $P_2 = \mathrm{E}[|x_2|^2]$ で与えられるものとする．このときフェーズ 2 の通信路容量は次式で計算される．

$$C_{\mathrm{p2}} = \log_2 \det\left(\boldsymbol{I}_M + \frac{\boldsymbol{H}\boldsymbol{P}\boldsymbol{H}^{\mathrm{H}}}{\sigma^2}\right) \tag{3.95}$$

ここで $\boldsymbol{P} = \mathrm{diag}[P_1, P_2] \in \mathbb{R}^{K\times K}$ は二つの端末の送信電力を表す行列である．

フェーズ 1 とフェーズ 2 にはそれぞれ α と $(1-\alpha)$ の時間が割り当てられるものとする．ただし $0 \leq \alpha < 1$ である．このとき端末連携 MIMO の通信路容量は二つのフェーズの最小カットで与えられるため，制限された範囲で二つの通信路容量を等しくする α が端末連携 MIMO の通信路容量を最大化する．このときの α は次式で与えられる．

$$\alpha = \frac{C_{\mathrm{p2}}}{C_{\mathrm{p1}} + C_{\mathrm{p2}}} \tag{3.96}$$

よって端末連携 MIMO の通信路容量は次式となる．

$$C = \min\{\alpha C_{\mathrm{p1}}, (1-\alpha) C_{\mathrm{p2}}\} = \frac{C_{\mathrm{p1}} C_{\mathrm{p2}}}{C_{\mathrm{p1}} + C_{\mathrm{p2}}} \tag{3.97}$$

フェーズ 1 の容量は二つの端末間の距離が近ければ近いほど増加し，フェーズ 2 の容量は端末とアクセスポイント間距離が近いほど，また連携多重数が多いほど増加する．

図 3.29 に端末連携 MIMO（UT cooperative MIMO）の通信路容量の計算例を示す．端末の配置は図 3.28 を仮定した．すなわち端末はアクセスポイントから距離 r に位置し，アクセスポイントから見て角度 θ [deg] だけ端末同士が離れている．例えば連携端末間の距離が 1 [m] で端末アクセスポイント間距離が 100 [m] の場合，この見込み角 θ は約 0.6 [deg] となる．簡単のために端末のアンテナ数は 1，アクセスポイントのアンテナ数は 2 としている．また伝搬路

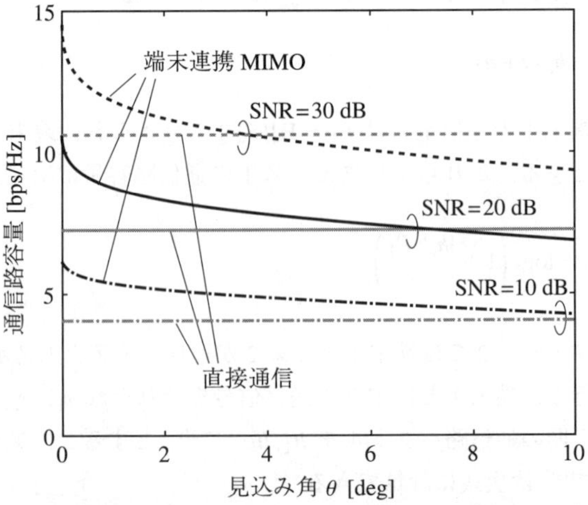

図 3.29 端末連携 MIMO の通信路容量特性

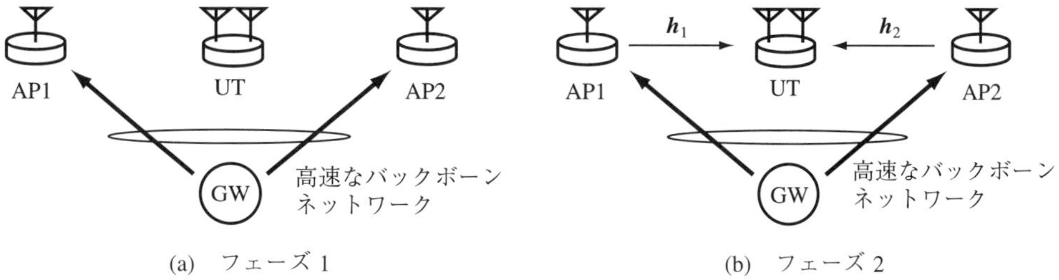

図 3.30 アクセスポイント連携 MIMO

の距離減衰は 3.5 乗則に従うものとし，それぞれの伝搬路は独立で無相関なレイリーフェージング変動を受けるものとした．比較対象として，1 送信 2 受信の直接通信の結果を含めている．図より端末間の見込み角が小さい場合には連携多重の効果により通信路容量が直接通信に比べて拡大することが分かる．一方，端末間距離が遠い（見込み角が大きい）場合には情報の共有に時間が掛かるため直接通信の方が有利になる．

3.4.2 アクセスポイント（基地局）連携 MIMO

図 3.30 に示すアクセスポイント（基地局）連携 MIMO 技術はチャン（H. Zhang）ら [32] を中心に 2000 年代より研究が進められてきた．このアクセスポイント連携 MIMO はアプリケーションによって多くの呼び名をもっており，ローカルな無線ネットワークでは分散 MIMO などと呼ばれたり，セルラネットワークでは，マルチセル MIMO（multi-cell MIMO），マルチサイト MIMO（multi-site MIMO），連携マルチポイント（cooperative multi-point）などとも呼ばれている．

このアクセスポイント連携 MIMO は，端末連携 MIMO と同様に情報を共有した複数のアクセスポイントが連携して MIMO 空間多重通信を行う．また情報共有にはアクセスポイント間に張り巡らされた高速なバックボーンネットワーク（backbone network）を用いる．そのためフェーズ 1 の情報共有には特別な時間は割かず，フェーズ 2 と同時にかつ高速に情報共有が行われるため時間分割による損失は発生しない．また情報共有がバックボーンネットワークにより行われるため，連携するアクセスポイント間の距離も問題とはならない．よって図 3.30 のように離れた距離にある二つのアクセスポイントがその中間地点にある一つまたは複数の端末に連携多重通信を行うことが可能となる．

一般に二つのアクセスポイント（基地局）の中間地点はエリア端またはセル端と呼ばれ，最も受信電力が低くまた隣接するアクセスポイント（基地局）からの干渉を最も大きく受ける場所である．よってこのようなエリア端においてアクセスポイントが連携を行うことは，干渉を低減する効果と空間多重通信の効果の双方の意味で重要となる．一方で二つのアクセスポイントが連携して一つの端末に通信を行う場合は，端末の容量はエリア端で大きく改善するが，二つのアクセスポイントのリソースを占有してしまうためネットワークの容量が低減する．この問題を解決する方法としてアクセスポイント連携マルチユーザ MIMO（basestation cooperative multi-user MIMO）がある．これは連携したアクセスポイントの合成されたアンテナを用いて複数のユーザに対してマルチユーザ MIMO 通信を行うものである．マルチユーザの多重通信によりネットワークのスループットが改善し，異なるアクセスポイントからの複数ストリームの空間多重効果により端末のスループットも改善する．

3.4.2.1 アクセスポイント連携シングルユーザ MIMO

はじめに $K_{\mathrm{UT}} = 1$ 台の端末に $K_{\mathrm{AP}} = 2$ 台のアクセスポイントが空間多重通信を行うアクセスポイント連携 MIMO を数学的にモデル化する．端末のアンテナ素子数は $M_{\mathrm{UT}} = 2$ とし，アクセスポイントのアンテナ素子数は簡単のために $M_{\mathrm{AP}} = 1$ とする．また $M = M_{\mathrm{UT}}$ と $N = K_{\mathrm{AP}}M_{\mathrm{AP}}$ という記号を改めて定義する．アクセスポイント 1 と 2 の送信信号をそれぞれ x_1，x_2 とし，それぞれのアクセスポイントと端末間の通信路ベクトルを $\boldsymbol{h}_1, \boldsymbol{h}_2 \in \mathbb{C}^M$ とすると，端末の受信信号ベクトル $\boldsymbol{y} \in \mathbb{C}^M$ は次式で与えられる．

$$\boldsymbol{y} = \boldsymbol{h}_1 x_1 + \boldsymbol{h}_2 x_2 + \boldsymbol{n} = \boldsymbol{H}\boldsymbol{x} + \boldsymbol{n} \tag{3.98}$$

ここで $\boldsymbol{H} \in \mathbb{C}^{M\times N}$ は二つの通信路ベクトル（行列）をまとめた行列であり，$\boldsymbol{x} \in \mathbb{C}^N$ は二つの送信信号をまとめたベクトルであり，$\boldsymbol{n} \in \mathbb{C}^M$ は共分散が $\mathrm{E}[\boldsymbol{n}\boldsymbol{n}^{\mathrm{H}}] = \sigma^2 \boldsymbol{I}_M$ で与えられる端末の雑音ベクトルである．これらよりアクセスポイント連携 MIMO の通信路容量は二つのアクセスポイントと端末間で構成される伝搬路を大きな MIMO 通信路だととらえることで以下に計算できる．

$$C = \log_2 \det\left(\boldsymbol{I}_M + \frac{\boldsymbol{H}\boldsymbol{R}_{\mathrm{X}}\boldsymbol{H}^{\mathrm{H}}}{\sigma^2}\right) \tag{3.99}$$

ここで $\boldsymbol{R}_{\mathrm{X}} \in \mathbb{C}^{N\times N}$ は連携した送信信号ベクトル $\boldsymbol{x}$ の相関行列であり，連携するアクセスポイントで通信路情報を共有している場合は以下に最適化できる．

$$\boldsymbol{X} = \boldsymbol{V}\boldsymbol{P}\boldsymbol{V}^{\mathrm{H}} \tag{3.100}$$

ここで $\boldsymbol{V} \in \mathbb{C}^{N\times L}$ は連携した通信路行列 $\boldsymbol{H}$ の右特異行列であり，L は $\boldsymbol{H}$ の階数すなわち連携 MIMO の空間多重ストリーム数に相当している．また $\boldsymbol{P} = \mathrm{diag}[P_1, \ldots, P_L] \in \mathbb{R}^{L\times L}$ はストリームごとの送信電力である．これらは，ネットワークの総送信電力（またはアクセスポイントごとの送信電力）一定の条件下で最適化できる．

図 3.31 にアクセスポイント（基地局）連携 MIMO の通信路容量特性を示す．ここでは二つのアクセスポイントの間に一つの端末が存在する場合の特性を示している．簡単のためにアクセスポイントのアンテナ素子数は 1，端末のアンテナ素子数は 2 とした．また距離減衰は 3.5 乗則に従うものとして解析を行っている．比較の対象としては，単一アクセスポイントで 1 アンテナ送信 2 アンテナ受信を行った（Single AP SIMO single channel）と，更に二つのアクセスポイント間で異なるチャネルを用いることでエリア端におけるアクセスポイント間干渉を回避する（Signel AP SIMO dual channel）を示している．図より単一アクセスポイント単一チャネルではエリア端においてアクセスポイント間干渉の影響で通信路容量が大きく低下していることが分かる．これに対してチャネルを二つに分割した場合は，アクセスポイント間干渉を回避できるものの，チャネルの分割損によりエリア全体において通信路容量が半減している．一方，アクセスポイント連携 MIMO（2 AP cooperative MIMO）では連携による干渉回避と空間多重の効果によりエリア端での特性が大きく改善する．

3.4.2.2 アクセスポイント連携マルチユーザ MIMO

アクセスポイント連携シングルユーザ MIMO では端末の容量は MIMO 空間多重の効果により増加するが，ネットワークの容量は一つの端末が二つのアクセスポイントのリソースを消

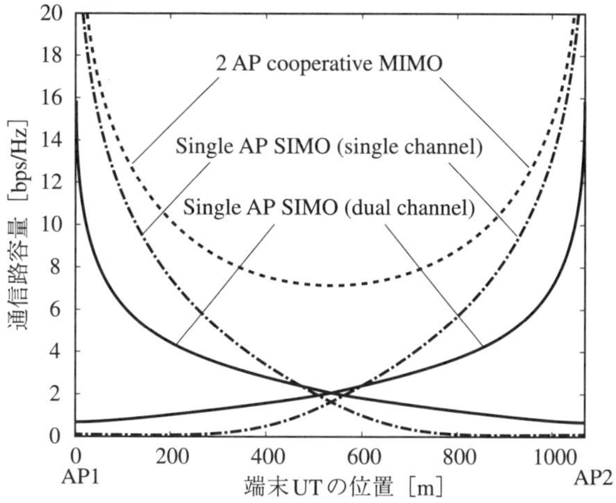

図 3.31　アクセスポイント連携 MIMO の通信路容量特性

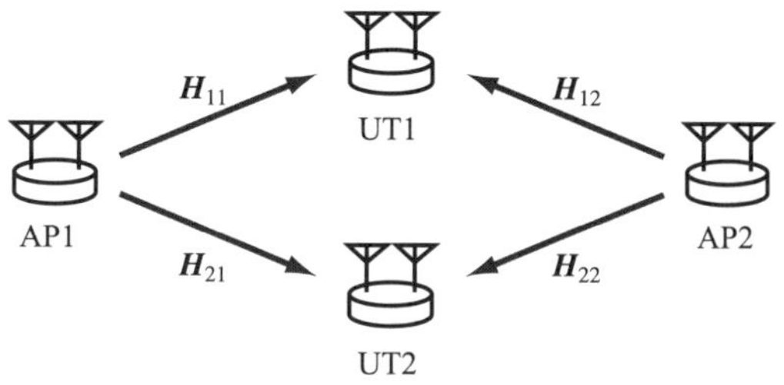

図 3.32　アクセスポイント連携マルチユーザ MIMO

費するため低下する．この問題を解決する一つの方法がアクセスポイント連携マルチユーザ MIMO である．図 **3.32** に示すモデルでは，$K_{\mathrm{UT}} = 2$ 台の端末に対して $K_{\mathrm{AP}} = 2$ 台のアクセスポイントが連携して MIMO 空間多重通信を行っている．これによりユーザ多重の効果とストリーム多重の効果の双方が得られ，端末とネットワークの容量の双方が改善する．ここではストリーム多重を行うための端末のアンテナ素子数は $M_{\mathrm{UT}} = 2$ とし，ユーザ多重とストリーム多重を行うためのアクセスポイントのアンテナ素子数は $M_{\mathrm{AP}} = 2$ とする．よって連携した送信アンテナ素子数は $N = K_{\mathrm{AP}}M_{\mathrm{AP}} = 4$ となる．またすべての端末のアンテナ素子数をまとめた $M = K_{\mathrm{UT}}M_{\mathrm{UT}}$ を定義しておく．

アクセスポイント j の送信信号ベクトルを $\boldsymbol{x}_j \in \mathbb{C}^{M_{\mathrm{AP}}}$ とし，アクセスポイント j と端末 i 間の通信路行列を $\boldsymbol{H}_{ij} \in \mathbb{C}^{M_{\mathrm{UT}} \times M_{\mathrm{AP}}}$ とすると，各端末の受信信号ベクトル $\boldsymbol{y}_i \in \mathbb{C}^{M_{\mathrm{UT}}}$ は次式で与えられる．

$$\boldsymbol{y}_1 = \boldsymbol{H}_{11}\boldsymbol{x}_1 + \boldsymbol{H}_{12}\boldsymbol{x}_2 + \boldsymbol{n}_1 \tag{3.101}$$

$$\boldsymbol{y}_2 = \boldsymbol{H}_{21}\boldsymbol{x}_1 + \boldsymbol{H}_{22}\boldsymbol{x}_2 + \boldsymbol{n}_2 \tag{3.102}$$

またこれらを一つの式にまとめると以下となる．

$$\boldsymbol{y} = \boldsymbol{H}\boldsymbol{x} + \boldsymbol{n} \tag{3.103}$$

ここで $\boldsymbol{x} \in \mathbb{C}^N$ は二つのアクセスポイントの送信信号をまとめたベクトルであり，$\boldsymbol{y} \in \mathbb{C}^M$ は

二つの端末の受信信号をまとめたベクトルであり，$\boldsymbol{n} \in \mathbb{C}^{M}$ は二つの端末の雑音をまとめたベクトルであり，$\boldsymbol{H} \in \mathbb{C}^{N \times M}$ は二つのアクセスポイントと二つの端末間の四つの通信路行列をまとめた以下の行列である．

$$\boldsymbol{H} = \begin{bmatrix} \boldsymbol{H}_{11} & \boldsymbol{H}_{12} \\ \boldsymbol{H}_{21} & \boldsymbol{H}_{22} \end{bmatrix} \tag{3.104}$$

また二つのアクセスポイントから端末 i への通信路をまとめた行列 $\boldsymbol{H}_i \in \mathbb{C}^{N \times M_{\mathrm{UT}}}$ を以下に定義しておく．

$$\boldsymbol{H}_i = \begin{bmatrix} \boldsymbol{H}_{i1} & \boldsymbol{H}_{i2} \end{bmatrix}^{\mathrm{T}}, \quad i = 1, 2 \tag{3.105}$$

アクセスポイント連携マルチユーザ MIMO の例として，送信ブロック ZF を用いて端末間の干渉キャンセルを行い，次に MIMO 空間多重通信を行う方法を説明する．送信ブロック ZF では連携したアクセスポイントが二つの端末の通信路に互いに直交する送信重み行列 $\boldsymbol{W}_{\mathrm{t}} \in \mathbb{C}^{N \times M}$ を用いる．

$$\boldsymbol{W}_{\mathrm{t}} = \begin{bmatrix} \left(\boldsymbol{H}_2^{\perp}\right)^* & \left(\boldsymbol{H}_1^{\perp}\right)^* \end{bmatrix} \tag{3.106}$$

ここで $\boldsymbol{X}^{\perp}$ は 2.2.1.2 項で説明した行列 $\boldsymbol{X}$ の直交補空間の正規直交基底である．これによって通信路 $\boldsymbol{H}$ は以下のようにブロック直交化される．

$$\boldsymbol{\Omega} = \boldsymbol{H}\boldsymbol{W}_{\mathrm{t}} = \begin{bmatrix} \left(\boldsymbol{H}_1^{\mathrm{H}}\boldsymbol{H}_2^{\perp}\right)^* & 0 \\ 0 & \left(\boldsymbol{H}_2^{\mathrm{H}}\boldsymbol{H}_1^{\perp}\right)^* \end{bmatrix} \tag{3.107}$$

ここで $\boldsymbol{\Omega}_1 = \left(\boldsymbol{H}_1^{\mathrm{H}}\boldsymbol{H}_2^{\perp}\right)^*, \boldsymbol{\Omega}_2 = \left(\boldsymbol{H}_2^{\mathrm{H}}\boldsymbol{H}_1^{\perp}\right)^* \in \mathbb{C}^{M_{\mathrm{UT}} \times (M - M_{\mathrm{UT}})}$ は送信ブロック ZF によって直交化された端末 1 と 2 の等価な通信路行列を表している．これらの通信路行列には既にマルチユーザ干渉が含まれていないため，アクセスポイント連携シングルユーザ MIMO と同様に次式でそれぞれの端末の通信路容量が計算できる．

$$C_i = \log_2 \det\left(\boldsymbol{I}_{M_{\mathrm{UT}}} + \frac{\boldsymbol{\Omega}_i \boldsymbol{R}_{\mathrm{X}i} \boldsymbol{\Omega}_i^{\mathrm{H}}}{\sigma^2}\right), \quad i = 1, 2 \tag{3.108}$$

またネットワークの通信路容量はすべての端末の容量の総和となる．

$$C = \sum_{i=1}^{K_{\mathrm{UT}}} C_i \tag{3.109}$$

ここで各端末に対する連携した送信ストリーム（送信重みを施す前の信号）の相関行列は次式で最適化できる．

$$\boldsymbol{R}_{\mathrm{X}i} = \boldsymbol{V}_i \boldsymbol{P}_i \boldsymbol{V}_i^{\mathrm{H}} \tag{3.110}$$

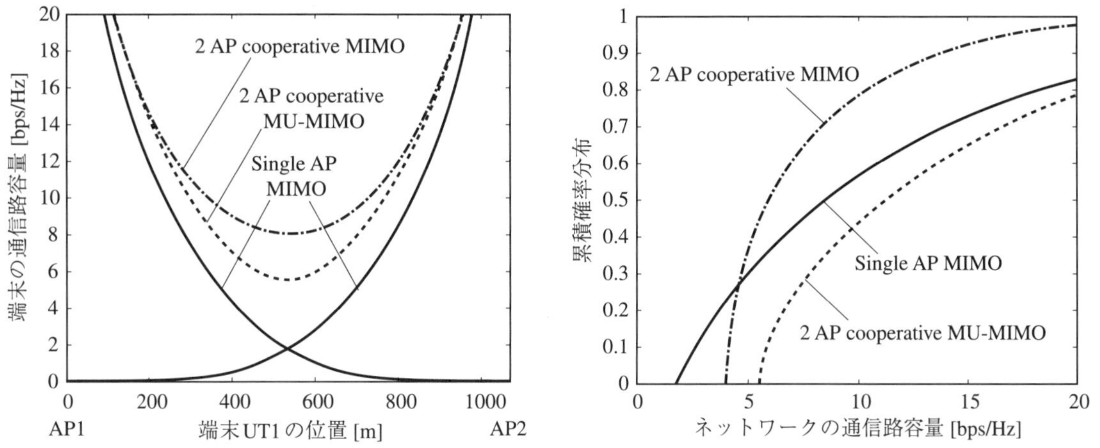

(a)　端末の通信路容量　　(b)　ネットワークの通信路容量

図 3.33　アクセスポイント連携マルチユーザ MIMO の通信路容量特性

ここで $\boldsymbol{V}_i \in \mathbb{C}^{(M-M_{\mathrm{UT}})\times L}$ は $\boldsymbol{\Omega}_i$ の右特異行列であり，L はその階数すなわち各端末の空間多重ストリーム数である．また $\boldsymbol{P}_i = \mathrm{diag}[P_{i1}, \ldots, P_{iL}] \in \mathbb{R}^{L\times L}$ は端末 i の各ストリームへの送信電力をまとめた行列である．これらはネットワークの総送信電力（またはアクセスポイントごとの送信電力）一定の条件化で最適化できる．

図 3.33 にアクセスポイント（基地局）連携 MIMO の通信路容量特性を示す．ここでは二つのアクセスポイントの間に二つの端末が存在する場合を解析し，アクセスポイント連携シングルユーザ MIMO（2 AP cooperative MIMO）とアクセスポイント連携マルチユーザ MIMO（2 AP cooperative MU-MIMO）の特性を比較している．ただし二つの端末はそれぞれ異なるアクセスポイントへ配置し，二つのアクセスポイント間を反対方向に移動するものとした．まず図 3.33 (a) の端末の通信路容量を見るとアクセスポイント連携マルチユーザ MIMO は端末当りの送信電力が半減するため通信路容量がエリア端で約 2 [bps/Hz] 減少していることが分かる．しかしながら連携を行わない単一アクセスポイント MIMO（single AP MIMO）に比べるとエリア端の優位性は変わらない．一方，図 3.33 (b) のネットワークの通信路容量の累積確率分布を見るとアクセスポイント連携マルチユーザ MIMO は二つの端末を同時に収容しているため，アクセスポイント連携シングルユーザ MIMO に比べてエリア端・エリア内ともに特性を大きく改善している．これらよりアクセスポイント連携マルチユーザ MIMO は端末とネットワークの双方の容量を改善する方式であることが確認された．

3.4.3　双方向 MIMO 中継

図 3.34 に示す双方向 MIMO 中継は 2007 年ごろより研究が始められたまだ若い技術である [33]〜[35]．双方向 MIMO 中継では，双方向フローをもつ 2 台の端末間に 1 台の複数アンテナをもつ中継ノードがある環境を想定している．説明の便宜上，端末 1 から端末 2 への情報のフローを前向きフロー，端末 2 から端末 1 への情報のフローを後向きフローと定義する．また中継ノードは送信と受信を異なる時間スロットで行う時分割複信方式（TDD: Time Division Duplex）を用いているものとする．このとき，前向きフローの中継と後向きフローの中継を独立に行ったとすると，必要となるフェーズ数は，前向きフローに 2 フェーズ，後向きフロー

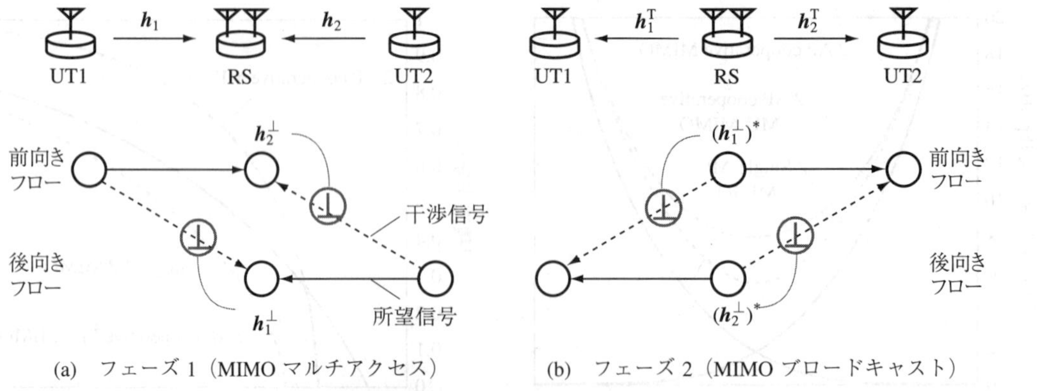

図 3.34　双方向 MIMO 中継

に 2 フェーズとなり，計 4 フェーズを要するため非効率的である．この問題を解決したのが双方向 MIMO 中継である．

双方向 MIMO 中継では，フェーズ 1 において中継ノードが端末 1 と 2 の信号を 2.2.4.2 項に紹介した MIMO マルチアクセス技術を用いて同時に受信する．次にフェーズ 2 において，中継ノードは 2.2.4.4 項に紹介した MIMO ブロードキャスト技術を用いて端末 1 と 2 に対して同時に中継する．これにより双方向フローの中継に必要な所要時間を 2 フェーズまで削減できるため効率的である．この中継方式をこの節ではフロー多重と呼ぶ．文献によってはリンク多重（link multiplexing）や空間分割複信（SDD: Space Division Duplex）とも呼ばれている．この双方向 MIMO 中継は，双方向のフローを効率良く中継するという意味では 3.5 節で紹介するディレクショナルなネットワークコーディングとよく似ているが，双方向 MIMO 中継は情報の中身には触れず信号空間上で処理が完結するため適用範囲が広い．

双方向 MIMO 中継のフェーズ 1 はアクセスポイント連携 MIMO と同様のトポロジーを用いて数学的にモデル化できる．しかしながら双方向 MIMO 中継では二つのフローが存在するため，通信路容量の計算法はアクセスポイント連携 MIMO とは異なる．ここでは MIMO マルチアクセスと MIMO ブロードキャストに最も簡単な ZF 干渉キャンセラを用いたときの双方向 MIMO 中継の通信路容量を求める．中継の方法としては再生中継方式を前提とし，また中継ノードにはスプーラを設けることで中継送信のレート制御も最適に行えるものとする．

フェーズ 1 では $K = 2$ 台の端末から 1 台の中継ノードへのマルチアクセスを考える．簡単のため端末のアンテナ素子数は $M_{\mathrm{UT}} = 1$ とし，中継ノードのアンテナ素子数は $M = 2$ とする．またこれまでと同様に $N = KM_{\mathrm{UT}}$ を定義する．このとき端末 1 と 2 の送信信号を x_1，x_2 とし，それぞれの端末と中継ノード間の通信路ベクトルを $\boldsymbol{h}_1, \boldsymbol{h}_2 \in \mathbb{C}^M$ とすると，中継ノードの受信信号ベクトル $\boldsymbol{y} \in \mathbb{C}^M$ は次式で与えられる．

$$\boldsymbol{y} = \boldsymbol{h}_1 x_1 + \boldsymbol{h}_2 x_2 + \boldsymbol{n} = \boldsymbol{H}\boldsymbol{x} + \boldsymbol{n} \tag{3.111}$$

ここで $\boldsymbol{H} \in \mathbb{C}^{M\times N}$ は二つの通信路ベクトル（行列）をまとめた行列であり，$\boldsymbol{x} \in \mathbb{C}^N$ は二つの送信信号をまとめたベクトルであり，$\boldsymbol{n} \in \mathbb{C}^M$ は共分散が $\mathrm{E}[\boldsymbol{n}\boldsymbol{n}^{\mathrm{H}}] = \sigma^2 \boldsymbol{I}_M$ で与えられる中継ノードの雑音ベクトルである．

MIMO マルチアクセスにおけるフロー分離方式として ZF 干渉キャンセル法を用いる．ZF 干渉キャンセル法では，図 3.34 (a) にある様に，互いの通信路ベクトルに直交した受信重み行

列 $\boldsymbol{W}_{\mathrm{r}} \in \mathbb{C}^{M\times N}$ を用いる[3]．

$$\boldsymbol{W}_{\mathrm{r}} = \begin{bmatrix} \boldsymbol{h}_2^{\perp} & \boldsymbol{h}_1^{\perp} \end{bmatrix} \tag{3.112}$$

この受信重み行列 $\boldsymbol{W}_{\mathrm{r}}$ を通信路行列に乗算することで伝搬路を以下に直交化できる．

$$\boldsymbol{\Omega} = (\boldsymbol{W}_{\mathrm{r}})^{\mathrm{H}} \boldsymbol{H} = \begin{bmatrix} \left(\boldsymbol{h}_2^{\perp}\right)^{\mathrm{H}} \boldsymbol{h}_1 & 0 \\ 0 & \left(\boldsymbol{h}_1^{\perp}\right)^{\mathrm{H}} \boldsymbol{h}_2 \end{bmatrix} \tag{3.113}$$

ここで $\Omega_1 = \left(\boldsymbol{h}_2^{\perp}\right)^{\mathrm{H}} \boldsymbol{h}_1$，$\Omega_2 = \left(\boldsymbol{h}_1^{\perp}\right)^{\mathrm{H}} \boldsymbol{h}_2$ は受信ブロック ZF によって直交化された端末 1 と端末 2 の等価な通信路応答を表している．ここでそれぞれの受信重みベクトルは単位の大きさをもつため雑音の統計的性質は変えないことに注意されたい．これらの通信路応答 Ω_1，Ω_2 には端末間干渉が含まれていないため，フェーズ 1 におけるそれぞれの端末と中継ノード間の通信路容量は次式で計算できる．

$$C_{\mathrm{p1}}^{i} = \log_2\left(1 + \frac{|\Omega_i|^2 P}{\sigma^2}\right), \quad i = 1, 2 \tag{3.114}$$

ここで P は端末の送信電力を表す．

次にフェーズ 2 では一つの中継ノードと二つの端末間の通信を考える．中継ノードにおける二つの端末への送信信号をまとめたベクトルを $\boldsymbol{x} \in \mathbb{C}^{M}$ とし（ただし $M = N = K$），また二つの端末への通信路ベクトルを $\boldsymbol{h}_1, \boldsymbol{h}_2 \in \mathbb{C}^{M}$ とすると，二つの端末の受信信号 y_1，y_2 は以下で記述できる．

$$y_1 = \boldsymbol{h}_1^{\mathrm{T}} \boldsymbol{x} + n_1, \quad y_2 = \boldsymbol{h}_2^{\mathrm{T}} \boldsymbol{x} + n_2 \tag{3.115}$$

ここで n_1，n_2 は独立でともに分散が σ^2 の雑音である．また二つの端末の受信信号をまとめたベクトルを $\boldsymbol{y} \in \mathbb{C}^{N}$ とすると次式が求まる．

$$\boldsymbol{y} = \boldsymbol{H}\boldsymbol{x} + \boldsymbol{n} \tag{3.116}$$

ここで $\boldsymbol{H} \in \mathbb{C}^{N\times M}$ は二つの端末への通信路ベクトルをまとめた行列であり，$\boldsymbol{n}$ は二つの端末の雑音をまとめたベクトルである．

送信 ZF 干渉キャンセル法を用いた MIMO ブロードキャストでは，図 3.34 (b) に示すように MIMO マルチアクセスと同様の互いの通信路ベクトルに直交した送信重み $\boldsymbol{W}_{\mathrm{t}} \in \mathbb{C}^{M\times N}$ を用いる．

$$\boldsymbol{W}_{\mathrm{t}} = \begin{bmatrix} \left(\boldsymbol{h}_2^{\perp}\right) & \left(\boldsymbol{h}_1^{\perp}\right) \end{bmatrix}^{*} \tag{3.117}$$

これにより通信路を次のように直交化することが可能となる．

---

[3] ただし一般に $M > 2$ の場合，$\boldsymbol{h}_2^{\perp}$ 及び $\boldsymbol{h}_1^{\perp}$ はそれぞれ $(M-1)$ 個の直交基底ベクトルからなるが，ここでは式 (3.113) の対角項を最大化する基底ベクトルをそれぞれ選択したものとする．

$$\boldsymbol{\Omega} = \boldsymbol{H}\boldsymbol{W}_{\mathrm{t}} = \begin{bmatrix} \left(\boldsymbol{h}_1^{\mathrm{H}}\boldsymbol{h}_2^{\perp}\right)^* & 0 \\ 0 & \left(\boldsymbol{h}_2^{\mathrm{H}}\boldsymbol{h}_1^{\perp}\right)^* \end{bmatrix} \tag{3.118}$$

ここで $\Omega_1 = \left(\boldsymbol{h}_1^{\mathrm{H}}\boldsymbol{h}_2^{\perp}\right)^*$，$\Omega_2 = \left(\boldsymbol{h}_2^{\mathrm{H}}\boldsymbol{h}_1^{\perp}\right)^*$ は送信 ZF 干渉キャンセラによって直交化された端末 1 と 2 への等価な通信路応答を表している．これらの通信路応答には端末間干渉が含まれていないため，フェーズ 2 における中継ノードとそれぞれの端末間の通信路容量は次式で計算できる．

$$C_{\mathrm{p2}}^{i} = \log_2\left(1 + \frac{|\Omega_i|^2 P_i}{\sigma^2}\right), \quad i = 1, 2 \tag{3.119}$$

ここで P_1，P_2 はそれぞれ前向きと後向きフローの送信電力であり，総送信電力 $P = P_1 + P_2$ 一定の条件のもとで最適化される．

最後にフェーズ 1 とフェーズ 2 のそれぞれのフローの通信路容量から双方向 MIMO 中継の通信路容量が求まる．ここでは中継ノードにおけるレート制御付きの再生中継を考えているため，前向きフローの通信路容量 C_{F} と後向きフローの通信路容量 C_{B} は，各リンクの通信路容量の期待値に対する最小カットから以下に求まる．

$$C_{\mathrm{F}} = \min\{\mathrm{E}\,[C_{\mathrm{p1}}^{1}], \mathrm{E}\,[C_{\mathrm{p2}}^{2}]\} \tag{3.120}$$

$$C_{\mathrm{B}} = \min\{\mathrm{E}\,[C_{\mathrm{p1}}^{2}], \mathrm{E}\,[C_{\mathrm{p2}}^{1}]\} \tag{3.121}$$

図 3.35 に双方向 MIMO 中継（two-way MIMO relay）の通信路容量特性を示す．ここではそれぞれの伝搬路は独立で同一のレイリーフェージング変動を受けるとし，また 3.5 乗則の距離減衰を想定した．図には比較対象として，端末間の直接通信（direct SISO）の特性，及び四つの時間スロットを必要とする単方向の中継通信（one-way relay SIMO / MISO）の結果を載せている．また中継ノードにおけるフローの分離重みとしては上記に説明した ZF 干渉キャンセラに加えて，ZF を発展させた最小二乗法（MMSE: Minimum Mean Square Error）も併せて

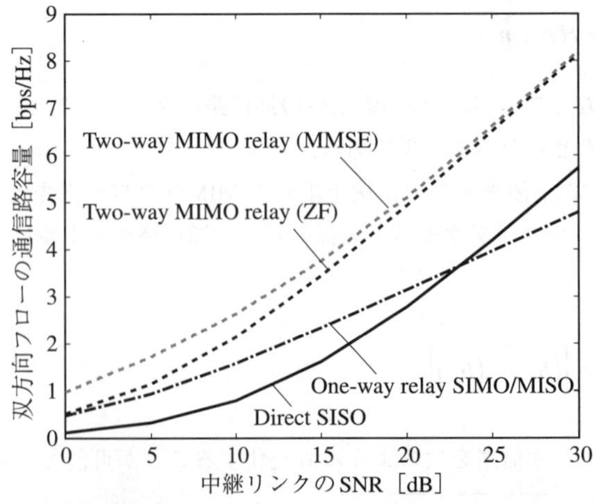

図 3.35 双方向 MIMO 中継の通信路容量特性

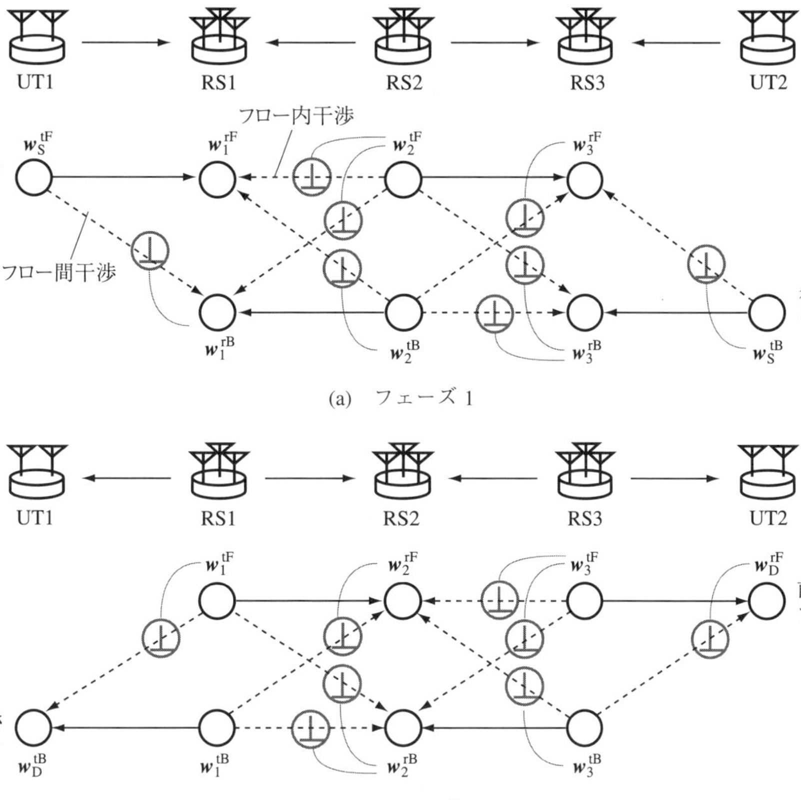

(b)　フェーズ 2

図 3.36　双方向 MIMO マルチホップ中継

示している．図より単方向中継ではそれぞれのリンクにおいて距離減衰を緩和できるものの，チャネルの分割損が大きく影響し中継通信の利得が SNR の低い領域でしか得られていない．これに対して双方向 MIMO 中継ではチャネルの分割損を発生させずに距離減衰を緩和できるため，いずれの SNR の領域においても良好な結果を得ている．

最後に双方向 MIMO 中継を発展させた双方向 MIMO マルチホップ中継（two-way MIMO multi-hop relay）を図 **3.36** に示す．ここでは端末 1 と端末 2 の間に 3 台の中継ノードが設置され前向きと後向きの双方向フローのマルチホップ中継を行っている．受信状態と送信状態の中継ノードが交互に配置され，MIMO マルチアクセスと MIMO ブロードキャストが一次元的に接続されたネットワークとなっている．この場合は，異なる向きのフロー間の干渉に加えて，同じ向きのフロー内の干渉も発生している．一般にこのフロー内の干渉は隣接ノード間干渉や隠れ端末問題と呼ばれマルチホップ中継において大きな課題となっている．双方向 MIMO マルチホップ中継では 3 素子以上のアンテナを用いてフロー間干渉とフロー内干渉の両方を干渉キャンセルしている．この双方向 MIMO マルチホップ中継を用いることで，マルチホップ中継の課題である隠れ端末問題が解決でき，またフロー多重による通信路容量の拡大が可能なため，高効率なマルチホップネットワークが実現可能となる．詳細は文献 [36] を参照されたい．

3.5 ネットワークコーディング

ネットワークコーディング（network coding）という言葉が初めて定義されたのは，2000 年にアールスェーデ（R. Ahlswede）らにより発表された論文であった [37]．この論文では，ネットワークコーディングは“ネットワーク内のノードにおいて符号化すること”と定義されており，始点ノードが複数の終点ノードへ情報伝達するマルチキャスト通信ネットワークにおいて，最大フローを実現する符号化法が存在することを証明している．通信の分野で取り扱われる代表的な符号化には，情報源の性質に応じた符号化を行う情報源符号化，情報を伝送する通信路の性質に応じた符号化を行う通信路符号化があるが，ネットワークコーディングはネットワークの構造に応じた符号化を中継ノードが行うものであるといえる．中継ノードにおいて符号化するアイデアは，1995 年にヤング（R. W. Yeung）らによって衛星通信に適用されているが [38]，その後の研究は無線通信よりも有線によるマルチキャスト通信を対象としたネットワーク層の検討が主流であった．しかしながら，アドホック/マルチホップネットワークやセンサネットワークなどの複数ノードが存在する無線分散ネットワークの増加に伴い，無線通信の特徴である同報性と親和性が高いネットワークコーディングが新たに注目され，ネットワーク層だけでなく MAC 層や物理層における様々な検討がなされている [47]．無線分散ネットワークでは，上りリンクと下りリンクの双方向フローなど複数フローが混在し，ノードの負荷の集中，無線通信の同報性による干渉信号の増加，同一チャネル間干渉を回避するために周波数などの無線通信資源の浪費，などの問題が存在する．このような無線分散ネットワークにネットワークコーディングを導入すれば，ネットワークコーディングとデコーディングによりフローの結合と分離が容易になる，ネットワークコーディングによりデータが分散されることによりノード当りの負荷も分散される，フローの結合による同一チャネル間干渉信号の削減が可能となる，周波数などの無線通信資源やリンクなどのネットワーク資源を有効に活用できる，ということから，ネットワークのスループット特性が改善できる．本節では，ネットワーク内の中継ノードにおいて，データを符号化により合成するもののみをネットワークコーディングとして取り扱う．まず，ネットワークの特徴を理解するために必要なグラフ理論の知識を概説し，ランダムなネットワークコーディングとディレクショナルなネットワークコーディングについて述べる．前者は有線通信ネットワークのようにそれぞれの通信路が独立であり同一チャネル間干渉が存在しないネットワークにおいて，ネットワーク層での符号化として主に扱われるものであり，後者は無線通信ネットワークのように伝搬特性が異なる通信路や同一チャネル干渉が存在するネットワークにおいて，MAC 層や物理層においてノードがもつ既知情報を用いた符号化として主に扱われるものである．

また，本節では，基本的な事柄について説明するにとどめているが，ネットワークコーディングは情報源符号化，MAC プロトコル，スケジューリングやルーチングと融合することで更に効果的な働きをすることができ，無線分散ネットワークの発展へ大きく影響すると考えられる．詳細は 3.2 節，3.3 節，3.8 節を参照されたい．

3.5.1 グラフ理論からの予備知識

無線分散ネットワークでは，ノード間の距離減衰やシャドーイング，フェージングなどの通信環境による受信信号電力の劣化，中継ノードの処理能力，制限されたリンク容量やバッファ容量の問題から，ボトルネックとなるリンクやノードが存在する．このボトルネックの大きさによってネットワーク全体の性能が制限されるため，ボトルネックの大きさに関する情報はネットワーク全体の性能を決定する際に有用な情報を与えることになる．このようなネットワーク全体の特徴を明らかにする際に，グラフ理論に基づく考え方が用いられる．

3.5.1.1　定　　義

ネットワーク $\mathcal{G}=(\mathcal{V},\mathcal{E})$ は始点 S と終点 D を含む頂点の集合 $\mathcal{V}$ と辺の集合 $\mathcal{E}$ から構成される．ここでは，頂点 v はネットワークを構成するノードに相当し，辺 e はリンクに相当するものとして扱い，リンクに向きが付いた有向グラフとして説明する．各リンク e にはリンク容量 $c(e)$ が与えられ，与えられた単位時間にそのリンクを流れることができる情報の最大量を表す．

ここで，ネットワークにおけるボトルネックを考えるために，カット（cut）とフロー（flow）を定義する．図 **3.37** に簡単なネットワーク $\mathcal{G}$ の例を示す．ここで，ノード m からノード n 間のリンクは mn と表す．

- カットとは，ネットワーク内のリンクの集合から，それらのリンクを除くとネットワークの一方が始点 S を含む部分 $\mathcal{S}$ に属し，他方が終点 D を含む $\mathcal{D}$ に分離されるリンクの集合 $(\mathcal{S},\mathcal{D})$ である．$\mathcal{S}$ から $\mathcal{D}$ に方向づけられたカットのリンク容量の総和をカットの容量 $c(\mathcal{S},\mathcal{D})$ といい，次式で表される．

$$c(\mathcal{S},\mathcal{D})=\sum_{e\in(\mathcal{S},\mathcal{D})} c(e) \tag{3.122}$$

始点と終点を分離するすべてのカットの内で最小の容量をもつカットを最小カットといい，ネットワークのボトルネックに相当するものである．

- フローとは，実際にリンク e を流れる情報であり，次の二つの条件を満たす数 $f(e)$ を割り当てられたものである．

(1)　可能性条件　　各リンクを流れるフローは，そのリンク容量を超えることはない．

$$0\leq f(e)\leq c(e) \tag{3.123}$$

(2)　フロー保存の法則　　ノード v において，v に流入するフローの総和と v から流出するフローの総和の関係は次式となる．

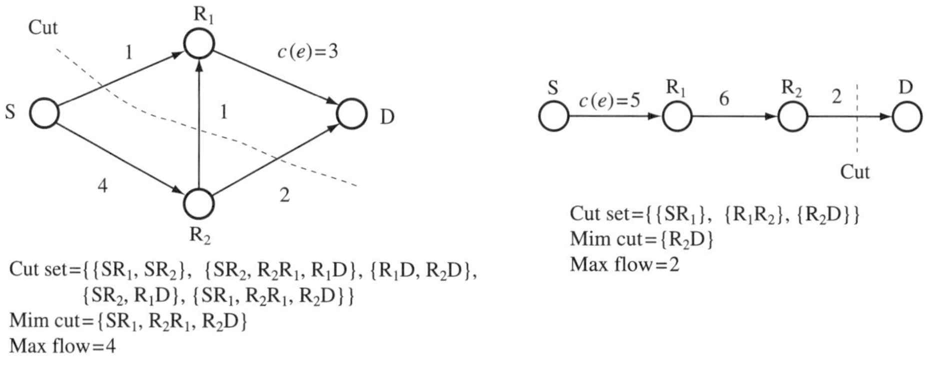

図 3.37　ネットワーク $\mathcal{G}$ のカットの集合，最小カット，最大フロー

$$\sum_{e\in\mathcal{O}(v)} f(e) - \sum_{e\in\mathcal{I}(v)} f(e) = \begin{cases} \mathrm{val}(f) & \text{for} \quad v = \mathrm{S} \\ 0 & \text{for} \quad v \in \mathcal{V} \setminus \{\mathrm{S}, \mathrm{D}\} \\ -\mathrm{val}(f) & \text{for} \quad v = \mathrm{D} \end{cases} \tag{3.124}$$

ただし，$\mathcal{O}(v)$ は v からフローが流出するリンクの集合であり，$\mathcal{I}(v)$ は v にフローが流入するリンクの集合である．$\mathrm{val}(f)$ はフローの値と呼ばれ，始点となる送信ノードから出力され終点となる受信ノードへ入力されるフローの総量である．

ネットワークのフローの中で，$\mathrm{val}(f)$ が最大となるフロー f を最大フロー $f^{\mathrm{u}}_{\max}$ と呼ぶ．ネットワーク内のいかなるフローの値 $\mathrm{val}(f)$ も，任意のカットの容量 $c(\mathcal{S},\mathcal{D})$ を超えることはできないので，$c(\mathcal{S},\mathcal{D}) = \mathrm{val}(f)$ が最大フローとなり，$(\mathcal{S},\mathcal{D})$ が最小カットとなる．

3.5.1.2 ネットワークの構造

図 3.37 に示すように，一つの始点ノードと一つの終点ノードが 1 対 1 通信を行うネットワーク構成の場合，上述したように最大フロー $f^{\mathrm{u}}_{\max}$ は次式で表される．

$$f^{\mathrm{u}}_{\max} = \max \mathrm{val}(f) \tag{3.125}$$

一方，一つの始点ノードと複数の終点ノードが 1 対多通信を行うネットワーク構成の場合，始点ノードと各終点ノード対で定義された最大フローのうち，最も小さいフローの値が 1 対多通信における最大フロー $f^{\mathrm{m}}_{\max}$ となり，次式で表される．

$$f^{\mathrm{m}}_{\max} = \min_{d\in\mathcal{D}} f^{\mathrm{u}}_{\max}(d) \tag{3.126}$$

ここで，$f^{\mathrm{u}}_{\max}(d)$ は始点ノード S から終点ノード d への最大フローであり，$\mathcal{D}$ は終点ノードを表す集合である．

例えば，すべてのリンクの容量 $c(e)$ が 1 である任意のネットワークにおいて，最大フローの値が $f^{\mathrm{m}}_{\max}$ として得られたとすると，そのネットワークでは始点ノードからすべての終点ノードに対して，$f^{\mathrm{m}}_{\max}$ の値で情報配信できることを表している．また，すべてのリンクの容量 $c(e)$ が 1 である場合には，最大フローの値 $f^{\mathrm{m}}_{\max}$ は，ネットワーク $\mathcal{G}$ 内の共通のリンクを含まない経路の最大数に等しいため，始点ノードと終点ノードの間には最大フローの値と同じ数の独立な経路が存在することを表している．

実際のネットワークでは，始点となる送信ノードと終点となる受信ノードが複数存在するものやノードの処理能力や蓄積容量に制限があるものが多い．そのようなネットワークの場合には，一つの始点となる送信ノードと終点となる受信ノードを仮定し，1 対 1 通信の場合の考えを拡張することで最大フローを求めることができる．図 **3.38** に二つの始点ノード S_1，S_2 と終点ノード D_1，D_2 の多対多通信ネットワークの例を示す．このネットワークでは，二つの始点となるノードと終点となるノードが存在しているが，二つの新しい擬似的な頂点 S_0 と D_0 を加えることで，1 対 1 通信の場合と同様に考えることができる．更に，中継ノード R に蓄積制限がある場合には，中継ノード R を二つの擬似的な頂点 R_1 と R_2 に置き換えて表すことができ，ネットワークは図 3.38 (b) のようにモデル化できる．この場合，すべての始点ノード S_1，S_2 からすべての終点ノード D_1，D_2 への最大フローは 3 となる．

3.5.2 ランダムなネットワークコーディング

ランダムなネットワークコーディングは，ネットワーク層のネットワークコーディングで

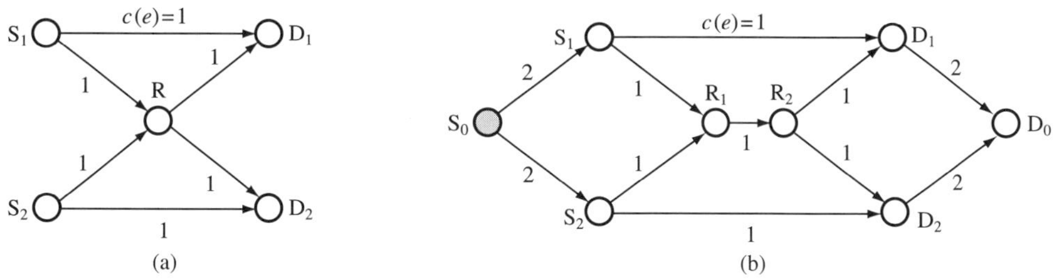

図 3.38　ノードに制約がある場合のネットワーク表現例

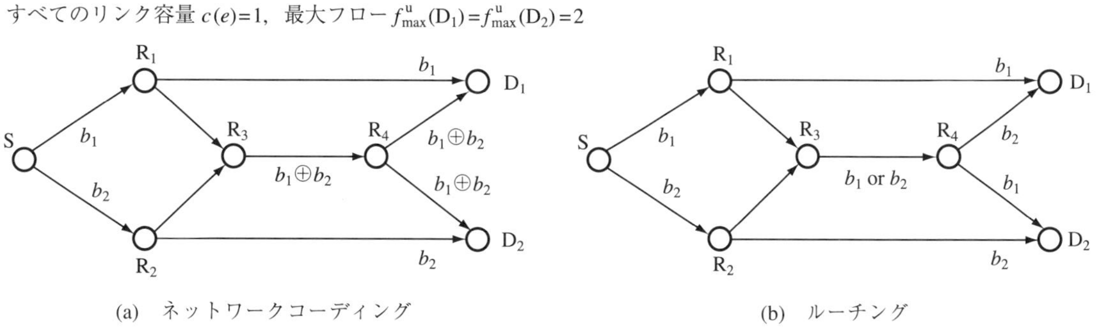

図 3.39　代表的なネットワークコーディングとルーチング [37]

あり，ビットやパケットレベルでフローが合成される．ランダムなネットワークコーディングでは中継ノードに複数のフローが集まるようなネットワークの構造が符号化による複数フローの合成を可能にし，始点と終点ノード間に複数の伝達経路が存在するネットワークの構造が効果的なフロー分離を可能にする [39], [42], [43]．本項では，ノードの処理遅延やパケットロスは考慮せず，理想的なネットワークにおけるランダムなネットワークコーディングについて述べる．

3.5.2.1　基本的なネットワークコーディング

これまでに，ネットワークの最大フローについて述べたが，“いかなるネットワーク構成においても，そのネットワーク内で最大フローを実現する符号化，再構成法が必ず存在する” ことが証明されている [37]．

今，**図 3.39** のような 1 対多通信のネットワークを考える．ネットワークは，一つの始点ノード S と二つの終点ノード D_1，D_2，四つの中継ノード R_1，R_2，R_3，R_4 から構成され，中継ノードは受信信号の複製を転送するものとする．すべてのリンク容量 $c(e)$ は 1 [bit] であり，始点ノード S から終点ノード D_1 まで，始点ノード S から終点ノード D_2 までの最大フローはそれぞれ 2 [bit] となる．

始点ノード S から生成される 2 [bit] のデータ b_1，b_2 を終点ノード D_1，D_2 がそれぞれで受信するには，終点ノード D_1 が二つの入力リンク R_1D_1，R_4D_1 から，終点ノード D_2 が二つの入力リンク R_2D_2，R_4D_2 からそれぞれ 1 [bit] を受信すればよい．ここで問題となるのは，中継ノード R_3，R_4 間のリンク R_3R_4 である．中継ノード R_4 の出力リンクは二つあるが，中継ノード R_3 からの入力リンクは一つであり，中継ノード R_3 から終点ノード D_1，D_2 へは b_1，b_2 のどちらか一方を一つずつ伝送することとなり，最大フローを達成できない．ここでネットワークコーディングを用いた場合，最大フローを実現する符号化及び再構成法は，次のようにフローを合成，分離することにより行われる．中継ノード R_3 では，中継ノード R_1 から受信した b_1 と中継ノード R_2 から受信した b_2 を一旦蓄積し，$b_1 \oplus b_2$ により符号化したデータを中継ノード R_4 へ転送する．ここで，b_1，b_2 は $GF(2)$ の要素であり，$\oplus$ は $GF(2)$ 上での加算を表す．このように，いったん分散された送信データを再び中継ノードが集約して符号化することにより，終点ノード D_1，D_2 は一つの経路から b_1 若しくは b_2 を，もう一つの経路からは $b_1 \oplus b_2$ を受け取る．終点ノード D_1 は $(b_1 \oplus b_2) \oplus b_1$ を計算することで b_2 を求め，終点ノード D_2 は $(b_1 \oplus b_2) \oplus b_2$ を計算することで b_1 を求め，b_1，b_2 をそれぞれ復元できることになる．つまり，終点ノードはそれぞれ最大 2 [bit] を受信することが可能となり，最大フローを達成している．このネットワークにおいては，ボトルネックとなるリンクのフロー合成が最大フローを達成させており，最適な経路選択をするルーチングだけではネットワークコーディングを行った場合と同様の伝送時間で最大フローを達成することはできないことが分かる．ネットワークの構造によってはルーチングにより同様の最大フローを達成できるネットワークもあるが，それはネットワークの構造に依存するため常に達成できるとは限らず，どのようなネットワーク構造でも最大フローを実現する符号化，再構成法が存在するネットワークコーディングは分散ネットワークを構築する上で大いに役立つものと考えられる．

3.5.2.2 ランダムなネットワークコーディングの定式化

符号化，再構成法を考えるために，ネットワークコーディングを定式化する．今，図 **3.40** のようなノード v の符号化モデルを考える．ノード v は，パケットを中継，またはパケットを生成する．ここでは，説明を簡易にするために，中継パケットは受信パケットからヘッダなどに含まれる情報を取り除いたデータのみとする．ノード v がリンク e_i から受信した中継パケットを z^{e_i} とし，ノード v 自身が生成するパケットを $x_{v,n}$ とする．ノード v が始点ノードであれば $x_{v,n}$ のみでモデル化され，中継ノードであれば z^{e_i} のみでモデル化できる．

ノード v がリンク e_o へ出力するデータは次式で表される．

$$z^{e_o} = \sum_{n=1}^{N_N} \gamma_{e_o,n} x_{v,n} + \sum_{i=1}^{N_R} \beta_{e_o,e_i} z^{e_i} \tag{3.127}$$

ここで，N_R は中継パケット数，N_N はノード自身が生成するパケット数である．また，$\gamma_{e_o,n}$，β_{e_i,e_o} は $GF(2^m)$ の要素であり，その演算は $GF(2^m)$ 上で行われる．$\gamma_{e_o,n}$ はデータ $x_{v,n}$ をリンク e_o に出力するときに乗算するグローバル符号化係数であり，β_{e_o,e_i} はリンク e_i から得られた

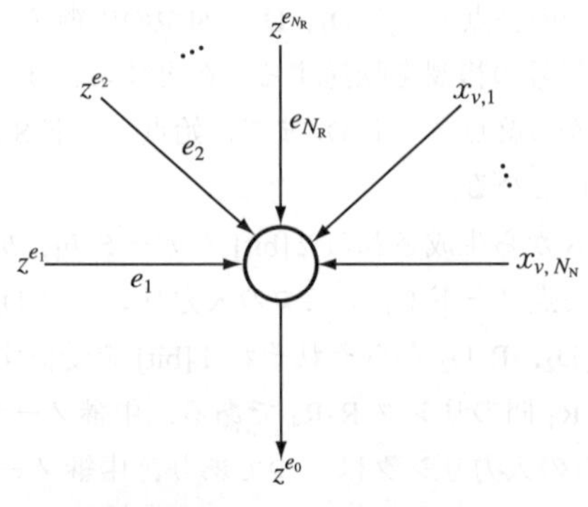

図 3.40 ノード v の符号化モデル

データをリンク e_o に出力するときに乗算するローカル符号化係数である.

例えば，図 3.39 (a) のネットワークでは始点ノード S から終点ノード D_1 まで，二つの経路（$SR_1 \rightarrow R_1D_1$ と $SR_2 \rightarrow R_2R_3 \rightarrow R_3R_4 \rightarrow R_4D_1$）がある．始点ノードの出力は，次式のようにパケット $x_{S,1}$，$x_{S,2}$ とグローバル符号化係数の $GF(2^m)$ 上の線形演算となる.

$$z^{SR_1} = \gamma_{SR_1,1} x_{S,1} + \gamma_{SR_1,2} x_{S,2} \tag{3.128}$$

$$z^{SR_2} = \gamma_{SR_2,1} x_{S,1} + \gamma_{SR_2,2} x_{S,2} \tag{3.129}$$

同様に，

$$z^{R_1D_1} = \beta_{SR_1,R_1D_1} z^{SR_1} \tag{3.130}$$

$$z^{R_1R_3} = \beta_{SR_1,R_3D_1} z^{SR_1} \tag{3.131}$$

$$z^{R_2R_3} = \beta_{SR_2,R_2R_3} z^{SR_2} \tag{3.132}$$

$$z^{R_3R_4} = \beta_{R_1R_3,R_3R_4} z^{R_1R_3} + \beta_{R_2R_3,R_3R_4} z^{R_2R_3} \tag{3.133}$$

$$z^{R_4D_2} = \beta_{R_3R_4,R_4D_1} z^{R_3R_4} \tag{3.134}$$

となる．したがって，終点ノード D_1 の受信データ $z^{R_1D_1}$，$z^{R_4D_1}$ は次式で表される.

$$\begin{bmatrix} z^{R_1D_1} \\ z^{R_4D_1} \end{bmatrix} = \boldsymbol{\beta\gamma} \begin{bmatrix} x_{S,1} \\ x_{S,2} \end{bmatrix} \tag{3.135}$$

ただし，

$$\boldsymbol{\beta} = \begin{bmatrix} \beta_{SR_1,R_1D_1} & 0 \\ \beta_{R_4D_1,R_3R_4}\beta_{R_1R_3,R_3R_4} & \beta_{R_4D_1,R_3R_4}\beta_{R_3R_4,R_4R_5} \end{bmatrix} \tag{3.136}$$

$$\boldsymbol{\gamma} = \begin{bmatrix} \gamma_{SR_1,1} & \gamma_{SR_1,2} \\ \gamma_{SR_2,1} & \gamma_{SR_2,2} \end{bmatrix} \tag{3.137}$$

である．終点ノード D_1 が受信データ $\left[z^{R_1D_1}, z^{R_4D_1}\right]^T$ から $[x_{S,1}, x_{S,2}]^T$ を復号するためには，$\beta \cdot \gamma$ の逆行列を受信データ $\left[z^{R_1D_1}, z^{R_4D_1}\right]^T$ に乗算することで求められる．ただし，逆行列を求めるためには $\boldsymbol{\beta}, \boldsymbol{\gamma}$ は関係式 $\det(\boldsymbol{\beta} \cdot \boldsymbol{\gamma}) \neq 0$ を満たさなければならない．この符号化係数の代表的な決定法として，多項式時間アルゴリズム [40] と中継ノードがランダムに符号化係数を決定するランダムネットワークコーディング [41]～[43] がある．前者は集中制御により最適な符号を設計するものであり，後者は各ノードが $GF(2^m)$ からランダムに符号化係数を選択するものである．後者の場合，始点ノードが r 個のデータを N 個の終点ノードへ伝送するならば，η 個の中継ノードによって用いられる符号化係数はたかだか $\eta(2^m)^{r-1} - 1 \leq N(2^m)^{r-1} - 1$ となるため，符号化ベクトルの有限体のサイズが $(2^m) > N$ であれば終点ノードでは逆行列を十分構成できる．各手法の詳細は参考文献を参照されたい.

3.5.3 ディレクショナルなネットワークコーディング

ディレクショナルなネットワークコーディングは，MAC 層や物理層のネットワークコーディングであり，シンボルレベルでフローが合成される．無線通信特有の同報性が合成した

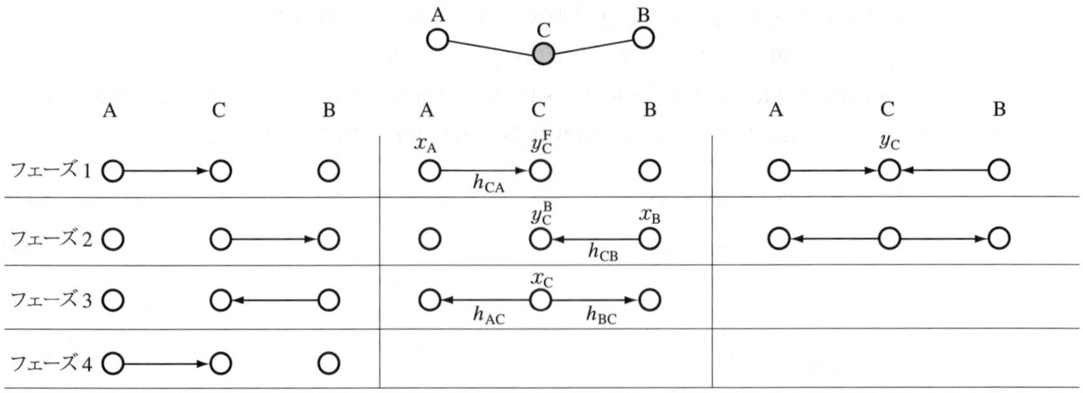

(a) ネットワークコーディングなし (b) ネットワークコーディング（3 時刻中継伝送モデル） (c) ネットワークコーディング（2 時刻中継伝送モデル）

図 3.41 ディレクショナルなネットワークコーディングのネットワークモデル

フローを効果的に配信でき，マルチホップ伝送するネットワークの構造がフロー分離を可能にする．本項では，簡単なネットワークモデルを設定し，代表的な AF（Amplify-and-Forward）型と DF（Decode-and-Forward）型の二つのネットワークコーディングについて述べる．更に，ノードが複数アンテナを用いて送受信を行う MIMO 技術を用いたネットワークコーディングについて説明する．

3.5.3.1 ネットワークモデル

図 3.41 のように三つのノードが一定間隔で配置されたマルチホップネットワークを考える．このネットワークでは，ノード A からノード B への前向きフロー，ノード B からノード A への後向きフローがあり，ノード A とノード B は中継ノード C を経由して半二重の双方向伝送を行う [44]．ネットワークコーディングを行う場合，中継ノード C はノード A とノード B からの信号を受信し，符号化により合成されたフローをブロードキャスト通信する．ネットワーク内はブロードキャスト通信とマルチプルアクセス通信が混在し，ネットワークコーディングを用いた場合には 2 時刻中継伝送モデルと 3 時刻中継伝送モデルに分類できる．図 3.41 にそれぞれの中継伝送モデルを示す．ノード A，B，C の送信シンボル x_A，x_B，x_C は $GF(2^m)$ の要素であり，m ビットのデータがマッピングされている．また，ノードの送信電力は一定で P とする．2 時刻中継伝送モデルにおける中継ノード C の受信信号を y_C，3 時刻中継伝送モデルにおける前向きフロー及び後向きフローの受信信号を y_C^F，y_C^B とする．通信路等の影響を受けた受信信号が中継ノード C に届くとき，受信信号はそれぞれ次式となる．

- 2 時刻中継伝送モデル

$$y_C = h_{CA}x_A + h_{CB}x_B + n_C \tag{3.138}$$

- 3 時刻中継伝送モデル

$$y_C^F = h_{CB}x_B + n_C \tag{3.139}$$

$$y_C^B = h_{CA}x_A + n_C \tag{3.140}$$

ただし，h_{ij} はノード i と j 間の通信路応答，n_i は平均 0，分散 σ^2 の加法性白色ガウス雑音である．2時刻中継伝送モデルでは，同一チャネルを用いた場合に中継ノードが受信する二つのフローが衝突するため受信した信号を分離し再符号化することは困難である．しかしながら，この場合は中継ノードでは二つのフローが加算された信号が受信されるため，二つのフローがそれぞれの通信路により符号化されていると考えることもでき，その受信信号の特徴を生かした転送を行うこともできる．3時刻中継伝送モデルでは，中継ノードCが時間資源を活用してそれぞれのフローを分離して受信することができ，中継ノードではフローの再構成が行える．

3.5.3.2 AF型ネットワークコーディング

AF型ネットワークコーディングは，2時刻中継伝送モデルに相当し，中継ノードが前向きと後向きフローの信号を同時に受信する．雑音を考慮しなければ中継ノードの受信信号は，前向きフローと後向きフローの信号を加算したものとなるため，中継ノードの受信信号が既にフロー合成されたものとなる．ノードA，Cでのフロー分離は，すべてのリンクの通信路情報と自ら送信したデータ情報により行われる．AF型の場合は2時刻で中継伝送が可能であるが，雑音が増幅され転送されるために信号対雑音電力比が高い環境ではスループット改善効果が得られることが容易に予想される．

中継ノードCが受信信号 y_C を得たとき，中継ノードは受信信号に送信電力調整（増幅）係数を乗算し送信するため，送信信号は次式となる

$$x_C = \alpha y_C \tag{3.141}$$

ただし，

$$\alpha = \sqrt{\frac{P}{|h_{CA}|^2 P + |h_{CB}|^2 P + \sigma^2}} \tag{3.142}$$

となる．

中継ノードCの送信信号がノードAとノードBにそれぞれ届いたとき，ノードA，Bそれぞれの受信信号は次式となる．

$$\begin{aligned} y_A &= \alpha h_{AC} y_C + n_A \\ &= \alpha h_{AC} (h_{CA} x_A + h_{CB} x_B + n_C) + n_A \end{aligned} \tag{3.143}$$

$$\begin{aligned} y_B &= \alpha h_{BC} y_C + n_B \\ &= \alpha h_{BC} (h_{CA} x_A + h_{CB} x_B + n_C) + n_B \end{aligned} \tag{3.144}$$

それぞれの受信ノードがすべてのリンクの通信路情報をもっていれば，1時刻前に自らが送信した信号 x_A，x_B を用いて次式より $\hat{x}_B$，$\hat{x}_A$ を推定することができる．

$$\hat{x}_B = \left(\frac{y_A}{\alpha h_{AC}} - h_{CA} x_A \right) / h_{CB} \tag{3.145}$$

$$\hat{x}_A = \left(\frac{y_B}{\alpha h_{BC}} - h_{CB} x_B \right) / h_{CA} \tag{3.146}$$

3.5.3.3 DF型ネットワークコーディング

DF型ネットワークコーディングは，2時刻と3時刻中継伝送モデルに相当する．前向き及

び後向きフローの受信信号を復号し，フローを再合成する．フローの分離は，自ら送信した既知の信号を受信信号から減算することにより可能となる．DF 型の場合は，リンクごとに復号するため通信路による劣化が伝搬しない．また，リンクごとに復号するためリンクごとの誤り検出や訂正が可能となる利点を有する一方，中継ノードの処理時間が遅延の一因となるなどの欠点もある．

3 時刻中継伝送モデルの場合，中継ノードはそれぞれの受信シンボルを独立して推定することができ，2 時刻中継伝送モデルの場合は合成された受信シンボルを最ゆう推定などにより推定することで，前向き及び後向きフローのシンボルをそれぞれ復号する．

その後，中継ノードは C は推定したノード A とノード B からの二つのフローを次式により合成する．

$$x_{\mathrm{C}} = x_{\mathrm{A}} \oplus x_{\mathrm{B}} \tag{3.147}$$

ここで，$\oplus$ は $GF(2^m)$ での加算を表す．

3.2.1 項と同様にノード A とノード B の受信信号はそれぞれ次式で表される．

$$y_{\mathrm{A}} = h_{\mathrm{AC}} x_{\mathrm{C}} + n \tag{3.148}$$

$$y_{\mathrm{B}} = h_{\mathrm{BC}} x_{\mathrm{C}} + n \tag{3.149}$$

ノード A とノード B は中継ノード C の送信シンボル $\hat{x}_{\mathrm{C}}$ を推定する．そして，ノード A とノード B はそれぞれ前時刻に送信したシンボル x_{A}，x_{B} が既知のため，次式の演算により復号できる．

$$\hat{x}_{\mathrm{B}} = \hat{x}_{\mathrm{C}} \oplus x_{\mathrm{A}} \tag{3.150}$$

$$\hat{x}_{\mathrm{A}} = \hat{x}_{\mathrm{C}} \oplus x_{\mathrm{B}} \tag{3.151}$$

3.5.3.4 MIMO ネットワークコーディング

MIMO 技術を用いたネットワークコーディングでは，ネットワークコーディングによるフロー合成と分離だけでなく，複数アンテナによるフロー多重や分離が可能となる．本項では MIMO 技術とネットワークコーディングを融合したいくつかの手法について述べる．図 3.41 の中継ノード C が M 本のアンテナをもつ場合，M 個の信号を同時に受信することができる．ここで，ノード A が x_{A}，ノード B が x_{B} を送信した場合，中継ノード C の受信信号は次式となる．

$$\begin{aligned} \boldsymbol{y}_{\mathrm{C}} &= \boldsymbol{h}_{\mathrm{CA}} x_{\mathrm{A}} + \boldsymbol{h}_{\mathrm{CB}} x_{\mathrm{B}} + \boldsymbol{n}_{\mathrm{C}} \\ &= \begin{bmatrix} \boldsymbol{h}_{\mathrm{CA}} & \boldsymbol{h}_{\mathrm{CB}} \end{bmatrix} \begin{bmatrix} x_{\mathrm{A}} \\ x_{\mathrm{B}} \end{bmatrix} + \boldsymbol{n}_{\mathrm{C}} \\ &= \boldsymbol{H} \begin{bmatrix} x_{\mathrm{A}} \\ x_{\mathrm{B}} \end{bmatrix} + \boldsymbol{n}_{\mathrm{C}} \end{aligned} \tag{3.152}$$

ただし，$\boldsymbol{H} \in \mathbb{C}^{M\times 2}$ は二つの通信路ベクトル $\boldsymbol{h}_{\mathrm{CA}} \in \mathbb{C}^{M}$，$\boldsymbol{h}_{\mathrm{CB}} \in \mathbb{C}^{M}$ をまとめた通信路行列である．ここで，MMSE や ZF などによる分離重みを $\boldsymbol{w}^{\mathrm{r}} \in \mathbb{C}^{M}$ とすると，受信シンボル $\hat{x}_{\mathrm{A}}$，$\hat{x}_{\mathrm{B}}$ は次式によりそれぞれ求めることができる．

$$\begin{bmatrix} \hat{x}_A \\ \hat{x}_B \end{bmatrix} = \boldsymbol{w}^H \boldsymbol{y}_C \tag{3.153}$$

中継ノード C は得られた $\hat{x}_A$，$\hat{x}_B$ を MIMO 技術とネットワークコーディングにより転送することができる．MIMO 技術とネットワークコーディングによりフロー合成と分離を行う場合，ネットワークコーディング利得だけでなくアンテナダイバーシチ利得が得られる．以下では，中継ノード C が，(1) それぞれのアンテナで x_A と x_B を送信する，または (2) ネットワークコーディングにより二つのフローを合成し一つのフローとして複数アンテナで送信する場合について述べる．

(1) 複数のアンテナで $\boldsymbol{x}_A$ と $\boldsymbol{x}_B$ を送信する場合　中継ノード C の送信信号は次式で表される．

$$\boldsymbol{x}_C = \begin{bmatrix} \hat{x}_A \\ \hat{x}_B \end{bmatrix} \tag{3.154}$$

ここで，中継ノードは通信路に応じて $\hat{x}_A$，$\hat{x}_B$ の順序を最適化することにより，選択ダイバーシチ効果をノード A または B で得ることができる．

ノード A とノード B では，$\hat{x}_A$ と $\hat{x}_B$ が通信路により合成されたものが受信され，その受信信号はそれぞれ次式となる．

$$\begin{aligned} y_A &= \boldsymbol{h}_{AC}^T \boldsymbol{x}_C + n_A \\ &= \boldsymbol{h}_{AC}^T \begin{bmatrix} \hat{x}_A \\ \hat{x}_B \end{bmatrix} + n_A \end{aligned} \tag{3.155}$$

$$\begin{aligned} y_B &= \boldsymbol{h}_{BC}^T \boldsymbol{x}_C + n_B \\ &= \boldsymbol{h}_{BC}^T \begin{bmatrix} \hat{x}_A \\ \hat{x}_B \end{bmatrix} + n_B \end{aligned} \tag{3.156}$$

ノード A とノード B はそれぞれ次式により送信シンボルを推定する．

$$\hat{x}_B = \frac{(y_A - h_{AC,1} x_A)}{h_{AC,2}} \tag{3.157}$$

$$\hat{x}_A = \frac{(y_B - h_{BC,1} x_B)}{h_{BC,2}} \tag{3.158}$$

ここで，$h_{AC,i}$，$h_{BC,i}$ はそれぞれ通信路応答ベクトル $\boldsymbol{h}_{AC}$，$\boldsymbol{h}_{BC}$ の i 番目の要素を表す．

(2) 複数のアンテナでフロー合成した $\boldsymbol{x}_C$ を送信する場合　中継ノード C は次式により x_C を生成する．

$$x_C = \hat{x}_A \oplus \hat{x}_B \tag{3.159}$$

送信ダイバーシチ利得を得るために連続する 2 シンボル $x_C(k)$，$x_C(k+1)$ を用いて次式のように時空間ブロック符号化（STBC: Space Time Block Coding）する．

$$\boldsymbol{X}_{\mathrm{C}} = \begin{bmatrix} x_{\mathrm{C}}(k) & -x_{\mathrm{C}}^{*}(k+1) \\ x_{\mathrm{C}}(k+1) & x_{\mathrm{C}}^{*}(k) \end{bmatrix} \tag{3.160}$$

このときノードAとノードBの受信信号はそれぞれ次式で表される．

$$\begin{bmatrix} y_{\mathrm{A}}(k) & y_{\mathrm{A}}(k+1) \end{bmatrix} = \boldsymbol{h}_{\mathrm{AC}}^{\mathrm{T}} \begin{bmatrix} x_{\mathrm{C}}(k) & -x_{\mathrm{C}}^{*}(k+1) \\ x_{\mathrm{C}}(k+1) & x_{\mathrm{C}}^{*}(k) \end{bmatrix} + \boldsymbol{n}_{\mathrm{A}}^{\mathrm{T}} \tag{3.161}$$

$$\begin{bmatrix} y_{\mathrm{B}}(k) & y_{\mathrm{B}}(k+1) \end{bmatrix} = \boldsymbol{h}_{\mathrm{BC}}^{\mathrm{T}} \begin{bmatrix} x_{\mathrm{C}}(k) & -x_{\mathrm{C}}^{*}(k+1) \\ x_{\mathrm{C}}(k+1) & x_{\mathrm{C}}^{*}(k) \end{bmatrix} + \boldsymbol{n}_{\mathrm{B}}^{\mathrm{T}} \tag{3.162}$$

したがって，ノードAとノードBはそれぞれ分離重み $\boldsymbol{w}_{\mathrm{A}}$ または $\boldsymbol{w}_{\mathrm{B}}$ を用いた次式により中継ノードCの送信シンボルを推定できる．

$$\hat{x}_{\mathrm{C}} = \boldsymbol{w}_{\mathrm{A}}^{\mathrm{H}} \boldsymbol{y}_{\mathrm{A}} \tag{3.163}$$

$$\hat{x}_{\mathrm{C}} = \boldsymbol{w}_{\mathrm{B}}^{\mathrm{H}} \boldsymbol{y}_{\mathrm{B}} \tag{3.164}$$

最後に，式 (3.150)，(3.151) と同様に，ノードAとノードBはそれぞれネットワーク復号することが可能となる．

図 3.42 にディレクショナルなネットワークコーディングを用いた場合の通信路容量特性を示す．ここでは，それぞれの伝搬路は独立で同一のレイリーフェージング変動を受けるものとしている．ネットワークは3ノードで構成されているものとし，ノード間距離は一定である．すべてのノードが単一アンテナ（SISO: Single-Input Single-Output）の場合と2本のアンテナ（MIMO）の場合をそれぞれ表している．SISOの場合には3時刻中継伝送モデルのDF型と2時刻中継伝送モデルのAF型の特性を示し，MIMOの場合には2時刻中継伝送モデルにおけるSTBCあり/なしの特性を示している．SISOの場合，低SNR領域では雑音の影響を受けるAF型よりも雑音の影響が軽減されるDF型の通信路容量が高い値となるが，高SNR領域では雑音の影響が軽減される一方2時刻中継伝送のメリットが強調されるため，AF型の通信路容量がDF型よりも高くなる．また，フェージングに耐性があるMIMOネットワーク

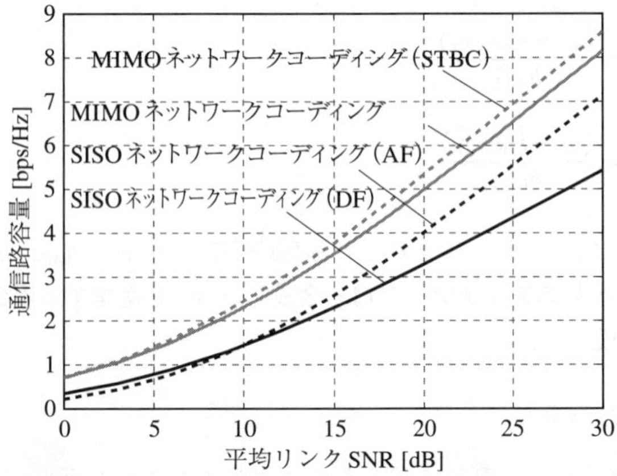

図 3.42 ディレクショナルなネットワークコーディングの通信路容量

コーディングはAF型よりも良い特性が得られる．更に，STBCを用いたMIMOネットワークコーディングは送信ダイバーシチ利得が得られるため，MIMOネットワークコーディングよりも優れた性能となる [45], [46].

3.6 分散リソース制御技術

2.1節で述べたように，個々の通信の通信路容量は受信SNRと帯域幅によって定まる．また，周波数繰返し（frequency reuse）を行う無線システムにおける複数の通信の通信品質は，受信信号対干渉雑音電力比（SINR: Signal-to-Interference plus Noise power Ratio）によっても特徴づけられる．このため，ある一つの通信の品質を上げるために大きな電力で送信を行ったり周波数帯域を多く与えたりすると，他の通信に大きな干渉を与えたり帯域が枯渇したりすることが懸念される．したがって，システム全体として高い品質を実現するためには，送信電力と周波数帯域を適切に設定する必要がある．本節では，これら送信電力と周波数帯域からなるリソース（resource）をどのように割り当てるべきかというリソース割当問題，及びその割当を実現するリソース制御について述べる．リソース制御は，電力に制約の大きいセンサネットワーク（4.2節），複数の無線システムが周波数帯域を共用するコグニティブ無線ネットワーク（4.3節），無線リンク数が従来のセルラシステムより多いマルチホップセルラネットワーク（4.5節）などで特に重要である．

本節では，リソース制御を**表3.2**のように分類し，個別に説明する．周波数割当として本節では主に，帯域を周波数分割した直交チャネルの割当を考える．チャネルという用語は，2.2節などのように伝搬路を表す場合と，本節のように周波数帯域を分割したものを表す場合の2通りがあることに注意されたい．割り当てるリソースごとにリソース制御を分類すると，単一チャネルを前提とした電力割当と，複数チャネルを前提としたチャネル割当，電力・チャネル同時割当に大別できる．

多くのリソース割当問題は，所要通信品質を制約条件として使用リソースを最小化する最適化問題や，リソースを制約条件として通信品質を最大化する最適化問題ととらえることができる．最適化問題は2.5節で述べたように，システム全体で追求する目的が設定されているという全体合理性を前提とする場合と，個々の意思決定主体はそれぞれ自己の目的関数を最大化するという個人合理性を前提とする場合に大別できる．全体合理性を前提とする単目的最適化問題に対しては，近年広く応用されている凸最適化（2.4節）の枠組みを，個人合理性を前提とする分散非協力型最適化問題（非協力ゲーム）の場合は非協力ゲーム理論（2.5節）の

表3.2　リソース制御の分類

対応する最適化問題と制御手法	ユーザ数	所要通信品質充足型電力制御	通信品質最大化型電力制御	通信品質最大化型チャネル割当
単目的最適化問題 集中制御	単数	3.6.1.1	3.6.2.1	3.6.3.1
	複数	3.6.1.2	3.6.2.2	3.6.3.2，3.6.3.3
単目的最適化問題 分散協力型制御	複数	3.6.1.3		
非協力ゲーム 分散非協力型制御	複数		3.6.2.3	3.6.3.4

枠組みをそれぞれ主に用いて議論を行う．ただし，最適化問題と設定してもその目的関数が凸関数とならないなどの理由により凸最適化などが適用できないことも多く，特にチャネル割当に関してはヒューリスティック（heuristic）な手法が実際には多く用いられるが，本書では凸最適化やゲーム理論などを用いることのできる最適化問題に対応した手法を中心に述べる．ヒューリスティックな手法も含めたリソース制御に関しては，文献 [49] を参照されたい．

3.6.1 所要通信品質充足型電力制御

本項と次項では，周波数選択性のない単一の周波数帯域において，帯域全体に等密度の電力を送信する場合に各ノードがどのような電力を用いて送信すべきかという電力割当問題とその制御手法を考える．本項では特に所要通信品質として受信 SNR，あるいは受信 SINR を考え，これを制約条件として使用リソースを最小化する電力割当について述べる．

3.6.1.1 孤立ユーザ集中電力制御

マルチユーザ環境における電力制御の前提として，干渉のない孤立した 1 対の送信・受信ノードの間において所要 SNR を満たすための電力割当を考える．送信電力を p，リンク利得を g，受信雑音電力を σ^2 とすると，受信 SNR は gp/σ^2 となる．所要 SNR Γ を満たす最小の送信電力 p を設定する電力割当問題は次のように定式化される．

$$\begin{aligned} \text{minimize} \quad & p \\ \text{subject to} \quad & gp/\sigma^2 \geq \Gamma \\ & p \geq 0 \end{aligned} \tag{3.165}$$

この p に関する線形問題は，制約条件を $p \geq \Gamma\sigma^2/g$ と変形できるため，$p^\star = \Gamma\sigma^2/g$ が最適解である．この最適解の意味は，最適な電力 $p^\star$ はリンク利得の逆数に比例して設定すればよい，ということである．

3.6.1.2 マルチユーザ集中電力制御

N 対の送信・受信ノード間で通信を行う場合には干渉が生じ，受信品質は受信 SINR に応じたものとなる．そこで所要受信 SINR を満たすための電力制御を考える．ノード組の集合を $\mathcal{N} = \{1, \ldots, N\}$ とし，送信ノード $i \in \mathcal{N}$ は対応する受信ノード i に対して送信を行うとする．送信ノード i の送信電力を p_i，送信ノード j と受信ノード i の間のリンク利得を g_{ij}，受信ノード i の雑音電力を ${\sigma_i}^2$ とする．このとき，**図 3.43** のように受信ノード i の受信信号電力は $g_{ii}p_i$，受信干渉電力は $\sum_{j\in\mathcal{N}\setminus\{i\}} g_{ij}p_j$ となるため，受信ノード i における受信 SINR は

$$\frac{g_{ii}p_i}{\displaystyle\sum_{j\in\mathcal{N}\setminus\{i\}} g_{ij}p_j + {\sigma_i}^2} \tag{3.166}$$

と表される．

各受信ノード i における所要 SINR Γ_i を満たす最小の送信電力 p_i を設定する電力割当問題は，孤立ユーザの場合の問題 (3.165) と同様に，次のように定式化される．

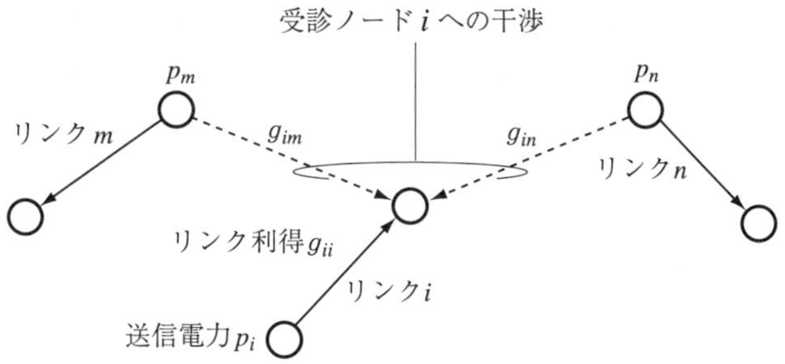

図 3.43　所望信号（実線）と干渉（破線）．リンクの集合 $\mathcal{N} = \{i, m, n\}$．受信ノード i の送信ノード i からの受信信号電力は $g_{ii}p_i$，受信ノード i における受信干渉電力は $g_{im}p_m + g_{in}p_n = \sum_{j\in\mathcal{N}\setminus\{i\}} g_{ij}p_j$．

$$\begin{aligned} &\text{minimize} \quad \sum_{i\in\mathcal{N}} p_i \\ &\text{subject to} \quad \frac{g_{ii}p_i}{\displaystyle\sum_{j\in\mathcal{N}\setminus\{i\}} g_{ij}p_j + {\sigma_i}^2} \geq \Gamma_i, \quad \forall i \in \mathcal{N} \\ &\qquad\qquad\quad p_i \geq 0, \quad \forall i \in \mathcal{N} \end{aligned} \tag{3.167}$$

この問題は次のように変形できるため，線形問題である．

$$\begin{aligned} &\text{minimize} \quad \sum_{i\in\mathcal{N}} p_i \\ &\text{subject to} \quad \Gamma_i\left(\sum_{j\in\mathcal{N}\setminus\{i\}} g_{ij}p_j + {\sigma_i}^2\right) - g_{ii}p_i \leq 0, \quad \forall i \in \mathcal{N} \\ &\qquad\qquad\quad -p_i \leq 0, \quad \forall i \in \mathcal{N} \end{aligned} \tag{3.168}$$

この問題には様々な解法があるが，後で説明する分散協力型電力制御とつなげるため，行列理論を用いる方法を紹介する．

$$f_{ij} = \begin{cases} \Gamma_i g_{ij}/g_{ii}, & i \neq j \\ 0, & i = j \end{cases} \tag{3.169}$$

を要素とする行列 $\boldsymbol{F} \in \mathbb{R}^{N\times N}$，$\eta_i = \Gamma_i{\sigma_i}^2/g_{ii}$ を要素とするベクトル $\boldsymbol{\eta} = [\eta_1, \ldots, \eta_N]^{\mathrm{T}} \in \mathbb{R}^N$，$p_i$ を要素とするベクトル $\boldsymbol{p} = [p_1, \ldots, p_N]^{\mathrm{T}} \in \mathbb{R}^N$ を用いて，問題 (3.168) は

$$\begin{aligned} &\text{minimize} \quad \boldsymbol{1}^{\mathrm{T}}\boldsymbol{p} \\ &\text{subject to} \quad (\boldsymbol{F} - \boldsymbol{I})\boldsymbol{p} + \boldsymbol{\eta} \leq \boldsymbol{0} \\ &\qquad\qquad\quad \boldsymbol{p} \geq \boldsymbol{0} \end{aligned} \tag{3.170}$$

と表現し直すことができる．$\boldsymbol{1} \in \mathbb{R}^N$ は全要素が 1 のベクトル，$\boldsymbol{I} \in \mathbb{R}^{N\times N}$ は単位行列を表す．

ここで，$(\boldsymbol{F}-\boldsymbol{I})\boldsymbol{p}+\boldsymbol{\eta} \le \boldsymbol{0}$ という行列不等式に関するペロン–フロベニウスの定理（Perron-Frobenius theorem）[50] を紹介する．条件として，$\boldsymbol{F}$ は全要素が非負の既約行列であり，$\boldsymbol{\eta} \ge \boldsymbol{0}$, $\boldsymbol{\eta} \ne \boldsymbol{0}$ である場合を考える．この場合，行列不等式を満たす全要素が正のベクトル $\boldsymbol{p}$ が存在する必要十分条件は，$\boldsymbol{F}$ のペロン–フロベニウス固有値（最大固有値）$\rho_{\boldsymbol{F}}$ が $\rho_{\boldsymbol{F}} < 1$ を満たすことである．$\rho_{\boldsymbol{F}} < 1$ の場合，全要素が非負の行列 $(\boldsymbol{I}-\boldsymbol{F})^{-1}$ が存在し，$\boldsymbol{p}$ に関してパレート最適な解 $\boldsymbol{p}^{\star} = (\boldsymbol{I}-\boldsymbol{F})^{-1}\boldsymbol{\eta}$ が与えられる．また，$\boldsymbol{F}$ のノイマン級数（Neumann series）が収束し

$$\sum_{k=0}^{\infty} \boldsymbol{F}^k = (\boldsymbol{I}-\boldsymbol{F})^{-1} \tag{3.171}$$

の関係が成り立つ [51].

もとの電力割当問題においては，$\boldsymbol{F}$ は式 (3.169) より全要素が非負の既約行列であり，$\boldsymbol{\eta}$ は全要素が正のベクトルであるため，ペロン–フロベニウスの定理を適用でき，$\boldsymbol{p} > \boldsymbol{0}$ を満たす解が存在する条件は $\rho_{\boldsymbol{F}} < 1$ である．またこの場合，$\boldsymbol{p}$ のパレート最適な解は

$$\boldsymbol{p}^{\star} = (\boldsymbol{I}-\boldsymbol{F})^{-1}\boldsymbol{\eta} \tag{3.172}$$

である．集中制御の場合には $\boldsymbol{F}$ と $\boldsymbol{\eta}$ に関する情報を一元的にもつ制御局が，式 (3.172) により電力を設定すればよい．

3.6.1.3 マルチユーザ分散協力型電力制御

式 (3.172) によって最適電力割当を求めるには，すべての送受信ノード間のリンク利得に関する情報が一元的に必要である．これに対し，リンク利得に関する情報なしに最適解 (3.172) を実現する分散協力型の電力制御アルゴリズム [52] について述べる．

このアルゴリズムは次の反復法によって与えられる．ただし，$\boldsymbol{p}(k)$ は時点 k での電力ベクトルを表す．

$$\begin{aligned}\boldsymbol{p}(k+1) &= \boldsymbol{F}\boldsymbol{p}(k) + \boldsymbol{\eta} \\ &= \boldsymbol{F}^k \boldsymbol{p}(0) + \sum_{i=0}^{k} \boldsymbol{F}^i \boldsymbol{\eta}\end{aligned} \tag{3.173}$$

このアルゴリズムは $\rho_{\boldsymbol{F}} < 1$ であれば式 (3.171), (3.172) より，前項で述べた最適解 $\boldsymbol{p}^{\star}$ に次のように収束することが確認できる．

$$\lim_{k\to\infty} \boldsymbol{p}(k+1) = \sum_{i=0}^{\infty} \boldsymbol{F}^i \boldsymbol{\eta} = (\boldsymbol{I}-\boldsymbol{F})^{-1}\boldsymbol{\eta} = \boldsymbol{p}^{\star} \tag{3.174}$$

ところで，式 (3.173) のベクトルの各要素は

$$p_i(k+1) = \frac{\Gamma_i}{\gamma_i(k)} p_i(k), \quad \gamma_i(k) = \frac{g_{ii} p_i(k)}{\sum_{j \in \mathcal{N} \setminus \{i\}} g_{ij} p_j(k) + \sigma_i^2(k)}, \quad i \in \mathcal{N} \tag{3.175}$$

と書ける．したがって，送信ノード i においては時点 k での送信電力 $p_i(k)$ と受信ノード i に

おける受信 SINR $\gamma_i(k)$ の情報によって次の時点の送信電力 $p_i(k+1)$ を定めることができ，この電力設定の繰返しにより最適解 $\boldsymbol{p}^\star$ に収束する．このアルゴリズムでは，他ノードとの間の伝搬損などの情報は必要ない．ただし，収束の判定（$\rho_F < 1$）を行うには，すべてのリンク利得に関する情報が一元的に必要であることに注意されたい．

3.6.2 通信品質最大化型電力制御

本項では電力制御について，特に最大送信電力を制約条件として，システム容量などの通信品質を最大化する電力制御について述べる．

3.6.2.1 孤立ユーザ集中電力制御

マルチユーザ環境における電力割当の前提として，干渉のない孤立した 1 対の送信・受信ノード間の電力割当を考える．リンク利得を g，受信雑音電力を σ^2 とする．最大送信電力が P の場合，容量を最大とする電力 p を設定する電力割当問題は次のように定式化できる．

$$\begin{aligned} &\text{maximize} \quad \ln(1 + gp/\sigma^2) \\ &\text{subject to} \quad p \le P \end{aligned}$$

ただし，対数関数を含む最大化では底の値に大きな意味はないため，本節では計算表記を簡単にする目的で，受信 SNR γ の通信路の帯域当りの通信路容量を $\log_2(1+\gamma)$ ではなく $\ln(1+\gamma)$ とする．

この問題は，$\ln(1 + gp/\sigma^2)$ が電力 p に関して単調増加関数であるため，$\boldsymbol{p}^\star = P$ すなわち最大電力が最適割当である．また，$-\ln(1 + gp/\sigma^2)$ が p に関して凸関数であるため，凸最適化を用いて最適解を求めることも可能である．

3.6.2.2 マルチユーザ集中電力制御

N 対の送信・受信ノード間で同時に通信を行う際に全リンクの容量の和を最大とする電力割当を考える．この場合には干渉が存在する点で孤立ユーザの場合と異なる．ノード組の集合を $\mathcal{N} = \{1, \ldots, N\}$ と表す．送信ノード $i \in \mathcal{N}$ は対応する受信ノード i に対して，最大電力 P_i 以下の電力 p_i で送信する．干渉は帯域全体に渡る加法性ガウス雑音と等価と仮定する．この仮定のもとでは，すべてのリンクの容量の和を最大とする電力を設定する問題は，次のように定式化できる．

$$\text{maximize} \quad f(\boldsymbol{p}) = \sum_{i \in \mathcal{N}} \ln \left(1 + \frac{g_{ii} p_i}{\displaystyle\sum_{j \in \mathcal{N} \setminus \{i\}} g_{ij} p_j + {\sigma_i}^2} \right) \tag{3.176}$$

$$\text{subject to} \quad 0 \le p_i \le P_i, \quad \forall i \in \mathcal{N}$$

この問題を凸最適化（2.4 節）の表現のように最小化問題としたときの目的関数 $-f(\boldsymbol{p})$ は $\boldsymbol{p}$ に関して凸関数ではない．このことは，$-f(\boldsymbol{p})$ のヘッセ行列（2.4 節）が半正定値行列とならないことから確認される．したがって，凸最適化では最適解を求めることはできない．

ここで，目的関数が凸関数となるよう設定し直した緩和問題は，問題 (3.176) と比べれば，最適解を求めることが容易と考えられる．一つの緩和問題として全帯域を直交チャネルに分割し，その直交チャネルをそれぞれの通信に割り当てることで，干渉が生じない条件で考える問題が挙げられる．この緩和問題はチャネル割当と関係するため 3.6.3.2 項で詳細を述べる．

3.6.2.3 マルチユーザ分散非協力型電力制御

前項と同様の前提のもと，送信・受信ノードが非協力的に個々のリンク容量を最大化するように電力を選択するとどのような結果となるかを考える．この問題は，ノード組をプレイヤ，電力 p_i（$0 \le p_i \le P_i$）を戦略とし，次の効用関数をもつ戦略形ゲームとみなせる．

$$u_i(p_i, \boldsymbol{p}_{-i}) = \ln\left(1 + \frac{g_{ii}p_i}{\displaystyle\sum_{j\in\mathcal{N}\setminus\{i\}} g_{ij}p_j + {\sigma_i}^2}\right) \tag{3.177}$$

この戦略形ゲームのナッシュ均衡点（2.5 節）を求めるために，まず最適応答を求める．効用関数 u_i は p_i に関して単調増加であるため，他プレイヤの戦略 $\boldsymbol{p}_{-i}$ に対する最適応答戦略 $p_i^\star$ は，$\boldsymbol{p}_{-i}$ によらず，$p_i^\star = P_i$ である．ナッシュ均衡点はすべてのプレイヤの最適応答の交点であるため，全プレイヤが最大電力を選択する状況となる．効用関数として式 (3.177) と異なるものを設定すれば様々な制御が実現できるが，効用関数の設定はヒューリスティックであるため，詳細は議論しない．先駆的かつ代表的な研究として文献 [53] がある．

3.6.3 チャネル割当

本項ではシステム容量などの通信品質を最大化するチャネル割当，あるいは電力とチャネルの同時割当について述べる．

3.6.3.1 孤立ユーザ集中電力・チャネル同時制御

マルチユーザ環境におけるチャネル割当の前提として，孤立した 1 対の送信・受信ノード間におけるチャネル割当を考える．C 個の直交チャネルを想定し，ノードは同時に複数のチャネルを用いて通信を行い，送信ノードの総電力 $P > 0$ を容量が最大となるように各チャネルに割り当てる問題を考える．これは 2.4 節で述べた注水定理による電力割当と同じであるが，使用するチャネルの選択ともとらえることができるため，再掲する．

チャネル $c \in \mathcal{C} = \{1, \ldots, C\}$ のリンク利得を g_c，雑音電力を ${\sigma_c}^2$，割り当てる電力を p_c とすると，この問題は次のように定式化できる．

$$\begin{aligned}
&\text{maximize} && \sum_{c\in\mathcal{C}} \ln\left(1 + g_c p_c / {\sigma_c}^2\right) \\
&\text{subject to} && \sum_{c\in\mathcal{C}} p_c \le P \\
& && p_c \ge 0, \quad \forall c \in \mathcal{C}
\end{aligned}$$

凸最適化（2.4 節）の表現を用いれば，次式となる．

$$\begin{aligned}
&\text{minimize} && f(\boldsymbol{p}) = -\sum_{c\in\mathcal{C}} \ln\left(1 + g_c p_c / {\sigma_c}^2\right) \\
&\text{subject to} && \sum_{c\in\mathcal{C}} p_c - P \le 0 \\
& && -p_c \le 0, \quad \forall c \in \mathcal{C}
\end{aligned}$$

この目的関数 $f(\boldsymbol{p})$ のヘッセ行列は正定値行列であるため $f(\boldsymbol{p})$ は $\boldsymbol{p}$ に関して凸関数であり，

凸最適化を用いて最適解を求めることができる．ラグランジアンはラグランジュ乗数 $\lambda \in \mathbb{R}$, $\boldsymbol{\mu} \in \mathbb{R}^C$ を導入して，

$$L(\boldsymbol{p}, \lambda, \boldsymbol{\mu}) = -\sum_{c \in C} \ln(1 + g_c p_c / {\sigma_c}^2) + \lambda \left(\sum_{c \in C} p_c - P \right) - \sum_{c \in C} \mu_c p_c$$

となり，KKT 条件は

$$\sum_{c \in C} p_c^\star - P \leq 0, \quad -p_c^\star \leq 0 \tag{3.178a}$$

$$\lambda^\star \geq 0, \quad \mu_c^\star \geq 0 \tag{3.178b}$$

$$\lambda^\star \left(\sum_{c \in C} p_c^\star - P \right) = 0, \quad \mu_c^\star p_c^\star = 0 \tag{3.178c}$$

$$-g_c / (g_c p_c^\star + {\sigma_c}^2) + \lambda^\star - \mu_c^\star = 0, \quad \forall c \in C \tag{3.178d}$$

となる．式 (3.178a) は主問題実行可能領域条件，式 (3.178b) は双対問題実行可能領域条件，式 (3.178c) は相補性条件，式 (3.178d) はラグランジュ関数の極小値条件である．

条件 (3.178d) を用いて $\mu_c^\star$ を消して，以下七つの条件が得られる．

$$\sum_{c \in C} p_c^\star - P \leq 0, \quad -p_c^\star \leq 0$$

$$\lambda^\star \geq 0, \quad -g_c / (g_c p_c^\star + {\sigma_c}^2) + \lambda^\star \geq 0$$

$$\lambda^\star \left(\sum_{c \in C} p_c^\star - P \right) = 0, \quad \left[-g_c / (g_c p_c^\star + {\sigma_c}^2) + \lambda^\star \right] p_c^\star = 0, \quad \forall c \in C$$

$\lambda^\star = 0$ であると第 4 条件を満たさないため $\lambda^\star > 0$ となり，また第 5 条件より $\sum_{c \in C} p_c^\star - P = 0$ が導かれる．

次に $p_c^\star$ の値で場合分けを行う．$p_c^\star = 0$ の場合，第 4 条件より $\lambda^\star \geq g_c / {\sigma_c}^2$．一方 $p_c^\star > 0$ の場合，第 6 条件より $p_c^\star = 1/\lambda^\star - {\sigma_c}^2 / g_c$．したがって $\lambda^\star < g_c / {\sigma_c}^2$．以上をまとめて

$$p_c^\star = \begin{cases} 1/\lambda^\star - {\sigma_c}^2 / g_c, & 0 < \lambda^\star < g_c / {\sigma_c}^2 \\ 0, & \lambda^\star \geq g_c / {\sigma_c}^2 \end{cases} \qquad \forall c \in C$$

が最適な電力割当であり，$0 < \lambda^\star < g_c / {\sigma_c}^2$ を満たすチャネルを選択すべきことを意味する．これは次式のようにも書ける．

$$p_c^\star = \max \left\{ 0, 1/\lambda^\star - {\sigma_c}^2 / g_c \right\}$$

この式中の $\lambda^\star$ は第 5 条件より

$$P = \sum_{c \in C} \max \left\{ 0, 1/\lambda^\star - {\sigma_c}^2 / g_c \right\} \tag{3.179}$$

を満たすように設定すればよい．

3.6.3.2 マルチユーザ集中電力・チャネル同時制御

孤立ユーザに対する電力・チャネル割当の議論を拡張し，N 送信・1 受信ノードからなる N リンクの多重アクセス通信路（2.1 節）の通信路容量を最大化する電力・チャネル割当を考える．ただし，3.6.2.2 項で述べたように，干渉が存在する場合は凸最適化を用いることができないため，各送信ノードには直交したチャネルを割り当てる場合に限定する．この議論は，周波数繰返しを行わない条件のもとでの N 対の送信ノード・受信ノードの組からなる通信に対しても適用できる．

あらかじめ直交分割された C 個の直交チャネルを考え，チャネル $c \in \mathcal{C} = \{1, \ldots, C\}$ の帯域幅を W_c とし，これを更に直交分割して各リンクに割り当てるとする．リンク $i \in \mathcal{N} = \{1, \ldots, N\}$ に対してチャネル c において割り当てる帯域幅を $w_{i,c}$，電力を $p_{i,c}$ とする．ただし，送信ノード i の最大送信電力を P_i とし，チャネル c におけるリンク i のリンク利得を $g_{i,c}$，雑音電力スペクトル密度を N_0 とする．

以上の前提のもと，すべてのリンクの通信路容量の和を最大とする電力と帯域幅の割当問題は，次のように定式化できる [54]．

$$\begin{aligned}
&\text{maximize} && \sum_{i\in\mathcal{N}}\sum_{c\in\mathcal{C}} w_{i,c}\ln\left(1+\frac{g_{i,c}p_{i,c}}{N_0 w_{i,c}}\right) && (3.180)\\
&\text{subject to} && \sum_{i\in\mathcal{N}} w_{i,c} \le W_c, \quad w_{i,c}\ge 0\\
& && \sum_{c\in\mathcal{C}} p_{i,c} \le P_i, \quad p_{i,c}\ge 0, \quad \forall i\in\mathcal{N}, \quad \forall c\in\mathcal{C}
\end{aligned}$$

凸最適化（2.4 節）の表現を用いれば次式となる．

$$\begin{aligned}
&\text{minimize} && -\sum_{i\in\mathcal{N}}\sum_{c\in\mathcal{C}} w_{i,c}\ln\left(1+\frac{g_{i,c}p_{i,c}}{N_0 w_{i,c}}\right) && (3.181)\\
&\text{subject to} && \sum_{i\in\mathcal{N}} w_{i,c} - W_c \le 0, \quad -w_{i,c}\le 0\\
& && \sum_{c\in\mathcal{C}} p_{i,c} - P_i \le 0, \quad -p_{i,c}\le 0, \quad \forall i\in\mathcal{N}, \quad \forall c\in\mathcal{C}
\end{aligned}$$

この目的関数はそのヘッセ行列が半正定値行列となるため $\boldsymbol{p}$，$\boldsymbol{w}$ に関して凸関数であり，凸最適化を用いることができる．ラグランジアンは，ラグランジュ乗数 $\boldsymbol{\lambda}\in\mathbb{R}^C$，$\boldsymbol{\mu}\in\mathbb{R}^{N\times C}$，$\boldsymbol{\nu}\in\mathbb{R}^N$，$\boldsymbol{\xi}\in\mathbb{R}^{N\times C}$ を導入して

$$\begin{aligned}
L(\boldsymbol{p},\boldsymbol{w},\boldsymbol{\lambda},\boldsymbol{\mu},\boldsymbol{\nu},\boldsymbol{\xi}) = &-\sum_{i\in\mathcal{N}}\sum_{c\in\mathcal{C}} w_{i,c}\ln\left(1+\frac{g_{i,c}p_{i,c}}{N_0 w_{i,c}}\right) + \lambda_c\left(\sum_{i\in\mathcal{N}} w_{i,c} - W_c\right)\\
&-\sum_{i\in\mathcal{N}}\sum_{c\in\mathcal{C}}\mu_{i,c}w_{i,c} + \sum_{i\in\mathcal{N}}\nu_i\left(\sum_{c\in\mathcal{C}}p_{i,c} - P_i\right) - \sum_{i\in\mathcal{N}}\sum_{c\in\mathcal{C}}\xi_{i,c}p_{i,c} \qquad (3.182)
\end{aligned}$$

となる．KKT 条件は

$$\sum_{i\in\mathcal{N}} w^\star_{i,c} - W_c \le 0, \quad -w^\star_{i,c} \le 0, \quad \sum_{c\in C} p^\star_{i,c} - P_i \le 0, \quad -p^\star_{i,c} \le 0 \tag{3.183a}$$

$$\lambda^\star_c \ge 0, \quad \mu^\star_{i,c} \ge 0, \quad \nu^\star_i \ge 0, \quad \xi^\star_{i,c} \ge 0 \tag{3.183b}$$

$$\lambda^\star_c\left(\sum_{i\in\mathcal{N}} w^\star_{i,c} - W_c\right) = 0, \quad \mu^\star_{i,c} w^\star_{i,c} = 0, \quad \nu^\star_i\left(\sum_{c\in C} p^\star_{i,c} - P_i\right) = 0, \quad \xi^\star_{i,c} p^\star_{i,c} = 0 \tag{3.183c}$$

$$\frac{\partial L}{\partial w_{i,c}} = -\ln\left(1 + \frac{g_{i,c} p^\star_{i,c}}{N_0 w^\star_{i,c}}\right) + \frac{g_{i,c} p^\star_{i,c}/N_0 w^\star_{i,c}}{1 + g_{i,c} p^\star_{i,c}/N_0 w^\star_{i,c}} + \lambda^\star_c - \mu^\star_{i,c} = 0 \tag{3.183d}$$

$$\frac{\partial L}{\partial p_{i,c}} = -\frac{1}{p^\star_{i,c}/w^\star_{i,c} + N_0/g_{i,c}} + \nu^\star_i - \xi^\star_{i,c} = 0, \quad \forall i \in \mathcal{N}, \quad \forall c \in C \tag{3.183e}$$

である．式 (3.183a) は主問題実行可能領域条件，式 (3.183b) は双対問題実行可能領域条件，式 (3.183c) は相補性条件，式 (3.183d)，(3.183e) はラグランジュ関数の極小値条件である．

まず KKT 条件のうち，$p^\star_{i,c}$，$\nu^\star_i$，$\xi^\star_{i,c}$ に関する次の条件群を考える．

$$\sum_{c\in C} p^\star_{i,c} - P_i \le 0, \quad -p^\star_{i,c} \le 0, \quad \nu^\star_i \ge 0, \quad \xi^\star_{i,c} \ge 0$$

$$\nu^\star_i\left(\sum_{c\in C} p^\star_{i,c} - P_i\right) = 0, \quad \xi^\star_{i,c} p^\star_{i,c} = 0$$

$$\frac{\partial L}{\partial p_{i,c}} = -\frac{1}{p^\star_{i,c}/w^\star_{i,c} + N_0/g_{i,c}} + \nu^\star_i - \xi^\star_{i,c} = 0, \quad \forall i \in \mathcal{N}, \quad \forall c \in C$$

これらは 3.6.3.1 項で述べた条件 (3.178a)～(3.178d) に対応するため，同様に考えて

$$p^\star_{i,c} = \begin{cases} w^\star_{i,c}\left(1/\nu^\star_i - N_0/g_{i,c}\right), & \nu^\star_i < g_{i,c}/N_0 \\ 0, & \nu^\star_i \ge g_{i,c}/N_0 \end{cases}$$

を $\sum_{c\in C} p^\star_{i,c} = P_i$ となるよう設定すればよい．$p^\star_{i,c}$ 及び $\nu^\star_i$ はユーザごとに設定する値である．ただし，$w^\star_{i,c}$ は残る条件と関連する．

残る次の条件群を考える．

$$\sum_{i\in\mathcal{N}} w^\star_{i,c} - W_c \le 0, \quad -w^\star_{i,c} \le 0, \quad \lambda^\star_c \ge 0, \quad \mu^\star_{i,c} \ge 0$$

$$\lambda^\star_c\left(\sum_{i\in\mathcal{N}} w^\star_{i,c} - W_c\right) = 0, \quad \mu^\star_{i,c} w^\star_{i,c} = 0$$

$$-\ln\left(1 + \frac{g_{i,c} p^\star_{i,c}}{N_0 w^\star_{i,c}}\right) + \frac{g_{i,c} p^\star_{i,c}/N_0 w^\star_{i,c}}{1 + g_{i,c} p^\star_{i,c}/N_0 w^\star_{i,c}} + \lambda^\star_c - \mu^\star_{i,c} = 0, \quad \forall i \in \mathcal{N}, \quad \forall c \in C$$

最後の条件より $\mu^\star_{i,c}$ を消去して，以下八つの条件が得られる．

$$\sum_{i\in\mathcal{N}} w_{i,c}^{\star} - W_c \le 0, \quad -w_{i,c}^{\star} \le 0, \quad \lambda_c^{\star} \ge 0, \quad \lambda_c^{\star}\left(\sum_{i\in\mathcal{N}} w_{i,c}^{\star} - W_c\right) = 0$$

$$-\ln\left(1 + \frac{g_{i,c}p_{i,c}^{\star}}{N_0 w_{i,c}^{\star}}\right) + \frac{g_{i,c}p_{i,c}^{\star}/N_0 w_{i,c}^{\star}}{1 + g_{i,c}p_{i,c}^{\star}/N_0 w_{i,c}^{\star}} + \lambda_c^{\star} \ge 0$$

$$\left[-\ln\left(1 + \frac{g_{i,c}p_{i,c}^{\star}}{N_0 w_{i,c}^{\star}}\right) + \frac{g_{i,c}p_{i,c}^{\star}/N_0 w_{i,c}^{\star}}{1 + g_{i,c}p_{i,c}^{\star}/N_0 w_{i,c}^{\star}} + \lambda_c^{\star}\right] w_{i,c}^{\star} = 0, \quad \forall i \in \mathcal{N}, \quad \forall c \in C$$

この条件群に関してはシンプルな解を得ることはできないが，興味深い共存状況である $w_{i,c}^{\star} > 0$, $\forall i \in \mathcal{N}$ の場合を考える．このとき最後の条件より

$$\lambda_c^{\star} = \ln\left(1 + \frac{g_{i,c}p_{i,c}^{\star}}{N_0 w_{i,c}^{\star}}\right) - \frac{g_{i,c}p_{i,c}^{\star}/N_0 w_{i,c}^{\star}}{1 + g_{i,c}p_{i,c}^{\star}/N_0 w_{i,c}^{\star}}, \quad \forall i \in \mathcal{N}, \quad \forall c \in C \tag{3.184}$$

となり，チャネルごとにリンク $i \in \mathcal{N}$ に関して上式の値が等しくなるように $\lambda_c^{\star}$ の値を設定すればよい．上式の物理的な意味は，SNR が十分高い条件を考えれば，$\lambda_c^{\star} = \ln\left(1 + g_{i,c}p_{i,c}^{\star}/N_0 w_{i,c}^{\star}\right) - 1$ となるため，各チャネルを用いるすべてのリンクの SNR を等しくすることに対応する．一方，式 (3.184) が成り立たない場合は，$w_{i,c}^{\star} = 0$ となり，そのチャネルを選択しないことを意味する．

3.6.3.3 マルチユーザ集中スロット割当

TDMA システムにおいて，各ユーザに単に周期的にタイムスロットを割り当てるのではなく，フェージングの瞬時値に応じて変化する瞬時スループットに応じてタイムスロットを割り当てるユーザを選択することで，システムスループットを向上することが可能である．このような考えをもとに，全ユーザの平均スループットの対数和を最大化するプロポーショナルフェアスケジューリング（proportional fair scheduling）[55] について説明する．これは全ユーザの平均スループットの積の最大化と等価であり，基準点を 0 としたナッシュ交渉解（2.5 節）の考え方に対応する．

ユーザ $i \in \mathcal{N} = \{1, \ldots, N\}$ のスロット k における瞬時スループットを $r_i(k)$，平均スループットを $t_i(k)$ とし，スロット $k+1$ の平均スループット $t_i(k+1)$ を次式のように設定する．

$$t_i(k+1) = (1 - 1/t_c)\, t_i(k) + (1/t_c) r_i(k) f_i(k) \tag{3.185}$$

$f_i(k)$ はユーザ i にスロットを割り当てた場合に 1，割り当てなかった場合に 0 とする関数であり，t_c は平均をとるためのパラメータである．

平均スループットの対数和を目的関数とし，これを最大とするユーザの選び方，すなわち $f_i(k)$ の設定の仕方を考える．タイムスロット間の目的関数の差をとり，テイラー展開すると

$$\begin{aligned}\sum_{i\in\mathcal{N}} \ln t_i(k+1) - \sum_{i\in\mathcal{N}} \ln t_i(k) &= \sum_{i\in\mathcal{N}} \ln \frac{t_i(k+1)}{t_i(k)} = \sum_{i\in\mathcal{N}} \ln\left(1 + \frac{1}{t_c}\left(\frac{r_i(k)f_i(k)}{t_i(k)} - 1\right)\right) \\ &= \frac{1}{t_c}\sum_{i\in\mathcal{N}}\left(\frac{r_i(k)f_i(k)}{t_i(k)} - 1\right) + O(t_c^{-2})\end{aligned} \tag{3.186}$$

となる．したがって，$f_i(k)/t_i(k)$ が最大となるユーザを選択すると時刻間の目的関数の差は最大となる [56]．この場合の $f_i(k)$ は次のように表現できる．

$$f_i(k) = \begin{cases} 1, & \text{if} \quad i = \arg\max_{i' \in \mathcal{N}} \{r_{i'}(k)/t_{i'}(k)\} \\ 0, & \text{その他} \end{cases} \tag{3.187}$$

これをプロポーショナルフェアスケジューリングと呼ぶ．一般に目的関数が最大となる証明は，[56], [57] などを参照されたい．

3.6.3.4　マルチユーザ分散非協力型チャネル選択

N 組の送信・受信ノードが各々の効用関数に従い，有限数のチャネルの中から各々 1 チャネルずつ選択するチャネル選択問題を考える．一般にこのようなチャネル選択が収束するとは限らないが，効用関数の設定によっては収束性を保証することが可能である．このような状況は，送受信ノード組をプレイヤとし，プレイヤ $i \in \mathcal{N} = \{1, \ldots, N\}$ が選択可能なチャネルの集合を戦略空間 $\mathcal{A}_i$ とする戦略形ゲームとみなすことができ，非協力ゲーム理論を用いて議論することができる．

興味深い効用関数の設定法として，次式のように干渉電力を用いる方法 [58] を紹介する．

$$u_i(a_i, \boldsymbol{a}_{-i}) = -\sum_{j \in \mathcal{N} \setminus \{i\}} g_{ij} p_j \delta_{a_j, a_i} - \sum_{j \in \mathcal{N} \setminus \{i\}} g_{ji} p_i \delta_{a_i, a_j} \tag{3.188}$$

p_i はプレイヤ i の送信電力，g_{ij} は送信ノード j と受信ノード i の間のリンク利得，δ_{a_j, a_i} はクロネッカーデルタであり，選択したチャネルが同じ場合に干渉が生じることを意味する．右辺第 1 項は受信ノード i の被干渉電力，第 2 項は送信ノード i が及ぼす与干渉電力にそれぞれ負号を付けた形となっている．

この戦略形ゲーム $(\mathcal{N}, \prod_{i \in \mathcal{N}} \mathcal{A}_i, \{u_i\}_{i \in \mathcal{N}})$ は，次の関数がそのポテンシャル関数となることが証明されるため，2.5 節で説明したポテンシャルゲームである [58]．

$$f(a_i, \boldsymbol{a}_{-i}) = -\frac{1}{2} \sum_{i \in \mathcal{N}} \sum_{j \in \mathcal{N} \setminus \{i\}} \left(g_{ij} p_j \delta_{a_j, a_i} + g_{ji} p_i \delta_{a_i, a_j} \right) \tag{3.189}$$

この関数はシステム内のすべての受信ノードにおける干渉電力に負号を付けた値を意味する．2.5 節で説明したように，ポテンシャルゲームでは効用関数が最大となる最適応答戦略を逐次的に選択することで，有限回数でナッシュ均衡に収束する．したがって，各プレイヤが独立に効用関数を増加させるような逐次的チャネル更新，すなわち被干渉電力と与干渉電力の和を低減するようにチャネルを選択すると，ポテンシャル関数は単調に増加し，ナッシュ均衡に収束する．この方式を用いるためには，受信ノード i はその被干渉電力を，送信ノード i はその与干渉電力を推定する必要がある．

3.7　メディアアクセス制御技術

本節では，無線チャネルを複数ノードで共用し，どのように情報を近隣ノードに伝送するかを決めるメディアアクセス制御（MAC: Medium Access Control）技術について述べる．

MAC 技術は，1970 年代にハワイ大学が開発，運用した ALOHA を基礎として発展してきた．ALOHA は複数のノードが一つの無線チャネルにランダムにアクセスする MAC プロトコルである．ALOHA は実装が容易であり，データ衝突を再送処理でカバーする．CSMA（Carrier

Sense Multiple Access)[59] や CSMA/CA(CSMA with Collision Avoidance)は ALOHA を発展させ，キャリヤセンスを導入することでデータ衝突自体を回避若しくは低減する MAC 技術である．これらのプロトコルは無線 LAN など多くのシステムで使われ，各種 MAC プロトコルの基礎となっている．3.7.1 項では，MAC 技術の役割を述べる．3.7.2 項では，代表的な MAC プロトコルである CSMA 及び CSMA/CA について述べる．更に，指向性アンテナを利用した MAC プロトコルや省電力 MAC プロトコルを紹介する．

3.7.1 メディアアクセス制御技術の役割

無線分散ネットワークでは，基地局等による集中制御型のアクセス制御だけでなく，各ノードが自律分散的に無線チャネルにアクセスする分散的な MAC 技術も重要である．分散的に無線リソースを複数ノードで共用する MAC 技術として，スペクトルセンシング（3.1 節）等を用いて周波数軸上で空いているチャネルを利用する手法や，時間軸上でチャネルが空いているタイミングを利用する手法が考えられる．本節では，他のノードと時間軸上または周波数軸上で重ならない直交チャネルを獲得するためのアクセス手法，特に時間軸上で複数ノードが無線チャネルにアクセスする手法について述べる．

MAC 層では，情報ビットに各種ヘッダを付加したフレーム単位で情報を伝送する．MAC プロトコルの役割は，フレームの衝突を回避若しくは軽減することである．フレームの衝突は，複数ノードが送信したフレームが同時に受信ノードに到着する場合に発生する．チャネルを複数の近隣ノード間で自律分散的にいかに効率良く共有するかが MAC 技術の課題となる．

3.7.2 MAC プロトコル

3.7.2.1 CSMA

基本的な自律分散型 MAC プロトコルとして，CSMA [59] がある．CSMA では，データ送信前にチャネルの使用状態を調べ（キャリヤセンス），他ノードがチャネルを使用していなければ送信を開始する．他ノードがチャネルを使用している場合は，データ送信を延期する．CSMA は，チャネルが使用中の場合のデータ送信の延期の仕方により，non-persistent CSMA と p-persistent CSMA の二つの方法に分けられる．non-persistent CSMA は，チャネルが使用中の場合，キャリヤセンスを中止し，ランダム時間待機した後にキャリヤセンスをやり直す方法である．non-persistent CSMA では，ランダムな待機時間を導入することで，データの衝突を軽減する．p-persistent CSMA は，チャネルが使用中の場合，チャネルが空くまでキャリヤセンスを継続する方法である．チャネルが空いた場合，確率 p でデータを送信し，確率 $(1-p)$ でキャリヤセンスを継続する．p-persistent CSMA では，送信確率 p を導入することでデータの衝突を軽減する．特に，$p = 1$ の場合は 1-persistant CSMA と呼ばれる．

(1) CSMA の問題点　CSMA はキャリヤセンスによりデータの衝突を軽減できる．しかし，隠れ端末問題（hidden terminal problem）によりデータの衝突を完全には回避できない．隠れ端末問題の例を図 **3.44** に示す．ノード 1 はノード 2 にデータを送信している．ノード 3 はキャリヤセンスし，ノード 1 からの信号を検出できないため，ノード 2 にデータ送信する．ノード 2 ではノード 1 と 3 からのデータが届き，衝突が発生する．これが隠れ端末問題である．このときのノード 1 と 3 のように，互いの信号が届かないノードの関係を隠れ端末と呼ぶ．隠れ端末問題は，ノード間の距離が離れている場合だけでなく，壁などの遮へい物によっても発生する．また，複数のノードを中継してデータ伝送を行うマルチホップネットワーク

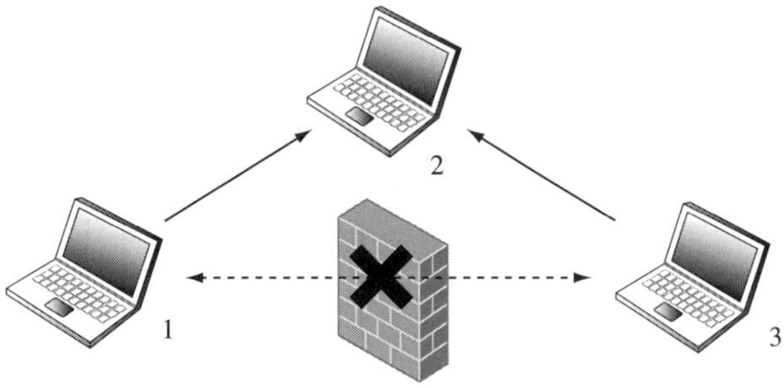

図 3.44 隠れ端末問題

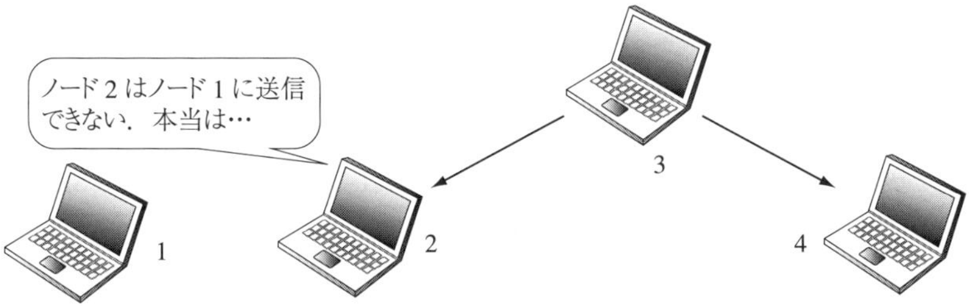

図 3.45 さらされ端末問題

において，自フロー内でのリンク間の干渉により隠れ端末問題が発生し，スループットが低下する原因となる．

また，CSMA ではさらされ端末問題（exposed terminal problem）も発生する．図 **3.45** にさらされ端末問題の例を示す．ノード 3 が 4 にデータを送信していると仮定する．このとき，ノード 2 はキャリヤセンスにより，ノード 3 からの信号を検出し，ノード 3 の送信が終了するまで送信を延期する．しかし，本来，ノード 2 の信号はノード 4 には届かないため，ノード 2 がノード 1 に送信しても問題はない．このように不必要に周辺ノードの送信が禁止されることをさらされ端末問題と呼ぶ．

(2) キャリヤセンスレベル　CSMA のキャリヤセンスレベルはソフトウェア的に変更可能である．キャリヤセンスレベルを高く設定すると，比較的大きな受信レベルでもデータ送信を行う．そのため，同じチャネルを近隣ユーザで繰り返し使える．しかし，干渉によりデータ損が起こりやすくなる．反対に，低く設定するとデータ損は低減できるが，同じチャネルを繰り返し使うにはある程度離れている必要がある．

3.7.2.2 CSMA/CA

CSMA/CA は IEEE 802.11 標準規格 [60] の無線 LAN で使用されている MAC プロトコルである．IEEE 802.11 DCF（Distributed Coordination Function）は，下記のメカニズムを導入している．

1. IFS（Interframe Space）による優先制御
2. バックオフ制御
3. RTS/CTS（Request-To-Send/Clear-To-Send）による隠れ端末問題への対処

(1) IFS による優先制御　IEEE 802.11 DCF では，フレーム送出の間隔 IFS が規定され

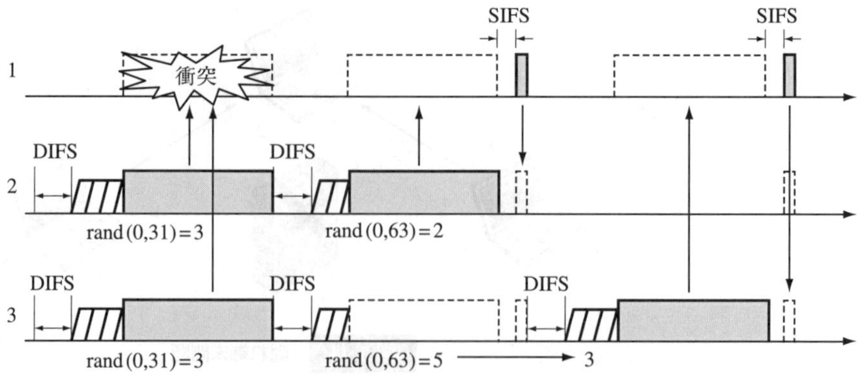

図 3.46 IEEE 802.11 DCF のバックオフ制御

ている．ノードは，フレーム送出前にキャリヤセンスし，IFS 時間継続してチャネルが空いていた場合，フレーム送信を許される．IFS の長さに差を付けることで，複数種類のフレーム送信の優先制御が可能になる．IEEE 802.11 DCF では，主に DIFS（DCF IFS）と SIFS（Short IFS）の 2 種類の IFS を用いる．SIFS は DIFS よりも短く設定され，最も優先度の高い制御フレームの送信に用いられる．DIFS は新しいデータフレームの送信開始時に用いられる．このほかにもいくつか IFS が規定されており，フレーム送信のきめ細かな優先制御が可能である．

（2） バックオフ制御　IEEE 802.11 DCF では，データフレームの衝突を軽減するために CW（Contention Window）を用いたバックオフ制御が導入されている．IEEE 802.11 DCF のバックオフ制御を図 **3.46** に示す．IEEE 802.11 DCF では，データをもつノードはまずキャリヤセンスを開始する．ここで，整数 x と y（$x \leq y$）の範囲の整数の乱数を rand (x,y) と定義する．データをもつノードは DIFS 期間チャネルが空いていることを確認すると，乱数 rand $(0, CW)$ を発生し，バックオフ時間（送信待機時間）を決定する．バックオフ時間はシステムの規定するスロット時間の整数倍である．ノードはバックオフ期間継続してキャリヤセンスする．バックオフ期間チャネルが空いていた場合，データを送信する．バックオフ期間にチャネルが空いていないことが分かった場合，その時点の残りのバックオフ時間を保存して，データ送信を延期する．このようにバックオフ時間を保存することで，次回以降優先的にチャネルの獲得ができる．

CW の値はデータ衝突などにより再送するたびに以下の式に従い増加する．

$$CW = (CW_{\min} + 1) \times 2^n - 1. \tag{3.190}$$

ここで，n（≥ 0）は再送回数である．CW の最小値は $CW_{\min}$，最大値は $CW_{\max}$ である．再送するたびに CW を大きく設定することで再びデータが衝突する確率を低減する．このようなバックオフの仕組みを 2 進指数バックオフ（binary exponentional backoff）と呼ぶ．

図 3.46 では，最初はノード 2 と 3 で乱数により同じバックオフ時間 3 が設定され衝突が発生している．2 回目は CW を倍にして乱数を振り直し，ノード 2 がデータ送信に成功している．ノード 3 は，3 回目の試行では乱数を振らずに持ち越した残りのバックオフ時間 3 を用いる．

（3） RTS/CTS による隠れ端末問題への対処　IEEE 802.11 DCF には，RTS/CTS フレームを追加することで，隠れ端末問題に対処する機能もある．図 **3.47** に RTS/CTS を用いた

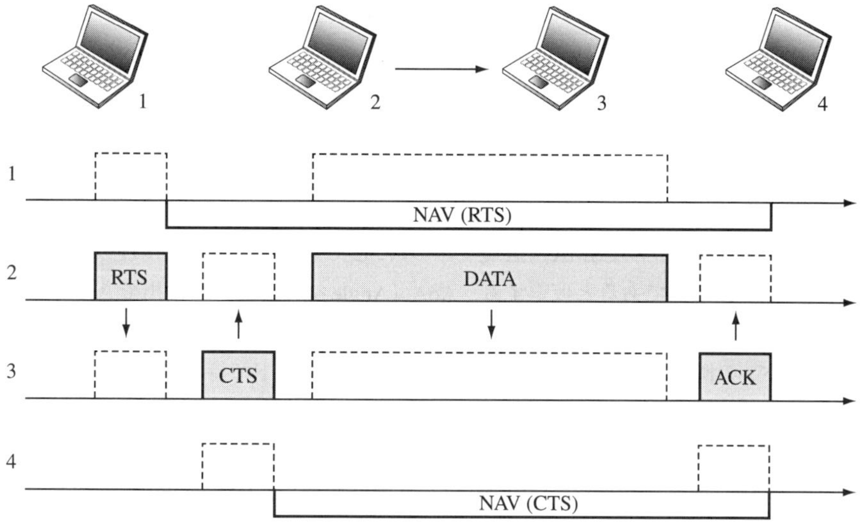

図 3.47 RTS/CTS を用いた CSMA/CA

CSMA/CA の通信シーケンスを示す．ノード 2 からの信号はノード 1 及び 3 に届き，ノード 3 からの信号はノード 2 及び 4 にのみ届くと仮定する．このとき，ノード 2 と 4 は互いに隠れ端末である．今，ノード 2 が 3 にデータを送信する．データ送信に先立って，ノード 2 は RTS と呼ばれる短い制御フレームをノード 3 あてで送信する．RTS はノード 1 と 3 で受信される．RTS には duration フィールドが含まれており，送信終了までに要する時間が記載されている．RTS を受信したノード 1 はノード 2 と 3 の通信が終わるまで送信を禁止（NAV: Network Allocation Vector）される．RTS を受信したノード 3 は，CTS と呼ばれる短い制御フレームをノード 2 あてに送信する．CTS はノード 2 と 4 に受信される．CTS にも duration フィールドが含まれており，CTS を受信したノード 4 にも NAV がセットされる．このように，RTS/CTS を用いて周辺ノードの送信を禁止することで，隠れ端末問題を回避する．

一般に，RTS/CTS は時間的なオーバヘッドになるため，データフレーム長が短い場合は RTS/CTS を使わない．また，マルチホップネットワークにおいては，さらされ端末問題により必要以上に周辺の送信を禁止することが性能を劣化させる要因になり得る．IEEE 802.11 DCF の CSMA/CA の性能については [61] で解析されている．

3.7.2.3 その他の MAC プロトコル

無線物理層技術，アンテナ技術の進展により，RSSI（Received Signal Strength Indicator）等の物理層の情報を MAC プロトコルで利用するクロスレイヤプロトコルや指向性アンテナ等の利用を前提とした MAC プロトコルの研究も進められている．また，センサネットワークのようにネットワーク性能よりもノードの省電力化を重視するアプリケーションのための省電力 MAC プロトコルも考案されている．

(1) 指向性アンテナを利用した MAC プロトコル アンテナの指向性を電子的に（ソフトウェア的に）制御可能な指向性アンテナ（スマートアンテナ）技術が進展し，携帯端末でもその利用が可能になりつつある．ここでは指向性アンテナの使用を前提とした MAC プロトコルを紹介する．指向性アンテナのビームパターンはアンテナによって様々である．ここでは，セクタアンテナのように一方向にメインローブをもつようなビームパターンを前提としたMACプロトコルを考える．指向性アンテナを利用することで，二つの利点が期待できる．一つは所望以外の方向からの信号の受信レベルを大幅に小さくできる点である．それにより，チャネルの空間的な分割が可能になる．もう一つは，通信距離延長効果である．これは特定方向のアンテナゲインが大きくできるためである．マルチホップネットワークにおいては，通信距離を延長することでホップ数を削減できる．

代表的なMACプロトコルとして，D-MAC（Directional MAC）がある[62]．D-MACはRTS/CTS型のCSMA/CAをベースにしている．あらかじめ自身の周辺ノードの位置（方向）は既知であると仮定する．AoA（Angle of Arrival）が検出できるデバイスを利用してもよい．ノードは無指向性ビームパターン（無指向性モード）と指向性ビームパターン（指向性モード）の両方を利用できる．ノードは無指向性モードで待機受信する．送信ノードSはまず，あて先ノードDに指向性モードでRTSを送信する．ノードDはRTSを無指向性モードで受信する．ノードD以外のノードがRTSを受信した場合，ノードSの方向にDNAV（Directional NAV）をセットする．IEEE 802.11 DCFと同様に，RTSのdurationフィールドに記載された時間，その方向へのフレームの送信が禁止される．RTSの送信後，ノードSはノードDに指向性モードでCTSを待機する．ノードDは指向性モードでノードSにCTSを送信する．ノードS以外のノードがCTSを受信した場合，RTSの場合と同様にノードDの方向にDNAVをセットする．CTSの送信後，ノードDは指向性モードでノードSからのデータを待機する．以降，DATAとACKも指向性モードで送受信される．

D-MACは所望方向以外からの干渉低減効果と送信距離延長効果を得られる一方で，アンテナの指向性に起因する二つの新たな問題を引き起こす．

1. 指向性隠れ端末問題：**図3.48**のように，ノード3がノード4に送信する場合，無指向性モードで待機受信するノード1は，ノード3が送信したRTS及びノード4が送信したCTSを受信できない．このとき，ノード1が指向性モードでノード2にRTSを送信すると，ノード4は指向性受信の高いアンテナゲインでノード1からフレームも同時に受信し，衝突が発生する．

2. deafness問題：**図3.49**のトポロジーを考える．ノード2はデータをノード1に送信したと仮定する．このとき，ノード2はアンテナの指向性をノード1の方向に向けるため，この通信をノード3は知ることができない．更に，ノード2はノード3の方向のアンテナゲインが小さいため，ノード3からの送信を検出できない．したがって，ノード3はノード2に向けてRTSの再送を繰り返す．RTS再送のたびにCWの値は大きくなるため，遅延時間が大きくなる．

指向性隠れ端末問題は，指向性アンテナのビーム幅が狭くなると発生頻度が低くなるなど，性能に与える影響はそれほど大きくない．それに対し，deafness問題はビーム幅を狭めるほ

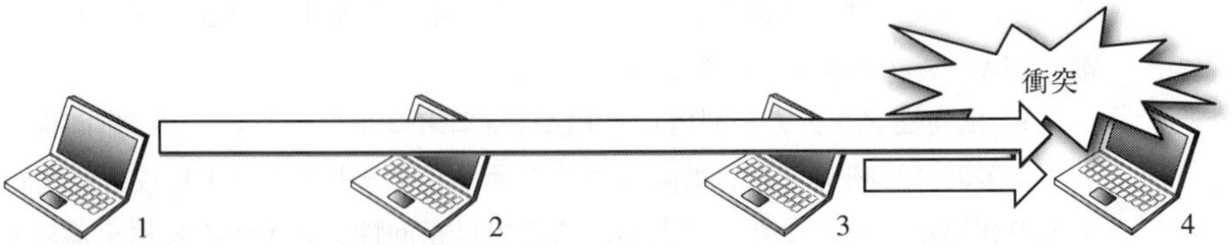

図3.48 指向性隠れ端末問題

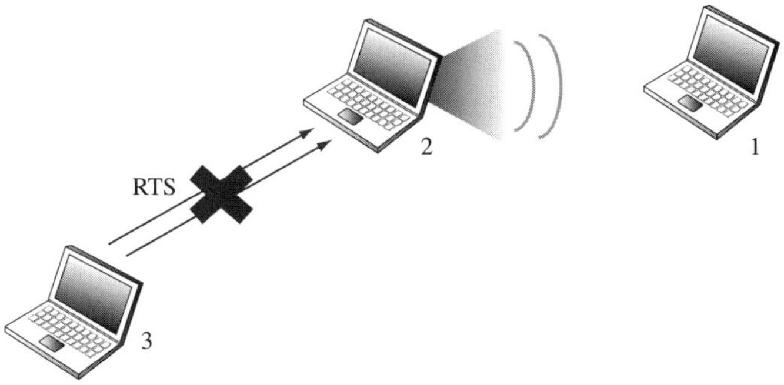

図 3.49 deafness 問題

ど影響が大きくなる．特に，マルチホップネットワークにおいては大幅な性能劣化を引き起こすため，deafness 問題は指向性アンテナ使用時の本質的な問題である．

(2) 省電力 MAC プロトコル センサネットワークでは，センサノードの省電力化が重要である．センサネットワークで用いる近距離通信の場合，待機受信時の消費電力が大きい．この消費電力を抑えるためにスリープ状態を導入した MAC プロトコルが考案されている．代表的なものは S-MAC（Sensor MAC）である [63].

S-MAC では，ノードは定期的にリッスン状態とスリープ状態を繰り返す．各ノードは，リッスン状態で自分あてのデータがなければ，次にリッスン状態に遷移する時刻を設定し，スリープ状態へと遷移する．各ノードはリッスン時刻を同期させることでエネルギー消費を抑える．リッスン時刻の同期には SYNC と呼ばれる制御フレームを用いる．SYNC には自身のスリープスケジュールを入れて近隣ノードへと送信される．近隣ノードからの SYNC を受信したノードは，自身のスケジュールを近隣ノードに合わせる．リッスン状態では，IEEE 802.11 DCF と同様の RTS/CTS 型の CSMA/CA でデータ送信が行われる．ただし，NAV がセットされたノードはその期間スリープ状態に遷移し電力消費を低減する点が異なる．S-MAC では，データフレームを短いフラグメントに分割してバースト送信する．短い単位で送信することでフレーム損失率を低減し，再送遅延を小さくする．1 回の RTS/CTS 交換ですべてのフラグメントの送信に要する NAV をセットすることで，頻繁な状態遷移を避ける工夫もなされている．

3.8 ルーチング技術

無線分散ネットワークでは，あるノードからあるノードへ他のノードを経由して情報を伝送することがある．ここで，情報の発生源を始点ノード，情報のあて先を終点ノード，情報が経由されるノードを中継ノードと呼ぶ．本節では，ノードとそれらを結ぶリンクで示されるネットワークトポロジーが与えられたとき，始点ノードから終点ノードまでどのような経路（パスやルートとも呼ばれる）を使って（どの中継ノードを経由して）情報を伝送するかを決めるルーチング技術について述べる．

ルーチング技術はインターネットやその前身である ARPANET（Advanced Research Projects Agency Network）において発達してきた．ここで用いられてきたルーチング技術は主に有線ネットワークを想定している．3.8.1 項において，このルーチング技術の基礎について説明する．1990 年代にはインターネットで用いられる技術の標準化を行う IETF（Internet Engineering

Task Force）の MANET（Mobile Ad-hoc Network）ワーキンググループを中心に，無線分散ネットワークにおけるルーチング技術についての議論が活発に行われるようになった．無線分散ネットワークは，有線とは異なるいくつかの特徴をもつ．ルーチング技術においては，特に無線通信路の状態によりリンクの品質や容量が変わってくることと，任意の隣接ノードへ信号が届く同報性が考慮される．3.8.2 項では無線リンクの品質を表すメトリックについて紹介する．そして，3.8.3 項では無線分散ネットワークで用いられるルーチングプロトコルについて紹介する．更に，3.8.4 項では経路に冗長性をもたせることで伝送誤りを軽減する経路ダイバーシチについて紹介する．

3.8.1　グラフとルーチング技術

ネットワークトポロジーを表すのにグラフが使われる．その例を図 **3.50** に示す．グラフ $\mathcal{G} = (\mathcal{V}, \mathcal{E})$ は，頂点の集合 $\mathcal{V}$ と辺の集合 $\mathcal{E}$ で構成される．辺は頂点を結ぶ線であり，$\mathcal{E} \subseteq \mathcal{V}^2$ を満たす．ネットワークを構成するノードはグラフの頂点として，ノード間を接続するリンクは辺として扱われる．辺の重みとしてリンクのコストや何らかの指標を表す値（リンクメトリック）m_{ij} が付けられる．メトリックの代表例はホップ数であり，この場合，$m_{ij} = 1$（$\{i, j\} \in \mathcal{E}$, $i \neq j$）となる．無線リンクを考慮したメトリックについては 3.8.2 項にて紹介する．

ルーチングの役割は，始点ノードから終点ノードまでのコストが最小となる経路を見つけることである．一般的には，始点ノードから終点ノードまでの経路上にある各リンクのリンクメトリックの総和をコストとして用いる．これをパスメトリックと呼ぶ．パスメトリックが最小となる経路を探索する手法として，距離ベクトル型経路制御（distance vector routing protocol）とリンク状態型経路制御（link state routing protocol）がある [64]．距離ベクトル型経路制御では，任意の終点ノードとそのノードまでのパスメトリックを示す距離ベクトルを各ノードが保持し，これを隣接ノードと繰り返し交換し，更新する．そして，任意の終点ノードへの最短経路を求めるのにベルマン–フォード（Bellman-Ford）アルゴリズムが用いられる．リンク状態型経路制御では，各ノードは隣接ノードとの間にあるリンクの状態をネットワーク全体に広告する．この情報から，各ノードはネットワーク全体の接続状況を知ることができる．ダイクストラ（Dijkstra）アルゴリズムを用いることで，各ノードへの最短経路木を求めることができる．

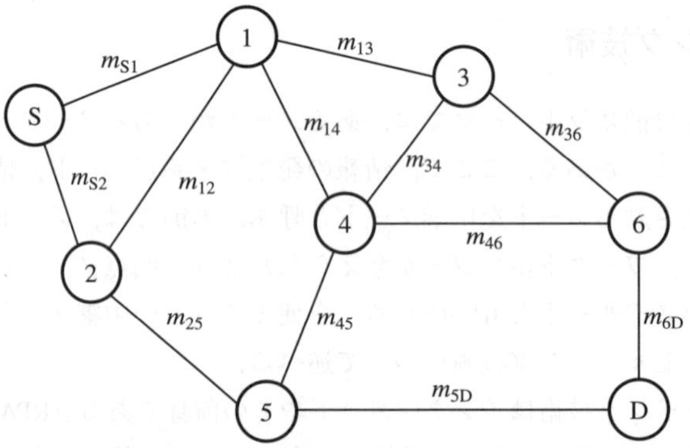

図 3.50　ネットワークトポロジーとグラフ

3.8.1.1　ベルマン–フォードアルゴリズム

ベルマン–フォードアルゴリズムは距離ベクトル型経路制御で用いられる．ここで，ノード i からノード j までのパスメトリックを M_{ij} とすると，距離ベクトルは (j, M_{ij}) と表される．隣接ノードと距離ベクトルを繰り返し交換，更新することで，任意の終点ノードへの最短経路を得ることができる．ここで，k 回の交換の結果，求められたパスメトリックを $M_{ij}^{(k)}$ とするとき，始点ノードSにおけるベルマン–フォードアルゴリズムは以下のとおりである．

1. 自身へのパスメトリックを0，その他のノードへのパスメトリックを無限大とする．

$$M_{\mathrm{S}j}^{(0)} = \begin{cases} 0, & j = \mathrm{S} \\ \infty, & j \in (\mathcal{V} - \{\mathrm{S}\}) \end{cases}$$

2. 隣接ノードと距離ベクトルを交換する．ここで，$\mathcal{N}_{\mathrm{S}}$ をノードSにおける隣接ノードの集合とする．各終点ノード j に対して，隣接ノードから受け取った距離ベクトルを用いて以下の操作により自身の距離ベクトルを更新する．

(a)　$M'_{\mathrm{S}j} = \min_{n \in \mathcal{N}_{\mathrm{S}}}\{m_{\mathrm{S}n} + M_{nj}^{(k-1)}\}$，$n' = \arg\min_{n \in \mathcal{N}_{\mathrm{S}}}\{m_{\mathrm{S}n} + M_{nj}^{(k-1)}\}$.

(b)　もし $M_{\mathrm{S}j}^{(k-1)} > M'_{\mathrm{S}j}$ であるならば，$M_{\mathrm{S}j}^{(k)} = M'_{\mathrm{S}j}$ と更新し，終点ノード j への次ノードを n' とする．そうでない場合，$M_{\mathrm{S}j}^{(k)} = M_{\mathrm{S}j}^{(k-1)}$ とする．

3. 2.において更新されなくなると終了する．更新された場合は2.へ戻る．

図3.51 に示されるネットワーク構成において，ベルマン–フォードアルゴリズムの動作を **表3.3** に示す．初期状態では，自身へのパスメトリックを0，それ以外の各終点ノードへのパスメトリックを無限大にする．距離ベクトルを1回交換することで，ノードSではノード1，2への，ノード1ではノードS，2，3，4への，…，というように，隣接ノードへのパスメトリックが更新される．以下同様に，2回目の交換では2ホップ先までが，3回目の交換では3ホップ先までが更新される．これにより，ノードSから終点ノード3へは，2回目の交換ではノード1を経由する経路が選ばれているが，3回目の交換において，よりパスメトリックの小さいノード2，4を経由する経路が選択されている．このアルゴリズムでは最大 $(|\mathcal{V}| - 1)$ 回の繰返しが必要であり，各回における計算量は $O(|\mathcal{E}|)$ である．そのため全体では $O(|\mathcal{V}||\mathcal{E}|) = O(|\mathcal{V}|^3)$ となる．

3.8.1.2　ダイクストラアルゴリズム

ダイクストラアルゴリズムはリンク状態型経路制御で用いられる．リンク状態型経路制御では，各ノードはリンクの状態をネットワーク全体に広告する．これを各ノードが収集する

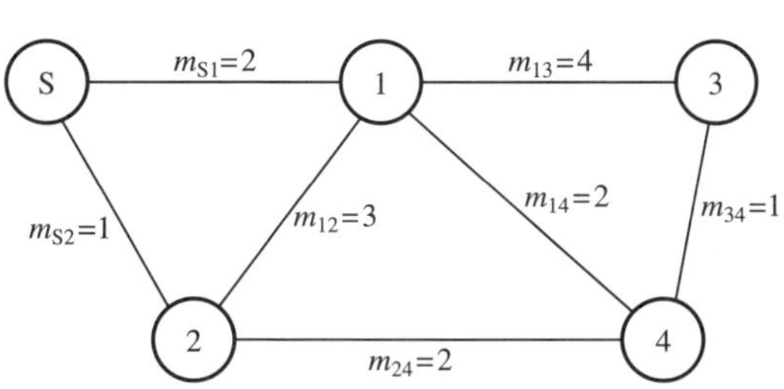

図3.51　ネットワーク例

表 3.3 **ベルマン–フォードアルゴリズムの動作例**（太字は更新箇所を示す）

(a) 初期状態

ノードS			ノード1			ノード2			ノード3			ノード4		
終点	M_{ij}	次	終点	M_{ij}	次	終点	M_{ij}	次	終点	M_{ij}	次	終点	M_{ij}	次
S	0	–	S	∞	N/A	S	∞	N/A	S	∞	N/A	S	∞	N/A
1	∞	N/A	1	0	–	1	∞	N/A	1	∞	N/A	1	∞	N/A
2	∞	N/A	2	∞	N/A	2	0	–	2	∞	N/A	2	∞	N/A
3	∞	N/A	3	∞	N/A	3	∞	N/A	3	0	–	3	∞	N/A
4	∞	N/A	4	∞	N/A	4	∞	N/A	4	∞	N/A	4	0	–

(b) 1 回 目

ノードS			ノード1			ノード2			ノード3			ノード4		
終点	M_{ij}	次	終点	M_{ij}	次	終点	M_{ij}	次	終点	M_{ij}	次	終点	M_{ij}	次
S	0	–	S	**2**	**S**	S	**1**	**S**	S	∞	N/A	S	∞	N/A
1	**2**	**1**	1	0	–	1	**3**	**1**	1	**4**	**1**	1	**2**	**1**
2	**1**	**2**	2	**3**	**2**	2	0	–	2	∞	N/A	2	**2**	**2**
3	∞	N/A	3	**4**	**3**	3	∞	N/A	3	0	–	3	**1**	**3**
4	∞	N/A	4	**2**	**4**	4	**2**	**4**	4	**1**	**4**	4	0	–

(c) 2 回 目

ノードS			ノード1			ノード2			ノード3			ノード4		
終点	M_{ij}	次	終点	M_{ij}	次	終点	M_{ij}	次	終点	M_{ij}	次	終点	M_{ij}	次
S	0	–	S	2	S	S	1	S	S	**6**	**1**	S	**3**	**2**
1	2	1	1	0	–	1	3	1	1	**3**	**4**	1	2	1
2	1	2	2	3	2	2	0	–	2	**3**	**4**	2	2	2
3	**6**	**1**	3	**3**	**4**	3	**3**	**4**	3	0	–	3	1	3
4	**3**	**2**	4	2	4	4	2	4	4	1	4	4	0	–

(d) 3 回 目

ノードS			ノード1			ノード2			ノード3			ノード4		
終点	M_{ij}	次	終点	M_{ij}	次	終点	M_{ij}	次	終点	M_{ij}	次	終点	M_{ij}	次
S	0	–	S	2	S	S	1	S	S	**4**	**4**	S	3	2
1	2	1	1	0	–	1	3	1	1	3	4	1	2	1
2	1	2	2	3	2	2	0	–	2	3	4	2	2	2
3	**4**	**2**	3	3	4	3	3	4	3	0	–	3	1	3
4	3	2	4	2	4	4	2	4	4	1	4	4	0	–

ことで，ネットワークトポロジーを把握することができる．ダイクストラアルゴリズムはこの情報を用いて最短経路を求める．

1. 自身へのパスメトリックを 0，その他のノードへのパスメトリックを無限大とする．

$$M_{\mathrm{S}j} = \begin{cases} 0, & j = \mathrm{S} \\ \infty, & j \in (\mathcal{V} - \{\mathrm{S}\}) \end{cases}$$

表 3.4 ダイクストラアルゴリズムの動作例（太字は更新箇所を示す）

終点	初期状態		1 回目		2 回目		3 回目		4 回目		5 回目	
	M_{ij}	前	M_{ij}	前	M_{ij}	前	M_{ij}	前	M_{ij}	前	M_{ij}	前
S	0	–	0	–	0	–	0	–	0	–	0	–
1	∞	N/A	**2**	**S**	2	S	2	S	2	S	2	S
2	∞	N/A	**1**	**S**	1	S	1	S	1	S	1	S
3	∞	N/A	∞	N/A	∞	N/A	**6**	**1**	**4**	**4**	4	4
4	∞	N/A	∞	N/A	**3**	**2**	3	2	3	2	3	2
$\mathcal{P}$	$\emptyset$		{**S**}		{S, **2**}		{S, 2, **1**}		{S, 2, 1, **4**}		{S, 2, 1, 4, **3**}	

更に，最小パスメトリックが確定したノードの集合を $\mathcal{P}$ とし，これを空集合にする．

2. 集合 $(\mathcal{V}-\mathcal{P})$ の中から $M_{\mathrm{S}j}$ が最小となるノード j' を選択し，集合 $\mathcal{P}$ に追加する．

$$j' = \arg\min_{j\in(\mathcal{V}-\mathcal{P})} M_{\mathrm{S}j}$$

$$\mathcal{P}' = \mathcal{P} \cup \{j'\}$$

3. 集合 $(\mathcal{V}-\mathcal{P}')$ に含まれるノード j' のすべての隣接ノード n に対し，以下のようにパスメトリックを更新する．

$$M'_{\mathrm{S}n} = \min\{M_{\mathrm{S}n}, M_{\mathrm{S}j'} + m_{j'n}\}$$

ここで，$M'_{\mathrm{S}n} < M_{\mathrm{S}n}$ のとき，終点ノード n への前ノードをノード j' にする．

4. $\mathcal{P}' = \mathcal{V}$ であれば終了．成立しない場合は 2 へ戻る．

図 3.51 のネットワークを用いた場合のノード S における動作例を**表 3.4** に示す．1 回目はノード S 自身が選択され，隣接ノード 1，2 のパスメトリックが更新される．2 回目は集合 $(\mathcal{V}-\mathcal{P})$ のうちで最もパスメトリックが小さいノード 2 が選択され，集合 $(\mathcal{V}-\mathcal{P}')$ に含まれる隣接ノード 1，4 のパスメトリックが更新される．ただし，ノード 1 についてはパスメトリックが小さくならないため，更新されない．この手順を繰り返すことで，各終点ノードへの最短経路を求めることができる．このアルゴリズムでは，$|\mathcal{V}|$ の繰返しが必要で，各回の計算量は $O(|\mathcal{V}|)$ である．よって全体の計算量は $O(|\mathcal{V}|^2)$ であり，ベルマン–フォードアルゴリズムより少ない．

3.8.2 メトリック

メトリックはリンクやパスのコストを示す．無線リンクではメトリックはその無線通信路の通信品質や通信容量を反映したものを用いることが多い．適切なメトリックを用いることは，ルーチングによって決定される経路全体での通信品質向上につながる．ルーチングで用いられるメトリックにはいくつかの条件がある．

一つ目は，メトリックが通信品質に一致していることである．メトリックの値が小さければ小さいほど（または大きければ大きいほど），通信品質が向上するように定めることが重要である．ただし，いくら通信品質に一致しているからといって，メトリックを容易に測定することができないのであれば使うことができない．測定の容易さも考慮に入れつつ，メトリックを決める必要がある．

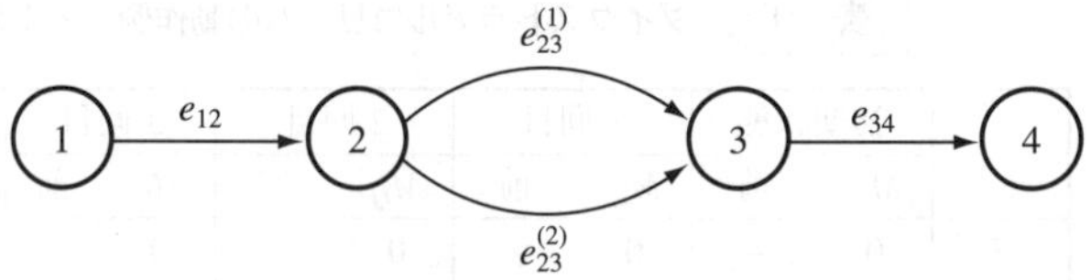

図 3.52 メトリックの等張性

次に，メトリックの変動が少ないことが挙げられる．メトリックの値が頻繁に変わると，使用する経路も頻繁に変わってしまい，結果として良好な通信品質が得られなくなることがある．更に，データパケットがあるノード間を行き来するようなループの発生にもつながる．

メトリックがルーチングアルゴリズムと合致することも大切である．ルーチングアルゴリズムはリンクメトリックから何らかの計算をしてパスメトリックを求め，これが最も小さくなるものを経路として選択する．このとき，パスメトリック算出の計算量が実用的な範囲でなければならない．3.8.1 項で紹介したベルマン–フォードアルゴリズムやダイクストラアルゴリズムは実用的な物であるが，メトリックが等張性（isotonicity）という性質をもつことが，最短経路を求めることやループを発生させないための必要十分条件である [65]．この等張性は以下のように定義される [66]．

定義 3.8.1: ノード i，j 間のリンク e_{ij}，及びノード j，k 間のリンク e_{jk} について，この順で経由するパスメトリックを $F(e_{ij}, e_{jk})$ と表す．図 **3.52** において $F(e_{23}^{(1)}) \leq F(e_{23}^{(2)})$ であるとき，$F(e_{12}, e_{23}^{(1)}) \leq F(e_{12}, e_{23}^{(2)})$ 及び $F(e_{23}^{(1)}, e_{34}) \leq F(e_{23}^{(2)}, e_{34})$ を満たすのであれば $F(\cdot)$ は等張性をもつ．

以下において，無線チャネルの状態を考慮した基本的なメトリックである ETX（Expected Transmission Count）[67] と ETT（Expected Transmission Time）[68] を紹介する．

ETX は，MAC プロトコルの再送回数を考慮したメトリックである．送信ノードから受信ノードへのパケット送信失敗率を p_{f}，逆方向のパケット送信失敗率を p_{r} としたとき，リンクの ETX は，

$$\mathrm{ETX} = \frac{1}{(1 - p_{\mathrm{f}})(1 - p_{\mathrm{r}})} \tag{3.191}$$

となる．パス ETX は始点から終点までのリンク ETX の総和で求められる．このため，等張性を有するメトリックである．

ETT は ETX に送信レートを考慮したもので，各リンクにおける再送を含めた送信時間の期待値である．データパケット長を L，送信レートを B とするとき，リンク ETT は

$$\mathrm{ETT} = \mathrm{ETX} \cdot L/B \tag{3.192}$$

と表される．パス ETT は ETX と同じくリンク ETT の総和で求められる．

3.8.3 ルーチングプロトコル

3.8.3.1 ルーチングプロトコルの分類

ルーチングプロトコルは，実際にどのように情報を集め，集めた情報からどのように経路を決め，どのように経路を指定するのかといった手順を定めている．経路情報の収集や経路の指定に要する情報は，経路を決定するための制御オーバヘッドとなる．この制御オーバヘッ

ドを減らすことに加え，構築された経路の通信品質が経路を決める上での重要な設計基準となっている．ルーチングプロトコルの分類方法としては，経路の生成タイミング，情報収集・経路計算の方法，経路指定の方法がある．

経路情報の生成タイミングとして，主にリアクティブ型とプロアクティブ型がある．リアクティブ型では通信要求の発生に応じて経路探索を行う．プロアクティブ型は通信要求の有無にかかわらず，経路を構築する．リアクティブ型は間欠的な通信に対しては制御オーバヘッドを減らすことができるが，経路が構築されるまでに時間を要することや，パケット損により経路探索が確実に行われない可能性がある．プロアクティブ型は通信要求発生時に経路が構築されるまで待つ必要がないものの，定期的に情報を交換する必要があるため，制御オーバヘッドはリアクティブ型よりも多くなる．ただし，ノードの移動があまり生じない環境では，情報交換の頻度を少なくできることに加え，定期的な情報交換により各リンクの品質を正しく評価することが可能である．

情報収集・経路計算の方法は 3.8.1 項で述べたベルマン–フォードアルゴリズムに基づく方法，ダイクストラアルゴリズムに基づく方法の他に，フラッディングに基づく方法がある．フラッディングはあるノードから送信された情報を各ノードが再送を繰り返すことでネットワーク全体に情報を広告する技術である．あるノードから経路探索メッセージや経路広告メッセージをフラッディングすることで，このノードへの経路を決める．

経路指定の方法として，有線ネットワークと同様，ソースルーチングとホップバイホップルーチングがある．前者は始点が終点までの経路を指定してデータパケットを送信する方法，後者は始点及び各中継ノードがそれぞれ次ホップノードを指定してデータパケットを転送する方法である．ソースルーチングは中継ノードで経路表をもつ必要がない，ループが発生しないという長所があるが，データパケットに始点から終点までの経路情報を付加する必要がある．逆にホップバイホップルーチングでは，データパケットには次ホップのみ指定すればよいが，各ノードで管理される経路表に不一致が生じるとループが発生することがある．

表 3.5 に代表的なルーチングプロトコルとその分類を示しておく．

3.8.3.2　リアクティブ型ルーチングプロトコル

リアクティブ型ルーチングプロトコルとして，ソースルーチングの DSR（Dynamic Source Routing）[69] とホップバイホップルーチングの AODV（Ad hoc On-Demand Distance Vector）[70] がある．どちらも，フラッディングにより経路を発見する．送信要求が発生したとき，始点ノードは経路探索（RREQ: Route Request）メッセージをフラッディングする．終点ノードは RREQ メッセージを受信したら，このパケットが通った経路をさかのぼるように始点ノードに対して経路応答（RREP: Route Reply）メッセージを返信する．これにより，始点–終点ノード間の経路を構築する．

表 3.5　ルーチングプロトコルの分類

プロトコル名	経路情報生成タイミング	情報収集・経路計算	経路指定
DSR [69]	リアクティブ	フラッディング	ソース
AODV [70]	リアクティブ	フラッディング	ホップバイホップ
DSDV [71]	プロアクティブ	ベルマン–フォード	ホップバイホップ
OLSR [72]	プロアクティブ	ダイクストラ	ホップバイホップ
HWMP [73]	ハイブリッド	フラッディング	ホップバイホップ

3.8.3.3 プロアクティブ型ルーチングプロトコル

プロアクティブ型ルーチングプロトコルには，ベルマン–フォードアルゴリズムを用いたDSDV（Destination Sequenced Distance Vector）[71]，ダイクストラアルゴリズムを用いたOLSR（Optimized Link State Routing）[72] などがある．プロアクティブ型ルーチングプロトコルでは定期的に経路計算に必要な情報収集を行う．OLSR では HELLO メッセージを交換することで隣接ノードを発見する．そして，見つけた隣接ノードの情報の一部を TC（Topology Control）メッセージによりフラッディングする．各ノードはこれらの情報を収集し，ダイクストラアルゴリズムにより任意の終点ノードへの経路を計算する．また，無線通信路の同報性により重複してフラッディングされたメッセージを受信することに着目し，MPR（Multi-Point Relay）と呼ばれるノードを選択し，これらのノードのみがフラッディングに参加することで，オーバヘッドを減らしている．

3.8.3.4 ハイブリッド型ルーチングプロトコル

リアクティブ型とプロアクティブ型の両方の性質を兼ね備えたハイブリッド型ルーチングプロトコルも存在する．HWMP（Hybrid Wireless Mesh Protocol）[73] はリアクティブ型の AODV とプロアクティブ型で木構造のネットワークトポロジーを作成する TBR（Tree Based Routing）を合わせたものである．

3.8.3.5 クラスタリング

負荷軽減や消費電力削減などの目的により，ネットワークをいくつかのグループにまとめて，階層化してルーチングを行うことがある．これをクラスタリングと呼ぶ．クラスタリングでは，クラスタヘッドと呼ばれるノードを選択し，これがグループ（クラスタ）内のノードからのデータパケットを集約して，他のクラスタやゲートウェイノードへ転送する．

センサネットワークでのクラスタリング手法として LEACH（Low-Energy Adaptive Clustering Hierarchy）[74] がある．LEACH では各ノードは交代でクラスタヘッドになり，このノードがクラスタ内のスケジューリングをする．クラスタヘッドでないノードはこのスケジューリングに従い，データパケットの送信を行う．このとき，送信を行わない時間はスリープ状態にすることができるため，消費電力を削減できる．

3.8.4 経路ダイバーシチ

無線分散ネットワークでは，始点ノードから終点ノードまでの経路をこれまでに述べたルーチングプロトコルのように 1 本に絞るのではなく，経路に冗長性をもたせることで経路ダイバーシチの効果を得ることができる．経路ダイバーシチでは経路に冗長性があるため，たとえいくつかの経路で伝送に失敗しても，他の経路により正しく伝送できた情報を用いてその影響を回復することができる．経路ダイバーシチとして，送信ノードが複数の中継ノードを指定してデータパケットを送信する送信側が主体的な手法（図 **3.53**(a)）と，送信ノードは二つ以上の受信ノードに対してデータパケットを送信し，この受信ノードのうち正しくデータパケットを受信したノードが再中継を行う受信側が主体的な手法（図 3.53 (b)）がある．

3.8.4.1 送信側主体的手法

マルチパスルーチングは始点ノードから終点ノードまで複数の経路を構築する手法である．送信側主体的手法ではこのマルチパスルーチングにより構築された複数の経路に，符号化により冗長化したデータパケットを分割して伝送することで経路ダイバーシチを得る．マルチパスルーチングでは非結合性（disjoint）が重要である．これには，リンクの重複がないリン

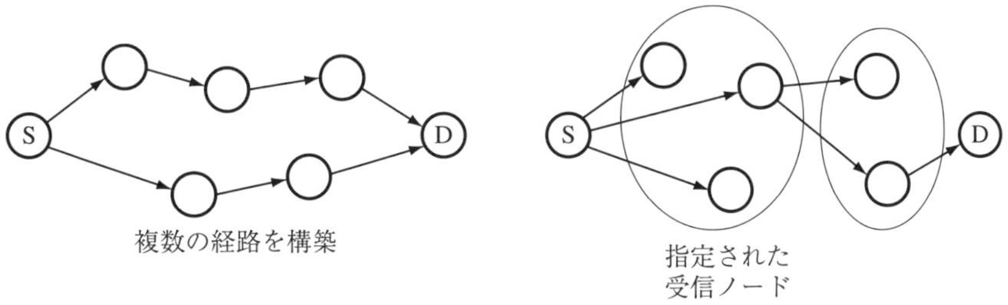

(a) 送信側主体的手法　(b) 受信側主体的手法

図 3.53 経路ダイバーシチ

ク非結合と，ノードの重複もないノード非結合がある．ノード非結合の方がリンク非結合よりも独立性が高いため，ダイバーシチ効果も大きくなると考えられている．ただし，ノード非結合な経路ではホップ数が多くなることもあり，必ずしも最終的に得られる性能が良くなるとは限らない．

非結合な経路を作る方法として，SMR（Split Multipath Routing）[75] では，まずは最短経路を作成し，その経路と非結合になるように 2 番目の経路を求めている．この手法は比較的容易ではあるが，得られる経路数が少なくなってしまうなど，経路ダイバーシチの観点から最適化されていない．

送信側主体的手法では基本的にはデータパケットはユニキャストで伝送される．そのため，MAC プロトコルでの再送処理が容易になるといった利点もある．データパケット単位で経路を指定できるため，ソースルーチングの方がマルチパスルーチングに合致しているが，ホップバイホップルーチングでも経路表の作成方法を工夫することで実現可能である．

3.8.4.2 受信側主体的手法

無線通信路の同報性を利用して，受信側が主体となって経路ダイバーシチ効果を得る手法として，Opportunistic Routing [76] がある．この手法では送信ノードが複数の受信ノードを指定してこれらに対しデータパケットを同報送信する．指定されたノードのうち，データパケットの受信に成功したノードが転送を行う．しかし，複数のノードが受信に成功した場合に複数のノードが転送を行ってしまう可能性がある．これを抑制するために，送信ノードは順序を付けて受信ノードを指定し，受信ノードは指定された順に ACK を返信する．他の受信ノードはこれを受信したときには転送を回避するといった手法がとられる．

受信側主体的手法は結果としては単一の経路で送信されることになるが，その経路は事前に指定されたものではないため，パケット単位では異なる経路を通ることになる．このとき，伝送の成否に応じた経路を通るため，経路ダイバーシチの効果が得られる．

参考文献

[1] H. Urkowitz, “Energy detection of unknown deterministic signals,” Proc. IEEE, vol.55, no.4, pp.523–531, April 1967.

[2] A. Ghasemi and E.S. Sousa, “Collaborative spectrum sensing for opportunistic access in fading environments,” Proc. DySPAN, pp.131–136, Nov. 2005.

[3] E. Visotsky, S. Kuffner, and R. Peterson, “On collaborative detection of TV transmissions in support of dynamic spectrum sharing,” Proc. DySPAN, pp.338–345, Nov. 2005.

[4] S. Mishra, A. Sahai, and R. Brodersen, “Cooperative sensing among cognitive radios,” Proc. IEEE ICC, vol.4,

pp.1658–1663, June 2006.
[5] E. Peh and Y.-C. Liang, "Optimization for cooperative sensing in cognitive radio networks," Proc. WCNC, pp.27–32, March 2007.
[6] S. Gezici, Z. Sahinoglu, and H.V. Poor, "On the optimality of equal gain combining for energy detection of unknown signals," IEEE Commun. Lett., vol.10, no.11, pp.772–774, Nov. 2006.
[7] Z. Quan, S. Cui, and A.H. Sayed, "An optimal strategy for cooperative spectrum sensing in cognitive radio networks," Proc. IEEE GLOBECOM, pp.2947–2951, Nov. 2007.
[8] L. Jookwan, K. Youngmin, S.S. Sohn, and K. Jaemoung, "Weighted-cooperative spectrum sensing scheme using clustering in cognitive radio systems," Proc. ICACT, pp.786–790, Feb. 2008.
[9] B. Shen, L. Huang, C. Zhao, K. Kwak, and Z. Zhou, "Weighted cooperative spectrum sensing in cognitive radio networks," Proc. IEEE ICCIT, pp.1074–1079, Nov. 2008.
[10] http://www.ieee802.org/22/
[11] IEEE Std 802.11a-1999, "Part 11: Wireless LAN medium access control. (MAC) and physical layer (PHY) specifications: High-speed physical layer in the 5 GHz band, Std.," Sept. 1999.
[12] ITU-R P.1238-3, "Propagation data and prediction methods for the planning of indoor- radiocommunication systems and radio local area networks in the frequency range 900 MHz to 100 GHz," 2003.
[13] J. Lunden, V. Koivunen, A. Huttunen, and H.V. Poor, "Spectrum sensing in cognitive radios based on multiple cyclic frequencies," Proc. Conf. Cognitive Radio Oriented Wireless Networks and Communications, pp.37–43, Aug. 2007.
[14] L. Zheng and D.N.C. Tse, "Diversity and multiplexing: A fundamental tradeoff in multiple-antenna channels," IEEE Trans. Inf. Theory, vol.49, no.5, pp.1073–1096, May 2003.
[15] J.N. Laneman, D.N.C. Tse, and G.W. Wornell, "Cooperative diversity in wireless networks: Efficient protocols and outage behavior," IEEE Trans. Inf. Theory, vol.50, no.12, pp.3062–3080, Dec. 2004.
[16] Y. Zhao, R. Adve, and T.J. Lim, "Improving amplify-and-forward relay networks: Optimal power allocation versus selection," IEEE Trans. Wirel. Commun., vol.6, no.8, pp.3114–3123, Aug. 2007.
[17] H. Ochiai, P. Mitran, H.V. Poor, and V. Tarokh, "Collaborative beamforming for distributed wireless ad hoc sensor networks," IEEE Trans. Signal Process., vol.53, no.11, pp.4110–4124, Nov. 2005.
[18] T.M. Cover and J.A. Thomas, Elements of Information Theory, 2nd ed., Wiley-Interscience, 2006.
[19] T.M. Cover and A.E. Gamal, "Capacity theorems for the relay channel," IEEE Trans. Inf. Theory, vol.IT-25, no.5, pp.572–584, Sept. 1979.
[20] S. Lin and D.J. Costello, Error Control Coding, 2nd ed., Prentice Hall, 2004.
[21] B. Zhao and M.C. Valenti, "Distributed turbo coded diversity for relay channel," Electron. Lett., vol.39, no.10, pp.786–787, May 2003.
[22] M. Janani, A. Hedayat, T.E. Hunter, and A. Nosratinia, "Coded cooperation in wireless communications: Space-time transmission and iterative decoding," IEEE Trans. Signal Process., vol.52, no.2, pp.362–371, Feb. 2004.
[23] T.E. Hunter and A. Nosratinia, "Diversity through coded cooperation," IEEE Trans. Wirel. Commun., vol.5, no.2, pp.283–289, Feb. 2006.
[24] S. Ibi and S. Sampei, "A cluster relay coded cooperative strategy in broadband wireless ad-hoc networks," Proc. International Symposium on Information Theory and its Applications (ISITA2008), Dec. 2008.
[25] R. Liu, P. Spasojević, and E. Soljanin, "Incremental redundancy cooperative coding for wireless networks: Cooperative diversity, coding, and transmission energy gains," IEEE Trans. Inf. Theory, vol.54, no.3, pp.1207–1224, March 2008.
[26] C. Berrou and A. Glavieux, "Near optimum error correcting coding and decoding: turbo-codes," IEEE Trans. Commun., vol.44, no.10, pp.1261–1271, Oct. 1996.
[27] K. Kobayashi, T. Yamazato, and M. Katayama, "Decoding of separately encoded multiple correlated sources transmitted over noisy channels," IEICE Trans. Fundamentals, vol.E92-A, no.10, pp.2402–2410, Oct. 2009.
[28] H. El Gamal and A.R. Hammons, Jr., "Analyzing the turbo decoder using the Gaussian approximation," IEEE Trans. Inf. Theory, vol.47, no.2, pp.671–686, Feb. 2001.
[29] O.Y. Takeshita, O.M. Collins, P.C. Massey, and D.J. Costello, Jr., "A note on asymmetric turbo-codes," IEEE Commun. Lett., vol.3, no.3, pp.69–71, March 1999.
[30] H. Hu, Y. Zhang, and J. Luo, Distributed Antenna Systems, Auerbach Publications, 2007.
[31] K. Azarian, H.E. Gamal, and P. Schniter, "On the achievable diversity-multiplexing tradeoff in half-duplex

cooperative channels," IEEE Trans. Inf. Theory, vol.55, no.12, pp.4152–4172, Dec. 2005.
[32] H. Zhang and H. Dai, "Cochannel interference mitigation and cooperative processing in dowinlink multicell multiuser MIMO networks," EURASIP J. Wireless Commun. Networking, vol.2004, no.2, pp.222–235, 2004.
[33] B. Rankov and A. Wittenben, "Spectral efficient signaling for half-duplex relay channels," Proc. Asilomar Conf. Signals Systems, and Computers, pp.1066–1071, Pacific Grove, Ca, Oct.-Nov. 2005.
[34] R. Vaze and R.W. Heath, Jr., "Capacity scaling for MIMO two-way relaying," Proc. IEEE Inter. Symp. Inf. Theory, pp.1451–1455, Nice, France, June 2007.
[35] T. Unger and A. Klein, "Duplex schemes in multiple antenna two-hop relaying," EURASIP J. Advances in Signal Process., vol.2008, ID 128592, 2008.
[36] F. Ono and K. Sakaguchi, "MIMO spatial spectrum sharing for high efficiency mesh network," IEICE Trans. Commun., vol.E91-B, no.1, pp.62–69, Jan. 2008.
[37] R. Ahlswede, N. Cai, S.-Y.R. Li, and R.W. Yeung, "Network information flow," IEEE Trans. Inf. Theory, vol.46, no.4, pp.1204–1216, 2000.
[38] R.W. Yeung, "Multilevel diversity coding with distortion," IEEE Trans. Inf. Theory, vol.41, no.2, pp.412–422, 1995.
[39] S.-Y.R. Li, R.W. Yeung, and N. Cai, "Linear network coding," IEEE Trans. Inf. Theory, vol.49, no.2, pp.371–381, Feb. 2003.
[40] P. Sanders, S. Egner, and L. Tolhuizen, "Polynomial time algorithms for network information flow," Proc. 15th Annual ACM Symposium on Parallel Algorithms and Architectures, pp.286–294, 2003.
[41] T. Ho, R. Koetter, M. Medard, D.R. Karger, and M. Effros, "The benefits of coding over routing in a randomized setting," Proc. IEEE Inter. Symp. on Inf. Theory, p.442, July 2003.
[42] R. Koetter and M. Medard, "An algebraic approach to network coding," IEEEE/ACM Trans. Netw., vol.11, no.5, pp.782–795, Oct. 2003.
[43] P.A. Chou, T. Wu, and K. Jain, "Practical network coding," 51st Allerton Conf. Communication, Control and Computing, Oct. 2003.
[44] P. Larsson, N. Johansson, and K.-E. Sunell, "Coded bi-directional relaying," 5th Scandinavian Workshop on Ad Hoc Networks (ADHOC'05), Stockholm, Sweden, May 2005.
[45] C. Yuen, W.H. Chin, Y.L. Guan, W. Chen, and T. Tee, "Bi-directional multi-antenna relay communications with wireless network coding," IEEE Conf. VTC, 2008.
[46] F. Ono and K. Sakaguchi, "Space time coded MIMO network coding," IEEE Workshop on Wireless Destributed Networks, Sept. 2008.
[47] Network coding website: http://www.ifp.uiuc.edu/koetter/NWC/index.html
[48] 惠羅　博，土屋守正，グラフ理論，産業図書，1996.
[49] J. Zander and S.L. Kim, Radio Resource Management for Wireless Networks, Artech House, 2001.
[50] E. Seneta, Non-negative Matrices and Markov Chains, 2nd rev. ed., Springer, 2006.
[51] R.S. Varga, Matrix Iterative Analysis, 2nd ed., Springer, 2000.
[52] G.J. Foschini and Z. Miljanic, "A simple distributed autonomous power control algorithm and its convergence," IEEE Trans. Veh. Technol., vol.42, no.4, pp.641–646, Nov. 1993.
[53] C. Saraydar, N. Mandayam, and D. Goodman, "Efficient power control via pricing in wireless data networks," IEEE Trans. Commun., vol.50, no.2, pp.291–303, Feb. 2002.
[54] W. Yu and J.M. Cioffi, "FDMA capacity of Gaussian multiple-access channels with ISI," IEEE Trans. Commun., vol.50, no.1, pp.102–111, Jan. 2002.
[55] P. Viswanath, D.N.C. Tse, and R. Laroia, "Opportunistic beamforming using dumb antennas," IEEE Trans. Inf. Theory, vol.48, no.6, pp.1277–1294, June 2002.
[56] H.J. Kushner and P.A. Whiting, "Convergence of proportional-fair sharing algorithms under general conditions," IEEE Trans. Wirel. Commun., vol.3, no.4, pp.1250–1259, July 2004.
[57] H. Kim and Y. Han, "A proportional fair scheduling for multicarrier transmission systems," IEEE Commun. Lett., vol.9, no.3, pp.210– 212, March 2005.
[58] N. Nie and C. Comaniciu, "Adaptive channel allocation spectrum etiquette for cognitive radio networks," Mobile Networks and Applications, vol.11, no.6, pp.779–797, Dec. 2006.
[59] L. Kleinrock and F. Tobagi, "Packet switching in radio channels: part I–Carrier sense multiple-access modes and their throughput-delay characteristics," IEEE Trans. Commun., vol.23, no.12, pp.1400–1416, Dec. 1975.
[60] "IEEE standard for wireless LAN medium access control (MAC) and physical layer (PHY) specifications,

1999," Aug. 1999.

[61] G. Bianchi, "Performance analysis of the IEEE 802.11 distributed coordination function," IEEE J. Sel. Areas Commun., vol.18, no.3, pp.535–547, March 2000.

[62] R.R. Choudhury, X. Yang, R. Ramanathan, and N.H. Vaidya, "Using directional antennas for medium access control in ad hoc networks," Proc. ACM Mobicom'02, pp.59–70, 2002.

[63] W. Ye, J. Heidemann, and D. Estrin, "An energy-efficient MAC protocol for wireless sensor networks," Proc. IEEE INFOCOM'02, 2002.

[64] 宮原秀夫，尾家祐二，コンピュータネットワーク，共立出版，1999.

[65] J.L. Sobrinoho, "Algebra and algorithms for QoS path computation and hop-by-hop routing in the Internet," IEEE/ACM Trans. Netw., vol.10, no.4, pp.541–550, Aug. 2002.

[66] Y. Yang, J. Wang, and R. Kravets, "Designing routing metrics for mesh networks," IEEE Workshop on Wireless Mesh Networks, 2005.

[67] D.S.J. De Couto, D. Aguayo, J. Bicket, and R. Morris, "A high-throughput path metric for multi-hop wireless routing," Wirel. Netw., vol.11, no.4, pp.419–434, July 2005.

[68] R. Draves, J. Padhye, and B. Zill, "Routing in multi-radio, multi-hop wireless mesh networks," ACM International Conference on Mobile Computing and Networking, pp.114–128, 2004.

[69] D. Johnson, Y. Hu, and D. Maltz, "The dynamic source routing protocol (DSR) for mobile ad hoc networks for IPv4," IETF RFC 4728, 2007.

[70] C. Perkins, E. Belding-Royer, and S. Das, "Ad hoc on-demand distance vector (AODV) routing," IETF RFC 3561, 2003.

[71] C. Perkins and P. Bhagwat, "Highly dynamic destination-sequenced distance-vector routing (DSDV) for mobile computers," ACM SIGCOMM, pp.234–244, 1994.

[72] T. Clausen and P. Jacquet, "Optimized link state routing protocol (OLSR)," IETF RFC 3626, 2003.

[73] Mesh networking, IEEE P802.11s/D7.03, 2010.

[74] W.R. Heinzelman, A. Chandrakasan, and H. Balakrishnan, "Energy-efficient communication protocol for wireless microsensor networks," Proc. Hawaii International Conference on System Sciences, 2000.

[75] S. Lee and M. Gerla, "Split multipath routing with maximally disjoint paths in ad hoc networks," IEEE ICC, pp.3201–3205, 2001.

[76] S. Biswas and R. Morris, "ExOR: Opportunistic multi-hop routing for wireless networks," ACM SIGCOMM, pp.133–143, 2005.

4 WDNの応用

これまでの章では，無線分散ネットワークの基礎理論及び要素技術を体系化してまとめてきた．本章では，無線分散ネットワークの基礎理論及び要素技術が実際の無線システムにおいてどのように活用されるのか，また将来の無線システムにおいてどのような役割を担うのかに主眼におき，無線分散ネットワークの応用について紹介する．本章は五つの節より構成される．4.1 節ではアドホックネットワーク及びメッシュネットワークのなどの，自律分散制御による無線ネットワークにおける応用技術を説明する．4.2 節では多数のセンサノードから得られる観測情報を無線分散ネットワークにより収集し，その情報を融合することで，環境を認識するセンサネットワークに関する説明を行う．また，4.3 節では環境に適応した無線ネットワークの構築により，スペクトルの利用効率を飛躍的に向上することが可能なコグニティブ無線ネットワークを紹介する．一方，4.4 節，4.5 節はセルラネットワークにおける無線分散ネットワークの活用について説明する．4.4 節は複数の基地局を連携動作することによりセル端の通信路容量を改善する基地局連携セルラネットワークについて説明し，4.5 節ではエリア拡大のために中継局を活用したマルチホップセルラネットワークを紹介する．各節では将来的に無線分散ネットワークがどのように応用されていくかを占うため，今後の展望についても言及している．

4.1 アドホック/メッシュネットワーク

本節では無線分散ネットワークの応用としてアドホック/メッシュネットワークを紹介する．アドホックネットワークは臨時的に構築されるネットワークであり，一般的にはインフラストラクチャを必要とせず端末のみで構成されるネットワークである．メッシュネットワークは広い意味では相互接続を可能とするネットワークであるが，本節では少し限定的に，集中管理を行う特別な制御局が存在しなくても構築できる無線ネットワークを指す．どちらも自律分散制御によりネットワークが構築される点で同じ技術が用いられることが多い．アドホックネットワークの具体例には MANET（Mobile Ad-hoc Networks）が，メッシュネットワークの具体例には IEEE 802.11s が挙げられる（図 **4.1**）．

インターネットプロトコルの標準化を行っている IETF（Internet Engineering Task Force）の

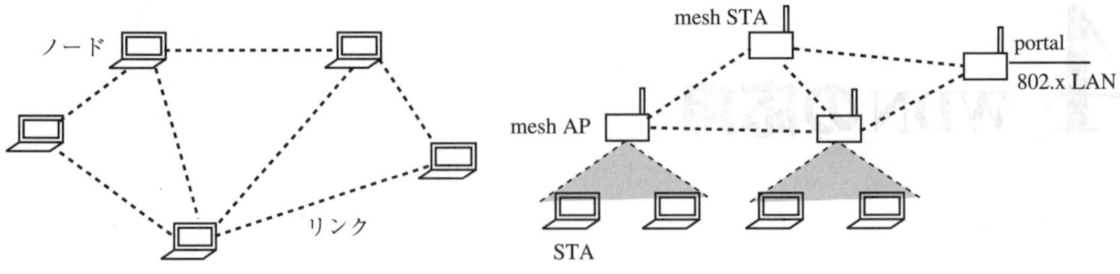

図 4.1 アドホック/メッシュネットワークの例

MANET ワーキンググループでは，ネットワーク層での IP（Internet Protocol）アドレスによるルーチングプロトコルの標準化が行われている．MANET では各ノード自身が自律分散的，自動的に無線による一時的なネットワークを構築する．ノードにはユーザが所有しているノートパソコンや PDA を想定しているため，移動性を有する．例えば，MANET にはあるイベント会場でユーザがノードを持ち寄ってネットワークを構築するといった利用法がある．

無線 LAN のノード同士を無線ネットワークで結ぶことを想定したメッシュネットワークの標準化が IEEE 802.11s タスクグループにて行われている．この IEEE 802.11s によるメッシュネットワークは，メッシュネットワークの機能を有するメッシュステーション（mesh STA: mesh Station）により構築される．メッシュステーションはアクセスポイント（AP: Access Point）の機能を備えることで，従来のステーション（STA: Station）を収容したり，他の IEEE 802.x LAN とのゲートウェイとなるポータル（portal）機能を備えることができる．ネットワーク層のルーチングに相当するパス選択が mesh STA 間で行われる．従来のステーションはパス選択機能をもたないため，メッシュステーションがその機能を代行する．応用例として，ホームネットワークが挙げられる．

アドホック/メッシュネットワークの基本となる技術は，自律分散制御によるネットワーク構築やリソース制御であり，その意味において 3.7 節の MAC プロトコルや 3.8 節のメッシュルーチング技術が広く利用されている．本節ではこれらの応用技術として，第 3 章で述べた各技術を複合的に扱った方式を紹介する．4.1.1 項では協力中継のためのルーチング技術，4.1.2 項では符号化技術の活用，4.1.3 項ではネットワークコーディングの活用について述べる．このほかにも 3.3 節で紹介した分散 MIMO 技術も，アドホック/メッシュネットワークの通信性能向上のために適用することが検討されている．

4.1.1 協力中継のためのルーチング技術

本項では協力中継のためのルーチング技術について紹介する．これは最小エネルギー経路問題として検討されており，始点ノードから終点ノードまである要求品質を満たしつつ情報が伝送されるのに要するエネルギーの総和を最小にする経路及び協力中継に参加するノードを決定する．この問題は NP 完全であることが示されている [1].

文献 [2] では協力グラフと呼ばれる状態遷移図を利用した最適な経路探索の手法について述べられている．しかし，この手法では効率的な探索アルゴリズムを用いたとしてもノード数が N のときの計算量は $O(N2^N)$ になり，ネットワークの規模が大きい場合，膨大な計算量が必要になる．そこで，最適解ではないものの簡略化された経路探索手法が検討されている．

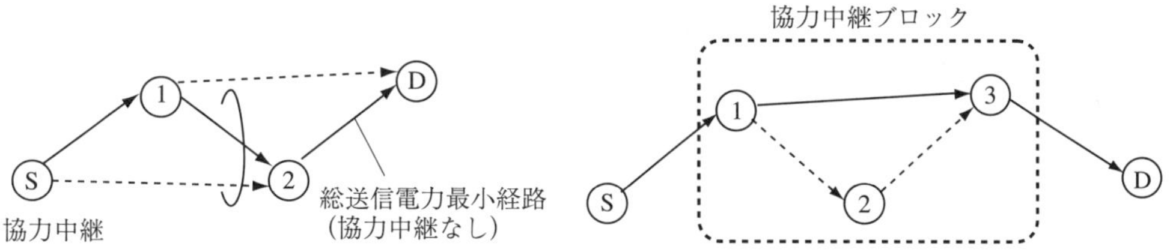

(a) CAN (b) MPCR

図 4.2 協力中継における簡略化された経路探索手法

CAN（Cooperation Along the minimum energy Noncooperative path）[2] ではある要求品質を満たすのに要する送信電力をメトリックとして用い，協力中継を用いない場合においてパスメトリックが最小となる経路をルーチングプロトコルにより求め，この経路に含まれるノードのみが協力中継に参加する．図 **4.2** (a) に示される CAN の動作例では，実線は協力中継を用いない場合に総送信電力が最小となる経路である．そして，この経路上のノードにより協力中継を行った方がメトリックが低くなる場合は，破線で示されるように協力中継に参加する．このようにすることで，経路探索の計算量を大幅に減らすことができる．MPCR（Minimum Power Cooperative Routing）[3] では，各ノードは隣接ノードへデータパケットを送るのにどのノードと協力中継を行うとエネルギーが最小になるのかをあらかじめ調べて協力中継を行うブロックを決める．図 4.2 (b) では，ノード 1 はノード 3 への総エネルギーが最小となる協力中継ブロックを調べ，その結果，ノード 2 がこれに加わっている状態を示している．このときの総エネルギーをリンクメトリックとして用いる．他の隣接ノードに対しても同様にして協力中継ブロックとリンクメトリックを求める．そして，これらのリンクメトリックを用いてベルマン–フォードアルゴリズム（3.8.1.1 項参照）により経路を探索することで，始点ノードから終点ノードまでの総エネルギーが最小となる経路を求める．

4.1.2 符号化技術の活用

本項では符号化技術をアドホック/メッシュネットワークの性能向上のために用いた応用例を紹介する．

4.1.2.1 消失訂正符号

あるネットワークにおいて，始点ノードから終点ノードまでパケットを伝送する場合，その途中のリンクでは雑音などの影響により通信路で誤りが生じることがある．このとき，誤り訂正符号や ARQ によるリンクレベルでの誤り訂正技術が用いられるが，それでも誤りを訂正できなかった場合，パケットは終点ノードまで伝送されず，消失することになる．また，中継ノードにおいてトラヒック集中によるふくそうを起こした場合もパケット消失が発生する．このように，通信路誤りやふくそうはパケットの消失につながり，ネットワークは消失通信路として扱われる．この消失したパケットを再生するのに使われる技術が，消失訂正符号である．

消失訂正符号を用いた場合，始点ノードは N 個のデータパケットから $K\,(>N)$ 個の符号化パケットを生成してこれらを終点にあてて送信する．終点ノードでは K 個のパケットのうち，元データと同量（N 個）以上の任意のパケットを収集できれば，復号処理により元のデータパケットを再生できる．消失訂正符号の最も簡単な例はパリティである．これは，N 個のデータ

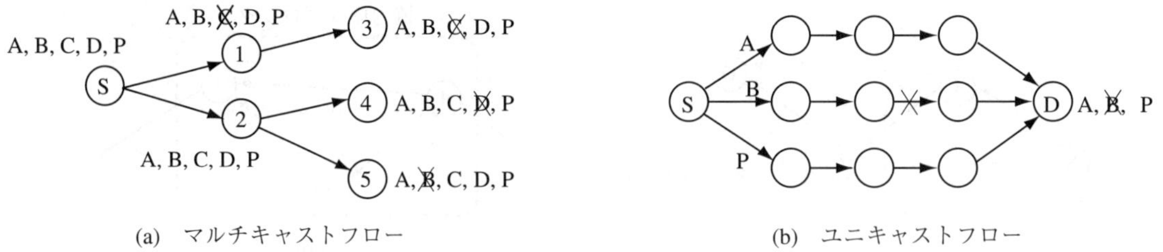

図 4.3 消失訂正符号の適用例

パケットから排他的論理和により 1 個のパリティパケットを生成し，合計 $K(=N+1)$ 個の符号化パケットを伝送する．K 個のうち，任意の一つのパケットが消失しても，他のパケットの排他的論理和をとることで，消失したパケットを再生できる．リードソロモン（Reed-Solomon）符号では N 個のデータパケットから K 個の符号パケットを生成し，このうち任意の N のパケットを収集すれば元のデータパケットに再生できる．しかし，この手法には符号長を長くするのが難しいといった欠点がある．これに対し，疎グラフに基づく消失訂正符号として LT（Luby Transform）[4] 符号やその改良版であるラプタ（Raptor）符号 [5] がある．これらの符号では，データパケットに対して $K \gg N$ といった冗長度の大きい符号化パケットを生成できる．終点ノードではデータパケットの 105%程度の量の符号化パケットを受信できれば，元のデータパケットを再生できる．

図 4.3 にアドホック/メッシュネットワークへの消失訂正符号の適用例を示す．マルチキャストフローは一つの始点ノードから複数の終点ノードすべてに同じフローを伝送する．図 4.3 (a) に示される例では，ノード S からノード 3〜5 へデータパケット A〜D を伝送する．消失訂正符号はマルチキャストフローの配信率[1]を向上させるのに有効な手段である．始点ノード S は消失訂正符号化によりデータパケットから符号化パケットを生成する．図 4.3 (a) では一つのパリティパケット P を生成しており，これも含めてノード 3〜5 へマルチキャストする．消失訂正符号化しているため，A〜D と P のうちのどれか一つのパケットが消失しても，ノード 3〜5 は元の四つのデータパケットを復元できる．例えばノード 3 はデータパケット C を受信できていないが，他の受信パケットからデータパケット C を再生することができる．

一つの始点ノードから一つの終点ノードに伝送するユニキャストフローでは，消失訂正符号をマルチパスルーチングと組み合わせることで経路ダイバーシチの効果を得る手法がある [6]．図 4.3 (b) に例を示す．始点ノード S では終点ノード D に対してマルチパスルーチングにより複数の経路を構築する．これらの経路に対してデータパケット A，B とパリティパケット P をそれぞれ送信する．各経路ではそれぞれ独立してパケットの伝送が行われ，最終的に終点ノードまで転送される．このとき，図に示されるように途中のリンクでの転送失敗によりパケット B が終点ノードまで伝送されなくても，パリティパケットを用いて元のデータパケット A，B を再生することが可能である．配信率を上げるとともに，再送を減らすことで遅延時間を短くすることができる．

消失訂正符号では符号化パケットはそれぞれ独立して伝送することができる．そのため，協力中継のようにパケットの送信タイミングを周辺ノードと合わせるといった時間的な同期

[1] 配信率とは，ネットワークレベルで始点ノードから終点ノードまでパケットが正しく伝送される確率．

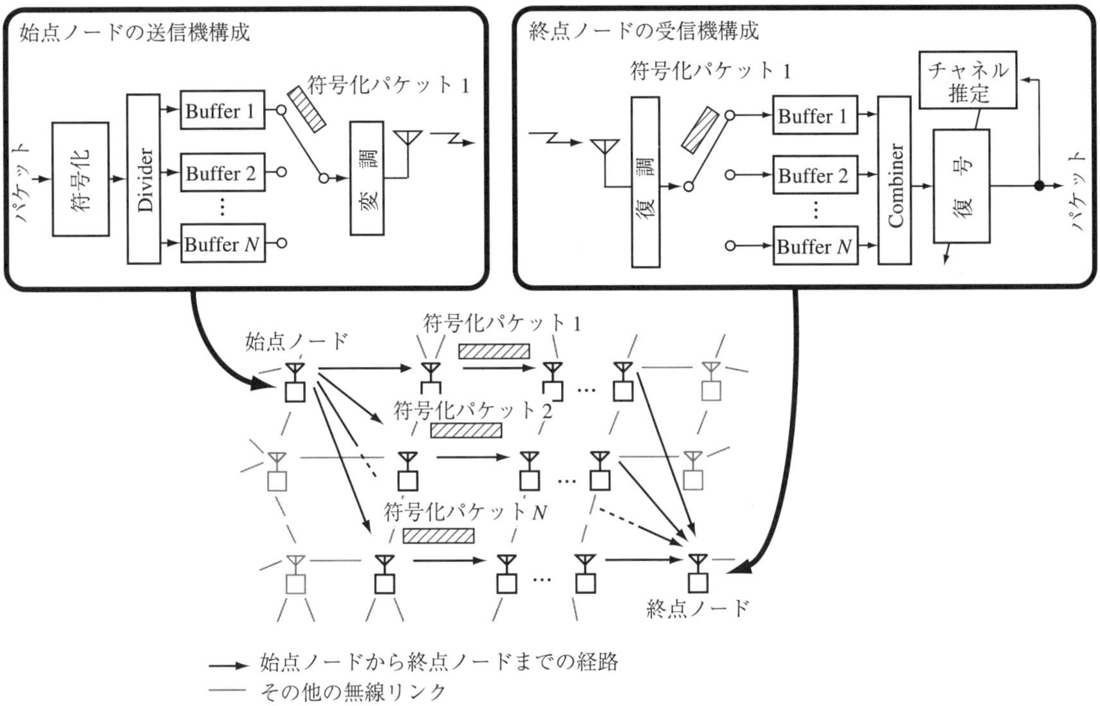

図 4.4 経路次元符号化

を必要としない利点がある．

4.1.2.2 経路次元符号化

経路次元符号化は経路ダイバーシチ効果を得るために，データパケットをいくつかの符号化パケットに分割して複数の経路でそれぞれ異なる符号化パケットを送信する手法である [7]．消失訂正符号は消失パケットを再生するものであるが，経路次元符号化ではパケット消失に加え，各リンクで発生するビット誤りも訂正する．

図 4.4 に経路次元符号化のシステムモデルを示す．始点ノードはマルチパスルーチングにより複数経路を構築し，符号化パケットを各経路で終点ノードまで伝送する．このとき，各中継ノードでは受信したパケットをいったん復調（硬判定）し，そのまま再変調するが，復号は行わない．また，従来のシステムとは異なり，誤りがあってもそのまま次ノードに転送する．終点ノードでは受信した符号化パケットを各経路の通信品質に応じた重みを付けて復号する．経路次元符号化では中継ノードにおいて硬判定受信をしているため，各経路を一つの二元対象通信路とみなし，終点ノードでは始点・終点ノード間のビット誤り率を受信した符号化パケットをもとに推定する．そして，復号時にこのビット誤り率から計算される対数ゆう度比により経路ごとの重み付けを行うことで，パケット誤り率を削減することができる．

経路次元符号化でも消失訂正符号と同様にパケットの送信に時間的な同期を必要としない利点がある．

4.1.3 ネットワークコーディングの活用

本項ではネットワークコーディングをアドホック/メッシュネットワークに適用した方式

を紹介する．3.5 節で述べたように，ネットワークコーディングにはディレクショナルなものとランダムなものがある．ディレクショナルなネットワークコーディングは異なるフロー間のパケットに対して適用され，フロー合成によるスループット向上を目指している．その代表例として COPE [8] が挙げられる．ランダムなネットワークコーディングは同じフロー内のパケットに対して適用され，消失訂正の効果を利用している．MORE（MAC-independent Opportunistic Routing & Encoding）[9] はその代表的な方式である．

4.1.3.1 ディレクショナルなネットワークコーディングの適用

ディレクショナルなネットワークコーディングをユニキャストフローに適用したときの動作例を図 **4.5** に示す．(a) はノード 1 からノード 2 へパケット A が，ノード 2 からノード 1 に対してパケット B が伝送されるといった双方向フローの場合である．(b) ではノード 1 からノード 2 へパケット A が，ノード 3 からノード 4 へパケット B が伝送されるといった X フローになっている．どちらの場合でも，ノード 0 がパケット A，B を符号化する．

まずはじめに符号化ノード 0 は隣接ノードからパケット A，B をそれぞれ受信する．このとき，パケットを送信したノードにおいてこのパケットを保持しておく．また，無線には同報性があるため，図 (b) に破線で示されるように自身が受信ノードでないパケットでもその通信範囲内であれば傍受することができる（Opportunistic Listening）．この傍受したパケットもすべて保持する．次に符号化ノード 0 は受信したパケット A，B の排他的論理和をとった符号化パケット C を生成し，これをパケット A，B の受信ノードに同報送信する．ここで，同報送信とは無線の同報性を利用し，1 回の送信で複数の受信ノードに対してパケットを伝送することである．パケット C を受信したノードは保持してあるパケット A または B と排他的論理和をとることで，所望パケットを得ることができる．

COPE ではこのようなディレクショナルなネットワークコーディングを IEEE 802.11 準拠の無線 LAN インタフェースで使用できるように設計されている．まず，無線 LAN インタフェースを，自身を受信ノードとするパケットのみではなく他のすべてのパケットを傍受できるプロミスキャスモードで動作させる．符号化ノードは隣接ノードがどのパケットを保持しているかを知る必要がある．このため，隣接ノードは定期的に自身が保持しているパケットの一覧を受信レポートとしてデータパケットに付加して広告する．符号化ノードは送信キューにあるパケットのみを用いてネットワークコーディングを行う．このとき，定期的に報告される隣接ノードのパケット保持情報や隣接ノード間のパケット受信成功率といった情報を利用

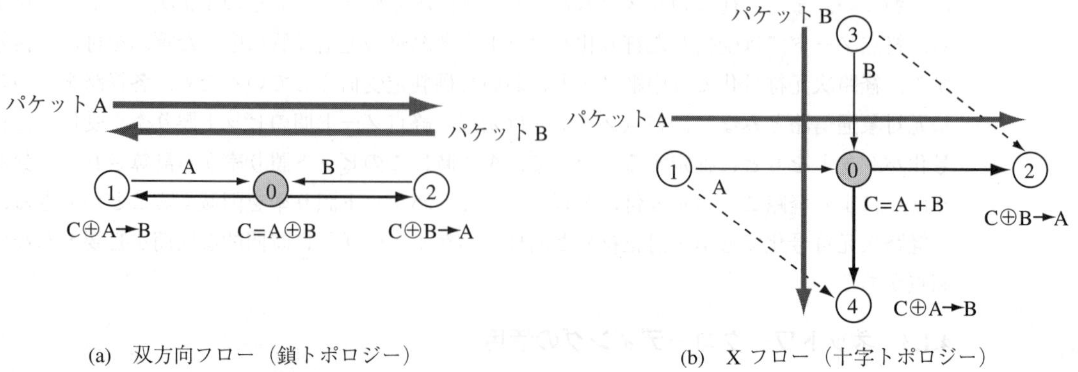

図 4.5 ディレクショナルなネットワークコーディングの動作例

し，受信ノードにおける復号成功率がある値以上になるよう符号化されるパケットが選択される．符号化パケットは複数の受信ノードに向けて同報送信される．このとき，一般的にはIEEE 802.11では相手を特定しないブロードキャストが用いられるが，パケット再送機能がないため，信頼性が低い．COPEでは信頼性を高めるため，擬似ブロードキャストを用いる．これは，受信ノードのうちのある一つのノードを選択して，そのノードへユニキャストで符号化パケットを送信する．他の受信ノードはプロミスキャスモードによりこの符号化パケットを傍受する．傍受により符号化パケットを正しく受信した場合には，他のデータパケットを送信するときにACKを付加するなど，非同期でACKを返信する．

ネットワークコーディングの性能評価指標として符号化利得と符号化+MAC利得がある．符号化利得はネットワークコーディングを用いずにパケットを送信した場合の送信回数に対する，ネットワークコーディングを用いた場合の送信回数と定義される．図4.5(a)では，本来なら4回の送信が必要なところネットワークコーディングにより3回の送信ですむため，符号化利得は4/3になる．これに対し，符号化+MAC利得はMACでのリソース割当も考慮した指標である．IEEE 802.11では各ノードに平等になるようにリソースが割り当てられる．図4.5(a)において，ネットワークコーディングを用いない場合ではノード0はノード1，2と比べ，倍の量を送信しなければならない．このとき，これら3ノードに平等にリソースを割り当てると，ノード0はノード1，2から受信したデータパケットの半分が送信できないことになる．ネットワークコーディングを用いた場合は，ノード0はノード1，2と同じ量のデータパケットを送信すればよいため，すべてのパケットを送信できる．符号化+MAC利得はネットワークコーディングを用いていない場合のスループットに対するネットワークコーディングを用いた場合のスループットとして定義される．この例の場合，ネットワークコーディングを用いない場合はネットワークコーディングを用いた場合と比べて半分しか伝送されないため，符号化+MAC利得は2となる．その他の場合の利得を**表4.1**に示す．鎖トポロジーにおいて始点から終点までのホップ数が無限にあるような無限ホップの場合は，符号化利得は2になるものの符号化+MAC利得も同じく2である．図4.5(b)の十字トポロジーでは，Xフローのみの2フローの場合は2ホップの双方向と同じ利得であるが，双方向フローも加えることで最大4フロー流すことができ，その場合の符号化利得は8/5，符号化+MAC利得は4となる．

4.1.3.2　ランダムなネットワークコーディングの適用

MOREはOpportunistic routingの考え方を取り入れたフロー内ネットワークコーディングであり，ユニキャストフロー，マルチキャストフローの両方に対応している．図**4.6**に動作例を示す．図4.6(a)ではノード1からノード3へユニキャストフローを伝送する．ノード1からノード3への直接送信は受信成功率は低いものの，全くできないわけではない．ノード1，

表4.1　符号化利得と符号化+MAC利得

トポロジー	符号化利得	符号化+MAC利得
鎖（2ホップ）	4/3	2
鎖（無限ホップ）	2	2
十字（2フロー）	4/3	2
十字（4フロー）	8/5	4

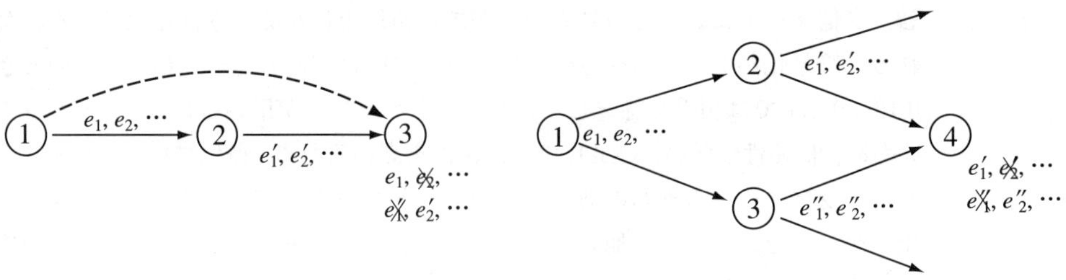

(a)　ユニキャストフロー　　(b)　マルチキャストフロー

図 4.6　ランダムなネットワークコーディングの動作例

3 間の受信成功率が低いため，経路は 1 → 2 → 3 と設定されている．まず，ノード 1 はデータを K 個のパケットに分割する．この分割したパケットに対してランダム線形ネットワークコーディングを適用する．ノード 1 は符号化パケットをノード 2 に送信する．このとき，ノード 3 もこれを傍受する．ノード 2 は受信した符号化パケットに対して再度ネットワークコーディングする．線形性により，再符号化パケットは元の分割パケットを直接ネットワークコーディングしたものとみなすことができる．ノード 2 は符号化パケットをノード 3 に送信する．ノード 3 ではノード 1 とノード 2 から送信された（再）符号化パケットのうち，どちらでもよいので線形独立な K 個のパケットを受信できていれば，元のパケットに復号できる．

図 4.6 (b) ではノード 1 からマルチキャストフローを伝送しており，終点ノードの一つがノード 4 である．マルチキャストフローでも同様に，ノード 1 はデータを K 個のパケットに分割し，ランダム線形ネットワークコーディングを適用する．ノード 1 はこの符号化パケットをノード 2 とノード 3 に送信する．ノード 2，ノード 3 もそれぞれ受信した符号化パケットに対して再度ネットワークコーディングしてから送信する．ノード 4 はこれらの（再）符号化されたパケットのうち，線形独立な K 個のパケットを受信できれば元のパケットを再生することができる．

このように，どちらの場合においてもランダム線形ネットワークコーディングを使用することで，いくつかの符号化パケットが消失してしまっても元のデータに戻すことができ，信頼性を向上させることができる．また，各ノードが生成する符号化パケットの数を適切に調節することで，ネットワークに流れるトラヒック量も減らすことができる．文献 [9] では実験による性能評価を行っており，ユニキャストフローでは COPE より 22% 向上，マルチキャストフローでは 35〜200% 向上している．なお，4.1.2 項で紹介した消失訂正符号との一番の違いは，中継ノードにおいても再符号化する点にある．このようにすることで各ノードが生成する符号化パケット数を制限しつつ，受信される線形独立な符号化パケット数を増やすことができる．

4.1.4　今後の展望

本節では自律分散制御を基本とするアドホック/メッシュネットワークにおいて，協力中継，符号化技術やネットワークコーディングといった新たな技術の応用例を紹介した．現在，IETF MANET ワーキンググループや IEEE 802.11s タスクグループでアドホックネットワークやメッシュネットワークの標準化が進行中であるが，これらはルーチングプロトコルそのものに主眼が置かれている．しかし，更なるアドホック/メッシュネットワークの発展には本節で紹介した技術は欠かせないものであり，今後，実用化に向けた取組が活発に行われると期待される．

4.2 センサネットワーク

私たちの身の回りにはセンサを内蔵した情報機器があふれている．センサそのものは以前からあるように，温度や光といった物理量を電気信号に変換して対象物の数値を計測するデバイスである．しかしながら，近年のそれは，信号処理機能や信号伝送機能を備えたセンシングシステムととらえることができる．これは，MEMS（Micro Electro Mechanical Systems）技術の進歩により小型で高性能なセンサを安価に大量生産できるようになったことも一つの要因である．その結果，温度や光といった単なる「量のセンシング」から，収集した情報を処理し検出対象の状態を記述する「認識のセンシング」へとシフトしてきている [10]．更に，センシングシステムは無線通信技術との融合によって高度化され，新たなパラダイムを迎えている．つまり，様々な場所に分散して配置された多数のセンサノードが無線通信によりネットワークを形成することで，点から面へのセンシングが可能となり，これまで得られなかった新たな知（集合知）の世界を可視化できるようになる．

移動通信技術では長らく「いつでも，どこでも，だれとでも」通信できるシステムの実現を目指し，研究開発が進められてきた．センサネットワーク（sensor network）ではそれに加え，「いつ，どこで，どのような」状況かを的確に認識して「今だけ，ここだけ，あなただけ」のサービスを提供できるシステムの実現が望まれている．センサネットワークは，農地や森林などの環境モニタリング，建物や橋梁の構造物モニタリング，防災やホームセキュリティ，機器を制御するアクチュエータネットワーク，配電設備等の管理に用いるユーティリティネットワーク，そしてヘルスケアといった広範囲で大規模なものから身近で小規模なものまで幅広い分野への応用が期待されている．近い将来，センサネットワークは私たちの生活の隅々にまで浸透し，快適で安全安心な生活を享受するためになくてはならない技術となるであろう．図 **4.7** にセンサネットワークのイメージ図を示す．

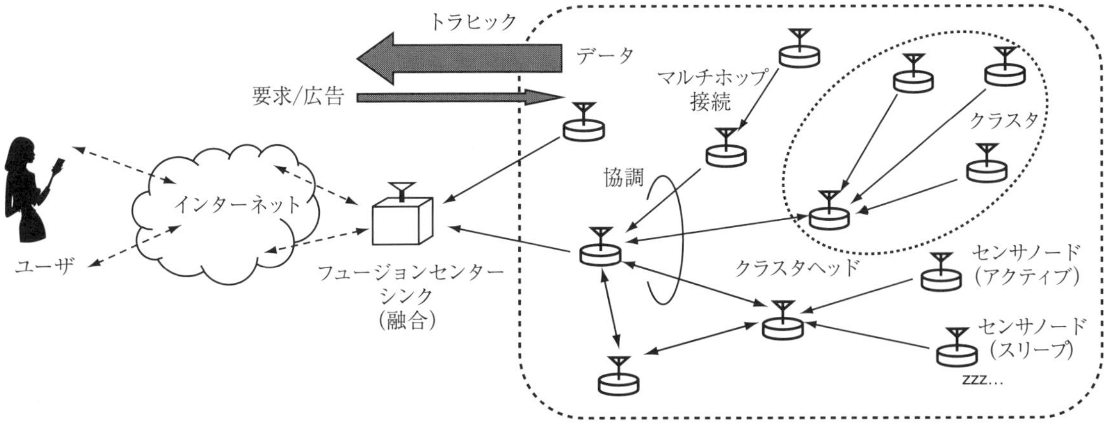

図 4.7　センサネットワークのイメージ

このようなセンサネットワークを実現する上での技術的な課題は何であろうか．ここでは，センサノードのもつ制約条件のもとで，ネットワークセンシングを構築する基幹技術となる無線通信技術について考えよう．一般に，分散配置されたセンサノードの計算能力，記憶能力，信号処理能力，電力容量，通信資源は限られている．一方で，収集されたデータには高い信頼性が求められ，ネットワークには長期運用するための省電力化が求められている．このようなセンサネットワークの目的を達成するために必要なキーワードが，協調（collaboration）と融合（fusion）である [11]．一つのみのセンサノードでは，不安定で不確実なデータ転送しかできないため，誤りが多く発生し，送信回数も増大する．これは，トラヒックの増大による衝突やふくそうを招くだけでなく，電力が無駄に消費され，情報源の状況を的確に把握することを困難にする．ここで，どのノードとどのように協調すべきか，また得られた複数の観測データをどのように融合すべきかが問題となる．例えば，各ノードがセンシングしたデータに高い相関がある場合，ノードが互いに協調して符号化・復号を行うことで通信路誤りが軽減され信頼性の高い通信が可能となる．また，データを融合する際は相関が高いほどパケット長の短縮効果が期待でき，省電力化を図ることができる．更に，情報源の状況を推定し的確なサービスを提供するために不可欠な位置検出・推定の技術では，複数のノードから得られた観測データ（分散検出）を融合して処理することによって，高い精度を得ている．

以下では，前章までの無線通信技術をセンサネットワークに応用した例として，高い信頼性と省電力化を実現する技術をいくつか紹介する．

4.2.1 分散位置推定

センサネットワークのアプリケーションでは，多くの場合位置情報を必要とする．位置情報を得るには GPS（Global Positioning System）の利用が考えられるが，屋内では GPS が機能しない環境が多く，たとえ機能したとしても十分な精度が得られない場合が多い．例えば，工場内や室内での物品管理，動線管理といったアプリケーションでは，GPS に比べ，1 けた以上高い測位精度が求められる．また，屋外のアプリケーションでも，GPS の測位精度では不十分な場合がある．

センサネットワークでは，小型で安価なノードをバッテリ以外に電源供給がない状況で多数使うことを想定しており，ごく限られたノードのみが GPS 受信機能をもち，それ以外のノードは GPS 受信機能をもたないシステム構成が一般的である．また，トラヒックの集中を避けたり，フュージョンセンター（シンクともいう）の故障に対して，システムをロバストにするため，データをフュージョンセンターに集めて一括処理する集中制御でなく，各ノードでデータを処理する分散制御を用いたシステム構成も多い．そのため，限られたノードのみが位置情報をもつような環境で，分散制御によっていかに高い位置推定精度を達成するかがセンサネットワークの重要な課題の一つとなっている．

センサネットワークにおける分散位置推定には，次のようなものがある．一つは，位置が既知であるアンカノードからの相対距離情報を用いて，各ノード自身の位置を分散的に推定するものである．もう一つは，センサノード自身の位置が既知であるときに，位置推定対象物（ターゲット）が発している電波等を受信して，そのターゲットの位置を推定するものである．後者の例として，美術館やスーパーなどの施設で，電波を発するノードを人に持たせ，その人の位置・動線を把握するアプリケーションなどが考えられている．以下では，特に，後者を中心に説明する．

センサネットワークにおける分散位置推定では，消費電力が少なくなるよう，マルチホップで形成されたネットワーク上にできるだけ少ない情報を転送する．RSSI（Received Signal Strength Indicator）や TOA（Time of Arrival），TDOA（Time Difference of Arrival）に基づく位置推定では，最低 3 個のノードでの受信情報が必要である．電波などを発している物の位置を推定する場合，位置が既知である各センサノードでの RSSI，TOA，TDOA の測定値に基づき，ターゲットまでの距離を推定する．3 箇所以上のノードからの距離が分かれば，ターゲットの位置を推定することができる．一般に測定値に基づく距離との推定誤差電力和が最小となる位置を，推定位置とする．各測定値には雑音等による誤差が含まれるため，その影響を低減するために，より多くのノードでの測定値を利用することが望ましい．

分散位置推定では，まず，できるだけ多くのノードを含むループ上の平面グラフを構築する．次に各ノードは，自ノードの情報（位置，測定値等）を転送する．自ノード以外に二つのノードからの情報があれば，二次元の位置推定は可能である．各ノードは自ノードの情報及び位置推定結果と，転送されてきた情報を次のノードに転送する．その際，転送情報量と各ノードでの演算量を減らすため，転送されてきた情報のすべてではなく，そのうちの一部を転送する．この分散位置推定は，RSSI だけでなく，TOA や TDOA を用いることもできる．

RSSI に基づく位置検出技術では，受信信号強度から距離を算出するのに，その環境における距離減衰のモデル化が必要である．RSSI は，測定環境・時刻によって，同じ出力信号を等距離で受信しても変化する．そのため，RSSI に基づく一般的な位置検出技術は，はじめに使用環境で様々な位置・距離で RSSI を実測し，距離減衰をモデル化する．したがって，位置推定精度は距離減衰モデルの近似精度にも大きく依存する．モデル化として，対数正規分布や指数分布が用いられている．しかし，事前測定に基づき距離減衰をモデル化する方法は，環境の変化に対応できない．また，距離減衰は，部屋の中央や壁際など，使用環境の場所によって実際には異なるため，一つの距離減衰モデルでモデル化した場合，場所による距離減衰モデルの不一致が原因となり，推定精度が低下してしまう．これらの問題の解決方法として，位置推定を行う際に，位置だけでなく，距離減衰モデルを一つまたは局所的に複数推定して用いる方法が提案されている [12], [13]．距離減衰モデルも推定する分散位置推定は，使用環境における事前の実測なしに，優れた位置推定精度が得られることが報告されている．

4.2.2　相関を利用した符号化

センサネットワークの応用例の一つである環境モニタリングのように，あるエリアに多数のセンサノードを配置し，これらのノードから定期的にデータが発信されるといった利用方法では，センサノードから送信されるデータに相関があることが予想される．観測対象となるエリアに対し密にセンサノードを配置した場合，二つまたはそれ以上のセンサノードが生成するデータでは互いに空間的な相関をもつ．また，観測対象の時間的な変化よりも短い間隔で各センサノードが定期的に観測データを送信するような場合，送信情報系列間には時間的な相関がある．これらの相関はどちらも冗長な成分であるといえ，3.3.4 項で紹介した分散符号化技術を用いることで伝送誤りの軽減を図ることができる．

図 4.8 に相関を利用した分散符号化・統合復号のシステムモデルを示す．各センサノードは観測データを一つのパケットにまとめ，そのパケットをターボ符号化してフュージョンセンターに伝送する．フュージョンセンターでは，受信したパケットの相関情報を付加情報として利用し統合復号する．空間相関の場合，同じような測定環境にある距離的に近いセンサ

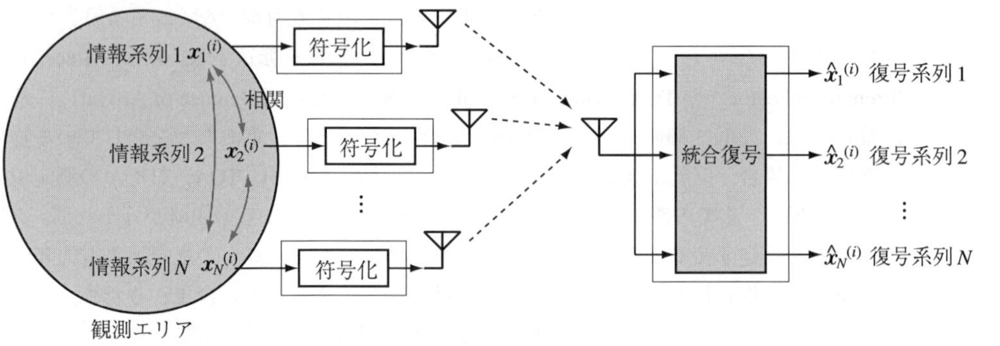

(a)　空 間 相 関

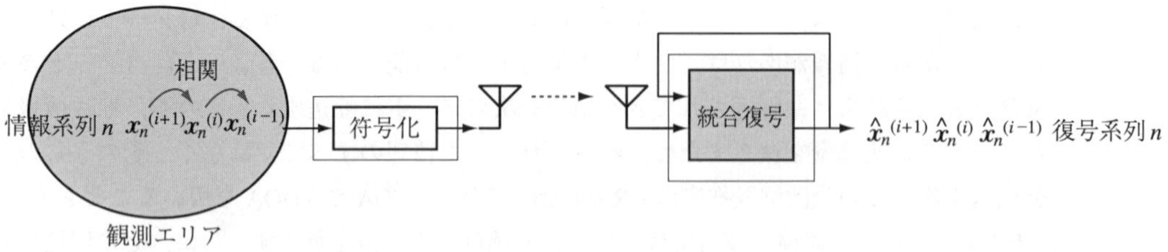

(b)　時 間 相 関

図 4.8　空間相関と時間相関を利用した分散符号化・統合復号

ノードにおいて，それぞれのデータパケット間に存在する相関を使用する（図 4.8 (a)）．時間相関の場合は，各センサノードにおいて，連続するデータパケット間に存在する相関を使用する（図 4.8 (b)）．センサノード n における i 回目の送信パケットを $\boldsymbol{x}_n^{(i)} = \{x_{n,1}^{(i)}, \ldots, x_{n,k}^{(i)}, \ldots\}$ とする．ここで $x_{n,k}^{(i)}$ は各パケットの k シンボル目を表す．空間相関を用いる場合，各センサノードに対応した復号器の出力間で，相関による追加のゆう度情報を交換し合う．時間相関を用いる場合，統合復号器では，1 回前の受信パケットとの相関性から得られる付加情報を利用する．このことを考慮して，繰返し統合復号器を空間相関と時間相関の両方を利用できるように修正すると，式 (3.89) に相当する追加のゆう度情報は次式で置き換えられる [14]．

$$
\begin{aligned}
C_n &= \log \frac{P(S_{x_1^{(i)}}, \ldots, S_{x_{m(\neq n)}^{(i)}}, \ldots, S_{x_N^{(i)}}, S_{x_n^{(i-1)}} | x_n^{(i)} = +1)}{P(S_{x_1^{(i)}}, \ldots, S_{x_{m(\neq n)}^{(i)}}, \ldots, S_{x_N^{(i)}}, S_{x_n^{(i-1)}} | x_n^{(i)} = -1)} \\
&= \log \left[\frac{\begin{array}{l} \sum\{e^{(x_1^{(i)} \cdot S_{x_1^{(i)}} + \cdots + x_{m(\neq n)}^{(i)} \cdot S_{x_m^{(i)}} + \cdots + x_N^{(i)} \cdot S_{x_N^{(i)}} + x_n^{(i-1)} \cdot S_{x_n^{(i-1)}})/2} \\ \quad \cdot P(x_1^{(i)}, \ldots, x_{m(\neq n)}^{(i)}, \ldots, x_N^{(i)}, x_n^{(i-1)} | x_n^{(i)} = +1)\} \end{array}}{\begin{array}{l} \sum\{e^{(x_1^{(i)} \cdot S_{x_1^{(i)}} + \cdots + x_{m(\neq n)}^{(i)} \cdot S_{x_m^{(i)}} + \cdots + x_N^{(i)} \cdot S_{x_N^{(i)}} + x_n^{(i-1)} \cdot S_{x_n^{(i-1)}})/2} \\ \quad \cdot P(x_1^{(i)}, \ldots, x_{m(\neq n)}^{(i)}, \ldots, x_N^{(i)}, x_n^{(i-1)} | x_n^{(i)} = -1)\} \end{array}} \right]
\end{aligned}
\tag{4.1}
$$

なお，この式において N はセンサノード数である．

式 (4.1) に示されるように，空間相関も時間相関も統合復号器では同じように付加情報として扱うことができる．しかし，両者にはいくつか異なる点がある．空間相関は他のセンサノードからのパケットとの間で得られる可能性があるが，時間相関はそのノードからのパケット間でしか得られない．時間相関は 1 回前の復号結果を利用しており，1 回前の復号結果は更

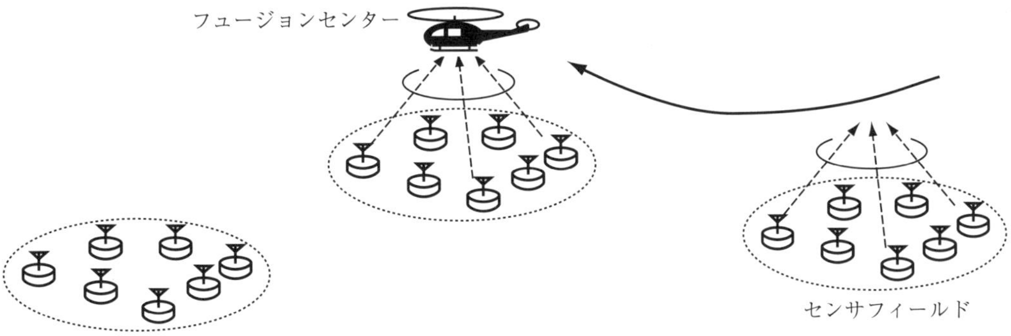

図 4.9 複数のセンサフィールドからなるセンサネットワーク

にその 1 回前の復号結果を利用しているといったように，再帰的に過去の情報を利用している．また，空間相関は統合復号を繰り返すことで，双方のゆう度情報を更新しているが，時間相関は一つ前に復号された出力結果との相関をとっており，ゆう度情報は現在復号中のパケットについてのみ更新される．実際に空間相関と時間相関のどちらが伝送誤りの軽減に貢献するのかはこれらの違いよりも，センサネットワークが用いられる環境がどのような相関特性をもっているのかに大きく依存することになる．

4.2.3 分散ノード間協力通信による伝送距離の延長

図 4.9 のようにヘリコプター（フュージョンセンター）が上空からセンサフィールドを回って観測データを収集するモデルを考えよう．このとき，直接伝送でもマルチホップ伝送でも届かないものとする．このような状況でも，各センサノードが協力して伝送，すなわち 3.2 節で紹介した協力中継技術を利用することで伝送距離を延長することができる．この協力中継には，いろいろな手法が提案されているが，ここでは各センサノードがランダム位相を乗算するだけで実現できる簡単な方法を紹介する．

図 4.10 (a) に符号化 FSK 分散ノード間協力通信の送受信機モデルを示す [15]．分散ノード間協力通信は次の手順によりフュージョンセンターまで伝送を行う．ここで，各センサノードは，事前にフュージョンセンターへ伝送する情報を共有しているものとする．

（1） フュージョンセンターから各センサノードにデータ送信要求をブロードキャストする．

（2） 各センサノードは，事前に共有している情報をパケット化して，一斉にフュージョンセンターへ伝送する．

（3） このとき，パケットは誤り訂正符号化，BFSK 変調後，シンボルごとにランダム位相が乗算され伝送される（図 4.10 (a) 参照）．

（4） フュージョンセンターでは，重なり合って受信されるパケットを復調することでデータを得る．

一般に，各センサノード間では完全な同期をとることはできない．そのような状況では，一斉伝送したとしても各センサノードの信号はそれぞれのセンサノード固有の時間オフセット，また通信路での異なる減衰と遅延（位相シフト）を伴うことになる．これが，重なり合わさってフュージョンセンターで受信される．このため，各パケットはパケットごとに信号レベルが大きくなったり，小さくなったりする（図 4.10 (b) 参照）．符号化 FSK 分散ノード間協力通信では，シンボルごとにランダム位相を乗算することで，シンボル単位で振幅変動を

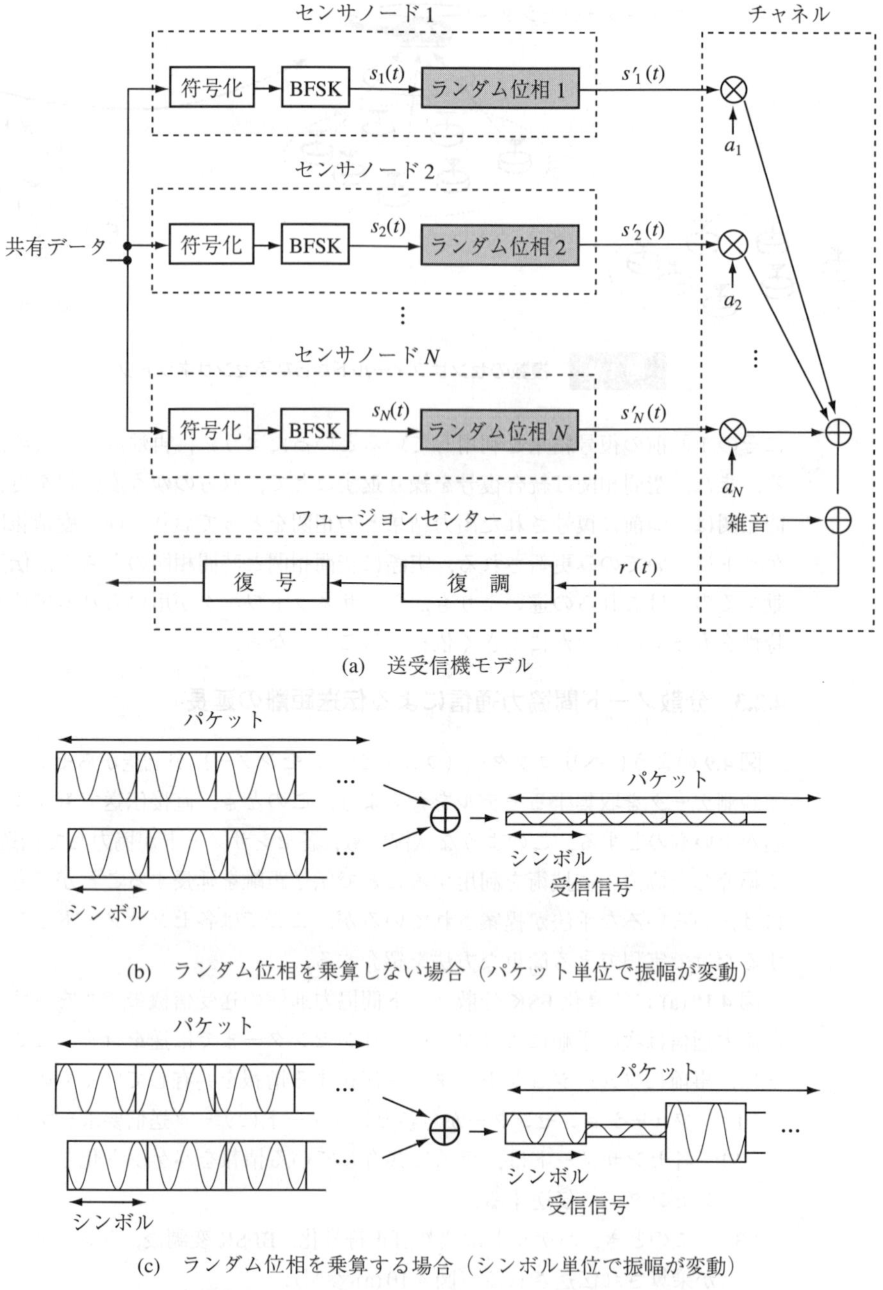

図 4.10 符号化 FSK 分散ノード間協力通信の送受信機モデル

生じさせる．信号レベルが小さく誤りが発生したシンボルは，誤り訂正符号により訂正を行う（図 4.10 (c) 参照）．結果としてビット誤り率を改善できる．

4.2.4 省 電 力 化

センサノードの能力は制限されており，また電源の確保は一般に困難であるか不可能である場合が多い．したがって，センサネットワークを安定して数年～数十年の長期間運用するためには，スループットや遅延よりも低消費電力を優先した通信ネットワークプロトコルの設計が重要である．

無線の送受信に際しては，送信距離とパケット長により消費電力が決まる．送信電力は距離の 2 乗から 4 乗に比例して増加するため，隣接するノードを中継してフュージョンセンターまで転送するマルチホップ通信は，消費電力の削減に有効な手法の一つである．この場合，どのノードを中継してフュージョンセンターまでパケットを届けるかというルーチング（経路制御）が問題である．アドホックネットワークにおいては様々なルーチング方式が報告されいるが（3.8 節参照），センサネットワークでのそれの特徴は，移動がなく，あて先であるフュージョンセンターへの片方向トラヒックが圧倒的に多い点である．また，送受信電力はパケット長に比例して増加するため，中継ノードでデータパケットを集約（圧縮）してパケット長を短くすることで，省電力化を図ることができる．

このように送信距離とパケット長の短縮によって省電力化にアプローチする手法としてはクラスタリングがあり，その代表的な方式が LEACH である（3.8.3 項参照）．クラスタリングでは，クラスタを構成するための指標が重要であり，消費電力の削減に大きな影響を与える．LEACH では，隣接ノード間の距離（正確には電波強度）に基づいてクラスタを構成している．これに対して，観測データ間の相関性を利用してクラスタを構成する手法が提案されている．一般に，ノード間距離が近いほど観測データ間の相関は高いと考えられるが，必ずしもそうであるとは限らず，相関の高い領域（HCR: Highly Correlated Region）ごとにクラスタを構成した方が消費電力の点で有利であることが示されている [16]．図 **4.11** に距離と相関に基づくクラスタの一例を示す．

ここで，クラスタ内の各ノードが観測するデータ間の相関が十分に高い場合，例えば特殊なケースとして，すべてのノード間で相関が 1 であると仮定すると，完全集約が可能となる．これは，クラスタ内の N 個のノードのうち 1 個のノードからのみデータを収集すればよいことを意味する．つまり，クラスタヘッドのみアクティブ状態であればよく，ほかのノードはスリープ状態となり電力消費を抑えることができる．この点に着目すると，実環境データの

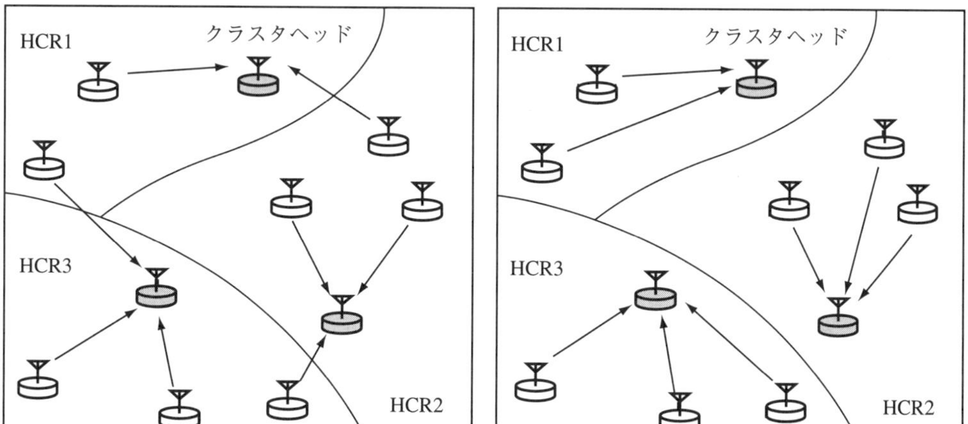

(a) 距離指標クラスタリング (b) 相関性指標クラスタリング

図 4.11 距離と相関に基づくクラスタの例

相関性から計算した情報量に基づく集約モデルを構築することが可能である．更に，このようなモデルを用いてノードのアクティブ状態とスリープ状態を制御するスケジューリングも可能となる [17], [18].

ところで，センサノードのようにあまり大きな送信電力を必要としない場合は，待受け状態（アイドルリスニング）での消費電力が，送受信時の消費電力と同程度であり無視できない．したがって，センサネットワークの省電力化には間欠動作は有効な手段である．LEACH をはじめとする TDMA 型のプロトコルや S-MAC（3.7.2 項）などの同期型では，送受信のタイミングを完全に制御することができるため，理想的なスリープ時間を決定でき，アイドルリスニング問題に容易に対応可能である．しかしながら，同期には厳密な精度が要求されるばかりか，同期信号の通知には別のチャネルが必要であったり，同期獲得までに時間がかかるなどのオーバヘッドが大きい．一方，非同期型の X-MAC [20] などでは，ネットワーク全体での同期をとらないため，同期型に比べ柔軟なネットワーク構成が可能である．しかしながら，あて先ノードのアクティブ状態が分からないので，送信ノードが何度もプリアンブルを送り続けることになり，消費電力と遅延が増大する問題がある．これに対しては，擬似的に同期を確立する方法 [21] も報告されている．

4.2.5 今後の展望

本節では，分散符号化や協力中継などの無線分散ネットワーク技術をセンサネットワークに応用した例として，高い信頼性と省電力化を実現する通信技術をいくつか紹介した．センサネットワークは，センシング技術と無線通信技術を両輪として，これらの周辺技術の発展とともに多くの分野へ展開されていくであろう．センサネットワークが進展し，我々の生活の中に様々なアプリケーションが混在するようになると，センサネットワーク内及び異種センサネットワーク間の干渉も大きな問題となってくる．したがって，何らかの干渉回避技術を備えた異種センサネットワークの共存技術，更には異種センサネットワークを接続するためのネットワーク技術の開発が必要であろう．また，消費電力の低減を図るのではなく，バッテリーフリーでエネルギーを生み出すような技術も望まれる．しかし，どのように進化しようとも，センサネットワークの特徴は協調と融合にある．各要素技術，各レイヤ間の協調と融合の延長線上に，センサネットワークの未来があることは間違いない．

4.3 コグニティブ無線ネットワーク

コグニティブ無線は周囲の無線環境を認知し，ユーザの要求に応じて適応的に無線機を再構成する無線システムのコンセプトとして，1999 年にミトラ（J.Mitola）によって提唱された無線通信に関する新しい考え方である [22]．この提唱では，コグニティブ無線機を無線環境観察から無線通信の実行までのコグニティブサイクル（cognition cycle）によって構成する概念が紹介されている．ミトラの提唱したコグニティブサイクルは，その遷移を緊急性によって場合分けするなど複雑な構成となっているため，本書では説明の簡略化のために，簡易化されたサイクルとして**図 4.12** を紹介する．無線機はこのサイクルに沿って機能の再構成を行うことにより周囲の無線環境に適応することが可能となる．はじめに，無線機は周囲の無線環境を観察し，その無線帯域の利用計画を立てる．その結果に基づいて判断を下し，適応的に無線パラメータや無線機の機能を変更する．最後に再構成された無線機を用いて実際の通

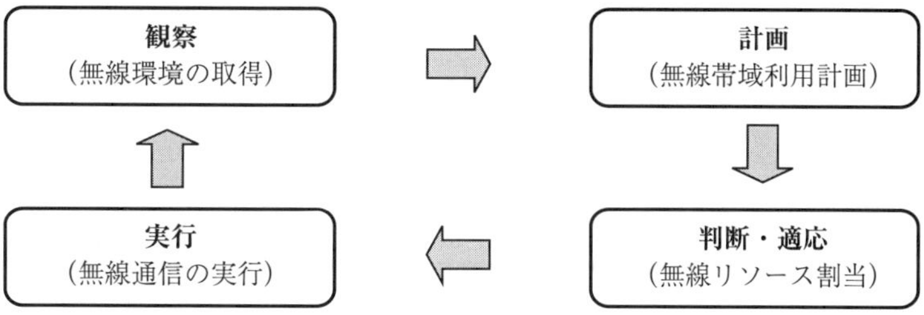

図 4.12　コグニティブサイクル

信を行う．次に，通信中に発生する周囲の無線環境の変化に対応するために無線環境の観察に戻り，状況に変化が生じると再度サイクルを通して無線機の再構成を行うことになる．このサイクルを繰り返すことによって周囲の無線環境に応じた無線システムが構築できるという考え方である．

このような概念のコグニティブ無線は，現実のシステムに即して考えると大きく二つの形態に分類が可能である．一つはヘテロジニアス型コグニティブ無線，もう一つはダイナミックスペクトルアクセス（DSA: Dynamic Spectrum Access）型コグニティブ無線である [23], [24]．ヘテロジニアス型は複数の無線システムを統合利用するマルチモードシステムとも考えられる．ヘテロジニアス型では，既存の無線システムを周囲の無線環境に応じて使い分けてネットワークの効率化を図る．一方，DSA は他の既存システムに割り当てられている帯域を共用して新たな無線ネットワークを構築するシステムであり，既存システムの利用状況を考慮に入れて相互に干渉とならないようにダイナミックに利用帯域を決定する無線ネットワークである．周囲の無線環境に合わせて無線パラメータなどの適応制御を行うことで，潜在的に利用されていない周波数資源を発掘できる可能性をもっており，周波数の有効利用に関する改善策として期待されている．

本書で扱っている無線分散ネットワークは，分散的に無線周波数の適応利用を行うことが可能であり，特に DSA との親和性が高い．無線分散ネットワークではマルチホップ通信を行うことにより，通信エリアを拡大する．分散的な周波数管理を行うことにより周囲の無線環境を認知し，無線資源を共用するフレキシブルなコグニティブ無線ネットワークが構築可能である．コグニティブ無線ネットワークは，自ネットワークと周囲の無線システムとの周波数共存を行うシステム間周波数共用技術と，自ネットワーク内での無線周波数を適応的に再利用するシステム内周波数共用技術の組合せで高度な無線ネットワークを構築する．本節ではこのコグニティブ無線ネットワークについて紹介する．

4.3.1　プライマリセカンダリシステムと周波数共用

DSA では既存無線システムとコグニティブ無線システムが同一周波数を共用することで周波数利用効率の改善が可能となる．このような周波数共用における既存システムをプライマリシステム，コグニティブ無線をセカンダリシステムと呼び，プライマリシステムとセカンダリシステムが同一周波数を共用するシステムをプライマリセカンダリシステムという．2.4GHz 帯の無線 LAN で利用している ISM（Industry Science Medical）バンドのようにすべてがセカンダリシステムという環境も周波数共用の一種と考えられる．このような環境でのコグニティブ無線は，高い優先度をもつものがプライマリシステム，低い優先度をもつものが

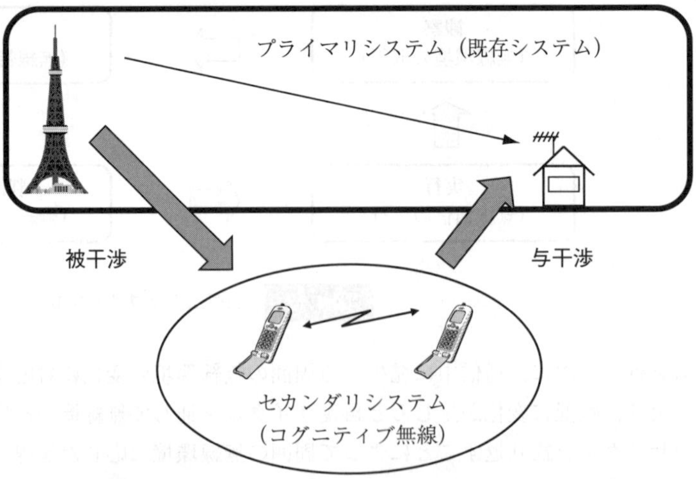

図 4.13 プライマリセカンダリシステム相互干渉

セカンダリシステムに相当すると考えることができ，優先度の異なるセカンダリのみの環境での周波数共用も議論の対象となる．周波数共用システムでは相互干渉を回避してプライマリシステムの通信を保護した上で，セカンダリシステムの通信を行う必要がある．このとき，セカンダリシステムからプライマリシステムへの干渉を与干渉，プライマリシステムからセカンダリシステムへの干渉を被干渉と呼ぶ．図 **4.13** は与干渉，被干渉の関係を示している．ここでは，プライマリシステムとしてテレビ放送を考え，セカンダリシステムがテレビ放送に割り当てられている周波数を共用している環境を考えている．

DSA では，セカンダリシステムが無線環境に関する情報を集めて，プライマリシステムへの干渉である与干渉を回避する必要がある．また，プライマリシステムからセカンダリシステムへの被干渉の低減もセカンダリシステムの通信を確保するためには重要である．干渉回避の手法としては，システム間の空間を活用した回避，異なる周波数を利用することによる回避，異なる時間を利用することによる回避などが考えられる．これらは，プライマリシステムが利用する周波数/時間/空間におけるトラヒックの偏り，すなわち平均的な利用率は低いものの瞬間的に高いトラヒックを発生する環境において周波数を有効に利用するための技術である．

空間上の干渉回避：空間による干渉回避はシステム間の離隔距離をとり，伝搬距離減衰と送信電力制御を活用することで相互干渉を低減する方法 [25] や，アダプティブアレーアンテナ，指向性アンテナ及び干渉キャンセラなど信号処理技術を活用することで，指向性若しくは信号空間で相互干渉を抑圧して周波数共用を図る手法が検討されている [26]．

周波数上の干渉回避：異なる周波数を利用することによる相互干渉回避は，セカンダリシステムをマルチバンド化し，相互干渉が発生しない周波数の選択を行うことや，環境が変化した場合に，セカンダリが別の周波数に移動することによって干渉回避を行う技術である．

時間上の干渉回避：パケット化した通信を行う場合など，時間的なチャネルの利用率が必ずしも高くないプライマリシステムに対して，セカンダリシステムが周波数を共用しようとした場合は，空き時間を活用した干渉回避が可能となる．このような時間によるチャネル分離は，MAC プロトコルやパケットスケジューリング技術を活用することで実現可能である [27]．

これらの相互干渉回避技術は次項で説明する周辺環境の認識結果を活用することで，その相互共存特性を改善させることが可能であり，これらの情報の活用がコグニティブ無線ネットワーク実現の鍵となる．

4.3.2　スペクトル認識技術

コグニティブ無線ネットワークでは周囲の無線環境を認識してその結果を活用することで，効率的な無線分散ネットワークを構築する．ここで認識する環境として主なものは，周囲の無線環境の受信電力レベル，当該帯域を利用する既存システムの無線パラメータ，トラヒックや所望品質，セカンダリとして利用できる帯域情報などが考えられる．ここでは特に周波数共用で重要となるスペクトル認識技術について説明する．

情報取得の方法は**図 4.14** (a) に示すようにセカンダリノードが自律的に情報を取得する方法（アクティブ認識型：Active Awareness），及び図 4.14 (b) のように放送やセルラシステムなどを利用し外部から情報を取得する方法（パッシブ認識型：Passive Awareness），またこれらを組み合わせて情報を取得する方法（ハイブリッド認識型：Hybrid Awareness）などが考えられている [29]．前者の代表的な技術としてはプライマリシステムの微小信号を認識するスペクトルセンシング技術，後者としてはネットワーク側からの補助情報を活用したスペクトル認識技術が検討されている．

4.3.2.1　スペクトルセンシングによる環境認識

アクティブ認識型のスペクトル認識技術の代表的なものとして，3.1 節で詳細を説明したプライマリ信号の有無を判断するスペクトルセンシング技術がある．スペクトルセンシング技術はプライマリ信号の存在を検出することで，セカンダリシステムの送信可否の判断や，セカンダリシステムの電力制御を行い相互干渉を抑えた周波数共用を可能とする．スペクトルセンシング技術では，プライマリセカンダリシステム間の隠れ端末問題が存在しないように，プライマリ信号が雑音と同じ若しくはそれ以下のレベルであっても検出する必要があり，3.1 節で説明した高性能な信号検出技術が重要になる．

スペクトルセンシング技術は，セカンダリシステムの送信希望ノードが単独で動作する場合と，複数のセンシングノードが協調して動作する場合がある．複数のセンシングノードの活用は無線通信特有の現象であるフェージングによる局所的な信号の落込みが生じた場合や，障害物などにより地理的にプライマリ信号が受信できなくなる環境であった場合でも，周囲

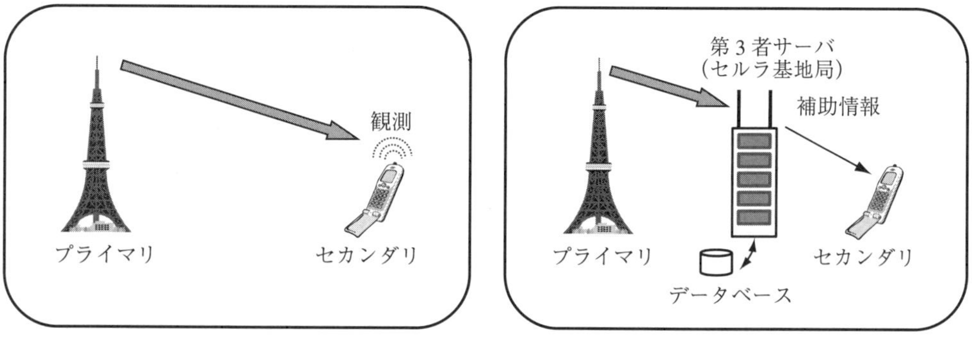

(a)　アクティブ認識型　　(b)　パッシブ認識型

図 4.14　周辺環境認識技術

のセンシングノードからの情報を集めることでプライマリ信号の検出を可能とする．このような技術を協調センシングという．

スペクトルセンシング技術は特定の帯域に信号が存在するかどうかを判断するために利用されるが，ダイナミックスペクトルアクセス実現のためには広い帯域から空き帯域を探索し通信を行う技術が必要になる．このような場合には，広い帯域をフィルタを利用して帯域分割することで狭い帯域の成分を抽出し，その帯域の信号に対してスペクトルセンシングを行うことで，段階的にプライマリ信号の探索と空き帯域の選定を行う．帯域分割には高速フーリエ変換（FFT）を使う手法や，ポリフェーズフィルタを利用する手法など様々な方法が検討されている [28].

4.3.2.2 補助情報活用による環境認識

パッシブ認識型のスペクトル認識技術は，外部の補助情報を活用してスペクトルの認識を行う．このような補助情報活用の代表的なものとして，外部サーバからスペクトル利用の情報を提供する手法が考えられている [24]．サーバの運用形態としては，スペクトル管理サーバを設置し，管理サーバが直接周波数の割当をセカンダリシステムに対してダイナミックに行う手法と，プライマリシステムの運用情報や位置情報などを補助的にセカンダリシステムに伝えるビーコン手法がある．前者の形態としては，スペクトル管理サーバが周囲の状況をセンシングにより検出して空き帯域を探索する手法，スペクトル管理サーバがプライマリシステムから周波数資源を借り受けて再配分するスペクトルリースと呼ばれる手法，更に，スペクトルの利用をオークションで取引を行うスペクトルブローカなどと呼ばれる手法がある．また，これらに対して市場原理を取り入れ，デリバティブ取引やスワップ取引などに拡張したスペクトルトレーディングと呼ばれる概念も検討されている [30]．一方，後者のビーコン手法は，放送局やセルラネットワークの基地局から，サーバに蓄積されている帯域利用状況を通知する手法であり，セカンダリシステムの許容電力設計や相互干渉回避手法を選択するための情報を補助的に提供する手法である．前者の形態では，スペクトル管理サーバが厳密な周波数管理を行うのに対して，ビーコン手法はセカンダリシステムがプライマリシステムの周波数帯を共有するための条件など補助的な情報を通知するところに特徴がある．

4.3.3 コグニティブ無線ネットワークの実現例

周囲の無線環境を認知して適応的に無線機や無線ネットワークを変化させるコグニティブ無線ネットワークは，本書の取り扱う無線分散ネットワークの技術を最大限活用することで，プライマリに与干渉を与えない範囲で最適に周波数を利用する無線ネットワークを構築できる可能性をもっている．ここでは無線分散ネットワークの例としてコグニティブ MIMO メッシュネットワークを紹介する [31]．本ネットワークはコグニティブ概念を活用した周波数共用型の高信頼高速無線ネットワークである．具体的なコグニティブ MIMO メッシュネットワークの実現例を図 **4.15** に示す．

コグニティブ MIMO メッシュネットワークは，既存無線システムと新たなコグニティブネットワークが周波数を共有して運用することを考慮しており，優先権のある既存システムを保護しつつ周波数を共用してオーバレイする新たな無線ネットワークである．コグニティブ MIMO メッシュネットワークでは，コグニティブ無線の機能を活用して周囲の無線環境を認識し，その結果に基づき無線ネットワークの運用を行う．その際に自ネットワーク内のノードを相互に同期状態とすることによって，ノード間の協調や協力中継などの協調信号処理技

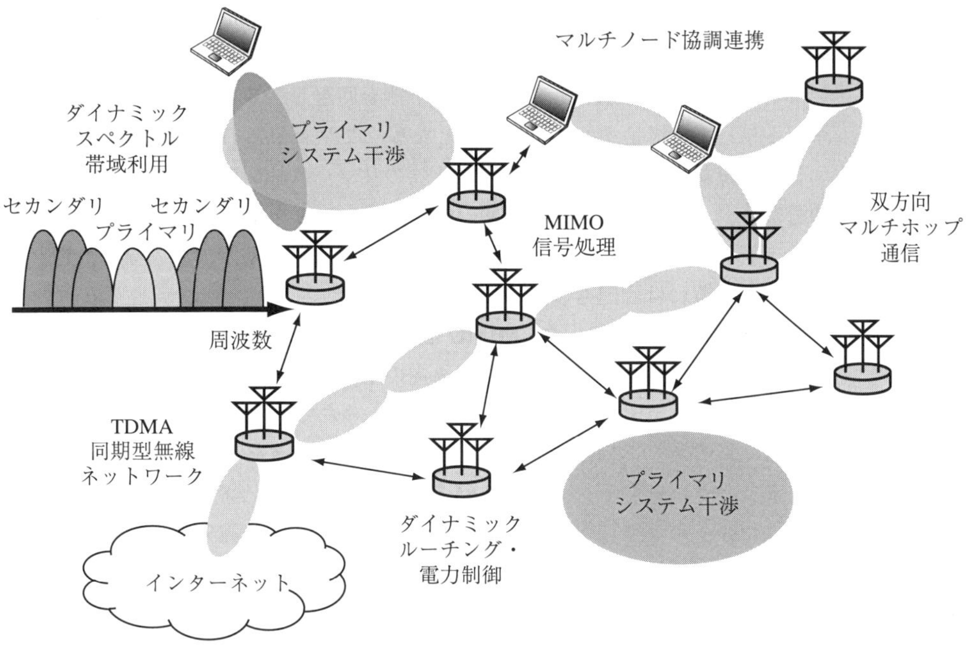

図 4.15　コグニティブ MIMO メッシュネットワークの実現例

術，マルチホップネットワークにおけるスケジューリング及びプライマリ保護機能を確実に行う．また以下のような機能を具備することでネットワーク全体のスループットの向上と周囲の既存無線システムとの共存を図る．

コグニティブ MIMO メッシュネットワークを実現するそれぞれの技術項目の説明と本書での位置付けについて次に述べる．また将来的な無線分散システムとの接点も提示する．

(1)　プライマリシステムとの周波数共用技術　周波数共用技術とは 4.3.2 項で示したように，プライマリシステムが利用している帯域の中で空間，時間，周波数での空きを発見し，現在利用されていない周波数を適応的に利用するものである．周波数共用では相互干渉を回避することが必要でありプライマリシステムの存在を検出するためのスペクトルセンシング技術（3.1 節），空間的にプライマリの影響の及ばない経路を中継して通信を行うためのルーチング技術（3.8 節），MAC プロトコルを活用してプライマリと同時に信号が送信されないようにする技術（3.7 節）などを利用し，相互干渉を回避することで高効率な周波数共用を行う．

(2)　ダイナミックスペクトル帯域利用　ダイナミックに周波数スペクトル帯域を活用する技術であり，複数の帯域の信号を統合して使用するアグリゲーション技術や，帯域ごとのルーチングや電力制御を行うことで，相互干渉を確実に回避する手法が提案されている．このような帯域分割には，OFDM 方式において，サブキャリヤを適応的に利用したり，帯域分割フィルタを用いて広帯域信号を分割送受信することでダイバーシチゲインを確保する手法についても検討が行われている [32]．

(3)　ネットワーク同期　分散環境において中継伝送を行いうことで通信範囲の拡大を目指すマルチホップ無線ネットワーク（4.1 節）は，CSMA のキャリヤセンスに基づく簡易なプロトコルではフロー内隠れ端末問題が発生する（3.7 節）．その解決法として自ネットワーク全体のフレームの同期を確保した上で，干渉状態になるノード間での送信タイミングが重複しないように制御を行う TDMA（Time Division Multiple Access）型ネットワークの利用が考えられる．このような同期型ネットワークでは，ノードの送信タイミングを制御するスケジューリング機能を用いることで相互干渉を回避し，スループットを最大化するような無線ネットワークを構築することが可能となる．このような TDMA 型ネットワークの活用もコグニティブ無線ネットワークを実現する際のリソース制御の観点から有効である．ただし，自律分散ネットワークでの相互同期の確保には，GPS を用いる方法 [33] や，補助情報として地上波デジタル放送信号を使う方法 [34] などが考えられるが，屋内など，様々な環境で同期状態を確保するには課題も多い．

(4) 双方向ネットワーク・MIMO 信号処理　システム内周波数共用の一手法として，無線分散ネットワーク環境では，フロー内の干渉回避及び双方向フローやマルチフローの多重化にマルチアンテナ技術を用いることが考えられている．特に MIMO 信号処理及びそれに派生するマルチユーザ MIMO 技術は，高速な双方向通信を実現可能とする（3.4 節）[35]．また，ネットワークコーディング技術（3.5 節）を活用することで，少ないアンテナ本数でも同等の双方向マルチホップ通信が可能となり，コグニティブ無線分散ネットワークのスループットの向上に大きく貢献する．

(5) 分散ネットワーククロスレイヤ最適化技術　コグニティブ無線分散ネットワークは，周囲の無線環境を把握した最適なネットワーク構成を構築することで高い周波数利用効率及び高速・低遅延なネットワークの実現を目指している．このようなネットワークの解析には 2.4 節で説明した凸最適化や，2.5 節で説明したゲーム理論を用いることが検討されている．また，物理レイヤからネットワークレイヤまでの無線リソースを意識したネットワーク形成及びその制御が必要となることから，クロスレイヤ技術をいかにしてコグニティブ無線ネットワークで活用するかが重要なポイントとなる．

4.3.4 今後の展望

本節では無線分散ネットワークの将来像の一つとして考えられるコグニティブ無線ネットワークについて概説した．コグニティブ無線ネットワークは，高機能な分散端末を活用して周囲の無線環境に適応したフレキシブルな無線ネットワークを構築できる可能性をもっている．特に，周波数資源を有効利用した高速・高信頼無線ネットワークへの期待は無線通信の需要の高まりとともに大きなものとなっており，その実現の一つの形態として期待される．本節で述べた概要は，技術的にまだ未完成なものも多く，今後は実用化を意識した研究活動が活発になってくると考えられる．特にスペクトルセンシング技術及び外部サーバを利用した補助情報によるスペクトル認識結果をどのように無線分散ネットワークで活用するかはまだ検討が始まったばかりである．また，広帯域無線機の実現性などハードウェア上の制約をどのように克服するかも今後のコグニティブ無線ネットワーク実現に向けた大きな課題である．

4.4 基地局連携セルラネットワーク

本節では，基地局連携（BSC: BaseStation Cooperation）セルラネットワーク（cellular network）を紹介する．そもそもセルラネットワークとはベル研究所より 1970 年代に提案された移動（携帯）電話のための通信方式 [36] であり，それまでの大ゾーン方式の問題点である距離損と複数端末（ユーザ）による帯域分割損の問題を解決した画期的な手法である．セルラネットワークでは，高速なバックボーンネットワークに接続された基地局を面的に配置し，それぞれがセル（各基地局のカバレッジ）を構成する．端末が移動する場合にはセルを切り換える（ハンドオーバする）ことで距離損の問題を解決し，またセルの密度を各セルの収容端末数が許容範囲内となるように設計することで帯域分割損の問題を解決した．各セルでは与えられた帯域を分割することで直交したチャネルを構成し，バックボーンネットワークを介した集中制御方式で各ユーザへの割当を行ってきた．1.1 節に紹介したが，直交したチャネルの構成方法としては，第 1 世代のアナログ携帯電話では FDMA，第 2 世代では TDMA，第 3 世代では CDMA が用いられてきた．また第 3.9 世代以降では OFDMA も適用される予定である．この中で CDMA と OFDMA は，高速伝送時に発生するマルチパス干渉に対する耐性も兼ね備えており，ワイヤレスブロードバンドを加速させた重要な技術である．特に OFDMA は，システム内の同期が確立されていれば，各セル内のチャネルを完全に直交させることができる．本節では，以後セル内のチャネルの直交性を仮定して議論を進める．

各基地局と端末の間の無線回線をリンクと呼ぶと，セルラネットワークは面的に分散した無線リンクがバックボーンネットワークを介して集中的に制御された無線ネットワークととらえることができる．4.1～4.3 節で紹介した無線分散ネットワークの応用例とは，バックボーンが存在するという点が異なるが，それ以外では類似した考え方の適用が可能である．例えば各セルのチャネル割当が独立に行われていたとすると，単一のネットワーク内に複数のリンクが存在するため，同一チャネル干渉が発生する．この同一チャネル干渉の問題は端末がセル端に位置するときに特に顕著となる．これまでのセルラネットワークでは，この同一チャネル干渉の問題を回避するために周波数繰返し（frequency reuse）が用いられてきた．これは隣接するセルに異なる周波数チャネルを割り当てることで，同一チャネルを使用する基地局間距離を拡大し干渉を軽減するものである．しかし，この手法では複数端末を収容するための帯域分割に加えてセル間のチャネルの直交性を保つための新たな帯域分割が必要となり周波数利用効率が低下する．本節では，単純な周波数繰返しに代わる手法として，分散した基地局が互いに連携することで同一チャネル干渉（セル間干渉）の問題を解決する基地局連携セルラネットワークを紹介する．本節で紹介する基地局連携セルラネットワークの種類とその特徴を**表 4.2** にまとめる．ここでは単純な周波数繰返しセルラネットワークを含めて五つの方式を比較紹介している．分類の方法は，セル間でチャネルを分割するか否か，セル間でユーザスケジューラを連携するか否か，各端末に対するデータ通信を単一基地局で行うか複数基地局で行うかである．それぞれの方式の詳細を以後にまとめる．

4.4.1 セルラネットワーク

まず周波数チャネルを各セルに固定的に割当てる単純な周波数繰返しセルラネットワーク

表 4.2 基地局連携セルラネットワーク

方　式	チャネル	スケジューラ	データ通信
周波数繰返し	分割	独立	単一基地局
部分的周波数繰返し（FFR）	部分分割	部分連携	単一基地局
協調サイトダイバーシチ	部分分割	部分連携	複数基地局
基地局連携（BSC）	単一	連携	複数基地局
部分的基地局連携（FBSC）	単一	部分連携	複数基地局

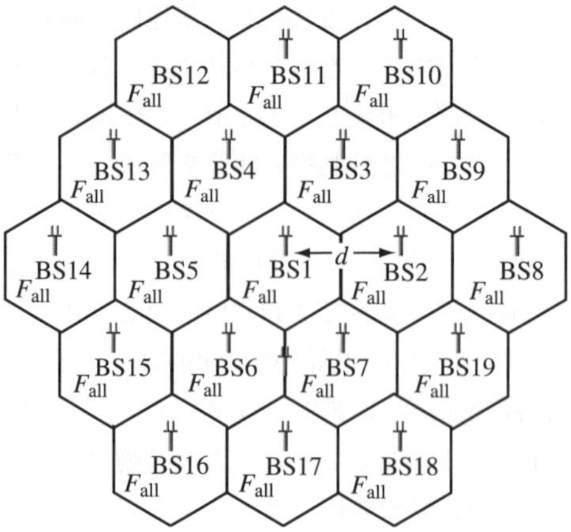

(a) 1 セル繰返し

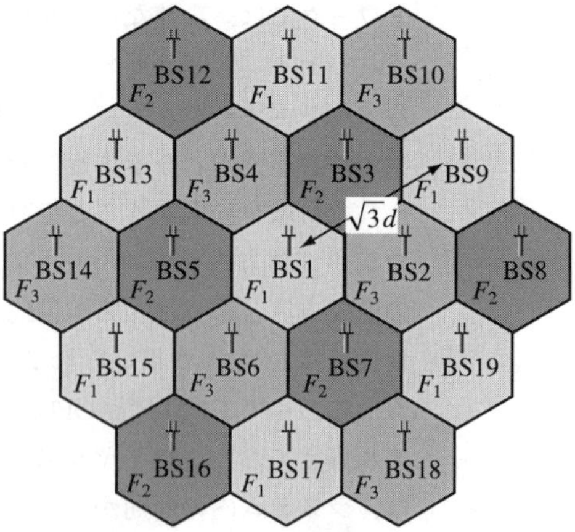

(b) 3 セル繰返し

図 4.16 セルラネットワーク

と，セル端に位置する端末に対してのみ周波数チャネルを分割し割り当てる部分的周波数繰返し（FFR: Fractional Frequency Reuse）[37] を紹介する．

4.4.1.1 周波数繰返し

図 **4.16** に周波数繰返しを用いたセルラネットワークの概念を示す．図 4.16 (a) は周波数繰返しを 1 セルごと（すべてのセルで同一の周波数チャネル）とした場合であり，図 4.16 (b) は周波数繰返しを 3 セルごととした場合である．3 セル繰返しとすることで同一チャネル干渉を発生する基地局間の距離を d から $\sqrt{3}d$ まで拡大している．しかしながら 3 セル繰返しでは，システムの全帯域 F_{all} を 3 分割するため各リンクの通信路容量には 1/3 という係数が掛かる．例えば図 4.16 (b) の第 1 セル内の端末の通信路容量は次式となる．

$$C = \frac{1}{3}\log_2(1+\gamma) \tag{4.2}$$

$$\gamma = \frac{g_1 p_1}{\sum_{i=9,11,13,15,17,19} g_i p_i + \sigma^2} \tag{4.3}$$

ここで p_i は第 i 基地局の送信電力，g_i は第 i 基地局と端末間の通信路の利得，σ^2 は端末の雑音電力である．

図 **4.17** に 1 セル繰返し（1 cell reuse）と 3 セル繰返し（3 cell reuse）の通信路容量の比較を行った．解析は図 4.16 の 19 セルモデルを用いて行い，二つの基地局間の中点の SNR を 10dB とした．基地局と端末のアンテナ数はそれぞれ 1 とし，伝搬路の距離減衰は 3.5 乗則に従うものとしている．図 4.17 (a) は端末の位置に対する平均通信路容量を示している．端末は BS1 と BS2 の二つの基地局間を移動するものとした．同図には孤立セル（standalone）の通信路容量も併せて示している．図より，それぞれの基地局近傍では，1 セル繰返しは 3 セル繰返しの約 3 倍の通信路容量を実現している．一方，セル端では，1 セル繰返しの特性が同一チャネル干渉により大きく劣化し 3 セル繰返しと同程度の通信路容量となる．図 4.17 (b) はセル端に位置する端末の通信路容量の累積確率分布を示している．同図より，3 セル繰返しは，1 セル繰返しと同程度の平均通信路容量であっても，そのアウテージ容量を大きく改善していることが分かる．このように周波数繰返しとはセル中心部の特性を犠牲にしてセル端の特性

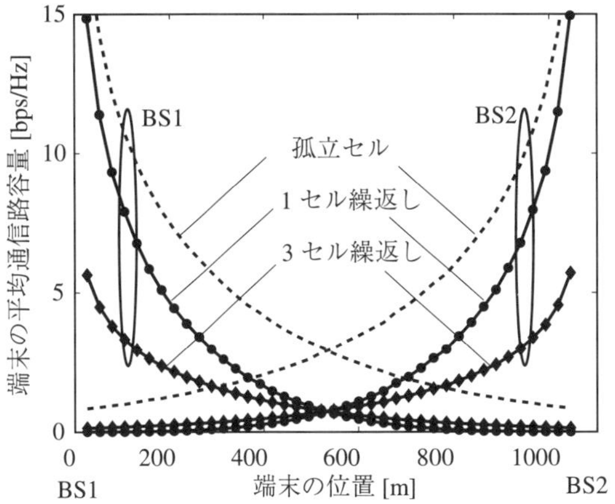

(a)　端末の平均通信路容量

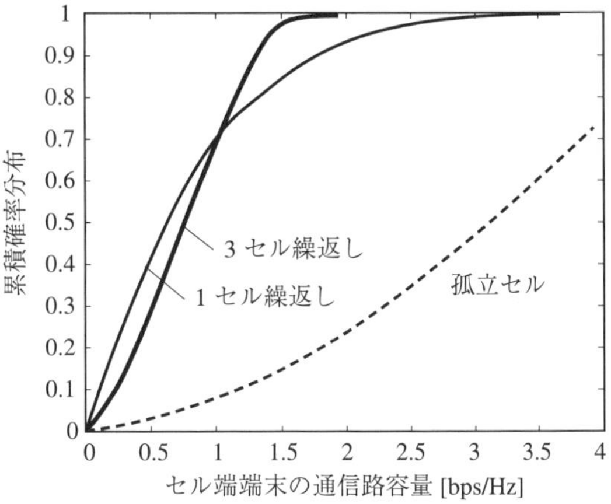

(b)　セル端端末の通信路容量の累積確率分布

図 4.17　**1 セル繰返しと 3 セル繰返しの通信路容量の比較**

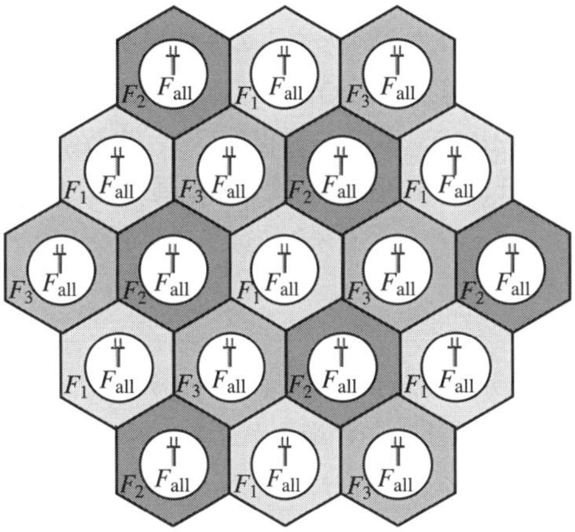

(a)　部分的周波数繰返しのセル構成

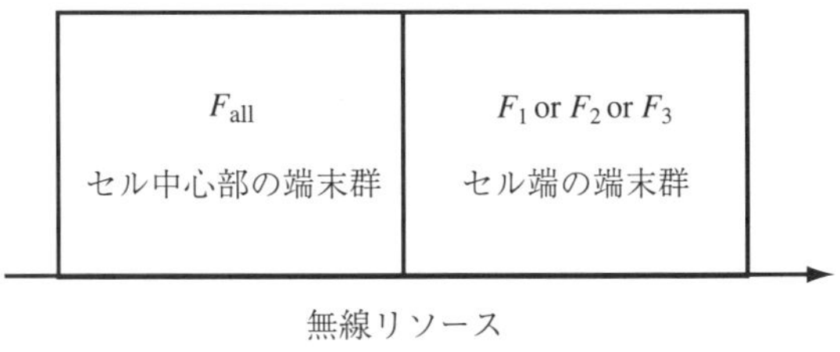

(b)　部分的周波数繰返しにおけるユーザスケジューリング

図 4.18　**部分的周波数繰返し**（FFR）

を改善する方式である．なお解析結果の傾向はセル半径や送信電力などによって変化することに注意されたい．

4.4.1.2　部分的周波数繰返し

図 4.18 に示す部分的周波数繰返し（FFR）では，帯域を部分的に分割することで図 4.17 に考察した 1 セル繰返しと 3 セル繰返し両方の利点を得る．まずすべてのセルの端末をセル中心部の端末群とセル端の端末群の 2 種類に分ける．すべての基地局は各スロット（無線リソースを割り当てる単位）において，連携してセル中心部またはセル端のいずれかの端末群よりユーザを選択（ユーザスケジューリング）する．図 4.18 (b) に示すように，あらかじめ各スロットで選択する端末群をどちらかに決めておくと連携による制御負荷は軽減される．次に選択された端末群がセル中心部の場合には，図 4.18 (a) に示すように 1 セル繰返しを採用することで帯域分割損なく高い特性を得る．一方，セル端の端末群が選択された場合には，3 セル繰返しを用いることで同一チャネル干渉を緩和し高いアウテージ容量を得るものである．こ

のように FFR では，複数の基地局で連携したユーザスケジューラを導入することで，1 セル繰返しと 3 セル繰返しの両方のメリットを実現している．

4.4.2 基地局連携セルラネットワーク

ここまでは，セルラネットワークにおける周波数繰返しを用いた同一チャネル干渉回避の手法と，部分的周波数繰返しを用いた高効率化に関して説明を行った．特に部分的周波数繰返しでは，基地局間で連携したユーザスケジューラを導入することが高効率化の鍵となっていた．このような方法を一般化したものを基地局連携セルラネットワークといい，部分的周波数繰返し以外にも多様な形態がある．特にセル端に位置する端末では，隣接する基地局が連携したデータ通信を行うことで，これまで受動的に取り扱われてきた隣接する基地局の信号が制御可能となり，また所望信号にすらなる．例えば，基地局間で連携した電力制御 [38] や連携したビームフォーミング [39] を行うことで，周波数繰返しを行うことなくセル端の端末の干渉を軽減する方法がある．また更なる連携方式として，3.4 節で紹介した分散 MIMO 技術を活用し，セル端に位置する単一または複数の端末に対して複数の基地局から同一チャネルで MIMO 通信を行う方式，すなわち基地局連携 MIMO がある [40]～[42]．基地局連携 MIMO では，隣接する基地局からの信号はもはや干渉信号ではなく，どちらの基地局からの信号も所望信号として取り扱われる．本項では，この基地局連携 MIMO を中心に基地局連携セルラネットワークの紹介を行う．はじめに基地局連携 MIMO の導入の過程として，複数基地局から送信ダイバーシチを行う協調サイトダイバーシチ [43] を説明し，次に基地局連携 MIMO の一般的な概念を，最後に連携セルのクラスタリングをダイナミックに行うフラクショナル基地局連携 MIMO[44] を紹介する．

4.4.2.1 協調サイトダイバーシチ

図 4.19 に 3 セル繰返しセルラネットワークにおける協調サイトダイバーシチ（マクロダイバーシチ）の概念を示す．周波数チャネル F_1 を用い第 1 セルの端末が，チャネル F_3 を用いる第 2 セルに移動する場合を考える．このとき，バックボーンネットワークでは，この端末に対する信号を BS1 と BS2 の二つの基地局へ配信する．BS1 と BS2 は，それぞれのチャネル F_1 と F_3 を用いて同一の信号を端末に送信する．端末はこれらをそれぞれ受信し合成することでダイバーシチ利得を得るものである．しかし，この方法では一つの端末が二つの基地局のリソースを占有するため全端末のスループットを合計したネットワークのスループット特性が劣化する．この対処法として，BS2 がチャネル F_3 に加えて F_1 も用い，チャネル F_1 で協調サイトダイバーシチを行う方法がある．しかしこの場合は，第 2 セル周辺のチャネル F_1

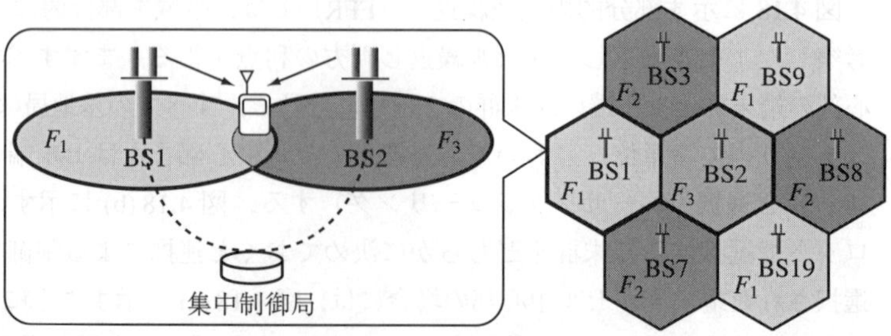

図 4.19　マクロダイバーシチ

を用いるセル（BS9, BS19）に新たな同一チャネル干渉が発生する．よってこれらのセル間で連携したユーザスケジューラの導入が必須となる．

同一チャネルを用いた協調サイトダイバーシチを実現する方法としては，送信信号に重みを乗算するコヒーレントな方法以外にも，CDMA において同一の符号で拡散した信号を異なる基地局より送信し，受信側で RAKE 受信によりダイバーシチ合成を行う方法や，OFDM において同一の OFDM 変調信号を到着時刻差がガードインターバルを超えない範囲で異なる基地局より送信し，受信側で周波数軸上の符号によりダイバーシチ利得を得る方法がある．特にこれらは，すべての基地局から同一の情報を送信する放送型の無線ネットワークや，セル端に位置する端末のハンドオーバにおいて有効である．

4.4.2.2　基地局連携 MIMO

図 4.20 (a) に示す基地局連携 MIMO は，協調サイトダイバーシチと似ているが，セル端の端末に対して，ダイバーシチ利得だけでなく多重化利得も得る分散 MIMO 方式である．基地局連携 MIMO では，1 セル繰返し，すなわちすべてのセルで同一の周波数チャネルを用いることを仮定し，また端末には複数のアンテナを用いた MIMO 受信機が搭載されているものとする．協調サイトダイバーシチと同様に端末が第 1 セルから第 2 セルに移動する場合を考える．バックボーンネットワークは端末に対する信号を二つの基地局に配信する．更にコヒーレントな基地局連携 MIMO 通信を行う場合は，各基地局と端末間の通信路情報を各基地局がバックボーンネットワークを介して共有しているものとする．各基地局は，二つの基地局と端末間の伝搬路を MIMO 通信路と考えて分散的な MIMO 通信を行う．これにより帯域分割を行うことなく，ダイバーシチ利得と多重化利得の双方を獲得できるため，セル端の端末の特性が大きく改善する．

しかしながら，この方法では協調サイトダイバーシチと同様に一つの端末が二つの基地局のリソースを占有するためネットワークのスループットが劣化する．この問題の対処方法として図 4.20 (b) に示す基地局連携マルチユーザ MIMO がある．ここでは第 8 セルと第 19 セルの境界に位置する二つの端末に対して，BS8 と BS19 の二つの基地局が連携したマルチユーザ MIMO 通信を行っている．一般に，基地局のアンテナ数は端末のそれと同等またはそれ以上であるため，マルチユーザ信号の分離と各端末に対する MIMO 多重が実現できる．これにより端末のスループットとネットワークのスループットの両立が可能となる．

この基地局連携 MIMO の問題点としては，協調サイトダイバーシチの場合と同様で，連携し

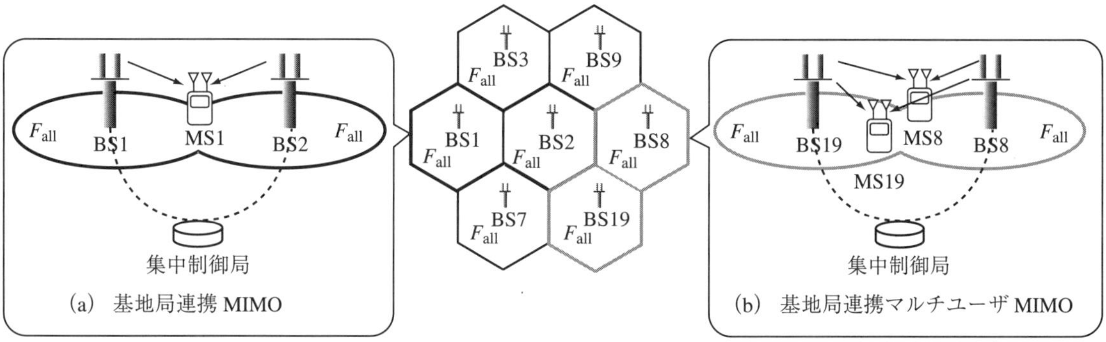

図 4.20　**基地局連携 MIMO**（固定連携クラスタ）

ていないセルとの同一チャネル干渉がある．この問題を解決する方法としては 2 通りが考えられる．一つ目の解決法はネットワーク上のすべてのセルを連携して基地局連携マルチユーザ MIMO を行う方法（Full BSC）である．この場合は一つの集中制御局がすべての基地局とすべての端末を管理することとなり現実的ではない．またセル中心部とセル端の端末の組合せが選択された場合は，干渉キャンセルにアレー信号処理の自由度を奪われるため，セル端の端末のスループットが犠牲になるという欠点もある．二つ目の解決法はユーザスケジューラと組み合わせて部分的にかつダイナミックに基地局を連携する方法である．これについては次項で詳しく説明する．

4.4.2.3 フラクショナル基地局連携 MIMO

前項で紹介した基地局連携 MIMO を実用的に運用するための一つの方法としてフラクショナル基地局連携 MIMO を紹介する．図 **4.21** に分散制御型のフラクショナル基地局連携（FBSC: Fractional BSC）セルラネットワークの概念を示す．FBSC では，連携する基地局数を隣接する 3 セル以内に限定する．よって FBSC における連携セルの種類は，(a) 3 セル連携（3 cell cooperation），(b) 2 セル連携（2 cell cooperation），または (c) 単一セル（single cell）のいずれかとなる．これにより連携による複雑度の増加を制限する．以後，連携するセルのグループを連携クラスタと呼ぶ．連携セル数を限定することによって新たに発生する連携クラスタ間干渉は，連携したユーザスケジューラとダイナミックな連携クラスタの構成によって回避する．部分的周波数繰返しと同様に，すべてのセルの端末をクラスタ中心部の端末群とクラスタ端の端末群に分類する．クラスタ中心部の端末群は，クラスタの種類によって実際には 3 種類に細分される．すなわち 3 セル連携の場合は三つのセルの境界の端末群，2 セル連携の場合は二つのセルの境界の端末群，単一セルの場合はセル中心部の端末群となる．FBSC では，リソーススロットごとにダイナミックに連携クラスタを構成し，構成されたクラスタに対してクラスタ中心部の端末群よりユーザを選択することで連携クラスタ間の干渉を緩和する．

上記のような，ダイナミックなクラスタの構成，連携したユーザスケジューラ，及び基地局連携 MIMO を実現するには分散型の制御が有効である．そのためには，図 4.21 (d) に示すように各基地局に分散した連携コントローラを配置し，バックボーンネットワークにおいてそれらをメッシュ状に接続する必要がある．これらの分散連携コントローラ間でリソーススロットごとにクラスタ構成の選択，ユーザの選択及び通信方式の交渉を行うことでフラクショナルな基地局連携が実現する．分散連携制御の方法としては，3.6 節で紹介したリソース制御を

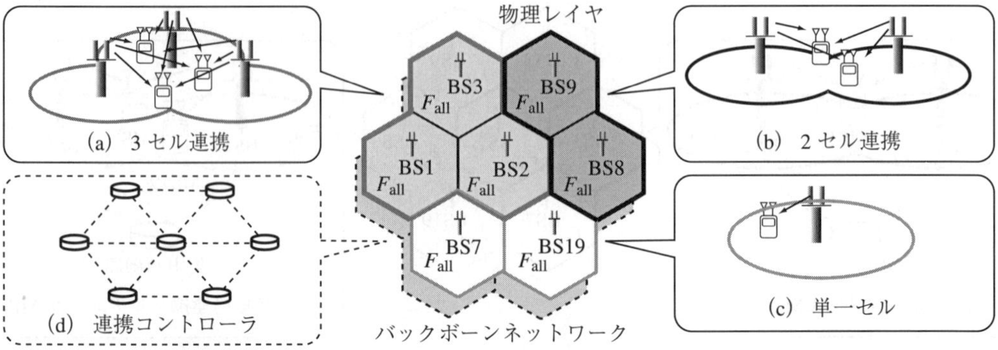

図 4.21 フラクショナル基地局連携 MIMO（ダイナミック連携クラスタ）

用いる方法も考えられるが，ここでは簡単な連携ルールに基づいた交渉法を紹介する．連携ルールの前提として，基地局をマスタ基地局とスレーブ基地局の 2 種類に分類する．マスタ基地局は，例えば周波数繰返しと同様に 3 セルに一つ割り当て，スロットごとに三つのセルが順番にマスタを担当するもの（マスタ基地局のラウンドロビン）とする．これによりマスタに隣接する基地局はすべてスレーブとなる．ここでマスタ基地局は自セルの端末からの情報（例えば SINR）に基づいて連携を行うか否かを判断する．連携通信を行う場合は，スレーブ基地局に連携の要求を行う．スレーブ基地局は，マスタ基地局からの要求と自セルの端末の情報を考慮して，連携を受諾するか否かを判断する．また複数のマスタ基地局からの連携要求を受けた場合には，それらのうちスループットが最大となる連携基地局を選択する．

4.4.2.4　基地局連携セルラネットワークの特性比較

基地局連携セルラーネットワークの特性比較を行うために数値シミュレーションを行う．解析条件は図 4.17 と同様の 19 セルモデルを用いる．基地局と端末のアンテナ数は，基準となる 1 セル繰返し SISO（Single Input Single Output）以外はそれぞれ 2 とした．各セルに 144 の端末を配置し，ラウンドロビンによりユーザ選択を行う．ただしフラクショナル基地局連携では，マスタ基地局のあるセルで選択された端末の位置に基づいて連携クラスタを適応的に構成し，構成されたクラスタの中心部の端末群より基地局連携マルチユーザ MIMO を行う端末をラウンドロビンにより選択している．

例えば BS1 と BS2 のみが連携を行う場合の第 1 セルの端末の通信路容量は 3.4.2.2 項の理論を発展させて次式で計算する．

$$C = \log_2 \det\left(\boldsymbol{I}_2 + \frac{\widetilde{\boldsymbol{H}}_1\widetilde{\boldsymbol{W}}_1\widetilde{\boldsymbol{W}}_1^{\mathrm{H}}\widetilde{\boldsymbol{H}}_1^{\mathrm{H}}}{\widetilde{\boldsymbol{H}}_1\widetilde{\boldsymbol{W}}_2\widetilde{\boldsymbol{W}}_2^{\mathrm{H}}\widetilde{\boldsymbol{H}}_1^{\mathrm{H}} + 2\boldsymbol{R}_{\mathrm{I}} + (4\sigma^2/P)\boldsymbol{I}_2}\right) \tag{4.4}$$

ここで σ^2 は端末のアンテナ当りの雑音電力，また P は基地局当りの送信電力で，収容する端末とその空間ストリームに均等に割り当てられるものとした．$\widetilde{\boldsymbol{H}}_i = [\boldsymbol{H}_{i1}, \boldsymbol{H}_{i2}] \in \mathbb{C}^{2\times4}$ は基地局連携 MIMO のための通信路行列，ただし $\boldsymbol{H}_{ij} \in \mathbb{C}^{2\times2}$ は第 i セルの端末と第 j 基地局間の通信路行列，$\widetilde{\boldsymbol{W}}_i = [\boldsymbol{W}_{i1}^{\mathrm{T}}, \boldsymbol{W}_{i2}^{\mathrm{T}}]^{\mathrm{T}} \in \mathbb{C}^{4\times2}$ は基地局連携 MIMO のための送信重み行列，ただし $\boldsymbol{W}_{ij} \in \mathbb{C}^{2\times2}$ は第 i 端末のための第 j 基地局の送信重み行列，また $\boldsymbol{R}_{\mathrm{I}} \in \mathbb{C}^{2\times2}$ は非連携セルからの干渉信号の相関行列であり次式で計算している．

$$\boldsymbol{R}_{\mathrm{I}} = \sum_{j=3}^{19} \boldsymbol{H}_{1j}\boldsymbol{W}_{jj}\boldsymbol{W}_{jj}^{\mathrm{H}}\boldsymbol{H}_{1j}^{\mathrm{H}} \tag{4.5}$$

基地局連携 MIMO のための送信重み $\widetilde{\boldsymbol{W}}_1 = \sqrt{\Omega}\boldsymbol{QT}$ は 3.4.2.2 項の理論を発展させて以下で計算している．まずはじめにマルチユーザの干渉キャンセル重み $\boldsymbol{Q} \in \mathbb{C}^{4\times2}$ をブロック ZF により計算し $\boldsymbol{Q} = \left(\widetilde{\boldsymbol{H}}_2^{\perp}\right)^*$（数値解析ではこれを更に発展させたブロック MMSE[45] を用いている），次に実効通信路 $\widetilde{\boldsymbol{H}}_1\boldsymbol{Q}$ の右特異行列 $\boldsymbol{V} \in \mathbb{C}^{2\times2}$ を用いて各端末ごとに MIMO 固有モード通信を行う $\boldsymbol{T} = \boldsymbol{V}$．また Ω は重み乗算後の基地局の送信電力が P を超えないための補正係数である．

図 **4.22** (a) は第 1 セルの端末の BS1 からの距離に対する平均通信路容量を示している．はじめに 1 セル繰返し SISO（1 cell reuse SISO）と 1 セル繰返し MIMO（1 cell reuse MIMO）の特性を比較すると，MIMO 方式はセル中心部では平均通信路容量を SISO に比べて約 2 倍に改善しているが，セル端では SNR が低くまたセル間干渉が大きいため特性を改善できていない．これに対して MIMO 方式を用いた FFR では，セル端で帯域分割による干渉低減を行う

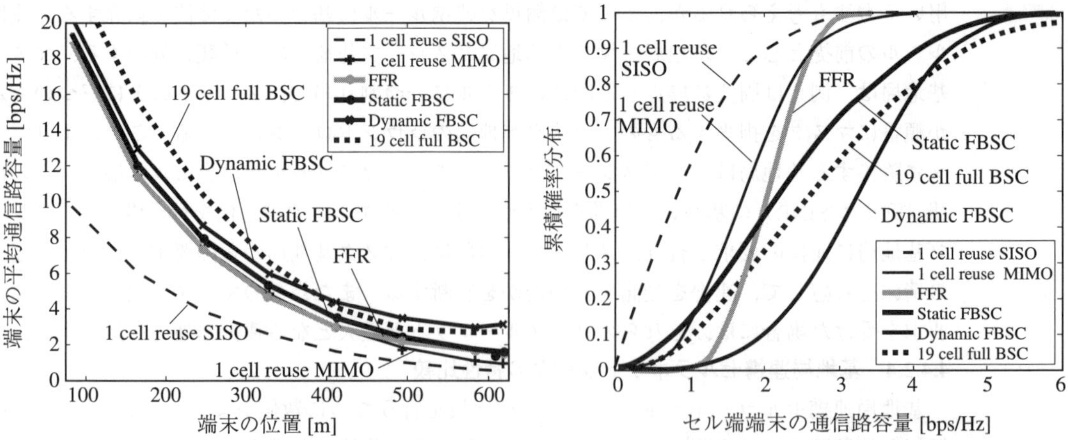

(a) 端末の平均通信路容量 (b) セル端端末の通信路容量の累積確率分布

図 4.22 基地局連携セルラネットワークの特性比較

ことで MIMO 方式のセル端の特性を改善している．一方，19 セルすべてを用いた基地局連携 MIMO（19 cell full BSC）では，干渉の影響が理論的にはなくなるのでセル全体にわたって特性が向上している．しかしながら，セル端ではセル中心部の端末に対する干渉回避にアレー信号処理の自由度を奪われるため特性が期待したほどには改善していない．これに対してダイナミックな連携制御をしたフラクショナル基地局連携（dynamic FBSC）では，セル中心部は単一セル構成と特性はあまり変わらないものの，セル端では分散 MIMO 多重の効果と連携ユーザスケジューリングの干渉低減効果により特性が大きく改善している．また固定的な連携制御（static FBSC）ではクラスタ間干渉の影響が連携多重の効果を相殺するため大きな改善は得られていない．図 4.22 (b) はセル端に位置する端末の通信路容量の累積確率分布を示している．同図よりフラクショナル基地局連携は，19 セルすべてを用いた基地局連携と同程度の平均通信路容量であっても，そのアウテージ容量を大きく改善していることが分かる．また同様の改善は，FFR の 1 セル繰返し MIMO に対する特性からも観測できる．以上より，フラクショナル基地局連携は，現実的なシステム構成でセル端の平均及びアウテージ通信容量の双方を改善することが理解できる．

4.4.3 今後の展望

本節では無線分散ネットワークの応用例として，フラクショナル基地局連携 MIMO を中心とした基地局連携セルラネットワークを紹介した．このような高度な連携制御を集中制御方式で行うことは現実的ではなく，また現実的な範囲で行った場合はきめ細かな制御が行えない．よって集中制御局の権限の一部を分散型コントローラに委譲し階層的な制御を行うことが重要となる．それには分散制御によるダイナミックな連携アルゴリズムの研究開発が必須となる．また基地局連携セルラネットワークのためのセル設計や通信方式にも多くの課題が残されている．

4.5 マルチホップセルラネットワーク

本節では，図 **4.23** のように中継局を導入し，端末と基地局の間でマルチホップ伝送を行うマルチホップセルラネットワーク（multi-hop cellular network）[46], [47] について述べる．通常のセルラネットワークであれば，ある端末を収容するために必要な無線リンクは 1 リンクのみだが，マルチホップセルラネットワークでは複数の無線リンクを用いることとなる．このため，無線リソースがそれら複数の無線リンクに分散されることとなる．

マルチホップセルラネットワークのメリットとしてまず挙げられることは，カバレッジ（coverage）を一定とした場合の送信電力の低減や，送信電力を一定とした場合のカバレッジの拡大が見込めることである．伝送速度高速化の要求は年々高まっており，一般に高い受信電力が必要となる．一方で，端末の送信電力には制約がある．マルチホップ伝送の導入は，この制約を抜本的に緩和する可能性を有する．

マルチホップセルラネットワークのもう一つのメリットは，基地局と端末間のシャドーイング等に起因する不感地帯（デッドスポット）の緩和である．シャドーイングによる電力損が大きい場合，マルチホップ伝送によってシャドーイングの影響が小さい経路に切り換えられれば，基地局との間の通信が可能となる．

本節では，3.2 節で説明した DF 型マルチホップ伝送の導入に伴うセルラネットワークの特性改善効果を述べる．まず，単一の孤立した直接伝送をマルチホップ伝送に切り換える場合の周波数利用効率改善効果 [48] について詳しく説明する．次に，干渉のない孤立セル，干渉のあるマルチセル環境のセルラネットワークにおける，直接伝送から 2 ホップ伝送への切換の効果 [49] を説明する．

4.5.1　孤立したマルチホップ伝送の周波数利用効率

まずセルラネットワークに限定せず，図 **4.24** (a) のような 2 ノード間の直接伝送（1 ホップ伝送）を，図 4.24 (b) のように間に存在する $n-1$ 中継ノードを用いた n ホップ伝送に切り換える場合の周波数利用効率の変化を議論する．図 4.24 (b) のようにノードのインデックスを始点ノードから順に $0, 1, \ldots, n$ とする．送信ノード j の送信電力を p_j，受信ノード i の雑音電力を $\sigma_i{}^2$，送信ノード j と受信ノード i の間の距離を d_{ij}，リンク利得を g_{ij} とする．リンク利得は距離のべき乗に反比例する伝搬損距離変動によって定まるとし，簡単のためシャドーイ

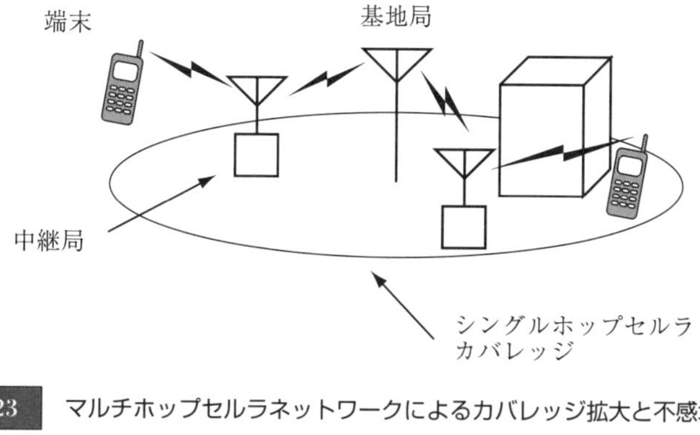

図 4.23　マルチホップセルラネットワークによるカバレッジ拡大と不感地帯解消

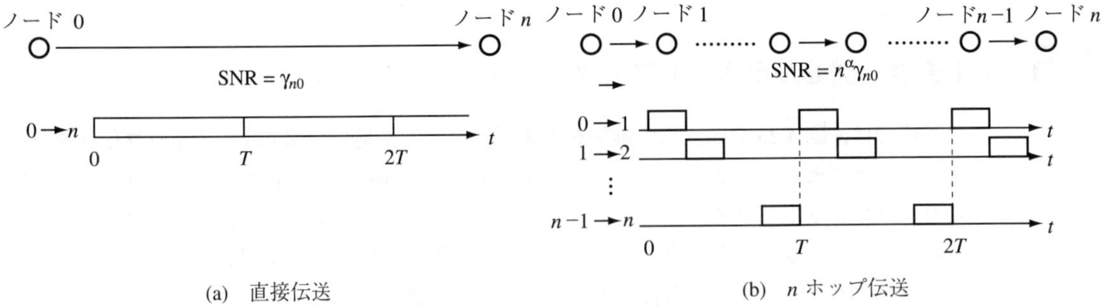

図 4.24　直接伝送と n ホップ伝送のモデル

ング及びマルチパスフェージングの影響を除外すると，リンク利得と送受信ノード間の距離の関係は，比例係数 K，伝搬定数 α を用いて次式により与えられる．

$$g_{ij} = K d_{ij}^{-\alpha} \tag{4.6}$$

また，送信ノード j からの信号を受信ノード i が受信した場合の受信 SNR γ_{ij} は次式により与えられる．

$$\gamma_{ij} = g_{ij} p_j / \sigma_i^2 = K d_{ij}^{-\alpha} p_j / \sigma_i^2 \tag{4.7}$$

この表記法を用いると，直接伝送を行う場合の受信 SNR は γ_{n0} と表される．適応変調や符号化により伝送速度を受信 SNR に応じて決定する適応レート制御を想定し，直接伝送時の受信 SNR γ_{n0} と周波数利用効率の関係を関数 f を用いて $f(\gamma_{n0})$ と表記する．

次に，n ホップ伝送を考える．本項では，ホップ数 n が周波数利用効率に与える効果を中心に議論するため，エンドノードを結ぶ線分を等分割する $n-1$ 箇所に中継ノードの存在を仮定し，エンドノードと中継ノードの送信電力はエンドノード間の直接伝送の場合と同じとする．また，周波数繰返しは行わないとする．この場合，$d_{10} = d_{21} = \cdots = d_{n(n-1)} = d_{n0}/n$，$p_0 = p_1 = \cdots = p_{n-1}$ となる．また，$\sigma_1^2 = \sigma_2^2 = \cdots = \sigma_n^2$ と仮定すると，式 (4.7) より

$$\gamma_{10} = \gamma_{21} = \cdots = \gamma_{n(n-1)} = n^\alpha \gamma_{n0} \tag{4.8}$$

となる．この式の中の n^α という項がマルチホップ伝送への変更時の伝送距離の短縮に伴う電力利得を表している．これをマルチホップ利得と呼ぶ．

一方，マルチホップ伝送を行うためには，単純には各伝送で異なる直交リソースを用いる必要がある．時間を n スロットに等分割し，それぞれを図 4.24 (b) のように順に使用すれば，エンドツーエンドでの周波数利用効率は先の関数 f を用いて

$$\frac{1}{n} f(n^\alpha \gamma_{n0}) \tag{4.9}$$

と表すことができる．関数 f として 2.1 節で述べた通信路容量

$$f(\gamma) = \log_2(1 + \gamma) \tag{4.10}$$

を用いると

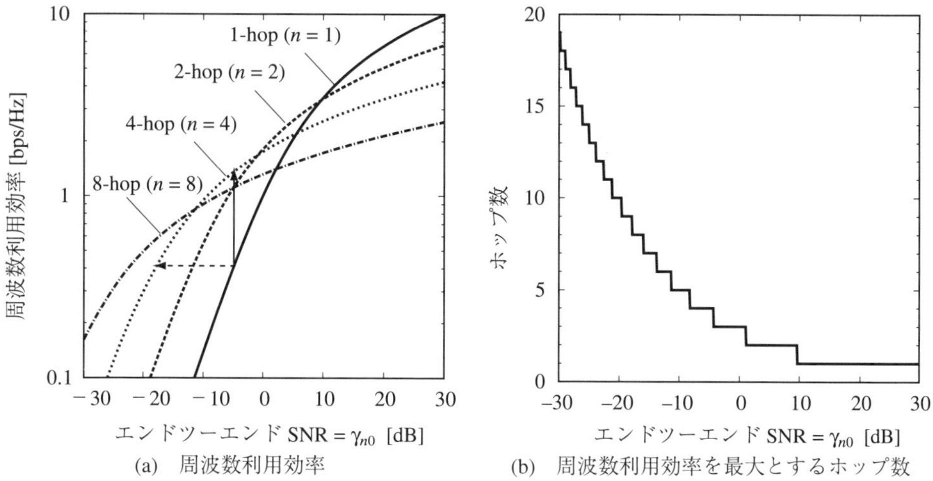

(a) 周波数利用効率　(b) 周波数利用効率を最大とするホップ数

図 4.25 孤立したマルチホップ伝送の特性（伝搬定数 $\alpha = 3.5$）

$$\frac{1}{n}\log_2(1 + n^{\alpha}\gamma_{n0}) \tag{4.11}$$

となり，数値評価すると**図 4.25** (a) となる．横軸はエンドツーエンドの SNR γ_{n0}，すなわち直接伝送を行った場合の SNR を表している．最も高い周波数利用効率が得られるホップ数

$$n^{\star} = \arg\max_{n} \frac{1}{n}\log_2(1 + n^{\alpha}\gamma_{n0}) \tag{4.12}$$

を数値評価により求めると図 4.25 (b) となる．$n^{\star}$ はエンドツーエンドの SNR γ_{n0} に依存し，γ_{n0} が低くなるに伴い大きくなることが分かる．

次に，図 4.25 を用い，直接伝送からマルチホップ伝送への切換はどのような条件で，どのような利得が得られるかを説明する．まず，エンドツーエンドでの周波数利用効率に所要値 R がある場合に，それを実現可能なエンドツーエンド SNR とホップ数を求める問題を考える．

$$\frac{1}{n}\log_2(1 + n^{\alpha}\gamma_{n0}) \geq R \tag{4.13}$$

を γ_{n0} について解くと，n ホップ伝送時に R を満たすためのエンドツーエンド SNR γ_{n0} は，

$$\gamma_{n0} \geq \frac{2^{nR} - 1}{n^{\alpha}} \tag{4.14}$$

を満たす必要がある．直接伝送と 2 ホップ伝送で周波数利用効率が等しくなる SNR γ_{n0} は，$\log_2(1 + \gamma_{n0}) = \log_2(1 + 2^{\alpha}\gamma_{n0})/2$ を解いて $\gamma_{n0} = 2^{\alpha} - 2$ であり，そのときの周波数利用効率は $\log_2(2^{\alpha} - 1)$ である．所要周波数利用効率 R が $\log_2(2^{\alpha} - 1)$ より小さい場合は，R を満たす γ_{n0} は直接伝送と比較してマルチホップ伝送の方が低くなる（図 4.25 (a) 中破線矢印）．γ_{n0} は式 (4.7) より分かるように，送信電力，雑音電力，エンドノード間の距離によって定まるため，マルチホップ伝送の場合には直接伝送時よりも送信電力を下げたり，エンドノード間の距離を長くしたりしても，所要周波数利用効率を満たせることを意味する．この利得をシステムレ

ベルで見たものが次項で述べるカバレッジ拡大効果である．逆に，所要周波数利用効率 R が $\log_2(2^{\alpha}-1)$ より大きい場合は，孤立した伝送をマルチホップ伝送に切り換えることの，周波数利用効率におけるメリットはない．これは，マルチホップ利得と比べて，式 (4.9) 中の $1/n$ で表される分割損が大きいためである．

次に，着目する通信のエンドツーエンドの距離と送信電力が定まり，γ_{n0} が定まっている場合を考える．γ_{n0} が $2^{\alpha}-2$ より小さい場合は，マルチホップ伝送は直接伝送より高い周波数利用効率での伝送が可能である（図 4.25 (a) 中実線矢印）．一方，γ_{n0} が $2^{\alpha}-2$ より大きい場合，逆にマルチホップ伝送に切り換えることで最大周波数利用効率は下がる．

以上のように，エンドツーエンド SNR γ_{n0} が比較的小さい場合には，直接伝送をマルチホップ伝送に切り換えることで利得が生まれ，それを通信距離の拡大，送信電力の低減，周波数利用効率の向上などに用いることが可能である．以降で述べる複数の通信からなるシステムでは，これらの効果が組み合わさってシステム全体としての周波数利用効率やカバレッジなどの特性変化として現れることとなる．

以上の結果は周波数繰返しを行わず，一つの伝送がリソースをすべて使用する場合の結果であることに注意されたい．直接伝送時に，既に図 4.24 (b) のように分割されたタイムスロット一つが割り当てられている場合は，複数のスロットを一つのマルチホップ伝送に用いることで，直接伝送時と比較してスループットを下げることなくマルチホップ伝送を行うことが可能である．ただし，その場合には，他のユーザが近傍でそのチャネルを繰り返し利用することは不可能であり，周波数利用効率は低下する可能性がある．なお，一つのマルチホップ伝送内で周波数繰返しを行う場合や，複数のマルチホップ伝送の間で周波数繰返しを行う場合については文献 [49] において詳しく議論されている．

4.5.2 マルチホップ伝送を適用した孤立セルの周波数利用効率とカバレッジ

図 4.26 のような孤立セルを考え，マルチホップ伝送によるカバレッジ拡大効果を議論する．マルチホップ伝送によるカバレッジ拡大効果の要因の一つは，前項で述べた単一の通信の通信距離拡大効果がシステムの特性として現れるためである．もう一つの要因は，シャドーイングなどの理由で不感地帯に存在する端末との伝送を，マルチホップ伝送によって可能とするためである．

議論の簡単化のために多元接続として TDMA を想定する．評価指標としては，セル内の

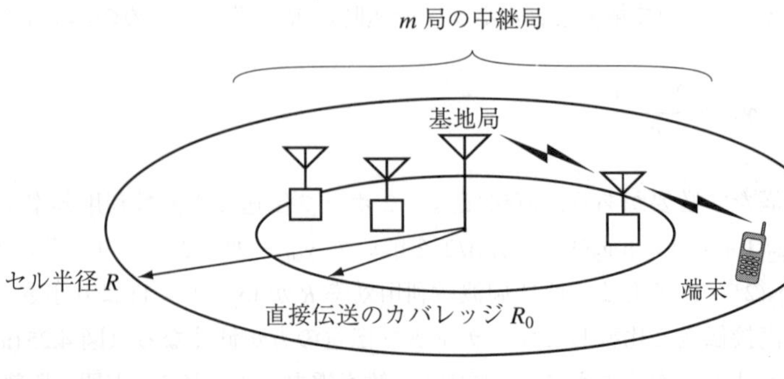

図 4.26 孤立セルモデル（半径 R の孤立セル内に端末と m 局の中継局が一様に分布．許容劣化率 10%の場合の直接伝送のカバレッジを R_0 とする）

個々の伝送の周波数利用効率の平均値として定義されるシステムの周波数利用効率と，許容BERを満たさないセル内の場所率として定義される劣化率（outage probability）を用いる．図4.26のように，端末及び m 局の中継局は半径 R のセル内での一様分布を仮定する．中継局の置局設計を行えば特性は更なる向上が期待されるため，この仮定はマルチホップ伝送に関する最悪条件という位置付けである．ここで，許容劣化率を満たすセル半径をカバレッジと呼ぶ．特に直接伝送を行う孤立セルにおいて許容劣化率を10％とした場合のカバレッジを R_0 と表記する．セル半径の絶対値 R は最大送信電力や雑音電力に依存する値であり，直接伝送とマルチホップ伝送の比較にあたっては大きな意味をもたないため，以降は R_0 で正規化した値を用いる．

カバレッ　らも予測可能なことであるが，カバレッジと周波数利用
効率の関　るため，カバレッジ拡大に伴う周波数利用効率の変化
を　たっては，直接伝送で許容BERを満たさない場合に
2　を行う場合は，エンドツーエンドのBERの最も小
さい　タイムスロットを用い，1ホップ目と2ホップ目
に割　離のべき乗に反比例する伝搬損距離変動（伝搬定
数3.5)，　ーイング（標準偏差8dB），及びフラットレイ
リーフェ　基地局におけるアンテナはすべてオムニアン
テナとし，　号化は行わず，2ブランチ最大比合成型ダイ
バーシチ受信

図4.27(a)に　数値計算により評価したものを示す．こ
の値は，セル内　値である．マルチホップ伝送の周波数利
用効率は，直接伝　とが分かる．これはもともと許容BER
を満たさない端末　一の通信では端末当りの周波数利用
効率の低いマルチホ　が，平均としては周波数利用効率
が低くなることを表し　示す．マルチホップ伝送の導入，
更にはセル内の中継局　た場合のカバレッジが拡大する

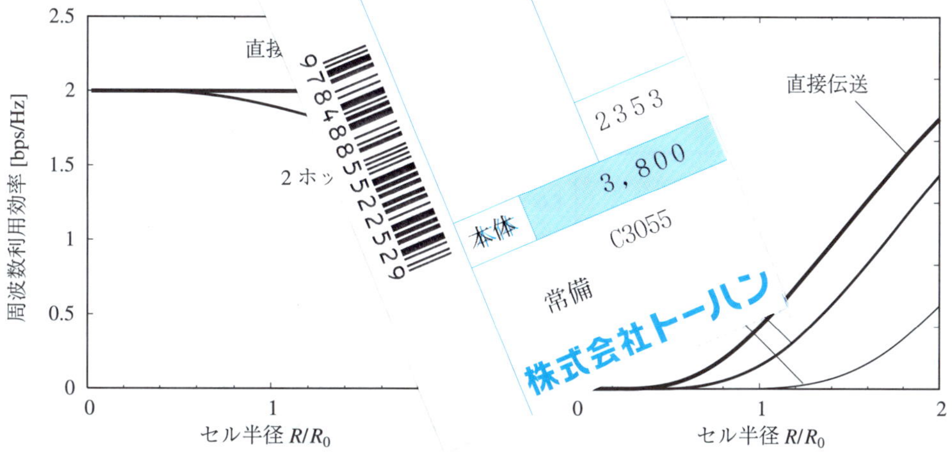

(a)　周波数利用効率　　(b)　劣　化　率

図4.27　孤立セルにおけるマルチホップ伝送の特性

ことが分かる．また，セル半径を固定した場合は，システムの劣化率が低い値に抑制されることが分かる．以上の評価結果には，セルラネットワークにおいて重要な要素である周波数繰返しの効果が含まれていないことに注意されたい．

4.5.3 マルチセル環境マルチホップセルラネットワークの周波数利用効率と劣化率

4.4 節で述べたように，セルラネットワークでは干渉を前提とした設計・評価が必要であり，その基本となる周波数繰返しの主要なパラメータはセル繰返し数である．セル繰返し数を大きくすれば，同一チャネル干渉を起こすセルの間隔が広がるため，信号対干渉電力比（SIR: Signal-to-Interference power Ratio）を高くできるが，一つのセルに割当可能なリソースが小さくなる．マルチホップ伝送をセルラネットワークへ導入した場合，式 (4.11) から類推できるように，信号電力が増加するため SIR を高くできる．一方で，一つの通信のために直接伝送で必要なスロットを複数必要とするため，一つのセルに割り当てる実質的な帯域幅が小さくなる．すなわち，マルチホップ伝送の導入はセル繰返し数の増大と類似した効果をもつと考えられる．

そこで，マルチホップセルラネットワークの特性が直接伝送のみによるシングルホップセルラネットワークよりも高い特性をもつことを確認するため，干渉が支配的な環境を想定し，図 **4.28** のようなセクタ化を行っていない六角形セル（セル繰返し数 $L = 3, 4, 7, 9, 12$）について周波数利用効率と劣化率の関係を計算機シミュレーションによって求めたものを図 **4.29** に示す．干渉制限下では SIR によって特性が決まるため，周波数利用効率は雑音やセル半径には依存しない．他の諸元は前項と同じである．干渉信号は帯域全体に広がる加法性雑音と等価と仮定し，最も近傍で同一チャネルを使用する 6 セルからの干渉を評価する．この図は階段状の左上の点が各セル繰返し数 L に対応する劣化率と周波数利用効率の関係を表している．望ましいのは，劣化率が低く，周波数利用効率の高い，図の左上方向への改善である．

シングルホップセルラネットワークの場合，セル繰返し数を大きくすると，周波数利用効率が低下する．一方，干渉を及ぼし合うセルがより遠くに配置されるため SIR が向上し，結果として劣化率は改善（低下）することが確認される．マルチホップセルラネットワークに

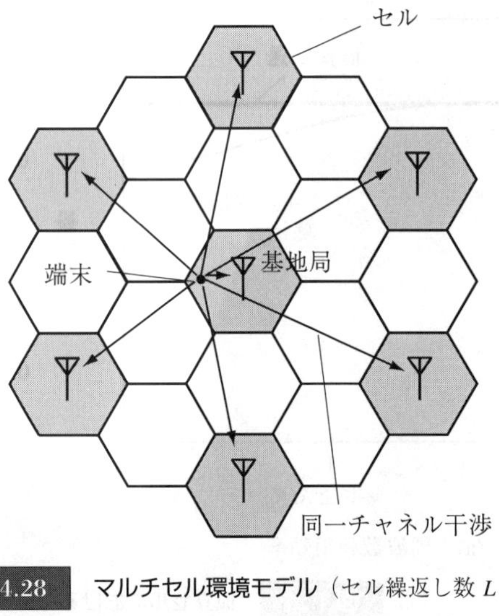

図 4.28 マルチセル環境モデル（セル繰返し数 $L = 4$）

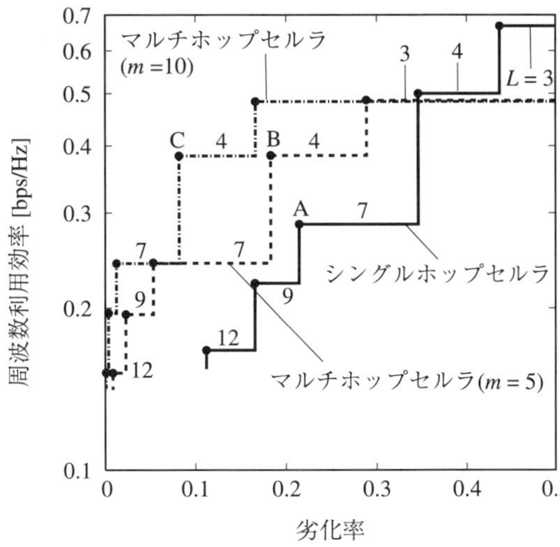

図 4.29 マルチセル環境におけるマルチホップ伝送の導入が周波数利用効率と劣化率に与える影響

おいても，セル繰返し数を大きくすると周波数利用効率が低下する一方，劣化率が改善する関係はシングルホップセルラネットワークと同様である．ただし，例えばシングルホップセルラネットワークで繰返し数を 7 とするよりも（図 4.29 中 A），2 ホップセルラネットワークで繰返し数を 4 と設定した方が周波数利用効率は高くなり，劣化率は下がる（同 B）．これは，マルチホップ伝送の導入により，ホップ当りの SIR が増加し，より小さい繰返し数を用いることができるようになったことを表す．また，中継局数 m の増加に伴い，劣化率は更に下がる（同 C）．この意味で，マルチホップ伝送の導入はシステムの周波数利用効率の改善効果をもたらす．

4.5.4 今後の展望

マルチホップ伝送導入が周波数利用効率や劣化率に与える効果の概要を説明した．マルチホップ伝送の最大のメリットはカバレッジ拡大効果である．また，孤立した伝送や孤立セルでは，カバレッジ拡大のためにマルチホップ伝送を用いると，直接伝送と比較して周波数利用効率を犠牲にすることがあるが，マルチセル環境において周波数繰返しを行うことでシステムとしての周波数利用効率は向上し得ることにも注意されたい．

本節では簡易なモデルを仮定してマルチホップセルラネットワークの利得を議論した．実際には，想定する環境を反映した伝搬モデル，端末・中継局・基地局のアンテナ利得の違い，符号化・変調方式，チャネル分割・チャネル割当を含む多重アクセス方式，セル間におけるスケジューリングの有無など様々な要因によってその特性は大きく変わり得るため，それらを反映した評価が必要となる．以上はシングルホップセルラネットワークの設計についても同じであるが，マルチホップセルラネットワーク特有のシステム設計として，中継局の置局設計の有無，経路選択の目的関数，最大ホップ数などの評価が必要である．

参考文献

[1] F. Li, K. Wu, and A. Lippman, “Energy-efficient cooperative routing in multi-hop wireless ad hoc networks,” IEEE International Performance, Computing, and Communications Conference, pp.215–222, 2006.

[2] A.E. Khandani, J. Abounadi, E. Modiano, and L. Zheng, "Cooperative routing in static wireless networks," IEEE Trans. Commun., vol.55, no.11, pp.2185–2192, Nov. 2007.
[3] A.S. Ibrahim, Z. Han, and K.J.R. Liu, "Distributed energy-efficient cooperative routing in wireless networks," IEEE Trans. Wirel. Commun., vol.7, no.10, pp.3930–3941, Oct. 2008.
[4] M. Luby, "LT codes," IEEE Symposium on Foundations of Computer Science, pp.271–280, 2002.
[5] A. Shokrollahi, "Raptor codes," IEEE Trans. Inf. Theory, vol.52, no.6, pp.2551–2567, June 2006.
[6] A. Tsirigos and Z.J. Haas, "Analysis of multipath routing–Part I: The effect on the packet delivery ratio," IEEE Trans. Commun., vol.3, no.1, pp.138–146, Jan. 2004.
[7] H. Okada, N. Nakagawa, T. Wada, T. Yamazato, and M. Katayama, "Multi-route coding in wireless multi-hop networks," IEICE Trans. Commun., vol.E89-B, no.5, pp.1620–1626, May 2006.
[8] S. Katti, H. Rahul, W. Hu, D. Katabi, M. Médard, and J. Crowcroft, "XORs in the air: Practical wireless network coding," IEEE/ACM Trans. Netw., vol.16, no.3, pp.497–510, June 2008.
[9] S. Chachulski, M. Jennings, S. Katti, and D. Katabi, "Trading structure for randomness in wireless opportunistic routing," ACM SIGCOMM, pp.169–180, 2007.
[10] "機器開発者のためのセンサ工学，" 日経エレクトロニクス，NE プラス，2008.4.7.
[11] "特集 センサネットワーク，" 信学誌，vol.89, no.5, pp.361–442, May 2006.
[12] I. Yamada, T. Ohtsuki, T. Hisanaga, and Li Zheng, "An indoor position estimation method by maximum likelihood algorithm using received signal strength," SICE J. Control, Measurement, and System Integration, vol.1, no.3, pp.251–256, March 2008.
[13] Y. Nishi and T. Ohtsuki, "A Distributed localization with unknown attenuation coefficient in wireless sensor networks," 14th Asia-Pacific Conference on Communications (APCC2008), Tokyo, Oct. 2008.
[14] K. Kobayashi, T. Yamazato, H. Okada, and M. Katayama, "Joint channel decoding of spatially and temporally correlated data in wireless sensor networks," 2008 International Symposium on Information Theory and Its Applications, pp.930–934, Dec. 2008.
[15] K. Nakao, T. Yamazato, H. Okada, and M. Katayama, "Cooperative transmission scheme in distributed sensor network for extension of transmission range," Proc. Fourth International Conference on Networked Sensing Systems, pp.89–92, June 2007.
[16] D. Maeda, H. Uehara, and M. Yokoyama, "Efficient clustering scheme considering non-uniform correlation distribution for ubiquitous sensor networks," IEICE Trans. Fundamentals, vol.E90-A, no.7, pp.1344–1352, July 2007.
[17] H. Taka, H. Uehara, and T. Ohira, "A cross layer designed clustering scheme exploiting data similarity in wireless sensor networks," Proc. IEEE Asia Pacific Wireless Communications Symposium (APWCS), T06-5, Aug. 2008.
[18] H. Taka, H. Uehara, and T. Ohira, "Node scheduling method based on aggregation models for clustering scheme in wireless sensor networks," Proc. WPMC, 2009.
[19] W. Ye, J. Heidemann, and D. Estrin, "An energy-efficient MAC protocol for wireless sensor networks," Proc. IEEE INFOCOM, pp.1567–1576, 2002.
[20] M. Buetter, G.V. Yee, E. Anderson, and R. Han, "X-MAC: A short preamble MAC protocol for duty-cycled wireless sensor networks," Proc. ACM SenSys, pp.307–320, Nov. 2006.
[21] 橋本典征，上原秀幸，大平　孝，"非同期型無線センサネットワークにおける擬似同期 MAC プロトコルの特性評価，" 信学技報，USN2009-14, July 2009.
[22] J. Mitola, III and G.Q. Maguire, Jr., "Cognitive radio: Making software radios more personal," IEEE Pers. Commun., vol.6, no.4, pp.13–18, Aug. 1999.
[23] B. Fette, Cognitive Radio Technology, Newnes, 2006.
[24] F.H.P. Fitzek and M.D. Katz, Cognitive Wireless Networks, Springer, 2007.
[25] 藤井威生，"電力制限による与干渉回避を行うマルチチャネルマルチホップコグニティブ無線ネットワーク，" 信学論（B），vol.J91-B, no.11, pp.1369–1379, Nov. 2008.
[26] T. Sakaguchi, Y. Kamiya, T. Fujii, and Y. Suzuki, "Forward interference avoidance in ad hoc communications using adaptive array antennas," IEICE Trans. Commun., vol.E91-B, no.9, pp.2940–2947, Sept. 2008.
[27] Q. Zhao, L. Tong, A. Swami, and Y. Chen, "Decentralized cognitive MAC for opportunistic spectrum access in ad hoc networks: A POMDP framework," IEEE J. Sel. Areas Commun., vol.25, no.3, pp.589–600, April 2007.
[28] B.F. Boroujeny, "Filter bank spectrum sensing for cognitive radios," IEEE Trans. Signal Process., vol.56,

no.5, pp.1801–1811, May 2008.
[29] T. Fujii and Y. Suzuki, "Ad-hoc cognitive radio -development to frequency sharing system by using multi-hop network-," IEEE DySPAN 2005, pp.589–592, Nov. 2005.
[30] D. Niyato and E. Hossain, "Spectrum trading in cognitive radio networks: A market-equilibrium-based approach," IEEE Wireless Commun., vol.15, no.6, pp.71–80, Dec. 2008.
[31] T. Fujii and K. Sakaguchi, "Cognitive MIMO mesh network for spectrum sharing," Tutorial T2B, CrownCom 2008, May 2008.
[32] S. Sampei, S.i Miyamoto, and S. Ibi, "Spectrum loading type dynamic spectrum allocation technique for cognitive radio systems," Proc. CrownCom 2007, Aug. 2007.
[33] M.S. Grewal, L.R. Will, and A.P. Andrews, Global Positioning Systems, Inertial Navigation, and Integration, Wiley, 2007.
[34] Y. Karasawa, T. Kumagai, A. Takemoto, T. Fujii, K. Ito, and N. Suzuki, "Experiment on synchronous timing signal detection from ISDB-T terrestrial digital TV signal with application to autonomous distributed ITS-IVC network," IEICE Trans. Commun., vol.E92-B, no.1, pp.296–305, Jan. 2009.
[35] F. Ono and K. Sakaguchi, "MIMO spatial spectrum sharing for high efficiency mesh network," IEICE Trans. Commun., vol.E91-B, no.1, pp.62–69, Jan. 2008.
[36] V.H. McDonald, "The cellular concept," Bell Syst. Tech. J., vol.58, pp.15–49, Jan. 1979.
[37] J. Kim, H. Son, and S. Lee, "Frequency reuse power allocation for broadband cellular networks," IEICE Trans. Commun., vol.E89-B, no.2, pp.531–538, Feb. 2006.
[38] X. Wu, A. Das, J. Li, and R. Laroia, "Fractional power reuse in cellular networks," Proc. 44th Annual Allerton Conference on Commun., Control and Computing, Monticello, Ill., USA, Sept. 2006.
[39] H. Hu, J. Luo, and H.H. Chen, "Radio resource management for cooperative wireless communication systems with organized beam-hopping techniques," IEEE Commun. Mag., vol.15, no.2, pp.100–109, April 2008.
[40] H. Zhang and H. Dai, "Cochannel interference mitigation and cooperative processing in dowinlink multicell multiuser MIMO networks," EURASIP J. Wireless Commun. Networking, vol.2004, no.2, pp.222–235, 2004.
[41] O. Somekh, B.M. Zaidel, and S. Shamai (Shitz), "Sum rate characterization of joint multiple cell-site processing," IEEE Trans. Inf. Theory, vol.53, no.12, pp.4473–4497, Dec. 2007.
[42] 阪口 啓, "基地局連携 MIMO 空間周波数共用," 信学技報, SR2007-103, March 2008.
[43] W.C. Jeong, D. Liu, and J.M. Chung, "Outage capacity analysis of MIMO macro-selection systems," IEICE Trans. Commun., vol.E89-B, no.6, pp.1916–1917, June 2006.
[44] I.D. Garcia, N. Kusashima, K. Sakaguchi, K. Araki, S. Kaneko, and Y. Kishi, "Impact of base station cooperation on cell planning," EURASIP J. Wireless Commun. Networking, vol.2010, Article ID.406749, 2010.
[45] V. Stankovic and M. Haardt, "Generalized design of multi-user MIMO precoding matrices," IEEE Trans. Wirel. Commun., vol.7, no.3, pp.953–961, March 2008.
[46] Y.D. Lin and Y.C. Hsu, "Multihop cellular: A new architecture for wireless communications," Proc. IEEE Infocom'00, no.3, pp.1273–1282, 2000.
[47] Y. Yamao, T. Otsu, A. Fujiwara, H. Murata, and S. Yoshida, "Multi-hop radio access cellular concept for fourth-generation mobile communications system," Proc. IEEE PIMRC'02, Sept. 2002.
[48] 山本高至, 楠田厚史, 中野 剛, 吉田 進, "TDMA マルチホップセルラシステムの周波数利用効率と劣化率に関する理論的評価," 信学論 (B), vol.J89-B, no.6, pp.926–934, June 2006.
[49] K. Yamamoto and S. Yoshida, "Tradeoff between area spectral efficiency and end-to-end throughput in rate-adaptive multihop radio networks," IEICE Trans. Commun., vol.E88-B, no.9, pp.3532–3540, Sept. 2005.

索　引

あ

か

さ

監修者略歴

三瓶　政一（さんぺい　せいいち）

大阪大学大学院工学研究科教授．

1957 年生まれ．東京工業大学大学院修士課程修了．工学博士．郵政省通信総合研究所（現 NICT）主任研究官を経て現職．適応伝送，コグニティブ無線等の研究に従事．著書に『ディジタルワイヤレス伝送技術』ピアソン･エデュケーションなど．電子情報通信学会業績賞，ドコモ・モバイル・サイエンス賞，エリクソン・テレコミュニケーションアワード等受賞．

趣味：音楽（学生時代よりオーケストラに所属）

阪口　　啓（さかぐち　けい）

東京工業大学大学院理工学研究科准教授．

1973 年生まれ．東京工業大学大学院博士課程中退．学術博士．東京工業大学助手を経て現職．MIMO 電波伝搬，MIMO 通信システム，分散 MIMO ネットワーク，ソフトウェア無線，コグニティブ無線の研究に従事．電子情報通信学会論文賞，同通信ソサイエティチュートリアル論文賞，SDR フォーラム論文賞等受賞．

趣味：サッカー，スキー，音楽（7th コード），アジアンな料理

執筆者略歴（執筆順）

松本隆太郎（まつもと　りゅうたろう）

東京工業大学大学院理工学研究科准教授．

1973 年生まれ．東京工業大学大学院博士課程修了．博士（学術）．東京工業大学助手を経て現職．誤り訂正符号，情報理論的セキュリティ，ネットワーク符号化，量子暗号等の研究に従事．電子情報通信学会喜安善市賞，同論文賞，丹羽保次郎記念論文賞，エリクソン・ヤングサイエンティストアワード等受賞．

趣味：読書

衣斐　信介（いび　しんすけ）

大阪大学大学院工学研究科助教．

2006 年大阪大学大学院工学研究科博士後期課程修了．博士（工学）．2005 ～ 2006 年 Center for Wireless Communications，オウル大学客員研究員．2010 ～ 2011 年サザンプトン大学客員研究員．符号化技術，繰返し信号処理技術，コグニティブ無線技術に関する研究に従事．

趣味：放浪の旅

山本　高至（やまもと　こうじ）

京都大学大学院情報学研究科助教．

京都大学大学院情報学研究科博士後期課程修了．2008 ～ 2009 年スウェーデン王立工科大学客員研究員．京都大学博士（情報学）．マルチホップ無線ネットワーク，スペクトル共用，ゲーム理論の応用に関する研究に従事．

趣味：水泳，写真

梅林　健太（うめばやし　けんた）

東京農工大学大学院工学研究院助教．

1974 年生まれ．横浜国立大学大学院博士課程修了．Centre for Wireless Communications, オウル大学研究員を経て現職．コグニティブ無線等の研究に従事．

趣味：サッカー，読書，魚釣り

落合　秀樹（おちあい　ひでき）

横浜国立大学大学院工学研究院准教授．

大阪大学工学部通信工学科卒業．東京大学大学院修士及び博士課程修了．阪大在学中，文部省派遣留学生として米国 UCLA 電気工学科へ留学．電気通信大学助手，横浜国立大学助手，講師，ハーバード大学ポスドクを経て現在横浜国立大学准教授．

応援する球団は中日ドラゴンズ．

石井　光治（いしい　こうじ）

香川大学工学部助教．

2002 年横浜国立大学大学院修士課程修了．2005 年同大大学院博士課程修了．工学博士．同年より香川大学助手．2009 年同大講師，符号化変調方式，通信理論等に関する研究に従事．

趣味：銀玉を使った確率統計の解析

山里　敬也（やまざと　たかや）
名古屋大学大学院教養教育院教授．
1993年慶應義塾大学大学院博士課程修了．工学博士．1997～1998年ドイツカイザースラウテルン大学客員研究員．センサネットワーク，可視光通信，ITS，eラーニングなどの研究に従事．IEEE Communications Society 2006 Best Tutorial Paper Award 受賞．
趣味：けったがどえりゃぁすきだがや

石橋　功至（いしばし　こうじ）
静岡大学工学部助教．
2004年電気通信大学大学院修士課程修了．2007年横浜国立大学大学院博士課程修了．工学博士．同年より静岡大学助教．遅延検波方式，符号化変調方式，協調通信，無線通信理論等に関する研究に従事．
趣味：やんちゃなこと

小野　文枝（おの　ふみえ）
横浜国立大学大学院工学研究院助教．
2001年茨城大学大学院修士課程修了．2004年同大学院博士課程修了．工学博士．同年より東京理科大学助手．2007年より現職．無線分散ネットワークに関する研究に従事．2006年電子情報通信学会学術奨励賞，2007年YRPアワードYRP賞受賞．
趣味：スポーツ，読書

萬代　雅希（ばんだい　まさき）
上智大学理工学部情報理工学科准教授．
2004年慶應義塾大学大学院理工学研究科後期博士課程修了．2004年博士（工学）．静岡大学情報学部を経て，現在に至る．

岡田　　啓（おかだ　ひらく）
埼玉大学大学院理工学研究科准教授．
1972年生まれ．名古屋大学大学院博士課程修了．博士（工学）．日本学術振興会特別研究員，名古屋大学助手，新潟大学助教授を経て現職．パケット無線通信，マルチメディアトラヒック，符号分割多元接続方式，マルチホップネットワーク等の研究に従事．
趣味：飲み会

上原　秀幸（うえはら　ひでゆき）
豊橋技術科学大学大学院電気・電子情報工学系准教授．
1992年慶應義塾大学理工学部電気工学科卒業．1997年同大大学院博士課程修了．同年豊橋技科大・情報・助手．2002～2003年ATR適応コミュニケーション研究所客員研究員．主として，無線アクセス方式，センサネットワーク，アドホックネットワークに関する研究に従事．電子情報通信学会，情報処理学会，IEEE, ACM各会員．
趣味：庭いじり（ほんの最近）

大槻　知明（おおつき　ともあき）
慶應義塾大学理工学部教授．
1966年生まれ．慶應義塾大学大学院理工学研究科博士課程修了．博士（工学）東京理科大学助手，講師，助教授，慶應義塾大学助教授を経て現職．無線･有線通信，信号処理，情報理論の研究に従事．著書に「モバイルコミュニケーション」コロナ社など．第13回井上研究奨励賞，第10回安藤博記念学術奨励賞，エリクソン･ヤングサイエンティスト・アワード2000，IEEE Communications Society, Asia Pacific Board, Outstanding Young Research Award，船井情報学奨励賞，第5回国際コミュニケーション基金優秀研究賞，電子情報通信学会通信ソサイエティ活動功労賞等を受賞．
趣味：サッカー，スキー，スノーボードなどスポーツ全般．絵画・音楽鑑賞

藤井　威生（ふじい　たけお）
電気通信大学先端ワイヤレスコミュニケーション研究センター准教授．
1997年慶應義塾大学理工学部電気工学科卒業．1999年同大学大学院修士課程修了．2002年同大学院博士課程修了．2002年東京農工大・工・電気電子・助手．2006年より現職．アドホック無線ネットワーク，コグニティブ無線の研究に従事．
趣味：旅行，読書，クラシック音楽鑑賞

無線分散ネットワーク
Wireless Distributed Networks

平成 23 年 3 月 25 日　初版第 1 刷発行

編　　者　（社）電子情報通信学会
発 行 者　木 暮 賢 司
印 刷 者　山 岡 景 仁
印 刷 所　三美印刷株式会社
〒 116-0013 東京都荒川区西日暮里 5-9-8
制　　作　（有）編集室なるにあ
〒 113-0033 東京都文京区本郷 3-3-11

発行所　社団法人　電子情報通信学会
〒 105-0011　東京都港区芝公園 3 丁目 5 番 8 号　機械振興会館内
電話 03-3433-6691（代）　振替口座 00120-0-35300
ホームページ　http://www.ieice.org/

取次販売所　株式会社コロナ社
〒 112-0011　東京都文京区千石 4 丁目 46 番 10 号
電話 03-3941-3131（代）　振替口座 00140-8-14844
ホームページ　http://www.coronasha.co.jp

ISBN 978-4-88552-252-9 C3055　　Printed in Japan